TRAITÉ D'ALGEBRE,

ET DE LA MANIERE DE L'APPLIQUER.

Traduit de l'Anglois de M. MACLAURIN, *de la Société Royale de Londres, Professeur de Mathématique à Edimbourg.*

Avec des augmentations tirées des Mathématiciens les plus célébres.

par M. le Cozic.

A PARIS, RUE DAUPHINE;
Chez CHARLES-ANTOINE JOMBERT, Libraire du Roi pour l'Artillerie & le Génie, à l'Image Notre-Dame.

M. DCC. LIII.

AVEC APPROBATION ET PRIVILEGE DU ROI.

PRÉFACE.

APRES la mort du célébre Maclaurin, les illustres amis à qui il avoit laissé le soin de ses manuscrits, publiérent un Traité Élémentaire d'Algébre sous son nom. Cet Ouvrage posthume avoit le mérite particulier d'expliquer & de démontrer plusieurs belles régles d'Algébre, que le grand Newton avoit données sans démonstration; de sorte qu'on pouvoit regarder l'ouvrage de Maclaurin comme un Commentaire suivi & lié de l'Arithmétique universelle de Newton : & par là on satisfaisoit aux vœux de plusieurs grands Mathématiciens, & au besoin de ceux qui travailloient à le devenir. La préférence que la nation Angloise donna à ce Traité sur tous les autres qui avoient le même objet, en fit souhaiter la traduction en France, & on me pria de m'en charger. Mais en rendant à l'ouvrage Anglois toute la justice qu'il méritoit, je crus qu'il étoit de l'avantage des jeunes Mathématiciens que je ne m'assujettisse pas à une simple traduction; elle ne les auroit pas dispensé d'avoir recours à un grand nombre d'autres Auteurs, soit pour suppléer à ce qui ne se trouve pas dans celui-ci, soit pour développer ce qui est présenté avec trop de précision. Malheureusement ils ne connoissent pas encore tous leur besoins, ils ignorent les Auteurs qui pourroient y satisfaire, & ce seroit une dépense incommode à plusieurs que de les acquérir tous. C'est pourquoi, destiné par état à faciliter l'étude des Mathématiques, j'ai formé le dessein de rassembler dans un même volume ce qui me paroît nécessaire pour remplir l'intervalle qui se trouve entre les Élémens d'Arithmétique & de Géométrie & le Calcul différentiel.

Pour exécuter ce projet, après avoir pris pour base l'Ouvrage de Maclaurin, j'ai emprunté de Newton, Wolf, s'Gravesande, Saunderson, &c. tout ce qui m'a parû conforme à mes vûes, à mérite égal, j'ai toujours suivi des Auteurs étrangers, sans dessein de leur donner aucune préférence sur les nôtres, mais seulement pour transporter dans notre langue ce qui se trouve de mieux dans les langues étrangeres. Comme je ne prétends point me faire un mérite de cet Ouvrage, je n'ai point affecté sans nécessité de déguiser ces différens morceaux par un changement de style qui auroit été fort aisé. Je prévois qu'en voulant éviter un reproche, je m'attirerai celui de n'avoir point fait un tout assez lié, & dont les parties soient assez fondues. Mais j'ai crû que la seule liaison essentielle aux parties de mon Ouvrage étoit que chacune dépendît des précédentes, & pût s'entendre sans autre secours.

Je m'étois d'abord vû forcé à travailler moi-même la seconde Section de la seconde Partie, suivant les lumieres que j'avois pû tirer sur cette matiere de Maclaurin, Stirling & M. l'Abbé de Gua : mais l'*Introduction à l'analyse des infinis*, par M. Euler, & l'*Introduction à l'analyse des lignes courbes*, par M. Cramer, m'étant tombés alors entre les mains, je crus devoir supprimer ce que j'avois préparé. Les guides que j'avois suivi, & le parallelogramme de Newton, dont j'avois fait usage, mettoient dans mon Ouvrage des traits si marqués de ressemblance avec celui de M. Cramer, qu'on eût pû me reprocher de n'avoir fait que déguiser, & peut-être gâter, ce qu'on auroit supposé que j'en avois pris. Il me restoit donc à opter duquel de ces deux Ouvrages je prendrois ouvertement ce dont j'avois besoin. La Méthode de M. Cramer étoit plus conforme aux idées que j'avois eues jusqu'alors, mais son Ouvrage est en François, & par conséquent je n'aurois fait que redonner à mes compatriotes ce qu'ils possédoient déja ; l'Introduction à l'analyse des infinis est écrite en Latin, elle répond à la haute idée qu'on s'est formé des talens de M. Euler, & mériteroit d'être entierement traduite : mais la dureté du débit des Ouvrages de cette nature, quoiqu'excellens, fait désespérer que les Libraires veuillent se charger de l'Édition ; c'est pourquoi j'ai pris la liberté d'en emprunter ce qui m'a parû convenable à mon but, & si j'avois eu cet Ouvrage plutôt, j'aurois encore profité du premier Livre dans quelques endroits de la premiere partie de mon Traité.

Voilà les principaux Auteurs sur qui doit réjaillir l'honneur de cet Ouvrage, je ne puis presque rien m'en approprier que la peine & le blâme. Je sçais parfaitement qu'il fournit ample matiere à la critique, ainsi qu'à l'instruction ; chacun pourra prendre le parti qui flattera son goût : s'il est critiqué, je m'en inquiéterai fort peu : s'il est utile, j'en aurai la seule récompense que j'en attends.

Je me suis étendu sur les élémens d'Algébre, la résolution des Problêmes, & les commencemens de l'application de l'Algébre à la Géométrie : en un mot, sur ce dont l'intelligence est nécessaire pour passer outre. Je suis devenu plus concis dans le reste, parce j'ai évité les répétitions & certains détails que j'abandonne au travail du Lecteur. Mais je n'ai pû me dispenser de répandre dans l'Ouvrage bien des choses qui paroîtront abstraites à ceux qui n'ont pas une certaine facilité, & peut-être inutiles à ceux qui n'en connoîtront pas l'usage, qui n'aura quelquefois lieu que dans le Calcul intégral. C'est pourquoi je conſeille à ceux qui commenceront l'étude de l'Algébre dans ce Livre, ſurtout s'ils n'ont point de ſecours, de paſſer dans une premiere lecture le troiſiéme Chapitre, le ſecond depuis le N°. 55. juſqu'à la fin, le ſixiéme & le ſeptiéme, & de s'arrêter au troiſiéme Chapitre de la ſeconde Section; & même, ſi les deux derniers Problêmes du ſecond Chapitre les embaraſſent, ils pourront auſſi les remettre à la ſeconde lecture qu'ils entreprendront immédiatement après, ſans rien omettre. Quand ils entendront parfaitement la premiere Partie, ils ne ſçauroient manquer, avec de l'étude, de venir à bout de la premiere Section de la ſeconde. Si le quatriéme & le ſixiéme Chapitres de la ſeconde ſection, cauſent quelque difficulté, on ſe contentera de ce qu'on en pourra comprendre, parce qu'ils ne ſont pas néceſſaires pour entendre le reſte de l'ouvrage. Ces matieres qu'on n'aura entendues qu'imparfaitement reparoîtront dans le Calcul différentiel, les nuages ſe diſſiperont alors, & le concours des lumieres des deux calculs achevera d'éclairer parfaitement leur objet commun.

Je me flatte qu'avec ce ſeul Ouvrage on pourra ſe paſſer de tout autre ſur l'Algébre commune, & la maniere de l'appliquer. Si cependant on avoit la commodité & la volonté de voir d'autres Auteurs, on pourroit, avec fruit, diverſifier l'étude de la premiere Section de la ſeconde Partie, par celle du Traité de M. le Marquis de l'Hôpital ſur les Sections coniques & la réſolution des Problêmes, & accompagner l'étude de la ſeconde Section de celle de l'Introduction à l'analyſe des lignes courbes par M. Cramer; on les entendra alors facilement, & ils ſuppléeront amplement aux détails que mon Ouvrage laiſſera à déſirer à certains Lecteurs.

TABLE

Des Sections & Chapitres contenus dans cet Ouvrage.

PREMIERE PARTIE.

Qui contient les principes de l'Algébre, la résolution des Problêmes du premier & du second degré, & l'application de cette science à la Géométrie élémentaire.

PREMIERE SECTION.

Des opérations fondamentale de l'Algébre.

SECTION II.

DEUXIEME PARTIE.

De la résolution des équations de tous les degrés & de l'application de l'analyse aux courbes Algébriques.

PREMIERE SECTION.

De la formation des équations & de leurs racines.

SECTION II.

Application de l'analyse aux courbes Algébriques.

TRAITÉ

TRAITÉ D'ALGEBRE.

PREMIERE PARTIE.

Qui contient les principes de l'Algebre, la résolution des Problêmes du premier & du second degré, & l'application de cette Science à la Géométrie Elémentaire.

PREMIERE SECTION.

Des opérations fondamentales de l'Algebre.

CHAPITRE PREMIER.

INTRODUCTION.

Contenant les notions préliminaires.

1. L'ALGEBRE est une Méthode générale pour calculer tout ce qui est susceptible de quelque détermination réguliere : c'est une Arithmétique universelle. Je ne sçaurois mieux développer l'idée qu'on doit s'en former, qu'en la comparant avec l'Arithmétique & la Géométrie, Sciences dont je suppose que le Lecteur est instruit.

2. L'Arithmétique & l'Algebre sont fondées sur les mêmes principes, & procedent par le moyen des mêmes regles & des mêmes opérations fondamentales, mais l'Arithmétique ordinaire ne traite que des nombres & de leurs rapports; l'Algebre embrasse tout ce qui est quantité, ou rapport de quantité, c'est-à-dire, tout ce qui peut être conçû comme plus grand ou plus petit, comme les nombres, les figures Géométriques, le temps, le mouvement, la matiere, &c. & les rapports de ces choses.

L'Arithmétique fait usage dans ses opérations de caracteres déterminés, qu'on appelle chiffres; l'Algebre se sert de caracteres indéterminés, & a adopté par préférence les lettres de l'Alphabet, parce que tout le monde les sçait lire & écrire.

Cette signification vague & indéterminée qu'on attribue aux caracteres Algébriques, fait quelque peine aux Commençans; leur imagination ne se trouve point assez fixée, & ils sont inquiets des moyens de deviner ce que peut signifier dans chaque cas particulier, ce qui, par soi-même, ne signifie rien. Mais qu'ils fassent attention que les chiffres eux-mêmes ne désignent, par leur nature, aucun objet déterminé; car le même nombre peut indifféremment représenter des hommes, ou des heures, ou des toises, ou des livres, &c. & dans l'Algebre, comme dans l'Arithmétique, on peut, en commençant chaque opération, convenir de ce qu'on veut exprimer par les caracteres qu'on employe. L'Arithmétique a sur l'Algebre l'avantage d'être utile à un plus grand nombre de personnes; l'Algebre a ceux d'opérer, même sur les quantités inconnues, de donner des solutions générales, & de résoudre une infinité de Problêmes où l'Arithmétique vulgaire n'auroit point de prise.

3. Quelque opposition qu'il y ait entre l'Algebre & la Géométrie, le tableau qui résultera de ce contraste n'en sera que plus intéressant. L'une & l'autre découvre les propriétés des lignes & des figures, mais leurs marches & leurs routes sont différentes: la Géométrie part des vérités connues & s'éleve par degrés jusqu'aux inconnues; l'Algebre se transporte tout d'un coup au milieu du labirinthe des inconnues, & guidée par le fil de l'analyse revient sur le terrain des vérités connues; la Géométrie représente les lignes par des lignes, les triangles par des triangles, & les autres figures par des figures de même espece; mais l'Algebre représente les quantités par les lettres de l'Alphabet accompagnées de certains signes inventés pour exprimer leurs affections, relations & dépen-

dances. Les repréſentations de la Géométrie ſont naturelles, celles de l'Algebre ſont arbitraires : les premieres reſſemblent à la premiere écriture des hommes qui traçoient la reſſemblance des objets; les dernieres reſſemblent à l'écriture préſente. Ainſi l'évidence de la Géometrie eſt plus ſimple & plus frappante; mais l'uſage de l'Algebre eſt plus étendu, & ſouvent plus expéditif : ſurtout depuis que cette Science a été ſi fort enrichie par les découvertes modernes.

4. L'Algebre ne ſe borne pas à la grandeur des quantités, elle traite de tous leurs rapports & de toutes leurs affections, qui peuvent être ſoumiſes à quelque regle, ou à quelque eſpece de calcul; ainſi, outre les lettres de l'Alphabet qui déſignent les quantités, il a fallu imaginer certains ſignes pour exprimer ces rapports & ces affections, auſſi-bien que pour indiquer les opérations qu'on ne peut, ou qu'on ne veut pas faire effectivement. Les plus uſités ſont les ſuivans :

Le ſigne $+$ marque l'Addition, on le nomme *plus :* ainſi $a+b$ ſignifie a plus b, ou a ajoûté à b.

Le ſigne $-$ marque la Souſtraction : $a-b$, ſignifie a moins b, ou a dont on ſouſtrait b.

Les François ſe ſervent communément du ſigne $\times$ pour déſigner la Multiplication : par $a \times b$ ils entendent a multiplié par b; pluſieurs Auteurs écrivent la même choſe de cette maniere $a\,(\cdot)\,b$, ou de cette autre $a \cdot b$.

La diviſion indiquée s'écrit ordinairement comme une fraction : par exemple, $\frac{a}{b}$ veut dire a diviſé par b, ce que quelques Auteurs déſignent des manieres ſuivantes, $a\,(:)\,b$, ou $a : b$, ou $a \div b$.

On ſe ſert du ſigne $=$ pour faire entendre que les quantités qui le précédent ſont égales à celles qui le ſuivent. Ainſi $x = b$ ſignifie que x eſt égal à b : de même $x + y = \frac{a}{b}$ ſignifie x plus y égal à a diviſé par b.

Pour marquer l'inégalité on employe le ſigne $>$ ou $<$ de ſorte que la pointe ſe trouve du côté de la moindre quantité, & par conſéquent l'ouverture du côté de la plus grande; c'eſt-à-dire, que $a > b$ ſignifie a plus grand que b, & $a < b$ déſigne que a eſt moindre que b.

Quand on fera uſage de quelqu'autre ſigne, on aura ſoin de l'expliquer.

5. On appelle quantités *positives*, ou *affirmatives*, celles qui sont précédées du signe +, & *négatives*, celles qui sont précédées du signe —.

Pour avoir une idée nette & exacte de ces deux especes de quantités, il faut remarquer que toute quantité peut entrer dans un calcul Algébrique, comme ajoûtée, ou comme soustraite, c'est-à-dire, comme augmentation, ou comme diminution; or l'opposition qui se trouve entre l'augmentation & la diminution, a lieu dans la comparaison des quantités : par exemple, entre la valeur de l'argent dû à un homme, & celle de l'argent qu'il doit; entre une ligne tirée à droite, & une ligne tirée à gauche; entre l'élévation sur l'horizon, & l'abbaissement au-dessous. Ainsi la quantité négative, bien-loin d'être rigoureusement moindre que rien, n'est pas moins réelle dans son espece que la quantité positive, mais elle est prise dans un sens opposé; d'où il suit qu'une quantité considérée seule ne sçauroit être négative, qu'elle ne l'est que par comparaison, & que quand la quantité qu'on appelle positive, n'en a point d'autre qui lui soit opposée, on n'en sçauroit soustraire une plus grande : par exemple, il seroit absurde de vouloir soustraire une plus grande quantité de matiere d'une plus petite.

6. On dit qu'une quantité a autant de termes qu'elle a de parties jointes par les signes + ou —. Celle qui ne contient qu'un terme, s'appelle monome, celle qui en contient deux, s'appelle binome, celle qui en contient trois, s'appelle trinome, & en général toute quantité qui contient plusieurs termes, est dite complexe, ou polinome.

7. Quand le premier terme d'une quantité n'est précédé d'aucun signe, il est supposé avoir le signe +.

8. On appelle Coëfficiens les chiffres qui sont à la tête de chaque terme; & ceux qui n'en ont point, sont censés avoir l'unité pour coëfficient.

9. Les termes semblables sont ceux qui contiennent les mêmes lettres également repétées, de sorte que la différence des signes, ou des coëfficiens, n'empêche pas que les termes soient semblables; ainsi $-3b$ & $+4b$ sont des termes semblables, mais a & $+aa$ ne le sont pas.

CHAPITRE II.

Des quatre opérations sur les entiers.

ADDITION.

REGLE.

10. 1°. SI les termes sont semblables : il faut prendre la somme des coëfficiens, si les signes sont les mêmes ; & leur différence avec le signe du plus grand coëfficient, si les signes sont differens.

2°. Si les termes ne sont pas semblables : il faut les écrire de suite avec les signes qu'ils avoient, ou étoient supposés avoir.

EXEMPLES.

$4a + 2b - 2c + 5d - g$	$4a + 4b + 3c$
$5a - 2b + 6c - 8d - 3g$	$-4x - 4y + 3z$
$9a \quad + 4c - 3d - 4g$	$4a + 4b + 3c - 4x - 4y + 3z$

La vérité du premier cas de cette regle est fondée sur l'addition Aritmétique ; car quelque chose que signifie a, $5a + 4a$ font $9a$: par exemple, si a signifie toise, cinq toises, plus quatre toises, font neuf toises. De même, quelque chose que signifie c, $6c - 2c$ font $4c$, &c.

Le second cas de la regle est de pure convention ; c'est-à-dire, qu'on est convenu qu'ayant écrit de suite les termes avec les signes qui leur conviennent, ils seroient censés ajoûtés ; on est obligé de se servir de cette espece d'addition, qui n'est qu'indiquée, parce que la somme (par exemple) de deux lettres ne peut être exprimée par une troisiéme, sans multiplier extrêmement le nombre des caracteres, ce qu'on a voulu éviter.

SOUSTRACTION.

REGLE.

11. Après avoir changé les signes de la quantité qui doit être

soustraite, il faut faire la même chose que dans l'addition (N°. 10).

DEMONSTRATION.

Soustraire une quantité d'une autre, c'est la même chose que de lui en ajoûter une d'une espece opposée : or en changeant les signes de la quantité soustraite on la rend d'une espece opposée (N° 5); donc l'ajoûtant ensuite, on en ajoûte une d'une espece opposée. En effet, soit $a - b$ à soustraire de $x + y$: je soustrais d'abord a & j'ai $x + y - a$; mais je remarque que j'ai trop soustrait de la quantité b ; car ce n'étoit point a tout entier, mais $a - b$ qu'il falloit soustraire, il faut donc augmenter le reste de la quantité b, en l'écrivant avec le signe +.

EXEMPLES.

de	$a + d$.	de	$8a - 5c + 9d$
soustr.	$c - g - h$	soustr.	$6a - 8c - 7d$
reste	$a + d - c + g + h$	reste	$2a + 3c + 2d$

de	$9b + 15c - 7d + 8c - f$
soustr.	$6b + 20c - 9d - 9c + 7f$
reste	$3b - 5c + 2d + 17c - 8f$

MULTIPLICATION.

12. Il y a trois regles à observer pour la Multiplication Algébrique : celle des signes, celle des coëfficiens & celle des lettres.

Regle des signes.

13. Quand le terme du multiplicateur a le signe +, on conserve à son produit les signes du multiplicande, & quand il a le signe —, on change dans le produit tous les signes des termes du multiplicande.

Démonstration. 1°. Quand le terme du multiplicateur est positif, on prend le multiplicande positivement, c'est-à-dire tel qu'il est, autant de fois qu'il y a d'unités dans le terme du multiplicateur.

2°. Quand le terme du multiplicateur est négatif, on prend tous les termes du multiplicande négativement autant de fois qu'il y a d'unités dans le terme du multiplicateur.

Regle des coëfficiens.

14. Les coëfficiens étant des nombres, il faut multiplier ceux du multiplicande par ceux du multiplicateur, suivant les regles de la Multiplication Arithmétique.

Regle des lettres.

15. Il faut les écrire de suite comme si on en vouloit faire un mot. Et quoique l'arrangement différent qu'on peut leur donner, ne change point la valeur du produit, parce que la valeur des lettres ne dépend point, comme celle des chiffres, du rang qu'elles occupent, cependant il est bon pour plus grande netteté de les ranger suivant l'ordre alphabétique.

Cette regle ne se démontre pas, parce qu'elle n'est que de convention.

Regle générale.

On prend successivement chaque terme du multiplicateur, par lequel on multiplie tous les termes du multiplicande, selon les trois regles précédentes; & après avoir trouvé tous les produits partiaux, on en fait l'addition.

Exemples simples.

$a \times a = aa. \quad 2b \times 3b = 6bb. \quad 3a \times -2b = -6ab.$

Exemples composés.

$2a - 3b$	$aa + ab + bb$
par $4a + 5b$	par $a - b$
$8aa - 12ab$	$aaa + aab + abb$
$+ 10ab - 15bb$	$- aab - abb - bbb$
som. $8aa - 2ab - 15bb$	somme $aaa \ldots . 0 \ldots . 0 - bbb$

$$\begin{array}{lllllll}
 & 3a + 4b - 5d & & & & & \\
\text{par} & 2a - 3b - 4d & & & & & \\
\hline
 & 6aa + 8ab - 10ad & & & & & \\
 & \quad - 9ab & & - 12bb + 15bd & & & \\
 & \qquad\qquad - 12ad & & - 16bd + 20dd & & & \\
\hline
 & 6aa - ab - 22ad - 12bb - bd + 20dd & & & & &
\end{array}$$

16. Pour éclaircir davantage la regle des signes, qui est la seule qui puisse causer quelque embarras dans cette opération, soit $\overline{a - b} \times \overline{c - d}$: je multiplie d'abord $a - b$ par c, & j'ai au produit $a c - a b$, ce qui ne souffre aucune difficulté, puisque je ne fais que prendre la quantité positive a, & la quantité négative b, autant de fois qu'il y a d'unités dans c; or le produit $a c - b c$ est trop grand, puisque je n'avois point à multiplier par c tout entier, mais seulement par $c - d$, il faut donc, du produit trouvé, soustraire le produit du multiplicande par d; or pour soustraire, il faut changer les signes de la quantité soustraite; donc en multipliant par $-d$, il faudra changer au produit tous les signes du multiplicande, & par conséquent $\overline{a - b} \times \overline{c - d} = a c - b c - a d + b d$.

On pourroit de là déduire la regle des signes telle qu'on a coutume de l'énoncer, qui est que *les signes semblables dans les termes du multiplicateur & du multiplicande donnent + au produit, & les signes différens donnent* —. Nous avons évité cette maniere de présenter la regle, pour épargner aux Commençans l'expression révoltante — *par* — *donne* +, qui est cependant une conséquence nécessaire de la regle : on peut, comme nous avons fait, la déguiser, mais non l'anéantir ou la contredire; le Lecteur, sans s'en appercevoir, en a observé tout le sens dans les exemples précédens; familiarisé avec la chose, pourroit-il encore s'effaroucher des mots ? s'il lui reste là-dessus quelque scrupule, qu'il fasse attention à la démonstration suivante, qui attaque directement la difficulté.

$+a - a = 0$, ainsi par quelque quantité qu'on multiplie $+a - a$, le produit doit être 0 : si je le multiplie par n, j'aurai pour le premier terme $+na$, donc j'aurai pour le second $-na$, puisqu'il faut que les deux termes se détruisent. Donc les signes différens donnent — au produit. Si je multiplie $+a - a$ par $-n$, par le cas précédent, j'aurai $-na$ pour premier terme; donc j'aurai $+na$ pour second, puisqu'il faut toujours que les deux termes se détruisent; donc — multiplié par — donne + au produit.

17. Au lieu d'écrire plusieurs fois la même lettre dans le même terme, on ne l'écrit qu'une seule fois, & on met à sa droite, un peu en haut, le chiffre qui exprime le nombre de fois qu'elle eût dû être écrite; ainsi $a^2 = a a$. $a^3 = a a a$. $a^3 b^2 = a a a b b$, &c. ce chiffre s'appelle exposant; il differe du coëfficient, en ce que celui-ci indique l'addition, & l'autre indique la multiplication; car $2a = a + a$ & $a^2 = a \times a$.

DIVISION.

DIVISION.

18. Quand la divifion eft compofée, il faut commencer par en ordonner les termes s'ils ne le font pas, c'eft-à-dire, les difpofer tant dans le dividende que dans le divifeur, fuivant les plus hauts expofans d'une lettre commune à l'un & à l'autre, enfuite il faut obferver les regles fuivantes.

Regle des fignes.

19. Quand le terme par lequel on divife a le figne +, il faut conferver au quotient le figne du terme divifé, & quand le terme du divifeur a le figne —, il faut changer au quotient celui du dividende; ou, les fignes femblables donnent +, & les différens donnent —.

Il eft facile de fentir la vérité de cette regle, en faifant attention que la divifion détruit ce que la multiplication a fait, & qu'en multipliant le divifeur par le quotient on doit retrouver le dividende; car regardant le divifeur comme ayant été le multiplicateur, le quotient comme le multiplicande, & le dividende comme le produit : on a vû dans la multiplication, que quand le terme du multiplicateur a le figne +, on ne doit point changer au produit le figne du multiplicande; donc quand le divifeur a le figne + on ne doit point changer au quotient celui du dividende; mais quand le multiplicateur avoit le figne —, on changeoit au produit les fignes du multiplicande; donc quand le divifeur a le figne —, on doit changer au quotient ceux du dividende, pour retrouver, après la divifion, les mêmes fignes qu'on avoit avant la multiplication.

Regle des coëfficiens.

20. Il faut divifer les coëfficiens du dividende par ceux du divifeur, comme en Arithmétique.

Regle des lettres.

21. Il faut ôter du dividende les lettres qui fe trouvent dans le divifeur, & n'écrire au quotient que celles qui ne s'y trouvent pas; c'eft l'opération contraire de celle de la multiplication (N° 15).

22. Quand la divifion ne peut pas fe faire effectivement, c'eft-à-dire, quand les lettres du divifeur ne fe trouvent pas dans le di-

vidende ; on se contente d'indiquer l'opération en écrivant les quantités en forme de fraction dont le dividende est le numérateur, & le diviseur le dénominateur. Si, par exemple, il est question de diviser ab par c, la lettre c ne se trouvant pas dans le dividende, ab, on indiquera la division en cette sorte $\frac{ab}{c}$, ou $ab : c$.

Exemples de division simple.

$\frac{ab}{a}$ ou $ab : a = b$. $\frac{a^2}{a} = a$. $\frac{ab^2}{b} = ab$.

Mais $\frac{a}{a} = 1$; parce qu'une quantité, telle qu'elle soit, divisée par elle-même, donne toujours 1 au quotient.

23. Si la division est composée, on divise successivement les termes du dividende par le premier terme du diviseur, en observant les trois regles prescrites (N° 20. 21. 22.) : on multiplie tout le diviseur par chaque terme du quotient trouvé de cette maniere, & on soustrait du dividende le produit de cette multiplication ; ensuite pour trouver un second terme au quotient, on recommence a opérer de la même maniere sur le reste du dividende ; & toujours ainsi jusqu'à ce qu'il n'y ait plus de reste dans le dividende, s'il est possible. S'il y a un reste qui ne se puisse plus diviser, on l'écrit pour numérateur d'une fraction, dont le diviseur est le dénominateur.

EXEMPLE.

Dividende . . . . $a^3 + 2a^2c - 3abc + b^2c$
$\quad - a^2b$

Diviseur . . . . . . $a - b$	Quotient . . . $a^2 + 2ac - bc$.

$$\begin{array}{r} -a^3 + a^2b \\ 0 + 2a^2c - 3abc \\ -2a^2c + 2abc \\ 0 - abc + b^2c \\ + abc - b^2c \\ 0 \quad 0 \end{array}$$

Soit $a^3 - a^2b + 2a^2c - 3abc + b^2c$ à diviser par $a - b$;

Je commence par divifer a^3, premier terme du dividende, par a, premier terme du divifeur, en obfervant les trois regles prefcrites.

Et 1°. le figne du divifeur étant + je conferve au quotient celui du dividende, qui eft auffi +, & comme il s'agit du premier terme du quotient, je n'écris point le figne ; le premier terme du dividende, & celui du divifeur, n'ayant point de coëfficient exprimé, font cenfés l'un & l'autre avoir 1 pour coëfficient, & parce que 1 divifé par 1 donne 1 au quotient, je ne l'écris point ; & comme $a^3 = a\,a\,a$, j'en ôte a qui eft le terme du divifeur, & j'ai $a\,a = a^2$ au quotient; ayant trouvé, de cette maniere, un terme au quotient je multiplie tout le divifeur par ce terme, & j'écris ce produit fous le dividende avec les fignes contraires de ceux qu'il devroit avoir, parce qu'il doit en être fouftrait; c'eft-à-dire, que j'écris fous le dividende $- a^3 + a^2 b$, & faifant la réduction, je trouve dans le dividende $+ a^3 - a^2 b$ qui font détruits par ce produit. Je prends enfuite $- 2 a^2 c + 3 a b c$ termes fuivans du dividende, fur lefquels je continue l'opération, commençant toujours à divifer par a, premier terme du divifeur, qui ayant le figne + je conferve encore au quotient celui du terme du dividende, & je l'écris; le terme du dividende a 2 pour coëfficient, & celui du divifeur eft cenfé avoir 1, ainfi je dis dans 2 combien de fois 1, & comme il y eft deux fois, j'écris 2 au quotient; & ôtant a terme du divifeur, de $a^2 c$ terme du dividende, j'ai $a\,c$, que j'écris au au quotient ; je multiplie le divifeur $a - b$ par $2\,a\,c$, j'écris avec les fignes contraires le produit, je fais la réduction, & j'ai pour refte $- a\,b\,c$ à côté duquel j'abbaiffe $+ b^2 c$ dernier terme du dividende, & je continue à divifer; à caufe du figne pofitif du divifeur; je conferve le figne — au quotient; ôtant a de $a\,b\,c$, j'ai $b\,c$; je multiplie le divifeur par $- b\,c$, je fouftrais le produit, & il ne refte rien.

Autres Exemples.

Dividende. $12\,a^2 y^3 - 9\,a\,y^3 - 8\,a^2 y^2 + 6\,a\,y^2$

Divifeur. $4\,a\,y - 3\,y$.	Quotient. $3\,a\,y^2 - 2\,a\,y$

$$
\begin{array}{llll}
-12\,a^2 y^3 & +9\,a\,y^3 & & \\
0 & 0 & & \\
 & & -8\,a^2 y^2 & +6\,a\,y^2 \\
 & & +8\,a^2 y^2 & -6\,a\,y^2 \\
 & & 0 & 0
\end{array}
$$

Dividende. $9x^4 + 12ax^3 - 4a^3x - a^4$.	
Diviseur. $3x^2 - a^2$.	Quotient. $3x^2 + 4ax + a^2$.

$- 9x^4 + 3a^2x^2$

$0 + 12ax^3 + 3a^2x^2 - 4a^3x - a^4$

$- 12ax^3 \qquad + 4a^3x$

$0 \qquad 0$

$+ 3a^2x^2 - a^4$

$- 3a^2x^2 + a^4$

$0 \qquad 0$

Dividende. $a^4 - b^4$ Diviseur. $a - b$	Quotient. $a^3 + a^2b + ab^2 + b^3$

$- a^4 + a^3b$

$0 + a^3b$

$- a^3b + a^2b^2$

$0 + a^2b^2$

$- a^2b^2 + ab^3$

$0 + ab^3 - b^4$

$- ab^3 + b^4$

$0 \qquad 0$

On peut faire la preuve de cette opération par la Multiplication.

Axiome. Si à des quantités égales on ajoûte des quantités égales, si de quantités égales on retranche des quantités égales, si on multiplie, ou si on divise des quantités égales par des quantités égales, l'égalité subsiste.

CHAPITRE III.

Des diviseurs & des Multiples.

24. SI une moindre quantité mesure sans reste une plus grande; comme $2a$ mesure $10a$, la moindre est partie Aliquote de la plus grande, & celle-ci est multiple de la moindre. Dans ce

cas, la plus petite des deux quantités est leur plus grande commune mesure; car, comme elle mesure la plus grande, elle se mesure aussi elle-même, & ne sçauroit l'être par aucune quantité plus grande qu'elle-même.

25. Lorsqu'une troisiéme quantité en mesure deux autres, comme $2a$ mesure $6a$ & $10a$, on l'appelle commune mesure de ces quantités; & s'il n'y en a point de plus grande qui puisse les mesurer exactement, elle est leur plus grande commune mesure.

26. On appelle commensurables des quantités qui ont quelque mesure commune de quelque espece que ce soit; mais s'il ne se trouve aucune quantité qui puisse mesurer l'une & l'autre, on les appelle incommensurables.

27. Lorsqu'une quantité est commensurable, toutes celles qui ont quelque mesure commune avec elle le sont aussi : mais celles qui n'en ont point sont incommensurables.

28. Toute commune mesure x de deux quantités a & b mesure aussi leur somme, ou leur différence $a \pm b$.

Car soit m le quotient de $\frac{a}{x}$, n celui de $\frac{b}{x}$; donc $a = mx$ & $b = nx$; donc $a \pm b = mx \pm nx = \overline{m \pm n} \times x$. *

29. Il est évident que si x mesure une quantité, il mesure aussi tout multiple de cette quantité.

30. Si b est contenu dans a autant de fois qu'il y a d'unités dans m, & qu'il y ait un reste c, toute quantité qui mesurera a & b, mesurera aussi le reste c; car, par la supposition, $a = mb + c$, donc $a - mb = c$. Or x mesure b, donc il mesure mb qui en est multiple; donc il mesure $a - mb$; donc il mesure $c = a - mb$. Si ce reste c est contenu dans b autant de fois qu'il y a d'unités dans n, & qu'il y ait un deuxiéme reste d, de sorte que $b = nc + d$, & $b - nc = d$, x mesurera aussi d; car il est supposé mesurer b, on a prouvé qu'il mesure c, & par conséquent nc, & $b - nc = d$. Ainsi puisque soustrayant b de a autant qu'il est possible, le reste c est mesuré par x; & soustrayant c de b, autant qu'il est possible, le reste d est aussi mesuré par x; par la même raison si vous soustrayez d de c aussi souvent qu'il est possible, le reste, s'il y en a, sera toujours mesuré par x : & si vous continuez ainsi à soustraire chaque reste du précédent jusqu'à ce qu'il n'y ait plus de reste; chaque reste sera mesuré par x commune mesure de a & b.

* On tire cette ligne au-dessus de $\overline{m \pm n}$, pour faire voir que ce n'est pas simplement n; mais le binome $m + n$ qui doit être multiplié par x.

31. Le dernier de ces restes, qui mesure exactement le précédent, sera la commune mesure de a & de b: supposons que ce soit d, & qu'il mesure c par les unités qui sont en r; donc $c = rd$: de plus, nous avons $a = mb + c$; $b = nc + d$; mais puisque d mesure c, il mesure aussi nc, & par conséquent $nc + d = b$: & puisqu'il mesure b & c, il mesure $mb + c = a$; de sorte qu'il est mesure commune entre a & b. Je dis, de plus, qu'il est la plus grande; car toute mesure commune, entre a & b, doit mesurer d, comme il a été prouvé: or le plus grand nombre qui mesure d, c'est lui-même; donc il est la plus grande commune mesure entre a & b. Mais si on ne peut jamais parvenir à un reste qui mesure exactement le précédent, c'est une preuve que les quantités sont incommensurables; car s'il y avoit quelque commune mesure comme x, elle mesureroit nécessairement tous les restes c, d, &c. car elle mesureroit $a - mb = c$, & par conséquent $b - nc = d$, & ainsi de suite; mais ces restes décroissent de maniere qu'il deviennent à la fin moindres que x, ou toute autre quantité assignable; car il faut que c soit moindre que $\frac{1}{2}a$, parce que c est moindre que b, & par conséquent moindre que mb; donc il est moindre que $\frac{1}{2}c + \frac{1}{2}bm = \frac{1}{2}a$, de même d sera moindre que $\frac{1}{2}b$, car il est moindre que c, & par conséquent moindre que $\frac{1}{2}d + \frac{1}{2}nc = \frac{1}{2}b$. On prouvera de même, que le troisiéme reste est moindre que $\frac{1}{2}c$ qui est lui-même moindre que $\frac{1}{2}a$: ainsi ces restes décroissent de maniere que chacun est moindre que la moitié de l'avant dernier. Mais si d'une quantité on retranche plus de la moitié, & du reste encore plus de la moitié, & qu'on continue toujours ainsi, on parviendra enfin à un reste moindre que toute quantité assignable. Il s'ensuit donc que les restes c, d, &c. à l'infini deviendront enfin moindres que toute quantité assignable, comme x, qui par conséquent ne pourra les mesurer, ni être commune mesure entre a & b.

Dans le calcul la plus grande mesure commune s'appelle le plus grand commun diviseur.

PROBLEME.

Trouver le plus grand commun diviseur de plusieurs quantités.

SOLUTION.

32. Il faut diviser la plus grande par la plus petite, & si la division se fait sans reste, la plus petite est le plus grand commun di-

viseur; mais si cette premiere division laisse un reste, la quantité qui avoit servi de diviseur dans la premiere opération devient dividende dans la deuxiéme, & le reste y sert de diviseur; & toujours ainsi le diviseur & le reste de l'opération précédente servent de divídente & de diviseur dans l'opération suivante, jusqu'à ce que la division se fasse exactement : le diviseur de la division exacte est le plus grand commun diviseur des deux quantités proposées (N°. 30. 31.).

Si on cherchoit le plus grand commun diviseur de trois quantités, on le chercheroit d'abord pour deux; ensuite on chercheroit le plus grand diviseur commun de la troisiéme & du diviseur des deux premieres, & le second seroit le plus grand commun diviseur des trois quantités proposées : s'il y avoit quatre quantités, on chercheroit le plus grand commun diviseur de la quatriéme & du plus grand diviseur commun des trois autres, & ainsi de suite.

Ces regles suffisent pour les nombres, mais pour les quantités algébriques, il faut de plus,

33. 1°. Ordonner les termes du divende & du diviseur.

2°. Examiner si tous les termes du dividende & du diviseur peuvent être divisés par quelque monome commun; si cela est, après les avoir divisé, il faut mettre ce diviseur à part, pour en multiplier le diviseur commun à la fin de l'opération.

3°. Il faut diviser, s'il est possible, chaque polinome par les quantités qui peuvent diviser exactement son premier terme, & négliger ce diviseur, à moins qu'il ne soit le même dans les deux polinomes.

4°. Si le coëfficient du premier terme du diviseur ne peut diviser au juste celui du premier terme du dividende, il faut multiplier le dividende par la quantité qui empêche qu'on ne puisse faire cette division, ou afin de rendre le coëfficient moins composé, on cherche le plus grand commun diviseur des deux coëfficiens, on divise le second par ce diviseur, & on ne multiplie le premier que par le quotient de cette division.

Les deux dernieres remarques sont fondées sur ce que, multipliant ou divisant l'un des deux polinomes par quelque quantité qui ne soit point diviseur exact de l'autre, on ne change point leur diviseur commun.

Exemple premier.

$$\left.\begin{array}{l} a^3 + b\,d\,a + b^2 d \\ \quad - b\,b\,a - b\,d^2 - d^2 a \end{array}\right\} \& \; a^3 + d\,a^2 - b^2 a - b^2 d.$$

*

1°. On divise la premiere par la seconde, on a pour quotient 1 qu'on néglige, & pour reste

$$-da^2+bda+2b^2d-d^2a-bd^2$$

& comme tous les termes se peuvent diviser par d, on les divise; & l'on a

$$-a^2+ba+2b^2-da-bd.$$

2°. On divise le premier diviseur par cette quantité, & on trouve au quotient $-a$ qu'on néglige & pour reste

$$ba^2+b^2a-b^2d-bda$$

qui étant divisé par b donne

$$a^2+ba-bd-da.$$

3°. Je divise le dernier diviseur par ce reste, & j'ai au quotient -1 & pour reste

$$2ba+2b^2-2da-2bd.$$

4°. Je divise cette quantité par $2b-2d$, le quotient $a+b$ sert de diviseur dans l'opération suivante qui ne laisse aucun reste; & par conséquent $a+b$ est le plus grand commun diviseur.

Exemple deuxiéme.

$$a^2fh+a^2f^2+ahdg-d^2g^2 \ \& \ a^2h^2+afdg-d^2g^2+a^2fh.$$

Je divise le premier terme de l'une des deux quantités par le premier terme de l'autre, & trouvant au quotient $\frac{f}{h}$, je multiplie la premiere quantité par h, après quoi je trouve au quotient f & j'ai pour reste

$$ah^2dg-d^2g^2h-af^2dg+d^2g^2f,$$

& ayant divisé tout par dg, j'ai

$$ah^2-dgh-af^2+dgf$$

laquelle quantité étant divisée par $h-f$ est réduite à la suivante;

$$ah+af-dg$$

qui divise exactement le diviseur de la premiere division, & par conséquent est le plus grand commun diviseur cherché.

Exemple

Exemple troisiéme.

$$\begin{array}{lcl} adc - dcb & & agc - bgc \\ afc - fbc & \& & agd - bgd \\ add - bdd & & alc - blc \\ adf - bdf & & ald - bld \end{array}$$

Je remarque que le diviſeur peut être réduit, parce que l'un & l'autre terme eſt diviſible par $gc + gd + lc + ld$; le quotient $a - b$, quoiqu'il diviſe exactement la premiere quantité, n'eſt pas cependant le plus grand commun diviſeur; & on n'a jamais le plus grand diviſeur, lorſque la quantité qui réduit le diviſeur peut diviſer le dividende, ou avoir avec lui un diviſeur commun; parce qu'elle eſt alors diviſeur commun, ou contient un diviſeur commun de l'un & de l'autre. Je cherche donc ſi $gc + gd + lc + ld$ a un diviſeur commun avec le dividende, & je découvre $c + d$, par lequel je diviſe ce dividende que je réduis à

$$ad - bd + af - bf$$

Et comme j'avois déja réduit le diviſeur à la quantité $a - b$, qui diviſe ſans reſte cette derniere quantité, je multiplie $a - b$ par $c + d$, & le produit $ac + ad - bc - bd$ eſt le plus grand commun diviſeur.

PROBLEME.

Trouver tous les diviſeurs d'une quantité.

SOLUTION.

34. Diviſez la quantité par ſon moindre diviſeur qui ſurpaſſe l'unité, & le quotient de cette premiere diviſion auſſi par ſon moindre diviſeur; & procédez ainſi juſqu'à ce que vous ayez un quotient qui ne ſoit diviſible que par l'unité. Ce dernier quotient, & les diviſeurs ſont les diviſeurs ſimples de la quantité donnée; & les produits des diviſeurs ſimples pris deux à deux, trois à trois, quatre à quatre, &c. en ſont les diviſeurs compoſés.

Pour trouver tous les diviſeurs de 60, je diviſe 60 par 2, le quotient 30 par 2, le quotient 15 par 3, & le quotient 5, qui n'eſt diviſible que par l'unité, eſt le dernier diviſeur ſimple.

Tous les diviſeurs de 60 ſont
Diviſeurs ſimples 2, 2, 3, 5;
Produits des diviſeurs pris deux à deux 4, 6, 10, 15.
Produits des diviſeurs pris trois à trois 12, 20, 30.
Produit des quatre . . . . 60.

De même tous les diviſeurs de 90 ſont,
Diviſeurs ſimples . . . . 2, 3, 3, 5.
Produits des diviſeurs pris deux à deux 6, 9, 10, 15.
Produits des diviſeurs pris trois à trois 18, 30, 45.
Produit des quatre . . . . 90.

Tous les diviſeurs de 21 abb ſont,
Diviſeurs ſimples . . . . 3, 7, a, b, b,
Produits des diviſeurs pris deux à deux 21, 3 a, 3 b, 7 a, 7 b, ab, bb.
Produits des diviſeurs pris trois à trois 21 a, 21 b, 3 ab, 7 ab, 3 bb, 7 bb, abb.
Produits des diviſeurs pris quatre à quatre . . . . . 21 ab, 21 bb, 3 abb, 7 abb.
Produit des cinq . . . . 21 abb.

35. L'unité eſt commune meſure entre tous les nombres entiers; & on appelle premiers entr'eux les nombres qui n'ont pas de plus grande commune meſure que l'unité : tels ſont 9 & 25.

36. Si deux nombres a & b ſont premiers entr'eux, & qu'un troiſiéme c meſure a, il ſera premier par rapport à b. Car, ſi c & b n'étoient pas premiers entr'eux ils auroient une meſure commune, qui meſurant c meſureroit auſſi a qui eſt meſuré par c, donc a & b auroient une meſure commune, ce qui eſt contre la ſuppoſition.

37. Si deux nombres a & b ſont premiers par rapport à c, leur produit ab ſera auſſi premier par rapport à c : car le produit de deux nombres ne peut avoir pour diviſeurs que ſes deux produiſans, ou les parties aliquotes, ou les multiples de l'un ou de l'autre; or les produiſans a & b ne peuvent être diviſeurs de c, puiſqu'ils ſont premiers par rapport à c; donc leurs parties aliquotes ne ſçauroient l'être : de plus, ſi un multiple de l'un ou l'autre, par exemple, de b, étoit diviſeur de c, b lui-même en ſeroit auſſi diviſeur, ce qui eſt contre la ſuppoſition; donc ſi a & b ſont premiers par rapport à c, leur produit ab ſera auſſi premier par rapport à c.

38. Il s'enſuit que ſi a & c ſont premiers entr'eux, a^2 ſera premier par rapport à c; car ſuppoſant $a = b$, on aura $ab = a^2$; & par conſéquent a^2 ſera premier par rapport à c.

On prouveroit de même que c^2 sera premier par rapport à a.

39. Si deux nombres a & b sont premiers par rapport à deux autres c & d, les produits ab, cd seront premiers entr'eux; car ab sera premier par rapport à c, & par rapport à d; donc cd sera premier par rapport à ab.

40. Il s'ensuit que si a & c sont premiers entr'eux, a^2 sera premier par rapport à c^2. Il n'est pas moins évident que a^3 sera premier par rapport à c^3, & en général une puissance quelconque de a par rapport à une puissance quelconque de c.

41. Si deux nombres a & b sont premiers entr'eux, le moindre nombre qu'ils puissent mesurer l'un & l'autre c'est leur produit ab; car si on dit qu'ils peuvent mesurer un moindre nombre comme c, supposons $c = ma$, & $c = nb$; puisque c est moindre que ab, ma sera aussi moindre que ab, & m moindre que b; de même nb étant moindre que ab; n sera aussi moindre que a; mais puisque $ma = nb$ & que a & b sont premiers entr'eux, il s'ensuit que a mesure n, & b mesure m, c'est-à-dire, qu'un nombre plus grand mesure un plus petit, ce qui est absurde.

PROBLEME.

Trouver le plus petit multiple de deux ou plusieurs nombres.

SOLUTION.

42. 1°. Si ces nombres sont premiers entr'eux, leur produit est leur plus petit multiple (N°. 41.).

2°. S'ils ne sont pas premiers entr'eux; cherchez d'abord le plus grand commun diviseur des deux, divisez l'un ou l'autre par ce diviseur, & le produit du quotient par la quantité non divisée sera le plus petit multiple de ces deux premiers nombres : s'il y en a un troisiéme, opérez sur le plus petit multiple trouvé & sur le troisiéme comme vous avez opéré sur les deux premiers, & vous aurez le plus petit multiple des trois nombres proposés; s'il y en avoit un quatriéme, on continueroit de la même maniere.

DEMONSTRATION.

1°. Soient les deux nombres a & b qui ont pour plus grand commun diviseur m, & soit $\frac{b}{m} = q$, & $\frac{a}{m} = p$. je dis que aq ou bp est le plus petit multiple de a & b; car $mp = a$ donc

$mpq = aq$; or mpq eſt multiple de $a = mp$ & de $b = mq$; de plus, il eſt le plus petit multiple, puiſque a & q ſont premiers entr'eux.

2°. Le plus petit multiple de trois nombres ne peut être moindre que celui des deux premiers; il ſera donc multiple de ce multiple & du troiſiéme nombre.

CHAPITRE IV.

Des fractions.

LEMME.

43. ON ne change point le quotient d'une diviſion en multipliant, ou diviſant ſon dividende & ſon diviſeur par une même quantité.

DEMONSTRATION.

ab peut déſigner un dividende quelconque, & a un diviſeur quelconque, & b ſeroit le quotient de cette diviſion; or $\frac{ab \times d}{a \times d} = \frac{abd}{ad} = b$; donc 1°. en multipliant le dividende & le diviſeur par une même quantité, on ne change point le quotient. 2°. Soit la diviſion $\frac{abd}{ad}$ dont le quotient eſt b, ſi on diviſe le dividende & le diviſeur par a, on aura $\frac{bd}{d} = b$; donc 2°. en diviſant la dividende & le diviſeur, &c.

44. Toute fraction eſt une diviſion indiquée dont le numérateur eſt le dividende, & le dénominateur le diviſeur; la valeur de la fraction eſt le quotient.

45. Donc, en multipliant ou diviſant le numérateur & le dénominateur d'une fraction par une même quantité, on ne change point la valeur de la fraction.

On n'augmente point une quantité en la multipliant par 1; donc on ne la diminue point en la diviſant par 1.

46. Pour réduire un entier en fraction d'un dénominateur donné, on le multiplie par le dénominateur donné, ce produit eſt le

numérateur, ſous lequel on écrit le dénominateur donné ; ainſi a réduit en fraction qui ait pour dénominateur b, devient $\frac{ab}{b}$; car $a = \frac{a}{1} = \frac{ab}{b}$, ces deux termes étant multipliés par b.

47. Pour réduire une fraction à ſes moindres termes, on cherche le plus grand commun diviſeur du numérateur & du dénominateur, comme il a été enſeigné, & on diviſe l'un & l'autre terme de la fraction par ce diviſeur.

PROBLEME.

Réduire pluſieurs fractions au même dénominateur.

SOLUTION.

48. On multiplie le numérateur de chaque fraction par le dénominateur de toutes les autres pour avoir les nouveaux numérateurs, & tous les dénominateurs les uns par les autres pour avoir le dénominateur commun.

La démonſtration eſt évidente par le Lemme précédent, N°. 43.

EXEMPLE.

Fractions à réduire $\frac{ab}{f}$, $\frac{cbd}{hl}$, $\frac{q}{r}$

Fractions réduites $\frac{abhlr,\ cbdfr,\ fhlq}{fhlr}$

Si deux ou pluſieurs fractions ont dans leurs dénominateurs un diviſeur commun, il faut les diviſer & enſuite multiplier par ce diviſeur le dénominateur commun, & les numérateurs des fractions dont les dénominateurs n'ont point été diviſés, & par ce moyen les fractions réduites ſe trouvent plus ſimples.

EXEMPLES.

Fractions à réduire où deux dénominateurs ont h pour diviſeur.

$\frac{ls}{s}$, $\frac{abd}{lh}$, $\frac{f^3}{mh}$

Fractions réduites $\frac{l^2mh,\ abdsm,\ f^3ls}{slhm}$

PROBLEME.

Ajoûter, ou soustraire des fractions.

SOLUTION.

49. Après avoir réduit au même dénominateur, il faut ajoûter ou soustraire les numérateurs, & laisser à la somme, ou au reste le dénominateur commun.

Exemple premier.

$$\left.\frac{ad}{b},\ \frac{fsd}{h},\ \frac{ml}{t}\right\}\ \text{somme}\ \frac{adht+bdfs+tbhml}{bht}$$

La différence des deux premieres fractions est

$$\frac{adh-fsdb}{bh}$$

Exemple deuxiéme.

$\left.\frac{afr;}{ad+bd,}\ \frac{l^3-mb^2}{a^2-b^2}\right\}$ je divise les deux dénominateurs par $a+b$, & je trouve d pour quotient du premier, & $a-b$ pour quotient du deuxiéme, leur produit est $ad-bd$ qui multiplié par le diviseur $a+b$ donne a^2d-b^2d pour dénominateur commun, ainsi j'ai pour somme $\frac{a^2fr-abfr+dl^3-b^2dm}{a^2d-db^2}$

La différence des mêmes fractions est

$$\frac{afr-abfr-dl^3+b^2dm}{a^2d-b^2d}$$

LEMME.

50. Le produit des dividendes divisé par le produit des diviseurs est égal au produit des quotiens.

DEMONSTRATION.

Soit $\frac{ab}{a}$ dont le quotient est b, soit encore $\frac{cd}{c}$ dont le quotient est d : ces quantités peuvent représenter tous les dividendes

& les diviſeurs poſſibles avec leurs quotiens; or le produit des quotiens eſt bd, & $\frac{abcd}{ad}$, produit du dividende diviſé par le produit des diviſeurs, donne auſſi pour quotient bd, donc, &c.

PROBLEME.

Multiplier une fraction par une autre.

51. Il faut multiplier le numérateur par le numérateur pour avoir celui du produit, & le dénominateur par le dénominateur pour avoir celui du produit, ce qui ſe démontre par le Lemme précédent.

EXEMPLES.

$$\frac{af}{d} \times \frac{as}{m} = \frac{a^2fs}{dm} \Big\} \quad \frac{bm}{a-b} \times \frac{lm}{a+b} = \frac{blm^2}{a^2-b^2}$$

52. Pour que le produit ſoit le plus ſimple qu'il eſt poſſible, il ne ſuffit pas d'avoir réduit les fractions aux plus ſimples termes. Car ſi le numérateur de l'une a un diviſeur commun avec le dénominateur de l'autre; il faut encore les réduire en leur changeant le dénominateur, ce qui change véritablement la valeur de la fraction, mais ne change pas celle du produit.

EXEMPLE.

Fractions à multiplier.

$$\frac{da^4-db^4}{fga^2+fgb^2} \times \frac{fl^3}{a^2l+2alb+lb^2}$$

Fractions réduites.

$$\frac{da^2-db^2}{fg} \times \frac{fl^2}{a^2+2ab+b^2}$$

Fractions dont on a changé les dénominateurs.

$$\frac{da^2-db^2}{a^2+2ab+b^2} \times \frac{fl^2}{fg}$$

Qui étant encore réduites donnent

$$\frac{da-db}{a+b} \times \frac{l^2}{g} = \frac{dal^2-dbl^2}{ag+bg}$$

PROBLEME.

Diviser une fraction par une autre.

53. Il faut multiplier le numérateur de la fraction dividende par le dénominateur de celle qui est diviseur, pour avoir le numérateur du quotient : & pour en avoir le dénominateur, il faut multiplier le dénominateur du dividende par le numérateur du diviseur.

DEMONSTRATION.

Soit la fraction $\frac{a}{b}$ à diviser par $\frac{c}{d}$. Si je divise par c, j'aurai au quotient $\frac{a}{bc}$; mais ce quotient est moindre que celui des deux fractions, car ce n'étoit pas par c tout entier que je devois diviser, mais par $\frac{c}{d}$, c'est-à-dire, par une quantité autant de fois moindre que c qu'il y a d'unités dans d ; $\frac{a}{bc}$ est donc autant de fois trop petit qu'il y a d'unités dans d ; il faut donc multiplier son numérateur par d pour avoir le vrai quotient.

54. La division de fraction se change en multiplication, si on transpose les termes de la fraction qui est diviseur, c'est-à-dire, si on met le dénominateur à la place du numérateur & réciproquement.

EXEMPLE.

De division de fraction complexe.

Dividende. $\frac{x^3}{3b} - \frac{5ax^2}{8b} + \frac{3a^2x}{16b} + \frac{2ax}{3} - \frac{a^2}{4}$

Diviseur. $\frac{x^2}{2b} - \frac{3ax}{4b} + a$ } Quot. $\frac{2x}{3} - \frac{a}{4} = \frac{8x - 3a}{12}$

$\frac{x^3}{3b}$ étant divisé par $\frac{x^2}{2b}$ le quotient est $\frac{2bx^3}{3bx^2} = \frac{2x}{3}$ qu'on écrit au quotient ; on multiplie le diviseur par ce terme & on a $\frac{x^3}{3b} - \frac{6ax^2}{12b}$, & ayant retranché du dividende le premier de ces

ces deux termes, pour en retrancher le deuxiéme $= -\frac{6ax^2}{12b} = -\frac{ax^2}{2b}$, on le réduit au même dénominateur que $\frac{5ax^2}{8b}$ & on a $-\frac{4ax^2}{8b}$, & la soustraction faite, il reste $-\frac{ax^2}{8b}$; ensuite ayant multiplié le dernier terme $+a$ du diviseur on a $\frac{2ax}{3}$ qu'on retranche de $\frac{2ax}{3}$. On recommence à diviser le reste du dividende $-\frac{ax^2}{8b}+\frac{3a^2x}{16b}-\frac{a}{4}$ en disant $-\frac{ax^2}{8b}(:)\frac{x^2}{2b}$ le quotient est $-\frac{2abx^2}{8bx^2} = -\frac{a}{4}$ qu'on écrit au quotient & ayant effacé $-\frac{ax^2}{8b}$, on multiplie le reste du diviseur par le nouveau ter[illegible]u quotient, & on a $\frac{3a^2x}{16b} - \frac{a^2}{4}$ qui étant soustrait du [illegible]nde, il ne reste rien.

PROBLEME.

Trouver le plus grand commun diviseur des deux polinomes. N°. 32.

55. On peut beaucoup abréger & faciliter cette opération en joignant les regles des entiers à celles des fractions, comme on le verra dans l'exemple suivant.

$$x^3 - 4x^2 + 5x - 2 \;\&\; -2x^2 + 5x - 3$$

x^3 divisé par $-2x^2$ donne au quotient $\frac{-x}{2}$ par lequel il faut multiplier le diviseur, & on a un produit $x^3 - \frac{5x^2}{2} + \frac{3x}{2}$ qu'il faut retrancher du dividende, dont il reste $-\frac{3x^2}{2}+\frac{7x}{2}-2$. On continue à diviser $\frac{-3x^2}{2}$ par $-2x^2$, on trouve au quotient $\frac{3}{4}$, & ayant multiplié le diviseur par $\frac{3}{4}$, & fait la soustraction il reste $-\frac{x}{4}+\frac{1}{4}$ qui ne pouvant plus servir de dividende, servira de diviseur à son tour, après avoir été lui-même divisé par $\frac{1}{4}$, ce qui se réduit à $-x+1$ qui est diviseur exact, & par conséquent le plus grand commun diviseur.

PROBLEME.

56. Approcher tant qu'on voudra du vrai quotient d'une fraction proprement dite, c'est-à-dire, dont la division ne se peut faire exactement.

SOLUTION.

Il faut suivre les regles de la division ordinaire, & continuer l'opération, jusqu'à ce qu'on ait découvert la loi suivant laquelle les termes de la suite peuvent être continué à l'infini.

EXEMPLE.

$$\frac{b}{a+c}=\frac{b}{a}-\frac{bc}{a^2}+\frac{bc^2}{a^3}-\frac{bc^3}{a^4}\ \&c.$$

Car si on divise b par a, qui est le premier terme du diviseur, on a $\frac{b}{a}$; or $\frac{b}{a}\times\overline{a+c}=\frac{ab}{a}+\frac{bc}{a}=b+\frac{bc}{a}$, lequel soustrait du dividende laisse pour reste $-\frac{bc}{a}$, qu'il faut continuer à diviser par a, premier terme du diviseur, & on trouve au quotient $-\frac{bc}{a^2}$, qui étant multiplié par $\overline{a+c}$ donne $-\frac{abc}{a^2}-\frac{bc^2}{a^2}$, qui étant soustrait du dividende $-\frac{bc}{a}$ laisse pour reste $+\frac{bc^2}{a^2}$ &c.

COROLLAIRE PREMIER.

57. Si $b=1$, & $a=1$, ayant substitué ces valeurs dans le quotient, on aura $1-c+c^2-c^3$ &c. à l'infini, donc $\frac{1}{1+c}=1-c+c^2-c^3$ &c. à l'infini.

COROLLAIRE II.

58. Si les termes du quotient sont décroissans, la suite donne un quotient qui approche tant qu'on veut du veritable. Par exemple, si $b=1$, $c=1$, $a=2$; ayant substitué ces valeurs dans la suite on trouvera $\frac{1}{3}=\frac{1}{2+1}=\frac{1}{2}-\frac{1}{4}+\frac{1}{8}-\frac{1}{16}+\frac{1}{32}-\frac{1}{64}+\frac{1}{128}$ &c.

Le premier terme $\frac{1}{2} = \frac{1}{3} + \frac{1}{6}$; les deux premiers $\frac{1}{2} - \frac{1}{4} = \frac{1}{3} - \frac{1}{12}$; les trois premiers $\frac{1}{2} - \frac{1}{4} + \frac{1}{8} = \frac{1}{3} + \frac{1}{24}$; les quatre premiers $\frac{1}{2} - \frac{1}{4} + \frac{1}{8} - \frac{1}{16} = \frac{1}{3} + \frac{1}{48}$ &c. c'est-à-dire, que la somme des termes peche alternativement par excès & par défaut, & que plus on continue la suite, plus on approche de la vraie valeur.

COROLLAIRE III.

59. Si le second terme du diviseur surpasse le premier, les termes de la suite sont croissans, & alors plus on la continue, plus on s'écarte du vrai quotient; soit pour exemple $\frac{1}{3} = \frac{1}{1+2} = 1 - 2 + 4 - 8 + 16 - 32 + 64$ &c. Le premier surpasse $\frac{1}{3}$ de $\frac{2}{3}$, & les deux premiers sont surpassés de $\frac{4}{3}$ par $\frac{1}{3}$, les trois premiers surpassent de $\frac{8}{3}$, les quatre premiers sont surpassés de $\frac{16}{3}$; & ainsi de suite.

60. On peut remarquer sur cette suite, 1°. qu'un terme quelconque de la suite, divisé par le dénominateur de la fraction, exprime la différence de la somme des termes précédens à la valeur de la fraction; par exemple, le quatriéme terme 8 divisé par 3, exprime la différence de $1 - 2 + 4$ à $\frac{1}{3}$; 2°. que quand ce terme a le signe $+$, il doit être ajoûté, & quand il a le signe $-$, il doit être soustrait: ainsi $\frac{1}{3} = 1 - 2 + 4 - \frac{8}{3}$, & $\frac{1}{3} = 1 - 2 + 4 - 8 + \frac{16}{3}$ &c. Donc pour exprimer la valeur d'une fraction par une suite croissante, il faut la terminer & donner pour dénominateur au dernier terme celui de la fraction.

61. Si on a $\frac{1}{2} = \frac{1}{1+1} = 1 - 1 + 1 - 1 + 1$ &c. cette suite n'est ni croissante, ni décroissante: les termes en nombre pair $= 0$, & sont au-dessous de la valeur de la fraction; les termes en nombre impair $= 1$, & sont au-dessus: cette suite se termine comme la précédente: car $\frac{1}{2} = 1 - \frac{1}{2} = 1 - 1 + \frac{1}{2}$.

62. En général $\frac{1}{1+c} = 1 - c + c^2 - c^3 + \frac{c^4}{1+c} = \frac{1 + c - c - c^2 + c^2 + c^3 - c^3 - c^4 + c^4}{1+c}$ tout étant réduit au même dénominateur.

63. Les suites qui approchent continuellement du vrai quotient s'appellent convergentes, & celles qui s'en éloignent continuellement s'appellent divergentes.

CHAPITRE V.

De la formation des puissances & de l'extraction de leurs racines.

De la formation des puissances.

64. ON appelle puissance ou degré le produit d'une quantité multipliée par elle-même ; si elle est multipliée une fois, le produit s'appelle quarré, ou deuxiéme puissance ; si elle l'est deux fois, le produit s'appelle cube, ou troisiéme puissance ; si elle l'est trois fois, le produit est un quarré quarré, ou quatriéme puissance ; si elle l'est quatre fois c'est un quarré cube, ou cinquiéme puissance ; si elle l'est cinq, c'est un cube cube, ou sixiéme puissance.

65. La quantité qui multipliée par elle-même a formé ces puissances, en est la racine.

66. Pour élever un monome à une puissance quelconque, il faut multiplier son exposant par celui de la puissance à laquelle on veut l'élever. Ainsi $a = a^1$ étant élevé au quarré devient $a^{1 \times 2} = a^2$; & $ab = a^1 b^1$ étant élevé au cube devient $a^{1 \times 3} b^{1 \times 3} = a^3 b^3$; & la quatriéme puissance de a^3 est $a^{3 \times 4} = a^{12}$; & en général, la puissance n de a^m est a^{mn}.

67. La formation des puissances des quantités composées souffre plus de difficultés. On peut trouver les puissances successives du binome $a + b$ en le multipliant continuellement par lui-même ; comme il s'ensuit.

$$
\begin{array}{l}
a + b, \text{ racine} \\
\times\, a + b \\
\hline
a^2 + ab \\
\quad + ab + b^2 \\
\hline
a^2 + 2ab + b^2, \text{ quarré} \\
\times\, a + b \\
\hline
a^3 + 2a^2b + ab^2 \\
\quad + a^2b + 2ab^2 + b^3 \\
\hline
a^3 + 3a^2b + 3ab^2 + b^3, \text{ cube} \\
\times\, a + b \\
\hline
a^4 + 3a^3b + 3a^2b^2 + ab^3 \\
\quad + a^3b + 3a^2b^2 + 3ab^3 + b^3 \\
\hline
a^4 + 4a^3b + 6a^2b^2 + 4ab^3 + b^4, \text{ quatriéme puissance.}
\end{array}
$$

&c.

PROBLEME.

Elever un binome à une puissance quelconque.

Solution.

Regle des exposans.

68. Le premier terme a pour exposant celui de la puissance qu'on cherche, & cet exposant décroît à chaque terme d'une quantité égale à l'exposant de la racine; la seconde racine commence par multiplier le deuxiéme terme, & son exposant augmente à chaque terme d'une quantité égale à l'exposant de sa racine, jusqu'à ce qu'il ait atteint le degré de la puissance cherchée; d'où il suit que la somme des exposans est la même dans chaque terme, & est toujours égale à l'exposant de la puissance cherchée, quand les racines ont l'unité pour exposant.

Regle des coëfficiens.

69. Pour avoir le coëfficient du premier terme, élevez celui de la racine à la puissance cherchée; celui des autres est le produit du coëfficient du terme précédent par l'exposant de la premiere racine dans le même terme, divisé par l'exposant que doit avoir la deuxiéme racine du terme que l'on cherche.

Regle des signes.

70. Si l'une des racines est négative, les termes dans lesquelles cette racine aura un exposant impair doivent avoir le signe —. En général, dans ce cas, les termes d'une puissance quelconque de $a - b$ sont positifs & négatifs tour à tour.

Exemple.

$$\overline{a - b}^{6} = a^6 - 6a^5b + 15a^4b^2 - 20a^3b^3 + 15a^2b^4 - 6ab^5 + b^6$$

On peut, par le moyen de cette formule, trouver la puissance quelconque d'une quantité qui contiendroit plus de deux termes, en considérant deux ou plusieurs, comme n'en faisant qu'un.

EXEMPLES.

$\overline{a+b+c}^2 = \overline{a+b}^2 + 2c \times \overline{a+b} + c^2 = a^2 + 2ab + b^2 + 2ac$
$+ 2bc + c^2$. Les opérations indiquées étant faites.

$\overline{a+b+c}^3 = \overline{a+b}^3 + 3c \times \overline{a+b}^2 + 3c^2 \times \overline{a+b} + c^3 = a^3 + 3a^2b$
$+ 3ab^2 + b^3 + 3a^2c + 6abc + 3b^2c + 3ac^2 + 3bc^2 + c^3$.

De l'extraction des racines.

71. Remarquez, 1°. que la racine paire, comme seconde, quatriéme, sixiéme, &c. d'un terme négatif est impossible ou imaginaire, telle est la racine de $- a^2$.

72. 2°. Qu'un monome positif, dont l'exposant est un nombre pair, a toujours deux racines, l'une positive & l'autre négative. Ainsi a^2 a pour racine $+ a$, ou $- a$; car il est également le produit de $+ a \times + a$, ou de $- a \times - a$.

73. 3°. Que si l'exposant d'un monome est impair, la racine est positive, si la puissance l'est; & négative, si la puissance est négative.

74. L'extraction des racines décompose ce que la formation des puissances a composé; ainsi pour faire cette opération, il faut connoître les différens produits qu'on trouve en formant chaque puissance.

75. Le quarré d'un binome contient, 1°. le quarré du premier terme; 2°. le produit du double du premier par le deuxiéme; 3°. le quarré du deuxiéme : si c'est un trinome, il contient; 4°. le double des deux premiers par le troisiéme; 5°. le quarré du troisiéme. Enfin, si c'est un plus grand polinome, il contiendra le produit du double de tous les termes précédens par celui qui doit suivre, plus le quarré de ce terme suivant.

76. Le cube d'un binome contient, 1°. le cube du premier terme; 2°. trois quarrés du premier terme multipliés par le deuxiéme; 3°. trois quarrés du deuxiéme multipliés par le premier; 4°. le cube du deuxiéme.

77. Si c'est un trinome il contiendra de plus, 5°. trois quarrés de la somme des deux premiers multipliés par le troisiéme; 6°. trois quarrés du troisiéme multipliés par la somme des deux premiers; 7°. le cube du troisiéme, & ainsi de suite.

La raiſon de tout ceci ſe déduit de la formation des puiſſances.

PROBLEME.

Extraire la racine d'une puiſſance donnée.

REGLE.

78. 1°. Ordonnez les termes; 2°. tirez la racine demandée du premier terme; 3°. élevez cette racine à un dégré moindre de l'unité que l'expoſant de la racine demandée, & multipliez cette puiſſance par l'expoſant même; 4°. diviſez par ce produit le deuxiéme terme de la puiſſance propoſée, le quotient ſera le deuxiéme terme de la racine cherchée, &c.

Ainſi pour extraire la racine cinquiéme de $a^5 + 5a^4b + 10a^3b^2 + 10a^2b^3 + 5ab^4 + b^5$, je dis la racine cinquéme de a^5 eſt a, que j'écris à la racine; j'éleve a à ſa quatriéme puiſſance que je multiplie par 5, ce qui me donne $5a^4$; je diviſe le deuxiéme terme $5a^4b$ par $5a^4$, & je trouve b pour deuxiéme membre de la racine; alors formant la cinquiéme puiſſance de $a + b$, & la ſouſtrayant de la quantité propoſée, je vois qu'il ne reſte rien, d'où je conclus que $a + b$ eſt la racine demandée. Si la racine avoit dû avoir trois termes, ou eût trouvé le troiſiéme, en opérant ſur la ſomme des deux premiers pour trouver le troiſiéme, comme on avoit opéré ſur le premier pour trouver le deuxiéme.

Autre maniere.

79. 1°. Il faut en ordonner les termes, s'il ne le ſont pas.

2°. Il faut examiner ſi c'eſt une puiſſance parfaite, ſuivant les principes donnés pour la formation des puiſſances.

3°. On prendra la racine indiquée des termes particuliers qui ſont des puiſſances parfaites.

4°. On cherchera les ſignes qui conviennent aux racines, par le moyen des termes de la puiſſance où elles ont pour expoſant un nombre impair.

80. Quand une puiſſance n'eſt point parfaite, on ne peut en exprimer la racine que par une ſuite infinie de termes, que l'on trouve en ſuivant exactement les regles ordinaires de l'extraction des racines; ainſi pour la racine quarrée de $a^2 \pm x^2$, on trouvera

$a + \frac{x^2}{2a} - \frac{x^4}{8a^3} + \frac{x^6}{16a^5} - \frac{5x^8}{128a^7} +$ &c. de la même maniere on trouvera que la racine cubique de $a^3 + x^3$ est $a + \frac{x^3}{3a^2} - \frac{x^6}{9a^5} + \frac{5x^9}{81a^8} - \frac{10x^{12}}{243a^{11}} +$ &c.

81. Quand on ne peut point extraire la racine d'une quantité on l'indique par le moyen du signe $\sqrt{}$, au-dessus duquel on écrit le nombre qui exprime la racine en question; ainsi $\sqrt[3]{}$ signifie racine cubique; $\sqrt[4]{}$ signifie racine quatriéme, &c. Quand il n'y a point de nombre écrit, on y suppose 2 qui désigne la racine quarrée. Les quantités qui précédent le signe, sont les coëfficiens du radical, le nombre écrit au-dessus en est l'exposant, & les quantités écrites sous la deuxiéme branche du signe, sont la puissance du radical : ainsi dans la quantité radicale $2a\sqrt[3]{a^2 - b^2}$, $2a$ est le coëfficient, 3 l'exposant, $a^2 - b^2$ la puissance.

82. Les quantités radicales s'appellent aussi irrationelles, sourdes, ou incommensurables.

CHAPITRE VI.

Des quantités radicales & des imaginaires.

Des quantités radicales.

83. LE quarré d'un nombre mixte, c'est-à-dire, composé d'entiers & fractions est toujours un nombre mixte, & jamais un entier; car supposons que a désigne un nombre entier quelconque, & $\frac{m}{n}$ une fraction réduite à ses moindres termes, de sorte que m & n soient premiers entr'eux; & par conséquent $an + m$ premier par rapport à n, $\overline{an + m}^2$ sera premier par rapport à n^2, & par conséquent $\frac{\overline{an + m}^2}{n^2}$ sera une fraction réduite à ses moindres termes, & ne sçauroit jamais être égale à un nombre entier. De même le cube, la quatriéme puissance, & une puissance quelconque d'un nombre mixte est toujours un nombre mixte, & jamais un entier.

84. Il

84. Il s'ensuit que la racine quarrée d'un entier, doit être un entier ou un incommensurable.

Supposons l'entier b dont la racine quarrée est moindre que $a+1$, & plus grande que a, je dis qu'elle est incommensurable; car si on veut qu'elle soit commensurable, supposons-la $a+\frac{m}{n}$, où $\frac{m}{n}$ représente une fraction quelconque réduite à ses moindres termes; il s'ensuivroit que $a+\frac{m}{n}$ élevé à son quarré donneroit un entier b, ce qui a été démontré impossible N°. 83.

85. Il s'ensuit que les racines quarrées des nombres (excepté de 1, 4, 9, 16, 25, 36, 49, 64, 81, 100, &c. qui sont les quarrés des nombres 1, 2, 3, 4, 5, 6, 7, 8, 9, 10, &c.) sont incommensurables. De même les racines cnbiques de tous les nombres, excepté ceux qui sont les cubes des nombres entiers, sont incommensurables.

86. Mais quoique ces nombres soient eux-mêmes incommensurables avec l'unité, ils sont commensurables en puissance, parce que leurs puissances sont des entiers multiples de l'unité. Ces racines peuvent aussi être commensurables entr'elles. Comme $\sqrt{8}$ & $\sqrt{2}$, parce qu'elles sont entr'elles comme 2 est à 1 : & lorsqu'elles ont une mesure commune, comme dans ce cas $\sqrt{2}$, on peut les réduire à leurs moindres termes, comme les quantités commensurables.

87. Une quantité rationelle peut être réduite sous la forme d'un radical donné en l'élévant à la puissance de l'exposant du signe radical; ainsi $a=\sqrt[2]{a^2}=\sqrt[3]{a^3}=\sqrt[4]{a^4}=\sqrt[n]{a^n}$; de même $4=\sqrt[2]{16}=\sqrt[3]{64}=\sqrt[4]{256}$

88. Les quantités radicales qui ont même exposant & même puissance, s'appellent communicantes.

Pour le calcul des radicaux, je ne donnerai que des formules sans la démonstration, parce qu'on y suppléera à l'aide de ce qu'on a vû précédemment, & des deux Lemmes suivans.

LEMME PREMIER.

89. La racine quelconque d'un produit est égale au produit des racines des produisans.

DEMONSTRATION.

Car $\sqrt{a^2 \times b^2}=\sqrt{a^2 b^2}=ab$; or ab est le produit des racines des produisans a^2 & b^2, donc, &c.

LEMME II.

90. La racine quarrée d'une grandeur eſt égale à la racine quatriéme du quarré de cette grandeur, à la racine ſixiéme de ſon cube, à la racine huitiéme de ſa quatriéme puiſſance &c. en augmentant l'expoſant de la racine de deux unités, à meſure que les puiſſances de la grandeur augmentent d'une.

91. De même la racine cube d'une grandeur eſt égale à la racine ſixiéme du quarré de cette grandeur, à la racine neuviéme de ſon cube, &c. en augmentant l'expoſant de la racine de trois unités, à meſure que les puiſſances de la grandeur augmentent d'une : & ainſi des racines plus élevées en augmentant de 4, 5, 6 unités, &c. les expoſans des racines, à meſure que les expoſans des puiſſances de la grandeur n'augmentent que d'une.

DEMONSTRATION.

Car ſoit a, a^2, a^3, a^4, a^5, a^6, a^7, a^8, a^9, a^{10} ; or $a = \sqrt{a^2} = \sqrt[3]{a^3} = \sqrt[4]{a^4}$; or le quarré de a^2 eſt a^4; donc $\sqrt{a^2} = \sqrt[4]{a^4}$.

De même le cube de a^2 eſt a^6, ſa quatriéme puiſſance eſt a^8, ſa cinquiéme puiſſance eſt a^{10}, &c. or $\sqrt{a^2} = \sqrt[6]{a^6} = \sqrt[8]{a^8}$, &c. on trouvera de la même maniere ce qui regarde les autres puiſſances.

PROBLEME I.

Rèduire à l'unité le coëfficient d'un radical.

SOLUTION.

92. Multipliez la puiſſance par le coëfficient élevé au degré de l'expoſant.

FORMULES.

$$m\sqrt[r]{ab} = \sqrt[r]{abm^r}. \quad \frac{m}{n}\sqrt[r]{ab} = \sqrt[r]{\frac{abm^r}{n^r}}. \quad \frac{m}{n}\sqrt[r]{\frac{ab}{c}} = \sqrt[r]{\frac{abm^r}{cn^r}}. \quad 2\sqrt{25} = \sqrt{100}.$$

PROBLEME II.

Réduire la puiſſance d'un radical en entier.

SOLUTION.

93. Diviſez le coëfficient par le dénominateur de la puiſſance,

multipliez le numérateur de la puissance par son dénominateur élevé au degré de l'exposant moins un.

FORMULES.

$$\frac{m}{n}\sqrt[r]{\frac{ab}{c}} = \frac{m}{nc}\sqrt[r]{abc^{r-1}}. \quad \sqrt[r]{\frac{ab}{c}} = \frac{1}{c}\sqrt[r]{abc^{r-1}}.$$
$$m\sqrt[r]{\frac{ab}{c}} = \frac{m}{c}\sqrt[r]{abc^{r-1}}.$$

PROBLEME III.

Réduire l'exposant d'un radical aux plus simples termes.

SOLUTION.

94. Cherchez tous les diviseurs de l'exposant, tirez la racine de la puissance indiquée par l'un de ces diviseurs, & divisez l'exposant par le même.

FORMULES.

$$\sqrt[4]{a^2b^2} = \sqrt{ab}. \quad \sqrt[12]{2401} = \sqrt[3]{7}. \quad a\sqrt[6]{a^2b^2 - 2ab^3 + b^4} = a\sqrt[3]{ab - b^2}.$$

PROBLEME IV.

Réduire un radical aux plus simples termes.

SOLUTION.

95. Après avoir réduit sa puissance en entier, & son exposant aux plus simples termes, divisez sa puissance par un entier de même dégré que l'exposant, & multipliez le coëfficient par la racine de cet entier.

FORMULES.

$$\frac{17}{6}\sqrt[6]{\frac{a^9b^3c^4}{m^3n^3}} = \frac{17}{6}\sqrt[2]{\frac{a^3bc}{mn}} = \frac{17}{6mn}\sqrt{a^3bcmn}$$
$$= \frac{17a}{6mn}\sqrt{abcmn}. \quad \sqrt[2]{a^4 - a^3b + a^2b^2} = a\sqrt[2]{a^2 - ab + b^2}.$$
$$\sqrt{x^2 \pm \frac{4mp}{a^2}x^2} = \frac{\sqrt{a^2x^2 + 4mpx^2}}{a^2} = \frac{x}{a}\sqrt{a^2 + 4mp}.$$

PROBLEME V.

Réduire deux radicaux au même exposant.

SOLUTION.

96. Multipliez le moindre exposant par un nombre qui l'égale à l'autre, & élevez sa puissance au degré marqué par ce nombre : ou, si cela ne se peut, multipliez l'exposant de l'un par celui de l'autre, & élevez la puissance de chacun au degré marqué par le nombre qui aura multiplié son exposant.

FORMULES.

$$\frac{p}{q}\frac{\sqrt[r]{a}}{b} + \frac{y}{z}\frac{\sqrt[u]{c}}{d} = \frac{p}{q}\sqrt[ru]{\frac{a^u}{b^u}} + \frac{y}{z}\frac{\sqrt[ru]{d^r}}{c^r}$$

$$a\sqrt[2]{a^2 - b^2} + b\sqrt[3]{ab - b^2} = a\sqrt[6]{a^6 - 3a^4b^2 + 3a^2b^4 - b^6}$$
$$+ b\sqrt[6]{a^2b^2 - 2ab^3 + b^4}.$$

PROBLEME VI.

Découvrir le plus grand de deux radicaux.

SOLUTION.

97. Donnez-leur le même exposant & réduisez les coëfficiens à l'unité.

FORMULE.

$a\sqrt[3]{ab}$ & $2a\sqrt{ab}$ . . . . $\sqrt[6]{a^5b^2}$ & $\sqrt[6]{4a^5b^3}$

PROBLEME VII.

Trouver la somme, ou la différence de deux radicaux.

SOLUTION.

98. Si après la réduction aux plus simples termes, ils ont même exposant & même puissance, prenez la somme, ou la différence de leurs coëfficiens; mais s'ils ne sont pas communicans, il faut indiquer l'addition, ou la soustraction par le moyen des signes + & — à l'ordinaire.

FORMULE.

$$a + 2\sqrt{ab} + 3\sqrt{ac} - 4\sqrt{ad}$$
$$b - 5\sqrt{ab} + 9\sqrt{ac} + 2\sqrt{ad}$$

Somme.

$$a + b - 3\sqrt{ab} + 12\sqrt{ac} - 2\sqrt{ad}$$

Différence.

$$a - b + 7\sqrt{ab} - 6\sqrt{ac} - 6\sqrt{ad}$$

PROBLEME VIII.

Multiplier un radical par un autre.

SOLUTION.

99. Après avoir réduit au même exposant, on multipliera le coëfficient de l'un par le coëfficient de l'autre, & la puissance de l'un par celle de l'autre, selon les regles ordinaires de la multiplication.

FORMULES.

$a\sqrt{b} \times \sqrt{c} = a\sqrt{bc}$; $2a\sqrt{b} \times 3b = 6ab\sqrt{b}$; $2a\sqrt{bc} \times b\sqrt{ab} = 2ab\sqrt{ab^2c} = 2ab^2\sqrt{ac}$; $a + \sqrt{a^2 - b^2} \times a + \sqrt{a^2 - b^2} = a^2 + 2a\sqrt{a^2 - b^2} + a^2 - b^2$; $a + \sqrt{a^2 - x^2} \times a - \sqrt{a^2 - x^2} = a^2 - a^2 + x^2 = x^2$.

PROBLEME IX.

Diviser une quantité radicale par une autre.

SOLUTION.

100. La regle générale est d'en former une fraction dont le dénominateur soit le diviseur, & le numérateur le dividende; ou, quand cela se peut, après avoir réduit l'un & l'autre au même exposant, on suit les regles générales de la division.

EXEMPLE.

$$\frac{4a + 8\sqrt{ac} - 9b + 12\sqrt{bc}}{2\sqrt{a} - 3\sqrt{b} + 4\sqrt{c}} = 2\sqrt{a} + 3\sqrt{b}.$$

Car $4a = 4\sqrt{a^2}$ qui étant divisé par $2\sqrt{a}$ donne au quotient $2\sqrt{a}$: ensuite on multiplie le diviseur par ce terme, & on continue l'opération de la même maniere.

On donnera après le calcul des exposans d'autres moyens de faire cette opération qui est souvent très-embarassante.

PROBLEME X.

Elever un radical à une puissance quelconque.

SOLUTION.

101. Divisez son exposant par celui de la puissance où vous voulez l'élever : si cela ne se peut, élevez son coëfficient & sa puissance au degré demandé.

FORMULES.

$$\overline{\sqrt[6]{ab}}^2 = \sqrt[3]{ab}. \quad a\overline{\sqrt[3]{bc}}^2 = a^2\sqrt[3]{b^2c^2}.$$

PROBLEME XI.

Extraire la racine quelconque d'un radical.

SOLUTION.

102. Tirez la racine proposée de son coëfficient & de sa puissance; ou réduisez son coëfficient à l'unité & multipliez son exposant par celui de la racine proposée.

Des radicaux imaginaires.

103. Les racines paires d'une quantité négative sont impossibles comme $\sqrt{-a}$, $\sqrt[4]{-a}$, &c. c'est pourquoi on les appelle racines imaginaires; mais cela n'empêche pas qu'on ne puisse les rendre réelles en les multipliant par elles-mêmes : par exemple,

$\sqrt{-a} \times \sqrt{-a} = -a$; car pour extraire la racine quarrée de $-a$, on écriroit $\sqrt{-a}$; or en multipliant une racine par elle-même, on doit avoir la quantité dont elle est racine; donc $\sqrt{-a} \times \sqrt{-a} = -a$, qui est une quantité réelle négative.

104. En effet, pour extraire la racine de $-a$, on ne fait que mettre le signe radical sans rien changer à la quantité ni au signe qui la précede, donc pour l'élever à la même puissance on ne doit que retrancher le signe radical, d'où il suit que

$$b\sqrt{-a} \times c\sqrt{-a} = bc \times -a = -abc$$

$$b\sqrt{-a} \times -c\sqrt{-a} = -bc \times -a = +abc$$

$$-b\sqrt{-a} \times -c\sqrt{-a} = +bc \times -a = -abc$$

De même quand l'unité exprimée ou sous-entendue, est le coëfficient

$$1\sqrt{-a} \times 1\sqrt{-a} = 1 \times -a = -a$$

$$1\sqrt{-a} \times -1\sqrt{-a} = -1 \times -a = +a$$

$$-1\sqrt{-a} \times -1\sqrt{-a} = 1 \times -a = -a$$

d'où il suit que $\frac{a}{\sqrt{-a}} = -\sqrt{-a}$

$$\frac{a}{-\sqrt{-a}} = \sqrt{-a}$$

$$\frac{-a}{-\sqrt{-a}} = -\sqrt{-a}$$

105. Mais la multiplication ne rétablit la quantité réelle négative, que dans le seul cas où la racine imaginaire est élevée à la puissance indiquée par l'exposant du signe radical, on se contente d'indiquer les autres multiplications : ainsi pour multiplier $\sqrt{a}$ par $\sqrt{-a}$, il faut écrire simplement $\sqrt{a} \times \sqrt{-a}$: & ainsi des autres. De même pour diviser a par $\sqrt{-b}$ il faut écrire $\frac{a}{\sqrt{-b}}$;

106. Mais lorsque la quantité imaginaire se trouve au numé-

rateur & au dénominateur, on l'efface de part & d'autre; ainsi

$$\frac{\sqrt{-3}}{-\sqrt{-3}} = \frac{1}{-1} = -1. \quad \frac{a\sqrt{-b^2}}{b\sqrt{-b^2}} = \frac{a}{b}. \quad \frac{-b}{\sqrt{-b}}$$

$$= \frac{\sqrt{-b} \times \sqrt{-b}}{\sqrt{-b}} = \sqrt{-b}. \quad \frac{\sqrt{-b}}{-b} = \frac{\sqrt{-b}}{\sqrt{-b} \times \sqrt{-b}}$$

$$= \frac{1}{\sqrt{-b}}.$$

CHAPITRE VII.

Calcul des puissances par leurs exposans.

107. $a \times a = a^2 = a^{1+1}. \ a^2 \times a = a^3 = a^{2+1}$ &c.

$$\frac{a^3}{a} = a^2 = a^{3-1}. \quad \frac{a^2}{a} = a^1 = a^{2-1} \text{ \&c.}$$

$$\frac{a}{a} = 1 = a^{1-1} = a^0.$$

$$\frac{a}{a^2} = \frac{1}{a} = a^{1-2} = a^{-1}.$$

$$\frac{a}{a^3} = \frac{1}{a^2} = a^{1-3} = a^{-2}.$$

$$\sqrt[2]{a^2} = a = a^1 = a^{\frac{2}{2}}. \ \sqrt[r]{a^n} = a^{\frac{n}{r}}$$

De-là il suit, qu'outre les exposans entiers positifs dont on a déja parlé il y a encore des exposans entiers négatifs, & même des exposans fractionnaires positifs ou négatifs, & de plus l'exposant o, sur lesquels on peut faire les mêmes opérations que sur les exposans entiers positifs; calcul beaucoup plus commode que celui des radicaux & de certaines fractions dont il tient lieu.

PROBLEME.

Ajouter ou soustraire des puissances, soit que les exposans soient entiers ou fractionaires, positifs ou négatifs.

SOLUTION.

108. Si les termes ne sont pas semblables on les écrit de suite avec leurs

leurs signes pour l'addition, & pour la soustraction on change les signes de la quantité qui doit être soustraite.

Si les termes sont semblables, c'est-à-dire, si ce sont les mêmes quantités, avec les mêmes exposans & les mêmes signes d'exposans, on prend pour l'addition la somme, & pour la soustraction la différence de leurs coëfficiens.

Exemples pour les termes qui ne sont pas semblables.

$$7a^p \text{ \& } 4a^q = 7a^p + 4a^q. \ 7a^p \text{ \& } 4a^{-p} = 7a^p + 4a^{-p}.$$

$$a^p \text{ \& } a^{\frac{p}{q}} = a^p + a^{\frac{p}{q}}, \text{ \&c.}$$

Exemples pour les termes semblables.

$$7a^3 \text{ \& } 4a^3 = 11a^3. \ 7a^3 - 4a^3 = 3a^3.$$

$$pa^n + qa^n = \overline{p+q}\,a^n. \ pa^n - qa^n = \overline{p-q}\,a^n$$

$$pa^{-n} + qa^{-n} = \overline{p+q}\,a^{-n}. \ pa^{\frac{-n}{m}} + qa^{\frac{-n}{m}} = \overline{p+q}\,a^{\frac{-n}{m}};$$

Il en est de même pour la soustraction, au changement des signes près.

PROBLEME.

Multiplier ou diviser des puissances dont les exposans sont des nombres entiers, ou rompus; positifs, ou négatifs.

SOLUTION.

109. 1°. Quand ce sont les puissances de la même quantité, il faut prendre la somme des exposans pour la multiplication, & la différence par la division.

Exemples de Multiplication.

$$a^p \times a^q = a^{p+q}. \ a^p \times a^{-q} = a^{p-q}$$

$$a^{-p} \times a^q = a^{-p+q}. \ a^{-p} \times a^{-q} = a^{-p-q}$$

$$a^{\frac{p}{r}} \times a^{\frac{q}{s}} = a^{\frac{p}{r}+\frac{q}{s}} = a^{\frac{ps+qr}{rs}}$$

Exemples de Division.

$$\frac{a^p}{a^q} = a^{p-q}. \quad \frac{a^{-p}}{a^{-q}} = a^{-p+q}$$

$$\frac{a^{\frac{p}{r}}}{a^{\frac{q}{s}}} = a^{\frac{p}{r}-\frac{q}{s}} = a^{\frac{pr-qs}{rs}}$$

110. 2°. Quand ce sont les puissances de différentes quantités ; on peut faire ces opérations à l'ordinaire. Sur quoi il faut cependant remarquer que c'est la même chose que de diviser une quantité par une autre dont l'exposant est positif, que de la multiplier par la même dont l'exposant est négatif, & réciproquement.

EXEMPLE.

$$a^n \times b^{-m} = a^n b^{-m} = \frac{a^n}{b^m}; \text{ car } b^{-m} = \frac{1}{b^m};$$

$$\text{or } a^n \times \frac{1}{b^m} = \frac{a^n}{b^m}.$$

111. D'où il s'ensuit, 1°. qu'on peut délivrer un produit de tous exposans négatifs en faisant passer les quantités qui en sont affectées du numérateur au dénominateur, & du dénominateur au numérateur en leur donnant l'exposant positif.

EXEMPLES.

$$a^2 b^{-3} c^{-1} d^4 = a^2 \frac{1}{b^3} \times \frac{1}{c} \times d^4 = \frac{a^2 d^4}{b^3 c}.$$

$$\frac{a^2 b^{-3}}{d^{-2} c^{-3}} = \frac{a^2 \times \frac{1}{b^3} \times c}{\frac{1}{d^2} \times \frac{1}{c^3}} = \frac{a^2 d^2 c^4}{b^3} = a^2 d^2 c^4 b^{-3}.$$

112. 2°. Il s'ensuit qu'on peut toujours réduire une fraction sous la forme d'un entier, en multipliant le numérateur par le dénominateur dont on change les signes de tous les exposans.

EXEMPLES.

$\frac{a}{x} = a\,x^{-1}$. $\frac{1}{x} = x^{-1}$. $\frac{a^m}{a^2} = a^{m-2}$. $\frac{a^n}{a^{-3}} = a^{n+3}$. $\frac{a^m}{x^n} = a^m\,x^{-n}$.

PROBLEME.

Elever une puissance à une puissance quelconque.

SOLUTION.

113. Il faut multiplier les exposans de cette puissance par l'exposant de celle où on veut l'élever.

EXEMPLES.

$\overline{a^n}^{\,p} = a^{np}$. $\overline{a^n}^{\,-p} = a^{-np}$. $\overline{a^n}^{\,\frac{p}{q}} = a^{\frac{pn}{q}}$. $a^m\,b^{-m}$ élevé aux puissances p. $-p$. $\frac{p}{q}$. $\frac{-p}{q}$ devient $a^{mp}\,b^{-mp}$. $a^{-mp}\,b^{mp}$; $a^{-mp}\,b^{mp}$. $a^{\frac{mp}{q}}\,b^{\frac{-mp}{q}}$; $a^{\frac{-mp}{q}}\,b^{\frac{mp}{q}}$.

PROBLEME.

Extraire la racine quelconque d'une puissance.

SOLUTION.

114. Il faut diviser l'exposant de cette puissance par celui de la racine proposée.

PROBLEME.

Réduire une puissance quelconque d'un binome en sa suite infinie ; soit que son exposant soit un nombre entier ou rompu, positif ou négatif.

SOLUTION.

115. On suivra les regles données (N°. 68. 69. 70.) pour éle-

ver un binome à une puissance quelconque, mais on se servira ici d'un exposant indéterminé, & pour trouver les coëfficiens, on indiquera les multiplications & les divisions au lieu de les faire effectivement.

Soit $a+b$ à élever à la puissance n; on aura

$$\overline{a+b}^n =$$

$$a^n$$

$$+ \frac{n}{1} a^{n-1} b$$

$$+ \frac{n}{1} \times \frac{n-1}{2} a^{n-2} b^2$$

$$+ \frac{n}{1} \times \frac{n-1}{2} \times \frac{n-2}{3} a^{n-3} b^3$$

$$+ \frac{n}{1} \times \frac{n-1}{2} \times \frac{n-2}{3} \times \frac{n-3}{4} a^{n-4} b^4$$

$$+ \frac{n}{1} \times \frac{n-1}{2} \times \frac{n-2}{3} \times \frac{n-3}{4} \times \frac{n-4}{5} a^{n-5} b^5$$

$$+ \frac{n}{1} \times \frac{n-1}{2} \times \frac{n-2}{3} \times \frac{n-3}{4} \times \frac{n-4}{5} \times \frac{n-5}{6} a^{n-6} b^6$$

116. Mais puisque $a^{n-1} = \frac{a^n}{a}$; $a^{n-2} = \frac{a^n}{a^2}$; $a^{n-3} = \frac{a^n}{a^3}$;
en substituant ces valeurs dans la formule précédente on la changera dans la suivante.

$$a^n$$

$$+ \frac{n}{1} \frac{a^n b}{a}$$

$$+ \frac{n}{1} \times \frac{n-1}{2} \frac{a^n b^2}{a^2}$$

$$+ \frac{n}{1} \times \frac{n-1}{2} \times \frac{n-2}{a^3} \frac{a^n b^3}{a^3}$$

&c.

117. Si on veut supposer avec Newton $a = P$ & $\frac{b}{a} = Q$;

$\frac{b^2}{a^2} = Q^2$; $\frac{b^3}{a^3} = Q^3$, &c. La suite précédente deviendra

$$P^n$$
$$+ \frac{n}{1} P^n Q$$
$$+ \frac{n}{1} \times \frac{n-1}{2} P^n Q^2$$
$$+ \frac{n}{1} \times \frac{n-1}{2} \times \frac{n-2}{3} P^n Q^3$$
$$+ \frac{n}{1} \times \frac{n-1}{2} \times \frac{n-2}{3} \times \frac{n-3}{4} P^n Q^4$$
$$+ \frac{n}{1} \times \frac{n-1}{2} \times \frac{n-2}{3} \times \frac{n-3}{4} \times \frac{n-4}{5} P^n Q^5$$

Si on suppose $P^n = a$; on aura $\frac{n}{1} P^n Q = \frac{n}{1} A Q$.

Si on suppose $\frac{n}{1} P^n Q = B$, on aura

$$\frac{n}{1} \times \frac{n-1}{2} P^n Q^2 = \frac{n-1}{2} B Q$$

Si $\frac{n-1}{2} B Q = C$ on aura

$$\frac{n}{1} \times \frac{n-1}{2} \times \frac{n-2}{3} P^n Q^3 = \frac{n-2}{3} C Q$$

Si $\frac{n-2}{3} C Q = D$ on aura

$$\frac{n}{1} \times \frac{n-1}{2} \times \frac{n-2}{3} \times \frac{n-3}{4} P^n Q^4 = \frac{n-3}{4} D Q$$

Ce qui donnera $\overline{a+b}^n = \overline{P+PQ}^n =$

$$P^n$$
$$+ \frac{n}{1} A Q$$
$$+ \frac{n-1}{2} B Q$$
$$+ \frac{n-2}{3} C Q$$
$$+ \frac{n-3}{4} D Q$$
$$+ \frac{n-4}{5} E Q, \&c.$$

PROBLEME.

Prendre la ſomme de deux coëfficiens conſécutifs.

SOLUTION.

118. Il ſuffit d'augmenter n de l'unité dans le plus grand coëfficient.

DEMONSTRATION.

Soient les deux coëfficiens conſécutifs

$$\frac{n}{1} \times \frac{n-1}{2} \times \frac{n-2}{3}.$$

$$\frac{n}{1} \times \frac{n-1}{2} \times \frac{n-2}{3} \times \frac{n-3}{4}.$$

Si $n+1=u$, je dis que leur ſomme eſt $\frac{u}{1} \times \frac{u-1}{2} \times \frac{u-2}{3} \times \frac{u-3}{4}$; car en indiquant la multiplication du premier coëfficient par le derniere fraction du ſecond, on a le ſecond : donc ſi on multiplie le premier par la dernière fraction du ſecond plus l'unité, c'eſt-à-dire, par $\frac{n-3}{4}+1$, on aura la ſomme des deux; or $\frac{n-3}{4}+1=\frac{n-3+4}{4}=\frac{n+1}{4}$: donc la ſomme des deux eſt $\frac{n}{1} \times \frac{n-1}{2} \times \frac{n-2}{3} \times \frac{n+1}{4}$; mais il eſt indifférent dans quel ordre on multiplie les numérateurs & les dénominateurs de ces fractions; par conſéquent $\frac{n}{1} \times \frac{n-1}{2} \times \frac{n-2}{3} \times \frac{n+1}{4} = \frac{n+1}{1} \times \frac{n}{2} \times \frac{n-1}{3} \times \frac{n-2}{4} = \frac{u}{1} \times \frac{u-1}{2} \times \frac{u-2}{3} \times \frac{u-3}{4}$. Donc, &c.

PROBLEME.

Multiplier une ſuite par ſa racine.

SOLUTION.

119. Il faut augmenter l'expoſant de l'unité, tant lorſqu'il eſt expoſant que lorſqu'il entre dans le coëfficient.

DEMONSTRATION.

Multiplier une ſuite par ſa racine, c'eſt l'élever à un degré de plus; or par cette augmentation de l'expoſant on l'éleve à un degré de plus; donc, &c.

120. De même pour élever une ſuite à une puiſſance quelconque, il ſuffit de multiplier ſon expoſant, par tout où il ſe trouve, par la quantité qui exprime le degré auquel on veut élever cette ſuite.

121. L'uſage des ſuites eſt très-facile par la formation des puiſſances; il eſt un peu plus difficile pour l'extraction des racines; ſurquoi il faut remarquer que la ſuite devenant toujours alors infinie, quelque nombre de termes qu'on prenne, on n'a jamais qu'une approximation plus ou moins grande, ſelon qu'on prend un nombre de termes plus ou moins grand.

Si on ſuppoſe $n = \frac{2}{3}$ dans lequel cas $\overline{a+b}^{n} = \sqrt[3]{\overline{a+b}^{2}}$, on aura la ſuite des expoſans

$$n \,.\, n-1 \,.\, n-2 \,.\, n-3 \,.\, n-4 \,.\, n-5 =$$

$$\tfrac{2}{3} \,.\, -\tfrac{1}{3} \,.\, -\tfrac{4}{3} \,.\, -\tfrac{7}{3} \,.\, -\tfrac{10}{3} \,.\, -\tfrac{13}{3}$$

qui étant diviſés par la ſuite des nombres naturels deviennent

$$\tfrac{2}{3} \,.\, -\tfrac{1}{6} \,.\, -\tfrac{4}{9} \,.\, -\tfrac{7}{12} \,.\, -\tfrac{2}{3} \,.\, -\tfrac{13}{18} \,.\, \&c.$$

d'où il ſuit que faiſant les multiplications indiquées, on a pour ſuite des coëfficiens

$$\tfrac{2}{3} \,.\, -\tfrac{1}{9} \,.\, +\tfrac{4}{81} \,.\, -\tfrac{7}{243} + \tfrac{14}{729}, \&c.$$

Les expoſans & les coëfficiens numériques étant ainſi trouvés, on les ſubſtituera à la place des indéterminés.

EXEMPLE

De l'extraction de racine par le moyen des suites.

Pour extraire la racine quarrée de $a^2 - x^2$, je me sers de la formule de Newton, & je fais $n = \frac{1}{2}$. $P = a^2$. $Q = \frac{-x^2}{a^2}$. Donc

$$P^n = a^{\frac{2}{2}} = a = A.$$

$$\frac{n}{1} AQ = \frac{1}{2} a \times \frac{-x^2}{a^2} = \frac{-x^2}{2a} = B$$

$$\frac{n-1}{2} BQ = \frac{\frac{1}{2}-1}{2} \times \frac{-x^2}{2a} \times \frac{-x^2}{a^2} = \frac{1-2}{4} \times \frac{x^4}{2a^3} = \frac{-x^4}{8a^3} = C$$

$$\frac{n-2}{3} CQ = \frac{\frac{1}{2}-2}{3} \times \frac{-x^4}{8a^3} \times \frac{-x^2}{a^2} = \frac{1-4}{6} \times \frac{x^6}{8a^5} = \frac{-x^6}{16a^5} = D$$

$$\frac{n-3}{4} DQ = \frac{\frac{1}{2}-3}{4} \times \frac{-x^6}{16a^5} \times \frac{-x^2}{a^2} = \frac{-5x^8}{128a^7} = E$$

$$\frac{n-4}{5} EQ = \frac{\frac{1}{2}-4}{5} \times \frac{-5x^8}{128a^7} \times \frac{-x^2}{a^2} = \frac{1-8}{10} \times \frac{+5x^{10}}{128a^9}$$

$$= \frac{-7x^{10}}{256a^9} = F.$$

$$\text{Donc } \sqrt{a^2 - x^2} = a - \frac{x^2}{2a} - \frac{x^4}{8a^3} - \frac{x^6}{16a^5} - \frac{5x^8}{128a^7} - \frac{7x^{10}}{256a^9}$$

&c.

122. Du calcul des exposans nous tirerons une Méthode générale pour diviser un polinome radical par un binome radical.

Car toute la difficulté de cette opération consiste à rendre rationel le diviseur binome, ce qu'on pourra toujours faire par le moyen des Théorêmes suivans.

THEOREME PREMIER.

123. Si on multiplie un binome $a^m - b^m$ par la suite $a^{n-m} + a^{n-2m} b^m + a^{n-3m} b^{2m} + a^{n-4m} b^{3m}$, &c. continuée jusqu'à ce que le nombre des termes soit égal à $\frac{n}{m}$, le produit sera $a^n - b^n$: car

a^{n-m}

$a^{n-m} + a^{n-2m}b^{m} + a^{n-3m}b^{2m} + a^{n-4m}b^{3m}$, &c. . . . .

$b^{n-m} \times a^{m} - b^{m}$

$a^{n} + a^{n-m}b^{m} + a^{n-2m}b^{2m} + a^{n-3m}b^{3m}$, &c.

$- a^{n-m}b^{m} - a^{n-2m}b^{2m} - a^{n-3m}b^{3m}$, &c. $- b^{n}$

$a^{n} \quad 0 \quad 0 \quad 0 \quad - b^{n}$

Theoreme II.

124. On démontrera de la même maniere que la suite

$a^{n-m} - a^{n-2m}b^{m} + a^{n-3m}b^{2m} - a^{n-4m}b^{3m}$, &c.

multipliée par $a^{m} + b^{m}$ donne pour produit $a^{n} \pm b^{n}$.

Dans ce cas, le signe de b^{n} est positif, lorsque $\frac{n}{m}$ est un nombre impair.

125. Un binome radical étant proposé, supposez l'exposant de chaque terme égal à m, & n le plus petit multiple de m, alors la suite $a^{n-m} \mp a^{n-2m}b^{m} + a^{n-3m}b^{2m} \mp a^{n-4m}b^{3m}$, &c. donnera un radical composé, qui, multiplié par le binome radical $a^{m} \mp b^{m}$, fournira un produit rationel. Ainsi pour trouver le radical qui, multiplié par $\sqrt[3]{a} - \sqrt[3]{b}$, donne une quantité rationelle; je fais $m = \frac{1}{3}$, & comme le plus petit multiple de $\frac{1}{3}$ est l'unité, on aura $n = 1$, & par conséquent la suite $a^{n-m} + a^{n-2m}b^{m} + a^{n-3m}b^{2m}$, &c. $= a^{1-\frac{1}{3}} + a^{1-\frac{2}{3}}b^{\frac{1}{3}} + a^{0}b^{\frac{2}{3}} = a^{\frac{2}{3}} + a^{\frac{1}{3}}b^{\frac{1}{3}} + b^{\frac{2}{3}} = \sqrt[3]{a^{2}} + \sqrt[3]{ab} + \sqrt[3]{b^{2}}$ qui, multiplié par $\sqrt[3]{a} - \sqrt[3]{b}$, donne pour produit $a - b$.

Si on veut trouver le radical qui peut rendre commensurable $\sqrt[4]{a^{3}} + \sqrt[4]{b^{3}} = a^{\frac{3}{4}} + b^{\frac{3}{4}}$; on aura $m = \frac{1}{4}$ & $n = 3$, & par conséquent $a^{n-m} - a^{n-2m}b^{m} + a^{n-3m}b^{2m}$, &c. $= a^{3-\frac{1}{4}}$

$-a^{3-\frac{6}{4}} b^{\frac{3}{4}} + a^{3-\frac{9}{4}} b^{\frac{3}{2}} - a^{3-3} b^{\frac{9}{4}} = a^{\frac{9}{4}} - a^{\frac{6}{4}} b^{\frac{3}{4}} + a^{\frac{3}{4}} b^{\frac{6}{4}} - b^{\frac{9}{4}} = \sqrt[4]{a^9} - \sqrt[4]{a^6 b^3} + \sqrt[4]{a^3 b^6} - \sqrt[4]{b^9}$.

THEOREME III.

126. Si on multiplie le binome $a^m \pm b^l$ par la ſuite $a^{n-m} \mp a^{n-2m} b^l + a^{n-3m} b^{2l} \mp a^{n-4m} b^{3l}$, &c. le produit ſera $a^n \pm b^{\frac{n}{m}l}$: c'eſt pourquoi il faut que n ſoit le moindre nombre entier qui puiſſe rendre $\frac{nl}{m}$ auſſi un entier.

DEMONSTRATION.

$$a^{n-m} \mp a^{n-2m} b^l + a^{n-3m} b^{2l} \mp a^{n-4m} b^{3l}, \text{ \&c.} \ldots$$
$$a^0 b^{\frac{n}{m}-1\times l} \times a^m \mp b^l.$$

$$\begin{array}{llllll} a^n & \mp a^{n-m} b^l & + a^{n-2m} b^{2l}, \text{ \&c.} & & & \\ & \mp a^{n-m} b^l & - a^{n-2m} b^{2l}, \text{ \&c.} & & & \mp b^{\frac{n}{m}l} \\ \hline a^n & 0 & 0 & & & \pm b^{\frac{n}{m}l} \end{array}$$

Le ſigne de $b^{\frac{nl}{m}}$ ſe trouve poſitif ſeulement lorſque $\frac{n}{m}$ eſt un nombre impair, & que le binome propoſé eſt $a^m + b^l$.

127. Si on propoſe un binome radical dont les termes ont différens expoſans, ſuppoſez l'un m, & l'autre l, & prenez n égal au plus plus petit multiple de m & de $\frac{m}{l}$; alors la ſuite $a^{n-m} \mp a^{n-2m} b^l + a^{n-3m} b^{2l} \mp a^{n-4m} b^{3l}$, &c. donnera un radical compoſé qui, multiplié par le binome a^m

$\mp b^l$, fournira un produit rationel. Ainſi $\sqrt{a} - \sqrt[3]{b}$ étant donné, ſuppoſez $m = \frac{1}{2}$, $l = \frac{1}{3}$, & $\frac{m}{l} = \frac{3}{2}$, & par conſéquent $n = 3$, donc

$a^{n-m} + a^{n-2m} b^l + a^{n-3m} b^{2l} + a^{n-4m} b^{3l} + \&c. =$
$a^{3-\frac{1}{2}} + a^{3-1} b^{\frac{1}{3}} + a^{3-\frac{3}{2}} b^{\frac{2}{3}} + a^{3-2} b + a^{3-\frac{5}{2}} b^{\frac{4}{3}} + a^0 b^{\frac{5}{3}} =$
$a^{\frac{5}{2}} + a^2 b^{\frac{1}{3}} + a^{\frac{3}{2}} b^{\frac{2}{3}} + ab + a^{\frac{1}{2}} b^{\frac{4}{3}} + b^{\frac{5}{3}} =$
$\sqrt{a^5} + a^2 \times \sqrt[3]{b} + \sqrt{a^3} \times \sqrt[3]{b^2} + ab + \sqrt{a} \times \sqrt[3]{b^4} + \sqrt[3]{b^5} =$
$a^2 \sqrt{a} + a^2 \times \sqrt[3]{b} + a\sqrt{a} \times \sqrt[3]{b^2} + ab + b\sqrt{a} \times \sqrt[3]{b}$
$+ b\sqrt[3]{b^2}$ qui, multiplié par $\sqrt{a} - \sqrt[3]{b}$, donne $a^n - b^{\frac{nl}{m}}$
$= a^3 - b^2$.

REGLE GÉNÉRALE

Pour diviſer un polynome quelconque par un binome radical.

128. Le binome étant repréſenté par $a^m \pm b^l$, prenez n le plus petit multiple de m & $\frac{m}{l}$, multipliez le dividende & le diviſeur par $a^{n-m} \pm a^{n-2m} b^l + a^{n-3m} b^{2l} + a^{n-4m} b^{3l} + \&c.$ & le produit du diviſeur deviendra rationel & égal à $a^n \pm b^{\frac{nl}{m}}$; enſuite diviſez tous les termes du dividende par cette quantité rationelle.

Soit le polynome $\sqrt{p} - \sqrt{q} + \sqrt{r}$ à diviſer par $\sqrt{a} + \sqrt{b}$. Je cherche par le deuxiéme Théorême le multiplicateur qui rend le binome rationel, & je trouve $\sqrt{a} - \sqrt{b}$, par lequel ayant multiplié le dividende & le diviſeur, j'ai

$$\frac{\sqrt{ap} - \sqrt{aq} + \sqrt{ar} - \sqrt{bp} + \sqrt{bq} - \sqrt{br}}{a - b}$$

& prenant $c = a - b$, je reduis cette fraction à

$$\frac{1}{c}\sqrt{ap} - \frac{1}{c}\sqrt{aq} + \frac{1}{c}\sqrt{ar} - \frac{1}{c}\sqrt{bp} + \frac{1}{c}\sqrt{bq} - \frac{1}{c}\sqrt{br}.$$

Exemples en nombres.

$$\frac{\sqrt{20}+\sqrt{12}}{\sqrt{5}-\sqrt{3}}=\frac{\sqrt{20}+\sqrt{12}}{\sqrt{5}-\sqrt{3}}\times\frac{\sqrt{5}+\sqrt{3}}{\sqrt{5}+\sqrt{3}}=\frac{\sqrt{100}+2\sqrt{60}+6}{5-3}=$$

$$\frac{16+2\sqrt{60}}{2}=8+2\sqrt{15}.\ \frac{3}{\sqrt{5}-\sqrt{2}}=\frac{3\sqrt{5}+3\sqrt{2}}{3}=\sqrt{5}+\sqrt{2};$$

$$\frac{\sqrt{6}}{\sqrt{7}-\sqrt{3}}=\frac{\sqrt{42}+\sqrt{18}}{4};\ \frac{\sqrt[3]{20}}{\sqrt[3]{4}-\sqrt[3]{2}}=\frac{\sqrt[3]{20}}{\sqrt[3]{4}-\sqrt[3]{2}}\times$$

$$\frac{\sqrt[3]{16}+2+\sqrt[3]{4}}{\sqrt[3]{16}+2+\sqrt[3]{4}}=\frac{\sqrt[3]{20}}{\sqrt[3]{4}-\sqrt[3]{2}}\times\frac{2\sqrt[3]{2}+2+\sqrt[3]{4}}{2\sqrt[3]{2}+2+\sqrt[3]{4}}=$$

$$\frac{2\sqrt[3]{40}+2\sqrt[3]{20}+\sqrt[3]{80}}{2}=2\sqrt[3]{5}+\sqrt[3]{20}+2\sqrt[3]{10}.$$

CHAPITRE VIII.

Des raisons, proportions & progressions.

129. ON appelle raison ou rapport, le fondement de la comparaison que l'on peut faire d'une quantité à une autre; or on peut comparer une quantité à une autre, de deux manieres : 1°. en considérant leur différence : 2°. en considérant quelle partie l'une est de l'autre : la premiere comparaison se fait par soustraction, la deuxiéme par division.

130. Le rapport fondé sur la premiere espece de comparaison s'appelle raison arithmétique : c'est la différence de deux grandeurs, c'est la maniere dont l'une surpasse l'autre, ou en est surpassée.

131. Le rapport fondé sur la seconde comparaison s'appelle géométrique : c'est la maniere dont une grandeur contient une autre, ou y est contenue.

132. Le premier terme d'un rapport se nomme antécédent, & le deuxiéme se nomme conséquent.

133. Les termes de deux raisons égales forment une proportion qui consiste dans la comparaison de deux rapports.

134. Le premier & dernier terme d'une proportion ſont nommés extrêmes, & ceux du milieu, moyens.

135. Quand le conſéquent de la premiere raiſon ſert d'antécédent à la deuxiéme, ce terme s'appelle moyen proportionnel, & la proportion eſt dite continue.

136. On déſigne la proportion arithmétique de cette maniere, $a, b : c, d$; & ſi elle eſt continue, $\div a, b, c$.

La proportion Géométrique s'écrit ainſi, $a : b :: c : d$, & ſi elle eſt continue $\div\!\div a : b : c$.

Dans la proportion Arithmétique, comme dans la proportion Géométrique, on lit a eſt à b, comme c eſt à d, & pour la continue, a eſt à b, comme b eſt à c.

Des raiſons, proportions & progreſſions Arithmétiques.

LEMME.

137. Toute raiſon Arithmétique ſe peut exprimer par $a, a \mp d$; car a peut ſignifier le premier terme, & d la différence du premier au deuxiéme; donc on aura pour ſecond terme $a + d$, ſi le ſecond eſt le plus grand, & $a - d$ ſi le ſecond eſt le moindre; donc, &c.

THÉOREME PREMIER.

138. Dans toute proportion Arithmétique, la ſomme des extrêmes eſt égale à la ſomme des moyens; & ſi la proportion eſt continue, la ſomme des extrêmes eſt égale au double du moyen proportionnel.

DEMONSTRATION.

Soit, 1°. la proportion $a, b : c, g$ je dis que $a + g = b + c$; car cette proportion ſe peut exprimer ainſi $a, a \mp d : c, c \pm d$; or $a + c \mp d = a \mp d + c$, donc $a + g = b + c$.

2°. Soit $\div a, b, c$; je dis que $a + c = 2b$; car cette proportion ſe peut exprimer ainſi, $\div a, a \mp d, a \pm 2d$; or la ſomme des extrêmes $2a \mp 2d = 2a \mp 2d$ double du moyen proportionnel; donc, &c.

PROBLEME.

139. *Trois termes d'une proportion Arithmétique étant donnés, trouver le quatriéme.*

SOLUTION.

Si le terme inconnu eſt un des extrêmes, prenez la ſomme des moyens, retranchez-en l'extrême connu, le reſte ſera la valeur de l'extrême inconnu.

Si c'eſt un moyen, prenez la ſomme des extrêmes, retranchez le moyen connu, le reſte ſera le moyen inconnu.

Si la proportion eſt continue, la moitié de la ſomme des extrêmes eſt le moyen proportionnel; & le double du moyen proportionnel moins un des extrêmes, vaut l'autre extrême.

La démonſtration eſt évidente par le Théorême précédent.

S'il manquoit deux termes à la proportion, le Probleme ſeroit indéterminé, c'eſt-à-dire, ſuſceptible d'un nombre infini de ſolutions; & il faudroit donner une valeur à volonté à l'un des termes inconnus, pour trouver celle de l'autre.

140. La ſuite d'un nombre de termes qui ſont en proportion continue, s'appelle progreſſion.

THÉOREME II.

141. Dans toute progreſſion Arithmétique la ſomme de deux termes quelconques également éloignés des extrêmes, eſt égale à la ſomme des extrêmes.

DEMONSTRATION.

Soient les premiers termes de la progreſſion a, $a+d$, $a+2d$ &c. & le dernier terme x, par conſéquent l'avant-dernier ſera $x-d$, le dernier moins deux ſera $x-2d$, &c. de ſorte que plaçant le dernier x ſous le premier a, & ceux qui ſont également éloignés du dernier ſous ceux qui ſont également éloignés du premier, on aura

$$\begin{array}{l} a,\ a+d,\ a+2d,\ a+3d,\ a+4d - \\ x,\ x-d,\ x-2d,\ x-3d,\ x-4d \\ \hline \text{ſomme } a+x,\ a+x,\ a+x,\ a+x,\ a+x. \end{array}$$

Il est évident que chaque terme ajoûté à celui qui est au-dessous, donne pour somme $a + x$, qui est aussi celle des extrêmes; donc, &c.

THÉOREME III.

142. Dans toute progression Arithmétique, la somme de tous les termes est égale à celle des extrêmes, multipliés par la moitié du nombre qui exprime combien il y a de termes.

DEMONSTRATION.

Par le Théorême précédent, la somme de deux termes également éloignés des extrêmes est égale à celle des extrêmes : or le nombre de ces sommes égales est égal à la moitié du nombre des termes. Donc, &c.

THÉOREME IV.

143. Dans toute progression Arithmétique, le dernier terme contient le premier, plus la différence multipliée par le nombre des termes moins un.

DEMONSTRATION.

Puisque chaque terme surpasse son précédent d'une différence commune, il est évident que le dernier terme surpasse le premier de la différence commune prise autant de fois qu'il y a de termes après le premier; donc il est égal au premier, plus la différence multipliée par le nombre des termes moins un.

144. Si on désigne le dernier terme par x, le premier par a, la différence par d, & le nombre des termes par n, on aura $x = a + \overline{n - 1} \times d = a + dn - d$: donc la somme des extrêmes sera $2a + nd - d$, laquelle étant multipliée par $\frac{1}{2}n$, on aura $\frac{2an + n^2d - dn}{2}$ pour la somme de la progression. Par le moyen des trois Théorêmes derniers, on peut résoudre les Problêmes ordinaires qui regardent les progressions Arithmétiques. *Voyez l'Anal.*

Des raisons, proportions & progressions Géométriques.

145. On appelle exposant d'une raison Géométrique, le nom-

bre qui exprime combien de fois l'antécédent contient le conſéquent, ou y eſt contenu.

146. On appelle raiſon de nombre à nombre celle dont l'expoſant peut s'exprimer en nombre ; & raiſon ſourde ou irrationelle celle dont l'expoſant ne peut s'exprimer exactement, ni par des entiers, ni par des fractions : par exemple, celle de $4a : \sqrt{3}$; cependant deux radicaux ne ſont pas toujours en raiſon ſourde, parce que l'un peut être double, triple, &c. de l'autre. On dit que quatre quantités ſont en raiſon inverſe ou réciproque, quand la premiere contient la deuxiéme, comme la troiſiéme eſt contenue dans la quatriéme.

147. On appelle raiſon compoſée celle dont l'antécédent eſt le produit des antécédens de pluſieurs autres raiſons, & le conſéquent le produit de leurs conſéquens ; & ſi les raiſons compoſantes ſont égales la raiſon compoſée s'appelle doublée, triplée, &c. ſuivant le nombre des raiſons compoſantes.

On appelle raiſon double, triple, &c. celle dont l'antécédent eſt double, triple, &c. du conſéquent ; ainſi il ne faut pas confondre les raiſons doubles, triples avec les raiſons doublées, triplées.

THÉOREME PREMIER.

148. Tout rapport Géométrique ſe peut exprimer par cette formule $a : aq$.

DEMONSTRATION.

Ou l'antécédent contient le conſéquent, ou il y eſt contenu ; 1°. ſi l'antécédent eſt contenu dans le conſéquent, j'appelle a l'antécédent, & q le nombre de fois qu'il y eſt contenu ; donc aq ſera le conſéquent, puiſque multipliant le quotient par le diviſeur on a toujours le dividende.

2°. Si c'eſt l'antécédent qui contient le conſéquent ſuppoſant q une fraction, aq ſera encore le conſéquent, puiſque multiplier un nombre par une fraction, c'eſt le diviſer.

THÉOREME II.

149 Toute proportion Géométrique ſe peut exprimer par cette formule $a : aq :: b : bq$, ou $\div a : aq : aq^2$.

DEMONSTRATION.

Une proportion eſt formée par deux raiſons égales ; or la formule précédente

précédente exprime deux raiſons égales quelconques puiſqu'elles ont le même expoſant q; donc, &c.

Théoreme III.

150. Dans toute proportion Géométrique le produit des extrêmes eſt égal au produit des moyens, ou au quarré du moyen proportionnel.

Demonstration.

Suppoſant la proportion réduite à une des deux formules précédentes, on aura toujours $abq = abq$, ou $a^2 q^2 = a^2 q^2$.

Théoreme IV.

151. Deux produits égaux peuvent toujours former une proportion.

Demonstration.

Soient les produits égaux $ad = bc$, je dis que $a : b :: c : d$; car diviſant des quantités égales par des quantités égales, les quotiens ſont égaux; donc $\frac{ad}{db} = \frac{bc}{db}$; ainſi réduiſant ces deux fractions à leurs moindres termes $\frac{a}{b} = \frac{c}{d}$, donc $a : b :: c : d$.

Exemples.

Produits égaux.	Proportions.
$ad - bd = cg + c$	$a - b : g + 1 :: c : d$
$1 - x^2 = a$	$1 - x : a :: 1 : x + 1$
$x^2 - y^2 = 1$	$\div x + y : 1 : x - y$

Théoreme V.

152. Les termes d'une proportion peuvent être rangés de pluſieurs manieres, ſans ceſſer d'être proportionnels.

Demonstration.

Il y aura proportion tant que le produit des extrêmes ſera égal au produit des moyens, comme il a été démontré dans le Théorême précédent.

Donc si . . . . $a:b::c:d$ . . . $ad=bc$

en alternant . . . . $a:c::b:d$ . . . $ad=bc$

en renversant . . . . $\begin{cases} b:a::d:c \cdots ad=bc \\ b:d::a:c \cdots ad=bc \\ c:a::d:b \cdots ad=bc \\ c:d::a:b \cdots ad=bc \\ d:b::c:a \cdots ad=bc \end{cases}$

en permutant . . . . $d:c::b:a$ . . . $ad=bc$

en composant, ou ajoûtant $\begin{cases} a+b:b::c+d:d \cdots ad+bd=bc+bd \\ a:a+b::c:c+d \cdots ac+cd=ac+bc \end{cases}$

en divisant, ou soustrayant $\begin{cases} a-b:b::c-d:d \cdots ad-bd=bc-bd \\ a:a-b::c:c-d \cdots ac-ad=ac-bc \end{cases}$

THÉOREME VI.

153. On ne change point la valeur d'un rapport en multipliant, ou divisant ses deux termes par une même quantité.

DEMONSTRATION.

Car cette valeur est exprimée par l'exposant, or l'exposant demeure le même; car soit le rapport $a:aq$ dont l'exposant est q, qu'on multiplie, ou qu'on divise l'un & l'autre par m, on aura $a:aq::am:amq::\frac{a}{m}:\frac{aq}{m}$; donc, &c.

COROLLAIRE.

154. Il suit de là que les touts sont proportionnels à leurs moitiés, à leurs tiers, à leurs quarts, &c. & réciproquement.

THÉOREME VII.

155. Une raison doublée est égale à celle des quarrés des termes qui en sont racines : une raison triplée est égale à celle des cubes des termes des racines, &c.

DEMONSTRATION.

Si $a : aq :: b : bq$ la raiſon doublée ſera $ab : abq^2$; or $ab : abq^2 :: a^2 : a^2q^2 :: b^2 : b^2q^2$, puiſque ces rapports ont le même expoſant q^2.

Si $a : aq :: b : bq :: c : cq$ la raiſon triplée ſera $abc : abcq^3$; or $abc : abcq^3 :: a^3 : a^3q^3 :: b^3 : b^3q^3 :: c^3 : c^3q^3$; puiſque ces raiſons ont le même expoſant q^3.

THÉOREME VIII.

156. Si on multiplie, ou ſi on diviſe les termes d'une proportion par les termes correſpondans d'une autre, il y a encore proportion.

DEMONSTRATION.

Soient les proportions $a : aq :: b : bq$ & $c : cp :: d : dp$, en multipliant leurs termes correſpondans, on aura $ac : acpq :: bd : bdpq$, ce qui forme une proportion, puiſque les deux raiſons ont le même expoſant pq.

En diviſant la première par la deuxiéme, on aura $\frac{a}{c} : \frac{aq}{cp} :: \frac{b}{d} : \frac{bq}{dp}$, qui ſont en proportion, puiſque les deux raiſons ont pour expoſant $\frac{q}{p}$.

COROLLAIRE.

157. Les mêmes puiſſances, ou les mêmes racines de quantités proportionnelles, ſont auſſi proportionnelles.

Par exemple, ſi $a : b :: c : d$, on aura $a^m : b^m :: c^m : d^m$ & $\sqrt[m]{a} : \sqrt[m]{b} :: \sqrt[m]{c} : \sqrt[m]{d}$. Car on peut regarder les puiſſances comme les produits des termes de la proportion multipliés une ou pluſieurs fois par eux-mêmes; & les racines comme des quotiens.

THÉOREME IX.

158. La ſomme des antécédens de pluſieurs raiſons égales eſt à celle des conſéquens, comme un antécédent quelconque eſt à ſon conſéquent.

DEMONSTRATION.

Soient $a : aq :: b : bq :: c : cq :: d : dq$; je dis que $a + b + c + d : aq + bq + cq + dq :: b : bq$.

Car $aq + bq + cq + dq = \overline{a + b + c + d} \times q$; or $a + b + c + d : \overline{a + b + c + d} \times q :: b : b \times q$; donc, &c.

PROBLEME.

159. *Trois termes quelconques d'une proportion étant donnés, trouver le quatriéme.*

SOLUTION.

Si le terme inconnu est un des extrêmes, divisez le produit des moyens par l'extrême connu, si c'est un des moyens, divisez le produit des extrêmes par le moyen connu, & le quotient sera toujours la valeur du terme inconnu. (N°. 150.)

Les regles de trois, regles de compagnie, &c. ne sont que des applications de ce Problême; toutes ces regles souffrent peu de difficulté quand la proportion est directe; pour éviter l'embarras qu'on rencontre quand elle ne l'est pas, on observera la regle suivante, par le moyen de laquelle on les rendra toujours directes.

160. Si le terme qui est de même espece que l'inconnu, est plus grand que l'inconnu, ce qui est facile à prévoir, formez la premiere raison des deux autres termes, de sorte que le plus grand soit l'antécédent; sinon, qu'il soit le conséquent : par exemple, soit la regle de trois suivante à disposer : si trente hommes ont fait un certain ouvrage en 12 jours, combien faudra-t'il d'hommes pour faire le même ouvrage en 18 jours.

Je remarque d'abord qu'il faudra moins d'hommes pour faire l'ouvrage en 18 jours, qu'il n'en a fallu pour le faire en 12; ainsi le terme inconnu sera moindre que le terme connu de même espece; c'est pourquoi je prends 18, qui est le plus grand des deux autres pour premier terme de la proportion, & 12 pour le second, & j'ai $18 : 12 :: 30 : x = \frac{12 \times 30}{18}$.

THÉOREME X.

161. Toute progression Géométrique se peut reduire à la formule suivante,

$$\div a : aq : aq^2 : aq^3 : aq^4 : aq^5 : aq^6 : aq^7 : aq^8, \&c.$$

DEMONSTRATION.

Une progression Géométrique est une suite de termes qui sont en proportion continue Géométrique; or nous avons vû que la proportion continue Géométrique pouvoit s'exprimer par cette formule $\div a : aq : aq^2$; donc, &c.

THÉOREME XI.

162. Un terme quelconque d'une progression Géométrique, est égal au produit du premier terme par l'exposant élevé à une puissance du même ordre que le nombre des termes précédens.

DEMONSTRATION.

Puisque l'exposant commence par multiplier le second terme, & augmente d'un degré à chaque terme suivant, il est sûr qu'à un terme quelconque, il y a autant de degrés qu'il y a de termes moins un, ou que le nombre des termes précédens; donc un terme quelconque est égal au produit du premier terme, par l'exposant élevé à une puissance du même ordre que le nombre des termes précédens.

COROLLAIRE PREMIER.

163. Si on appelle y le terme cherché, $n - 1$ le nombre des termes précédens, on aura la formule suivante $y = a q^{n-1}$, pour la valeur d'un terme quelconque.

COROLLAIRE II.

164. Toutes les puissances, ou toutes les racines successives d'une quantité sont en progression Géométrique.

DEMONSTRATION.

Si dans notre progression générale on suppose $a = 1$, on aura $\div\!\div 1 : q : q^2 : q^3 : q^4 : q^5$: &c. & comme on peut regarder les racines comme des puissances dont les exposans sont des fractions, la même chose est vraie à leur égard.

COROLLAIRE III.

165. Les différences entre les termes consécutifs d'une progression Géométrique, sont en progression Géométrique.

DEMONSTRATION.

Les différences entre les termes consécutifs de notre progression générale, sont $\div\!\div a - aq : aq - aq^2 : aq^2 - aq^3 : aq^3 - aq^4$; or ces termes sont en progression Géométrique, puisque chacun d'eux est le produit du premier par l'exposant élevé à une puissance du même ordre que le nombre des termes, ainsi le quatriéme terme $aq^3 - aq^4 = \overline{a - aq} \times q^3$. Donc, &c.

THÉOREME XII.

166. Les produits de deux termes également éloignés des extrêmes sont égaux entr'eux, & au quarré du moyen si le nombre des termes est impair.

DEMONSTRATION.

Soit la progression $\div\!\div a : aq : aq^2 : aq^3 : aq^4$, &c. dont le dernier soit y, par conséquent l'avant-dernier sera $\frac{y}{q}$, le dernier moins deux $\frac{y}{q^2}$, &c. écrivant donc la derniere moitié de la progression ainsi énoncée sous la premiere, de sorte que le dernier soit sous le premier, l'avant-dernier sous le second, &c. & multipliant chaque terme par son inférieur on aura

$$:: a : aq : aq^2 : aq^3 : aq^4, \text{ \&c.}$$

$$y : \frac{y}{q} : \frac{y}{q^2} : \frac{y}{q^3} : \frac{y}{q^4}, \text{ \&c.}$$

$$\overline{ay,\ ay,\ ay,\ ay,\ ay.}\ \text{Donc, \&c.}$$

THÉOREME XIII.

167. Dans toute progreſſion Géométrique, la différence des deux premiers termes eſt au premier terme, comme la différence du premier & du dernier, eſt à la ſomme de tous ceux qui précédent le dernier.

DEMONSTRATION.

Il a été demontré (*Théorême IX.*) que la ſomme des antécédens eſt à celle des conſéquens, comme le premier antécédent eſt à ſon conſéquent; par conſéquent, en renverſant, le premier conſéquent eſt à ſon antécédent, comme la ſomme des conſéquens eſt à celle des antécédens.

$aq : a :: aq + aq^2 + aq^3 + aq^4 : a + aq + aq^2 + aq^3$, & en ſouſtrayant $aq - a : a :: aq^4 - a : a + aq + aq^2 + aq^3$. Donc, &c.

THÉOREME XIV.

168. Dans toute progreſſion le premier terme eſt au troiſiéme, comme le quarré du premier eſt au quarré du deuxiéme; le premier terme eſt au quatriéme, comme le cube du premier eſt au cube du deuxieme : en général, deux termes éloignés d'un intervalle quelconque ſont entr'eux comme deux termes voiſins quelconques élevés à une puiſſance qui auroit pour expoſant le nombre qui exprime l'intervalle.

DEMONSTRATION.

$a : aq^2 :: a^2 : a^2q^2$, puiſque l'un & l'autre de ces rapports a pour expoſant q^2 : de même $a : aq^3 :: a^3 : a^3q^3$, à cauſe de l'expoſant q^3 : enfin aq^n & aq^r déſignant deux termes quelconques, dont l'intervalle eſt $r - n$, & prenant pour termes conſécutifs aq^n & aq^{n+1}, on aura cette formule.

$$aq^n : aq^r :: a^{r-n} q^{nr-n^2} : a^{r-n} q^{\overline{n+1} \times \overline{r-n}}$$

On réſoudra dans l'analyſe les Problêmes fondamentaux qui regardent les progreſſions Géométriques.

SECTION II.

CHAPITRE PREMIER.

De l'Analyse.

169. L'ANALYSE est l'art de résoudre les Problêmes. On résout les Problêmes par le moyen des équations.

170. Une équation est la comparaison de deux quantités égales. On appelle membres d'une équation les deux parties séparées par le signe $=$.

171. Or une équation donne la valeur d'une inconnue, lorsque celle-ci se trouve seule dans un membre de l'équation : & cette valeur est connue, si toutes les quantités qui se trouvent dans l'autre membre sont connues ; ainsi si je trouve $x = \frac{4 \times 6}{3} = 8$, j'ai une valeur connue de x.

Nous allons donner les regles nécessaires pour dégager une inconnue, ou pour trouver sa valeur, ce qui est la même chose, après avoir rappellé les Axiomes sur lesquels ces regles, & même toute l'analyse, sont fondées.

AXIOMES.

I. Si à des quantités égales, on ajoûte des quantités égales ; les touts sont égaux.

II. Si de quantités égales, on retranche des quantités égales ; les restes sont égaux.

III. Si on multiplie des quantités égales par des quantités égales, les produits sont égaux.

IV. Si on divise des quantités égales par des quantités égales, les quotiens sont égaux.

V. Si on éleve des quantités égales à des puissances égales, ou si on tire les racines égales de quantités égales, l'égalité subsiste.

172. On

172. On pourroit renfermer tous ces Axiomes en un seul, en disant que si on fait les mêmes opérations sur l'un & l'autre membre de l'équation on ne trouble point l'égalité.

173. On pourroit aussi renfermer les regles suivantes en une seule, en disant que pour dégager une inconnue, il faut faire les opérations contraires à celles par lesquelles elle est engagée.

Regle premiere.

174. On peut transporter une quantité d'un membre de l'équation à l'autre en changeant son signe.

Si $x - a = b$, je dis que $x = b + a$; car, par le premier Axiome, $x - a + a = b + a$; donc, en réduisant le premier membre, $x = b + a$.

Si $x + a = b$, je dis que $x = b - a$; car, par le deuxiéme Axiome, $x + a - a = b - a$; donc, en réduisant le premier membre, $x = b - a$; Donc, &c.

Regle deuxiéme.

175. Si l'inconnue est divisée par quelque quantité, on la dégagera en multipliant toute l'équation par ce diviseur.

Soit $\frac{x}{b} = b + 5$; donc, par le troisiéme Axiome, $\frac{x}{b} \times b = b \times b + 5 \times b$, c'est-à-dire, $x = bb + 5b$. De même, si on a $\frac{x}{5} + 4 = 10$; on aura, par le troisiéme Axiome, $x + 20 = 50$; & par la premiere regle, $x = 50 - 20 = 30$.

Par le moyen de cette regle on peut délivrer de fractions une équation; ce qu'on pourra abréger, quand il y a beaucoup de fractions, en multipliant tout d'un coup chaque terme par le produit des dénominateurs de tous les autres.

EXEMPLE.

$\frac{x}{5} + \frac{x}{3} - b = \frac{a}{c}$; donc (*troisiéme Axiome.*) $x \times 3c + x \times 5c - 15c \times b = a \times 15$; ou $3cx + 5cx - 15bc = 15a$; ou $8cx = 15bc + 15a$.

Regle troisiéme.

176. Si l'inconnue est multipliée par quelque quantité, il faut diviser toute l'équation par ce multiplicateur.

Si $3x + 12 = 27$; donc (*quatrième Axiome*) $x + 4 = 9$; & (*Regle premiere*) $x = 9 - 4 = 5$.

Si $ax + 2ab = 3c^2$, donc (*quatrième Axiome*) $x + 2b = \frac{3c^2}{a}$, & (*Regle premiere*) $x = \frac{3c^2}{a} - 2b$.

Regle quatrième.

177. Si l'inconnue ſe trouve compriſe dans quelque radical, faites paſſer dans l'autre membre tout ce qui n'eſt pas compris ſous le ſigne radical, ôtez le ſigne radical, & élevez l'autre membre à la puiſſance indiquée par l'expoſant du ſigne.

Si $\sqrt{4x + 16} = 12$; donc (*cinquième Axiome*) $4x + 16 = 144$; donc $4x = 144 - 16 = 128$; donc $x = \frac{128}{4} = 32$.

Si $\sqrt{ax + b^2} - c = d$; donc $\sqrt{ax + b^2} = d + c$; donc $ax + b^2 = d^2 + 2dc + c^2$; $ax = d^2 + 2dc + c^2 - b^2$; $x = \frac{d^2 + 2dc + c^2 - b^2}{a}$.

Si $\sqrt[3]{a^2x - b^2x} = a$; donc $a^2x - b^2x = a^3$; donc $x = \frac{a^3}{a^2 - b^2}$.

Regle cinquième.

178. Si les quantités qui contiennent l'inconnue forment quelque puiſſance complette, comme un quarré, un cube, &c. il faut faire enſorte que cette puiſſance ſoit ſeule dans un membre de l'équation, & extraire dans l'un & l'autre membre la racine de cette puiſſance : par ce moyen, on aura une équation plus ſimple.

Exemples.

Si $x^2 + 6x + 9 = 20$; donc (*cinquième Axiome*) $x + 3 = \sqrt{20}$ & $x = \sqrt{20} - 3$.

Si $x^2 + ax + \frac{a^2}{4} + c = b^2$; donc (*Regle premiere*) $x^2 + ax + \frac{a^2}{4} = b^2 - c$; donc (*cinquième Axiome*) $x + \frac{a}{2} = \sqrt{b^2 - c}$.

Si $x^2 + 14x + 49 = 121$; donc $x + 7 = \pm 11$; & $x = \pm 11 - 7 = 4$, ou -18. On a mis les deux ſignes + & — avec 11, parce que le quarré + 121 pouvoit avoir pour racine + 11, ou — 11; c'eſt cette différence de ſigne qui nous a donné les deux valeurs de x, 4 ou -18.

Regle sixiéme.

179. Toute proportion fournit une équation, parce que dans la proportion Arithmétique la somme des extrêmes est égale à celle des moyens, & dans la Géométrique, le produit des extrêmes est égal à celui des moyens.

Si $12 - x : \frac{x}{2} :: 4 : 1$; donc $12 - x = 2x$, & $3x = 12$; & $x = 4$.

Si $20 - x : x :: 7 : 3$; donc $60 - 3x = 7x$, & $60 = 10x$; & $x = 6$.

Regle septiéme.

180. Quand la même quantité se trouve dans les deux nombres d'une équation, si elle a même signe & même coëfficient, il faut l'effacer de part & d'autre : si elle a même signe & différens coëfficiens, il faut la conserver avec la différence des coëfficiens, seulement dans le membre où étoit le plus grand coëfficient : s'il y a différens signes, il faut les joindre dans le même membre, en changeant le signe de la quantité transposée. Cette regle n'est qu'un abrégé de la premiere.

EXEMPLE.

Si $3x + b = a + b$; donc $3x = a$, & $x = \frac{a}{3}$

Si $4y - 5b = 2a - 3b$; donc $4y - 2b = 2a$, & $y = \frac{a+b}{2}$.

Si $3y - 4b = a + b$; donc $3y = a + 5b$, & $y = \frac{a+5b}{3}$.

Regle huitiéme.

181. Si tous les termes d'une équation sont multipliés par la même quantité, il faut les diviser par cette quantité : & s'ils sont tous divisés par une même quantité, il faut les multiplier par ce diviseur commun, c'est-à-dire, qu'il faut l'effacer.

Si $3ax + 5ab = 8ac$; donc $3x + 5b = 8c$, & $x = \frac{8c - 5b}{3}$.

Si $\frac{2x}{3} + \frac{8}{3} = \frac{16}{3}$; donc $2x + 8 = 16$, & $x = 4$.

Regle neuviéme.

182. Dans une équation on peut, à une quantité, substituer son égale.

Si $3x + y = 24$, & $y = 9$; donc $3x + 9 = 24$. & $x + 3 = 8$. & $x = 5$.

Si $3y + 5x = 120$, & $y = 5x$; donc $15x + 5x = 120$. $20x = 120$, & $x = 6$.

Si $ax - 2by = a^2$, & $y = 3c$; donc $ax - 6bc = a^2$, & $ax = a^2 + 6bc$. & $x = \frac{a^2 + 6bc}{a} = a + \frac{6bc}{a}$.

DE LA RÉSOLUTION DES ÉQUATIONS DU PREMIER DEGRÉ.

183. On appelle équation du premier degré celle où l'inconnue n'a qu'une dimension; équation du deuxiéme degré celle où l'inconnue est élevée au quarré; du troisiéme, celle où l'inconnue est élevée au cube : en général, le degré de l'équation se compte par celui où l'inconnue y est élevée.

Résoudre un Problême, c'est trouver la valeur, ou les valeurs de toutes les inconnues qu'il renferme; pour cet effet, il faut avoir autant d'équations qu'il contient d'inconnues différentes; or on forme ces équations par le moyen des conditions du Problême, ou de quelque vérité connue d'ailleurs. Les observations suivantes faciliteront aux Commençans l'établissement de ces équations.

1°. Il faut se former une idée claire de l'état de la question.

2°. Il faut négliger tous les termes superflus dont la question se trouve chargée, & ne faire attention qu'à ce qui est quantité, ou rapport de quantité.

3°. Il faut traduire la question du langage de l'énoncé dans le langage Algébrique, désignant, selon l'usage, les quantités connues par les premieres lettres de l'alphabet, & les inconnues par les dernieres.

4°. Il faut éviter de multiplier les inconnues sans nécessité, c'est-à-dire, que si on a désigné une inconnue par x, & qu'on en ait une autre qui en soit double, triple, &c. on la désignera par

$2x$, $3x$, &c. Si la seconde étoit un tiers, ou un quart de la premiere, on la désigneroit par $\frac{1}{3}x$, $\frac{1}{4}x$, &c; si un nombre comme 100 est partagé en deux parties inconnues, dont on ait appellé une x, l'autre sera $100 - x$; si on a trois quantités en proportion continue Géométrique, dont la premiere soit a, le moyen proportionnel y, le troisiéme terme, s'il est inconnue, sera $\frac{y^2}{a}$.

Exemple premier.

Si la somme de deux quantités inconnues est 60

cette condition s'exprimera ainsi . . . . $x + y = 60$

Si leur différence est 24, cette condition donnera . . . $x - y = 24$

Si leur produit est 1640, on aura . . . . $xy = 1640$

Si leur quotient est 6, alors . . . . $\frac{x}{y} = 6$

Si elles sont entr'elles, comme 2 : 3, on aura . . . . . $x : y :: 3 : 2$, ou $2x = 3y$.

Exemple deuxiéme.

PROBLEME. Un homme étant interrogé au sujet de son âge, répond : si du triple de mon âge vous retranchez 16 ans, vous aurez un nombre qui sera autant au-dessus de cent, que mon âge est au-dessous.

Pour mettre ce Problême en équation, 1°. on néglige les termes superflus, c'est-à-dire, qu'on ne fait point attention si un homme est interrogé, s'il est question d'années, ou d'autres quantités; & on le réduit à celui-ci qui ne renferme que des nombres, ou des rapports de nombres.

Trouver un nombre dont le triple moins 16 surpasse 100, comme 100 surpasse le nombre cherché.

Et comme le Problême ainsi énoncé, donne une proportion continue Arithmétique, je nomme x le nombre cherché, & j'ai

$$\div\, 3x - 16,\ 100,\ x;\ \text{donc}\ 4x - 16 = 200.$$

Exemple troisiéme.

PROBLEME. Un Marchand dépense tous les ans 100 louis, & augmente le reste de son bien d'un tiers, au bout de trois ans, il se trouve deux fois plus riche qu'il n'étoit au commencement de la premiere année ; on demande avec quels fonds il a commencé, & quel étoit ſon bien au bout de la troiſiéme.

Quoiqu'il ſemble d'abord qu'il y ait ici deux inconnues, cependant il n'y en a qu'une, puiſque connoiſſant les fonds avec leſquels il a commencé, on trouvera, en doublant, ceux avec leſquels il a fini.

Pour réſoudre ce Problême, j'appelle x le bien avec lequel il a commencé, & je ſuis pied à pied les conditions du Problême, comme il s'enſuit ;

Un Marchand a un certain nombre de louis	x
dont il dépenſe 100 louis .	$x - 100$
il augmente le reſte d'un tiers	$x - 100 + \frac{x - 100}{3} = \frac{4x + 400}{3}$
la deuxiéme année il dépenſe 100 louis	$\frac{4x - 400}{3} - 100 = \frac{4x - 700}{3}$
il augmente le reſte d'un tiers	$\frac{4x - 700}{3} + \frac{4x - 700}{9} = \frac{16x - 2800}{9}$
la troiſiéme année il dépenſe 100 louis	$\frac{16x - 2800}{9} - 100 = \frac{16x - 3700}{9}$
il augmente le reſte d'un tiers	$\frac{16x - 3700}{9} + \frac{16x - 3700}{27} = \frac{64x - 14800}{27}$
il ſe trouve deux fois plus riche	$\frac{64x - 14800}{27} = 2x$

---

184. Quand un Problême du premier degré ne contient qu'une inconnue, après l'avoir mis en équation, il ſuffit, pour le réſoudre, de dégager cette inconnue, ce qu'on pourra toujours faire par le moyen des regles que nous avons donné pour cet effet.

Reprenons l'équation que nous a fourni le deuxiéme exemple $4x - 16 = 200$; donc (*Regle premiere*) $4x = 216$; donc (*Regle troiſiéme*) $x = 54$, c'eſt-à-dire, que l'âge cherché eſt 54 ans.

Le troiſiéme exemple a donné l'équation $\frac{64x - 14800}{27} = 2x$; donc (*Regle deuxiéme*) $64x - 14800 = 54x$; donc (*Regle pre-

miere) $64x - 54x = 14800$; donc $10x = 14800$; donc (*Regle deuxiéme*) $x = 1480$.

PROBLEME.

185. Trouver un nombre qui étant ajoûté à 4 d'une part, & de l'autre multiplié par 4, donne un produit triple de la somme.

Je cherche un nombre x
qui ajoûté à 4 donne . . . . $x + 4$
multiplié par 4 donne . . . . $4x$

Le produit est triple de la somme, donc la somme prise trois fois est égale au produit . . . . $3x + 12 = 4x$; donc (*Regle premiere*) $12 = 4x - 3x = x$; car $12 + 4 = 16$, & $4 \times 12 = 48$; or $16 = \frac{48}{3}$.

Quand les Problêmes contiennent plusieurs inconnues, il y a trois Méthodes différentes pour les résoudre : la premiere, par la substitution des valeurs de l'inconnue; la deuxiéme, par la comparaison de deux valeurs de la même inconnue; la troisiéme, par addition ou soustraction des équations. Nous allons expliquer chacune de ces Méthodes en particulier, & ensuite nous en ferons l'application dans la résolution des Problêmes.

PREMIERE MÉTHODE.

Par substitution.

186. Après avoir formé les premieres équations, on dégage une des inconnues, & on substitue sa valeur à la place de cette inconnue dans les équations suivantes où elle se trouve, ce qui donne d'autres équations, qu'on appelle deuxiémes, où cette premiere inconnue ne se trouve plus; ensuite on prend dans une de ces secondes équations la valeur d'une des autres inconnues, qu'on substitue de la même maniere à sa place dans les autres, ce qui donne des équations troisiémes; on continue d'opérer ainsi jusqu'à ce qu'on n'ait plus qu'une équation & qu'une inconnue : alors dégageant cette derniere inconnue, on a sa valeur toute exprimée en quantités connues; on substitue enfin cette derniere valeur, dans la derniere valeur qu'on avoit trouvée, celle-ci dans la précédente, & ainsi de suite, jusqu'à la premiere, ce qui donne la solution complete du Problême.

PROBLEME.

187. *Connoiſſant la ſomme de trois quantités priſes deux à deux, trouver chacune de ces quantités.*

SOLUTION PAR SUBSTITUTION.

J'appelle les trois inconnues x, y, z.

	Equations premieres.
Je ſuppoſe la ſomme des deux premieres	$x + y = a$
la ſomme de la ſeconde & de la troiſiéme	$y + z = b$
celle de la premiere & de la troiſiéme	$x + z = c$

Equations premieres.	valeurs.
$x + y = a$	$x = a - y.$
$y + z = b$	
$x + z = c$	
Equations deuxiémes.	
$y + z = b$	$y = b - z.$
$a - y + z = c$	
Equation troiſiéme ou finale.	
$a - b + 2z = c$	
$2z = c - a + b$	$z = \frac{c - a + b}{2}$
	$y = b \frac{- c + a - b}{2} = \frac{2b - c + a - b}{2} = \frac{b - c + a}{2}$
	$x = a \frac{- b + c - a}{2} = \frac{2a - b + c - a}{2} = \frac{a - b + c}{2}$

SECONDE MÉTHODE.

Par comparaiſon de valeurs.

188. Après avoir établi les premieres équations, on dégage la même inconnue dans deux équations différentes, ce qui en donne deux valeurs qui, étant égales à la même quantité, ſont égales en-tr'elles; c'eſt pourquoi on en forme une équation, d'où l'on tire la valeur d'une autre inconnue, on prend une autre valeur de la même dans une des premieres équations dont on n'avoit point encore fait uſage; & on continue ainſi juſqu'à la fin.

SOLUTION

SOLUTION DU PROBLEME PRÉCÉDENT.

Par comparaison de valeurs.

$x+y=a$	$x=a-y$
$y+z=b$	
$x+z=c$	$x=c-z$
$a-y=c-z$	$y=z-c+a$
$y+z=b$	$y=b-z$
$z-c+a=b-z$	
$2z=b+c-a$	$z=\frac{b+c-a}{2}$
	$y=\frac{b-c+a}{2}$
	$x=\frac{a-b+c}{2}$

TROISIEME MÉTHODE.

Par addition ou soustraction d'équations.

189. Après avoir mis le Problême en équations, on prend deux équations dans lesquelles se trouve la même inconnue, & si cette inconnue a le même signe dans l'une & l'autre, on soustrait une équation de l'autre, c'est-à-dire, le premier membre du premier membre; & le second du second; mais si l'inconnue qu'on veut faire évanouir a différens signes, on ajoûte le premier membre d'une équation au premier membre de l'autre, & le second au second.

SOLUTION DU MEME PROBLEME.

Par addition & par soustraction d'équations.

$$x + y = a$$
$$y + z = b$$
$$x + z = c$$

ajoûtant la premiere & la troisiéme on a

$$2x + y + z = a + c$$

mais par la deuxiéme

$$y + z = b$$

donc $2x + b = a + c$. & $x = \frac{a + c - b}{2}$.

retranchant la troisiéme de la premiere

$$x + y - x - z = y - z = a - c$$

mais par la deuxiéme.. $y + z = b$

donc ajoûtant, j'ai $2y = a - c + b$. $y = \frac{a - c + b}{2}$.

soustrayant les mêmes $2z = b - a + c$. $z = \frac{b - a + c}{2}$.

Les deux premieres Méthodes sont générales ; on voit à l'inspection des équations quand la troisiéme peut avoir lieu : elle est ordinairement plus expéditive.

Pour exprimer les quantités connues, nous nous sommes servi de caracteres Algébriques préférablement aux chiffres, & nous continuerons cet usage, auquel il est bon que les Commençans s'habituent, parce que les opérations en sont moins sujettes à erreur, & que les solutions sont générales. Cependant je conseille de répéter dans les commencemens les mêmes opérations avec des nombres, ou d'en substituer après la solution du Probléme.

PROBLEME.

190. *Partager un nombre donné en deux parties telles que le cinquième de l'une, plus le tiers de l'autre, soient égaux à un autre nombre donné.*

SOLUTION.

J'appelle le nombre à partager a, une de ses parties x, par conséquent l'autre sera $a - x$; le second nombre donné sera b.

$$\frac{x}{5} + \frac{a-x}{3} = b$$

$$3x + 5a - 5x = 15b$$

$$5a - 15b = 2x$$

$$x = \frac{5a - 15b}{2}$$

Si $a = 60$, & $b = 15$, on aura $x = \frac{5 \times 60 - 15 \times 15}{2}$ $= \frac{300 - 225}{2} = \frac{75}{2} = 37\frac{1}{2}$, & $a - x = 60 - 37\frac{1}{2} = 22\frac{1}{2}$. or $\frac{37\frac{1}{2}}{5} + \frac{22\frac{1}{2}}{3} = 7\frac{1}{2} + 7\frac{1}{2} = 15$.

Si $a = 60$, & $b = 20$; on aura $x = \frac{5 \times 60 - 15 \times 20}{2}$ $= \frac{300 - 300}{2} = 0$, & $a - x = 60 - 0 = 60$; or $\frac{0}{5} + \frac{60}{3}$ $= 20$.

Si $a = 60$, & $b = 30$, on aura $x = \frac{5 \times 60 - 15 \times 30}{2}$ $= \frac{300 - 450}{2} = \frac{-150}{2} = -75$, & $60 - x = 60 + 75 = 135$; or $\frac{-75}{5} + \frac{135}{3} = -15 + 45 = 30$.

Quelqu'autre nombre qu'on substitue à la place de a & de b, la solution Algébrique trouvée contiendra la solution arithmétique, parce que l'Algebre, dans sa généralité, contient toutes les solutions possibles.

PROBLEME.

191. *Connoissant la somme & la différence de deux quantités, trouver chacune de ces quantités.*

SOLUTION.

Soit la somme a, la différence d, les deux quantités x, y; donc

$$x + y = a$$
$$x - y = d$$

en ajoûtant . . . . $2x = a + d$ | $x = \frac{a+d}{2}$

soustrayant la deuxiéme de la premiere . . . . $2y = a - d$ | $y = \frac{a-d}{2}$

192. Cette solution fournit un Théorême auquel il faut faire attention, parce qu'il est de grand usage : c'est que la plus grande des deux quantités est égale à la moitié de leur somme plus la moitié de leur différence, & la moindre est égale à la moitié de leur somme moins la moitié de leur différence.

PROBLEME.

193. *Connoissant la somme & le rapport de deux quantités, connoître ces deux quantités.*

SOLUTION.

Soit la somme a, les deux quantités x & y, leur rapport celui de $b : c$. Donc

$$x + y = a \quad | \quad x = a - y$$
$$x : y :: b : c$$
$$cx = by \quad | \quad x = \frac{by}{c}$$
$$a - y = \frac{by}{c}$$
$$ac - cy = by$$
$$ac = by + cy$$
$$y = \frac{ac}{b+c}$$
$$x = \frac{by}{c} = \frac{abc}{bc + c^2} = \frac{ab}{b+c}$$

PROBLEME.

194. *Deux Bombardiers revenant de batterie, le premier dit au deuxiéme, si j'avois tiré 4 bombes de plus, & toi 4 de moins, j'en aurois tiré autant que toi; le deuxiéme répond, si j'en avois tiré 4 de plus, & toi 4 de moins, j'en aurois tiré le double de toi;* c'est-à-dire,

Trouver deux nombres, dont le premier plus 4, soit égal au deuxiéme moins 4, & dont le deuxiéme plus 4, soit double du premier moins 4.

SOLUTION.

Désignant le premier par x, le deuxiéme par y, on aura

$$x + 4 = y - 4 \ldots\ldots\ldots\ldots \quad \Big| \quad x = y - 8$$
$$y + 4 = x - 4 \times 2 = 2x - 8 \quad \Big| \quad x = \tfrac{1}{2} y + 6$$
$$2x = y + 12 \ldots\ldots\ldots\ldots$$
$$y - 8 = \tfrac{1}{2} y + 6.\ \tfrac{1}{2} y = 14.\ y = 28.\ x = 20$$

Si au lieu de 4, on mettoit a, la solution deviendroit générale pour tout autre nombre qu'on pourroit supposer au lieu de 4; & on auroit.

$$x + a = y - a \quad \Big| \quad x = y - 2a$$
$$y + a = 2x - 2a$$
$$y + a = 2y - 6a$$
$$7a = y.\ \&\ x = 7a - 2a = 5a.$$

Ce qui donne pour le Problême précédent, $y = 7 \times 4 = 28$. $x = 5 \times 4 = 20$.

Mais pour donner à ce Problême une plus grande généralité, je l'énonce ainsi.

Trouver deux nombres, dont le premier plus une quantité donnée, soit dans un rapport donné au second moins une quantité donnée; & dont le second plus une quantité donnée, soit dans un rapport donné au premier moins une quantité donnée.

SOLUTION.

$$x + a : y - b :: m : n$$
$$y + c : x - d :: f : g$$

$$nx + an = my - bm$$
$$gy + cg = fx - df$$

$$nx = my - an - bm \qquad x = \frac{my - an - bm}{n}$$
$$fx = gy + cg + df \qquad x = \frac{gy + cg + df}{f}$$

$$\frac{my - an - bm}{n} = \frac{gy + cg + df}{f}$$

$$fmy - afn - fbm = gny + cgn + dfn.$$

Ici je vois que fmy est plus grand que gny; puisque pour former l'équation, il a fallu retrancher du premier, & ajoûter au deuxiéme, ainsi je transporte gny dans l'autre membre, ce qui me donne

$$fmy - gny = cgn + dfn + afn + bfm$$

$$y = \frac{cgn + dfn + afn + bfm}{fm - gn}$$

$$x = \frac{my - an - bm}{n} = \frac{cgm + dfm + agn + bgm}{fm - gn}.$$

Pour le Problême des Bombardiers, on supposeroit ici $a = b = c = d = 4$; $m = n = 1$; $f = 2$. $g = 1$.

Quelque autre quantité qu'on veuille supposer, on trouvera toujours la solution convenable, pourvû qu'on ne fasse point de suppositions contradictoires, c'est-à-dire, pourvû que l'une supposant une inconnue plus grande que l'autre, quelqu'une des autres ne suppose pas qu'elle est moindre.

PROBLEME.

195. *Un homme faisant l'aumône, trouva qu'il lui manquoit 10 sols pour donner 5 sols à chaque pauvre, mais leur ayant donné seulement chacun 4 sols, il lui resta 5 sols ; on demande le nombre des pauvres & celui des sols.*

Solution.

Soit le nombre des pauvres x, celui des sols y, donc

$5x = y + 10$	$y = 5x - 10$	$5x - 10 = 4x + 5$	$x = 15$
$4x = y - 5$	$y = 4x + 5$	$5x - 4x = 15$	$y = 4x + 5 = 65.$

PROBLEME.

196. *Connoissant la vitesse de deux mobiles, & l'intervalle des temps & des points de leur départ : déterminer leur point de rencontre.*

Solution.

Les mobiles peuvent aller dans le même sens, ou dans des sens opposés ; ainsi le Problême a deux cas : dans l'un & l'autre, je supposerai la vitesse égale à l'espace parcouru divisé par le temps, ce qui se démontre en méchanique ; je supposerai de plus, que le mobile A a une vitesse capable de lui faire parcourir l'espace c dans un temps f, & le mobile B celle de parcourir l'espace d dans le temps g ; j'appellerai e l'intervalle des lieux, & h celui des temps.

Premier Cas.

S'ils sont mus dans le même sens, & que le mobile A soit d'abord plus éloigné du but : appellez cette distance x, & vous aurez pour celle de B, $x - e$. Et puisque A parcourt l'espace c dans le temps f, on aura $c : f :: x : \frac{fx}{c}$. Et puisque B parcourt l'espace d dans le temps g, on aura $d : g :: x - e : \frac{gx - ge}{d}$; ainsi $\frac{fx}{c}$ sera le temps employé par A, & $\frac{gx - ge}{d}$ sera le temps employé par B. Mais comme on suppose que h est la différence de ces temps, pour les rendre égaux il faut ajoûter h au plus court, par exemple à $\frac{fx}{c}$, si on suppose que B part le premier; & on aura $\frac{fx}{c} + h = \frac{gx - ge}{d}$; donc $x = \frac{cge + cdh}{cg - df} = \frac{ge + dh}{g - \frac{d}{c}f}$. Si A part le premier, on aura $\frac{fx}{c} = h + \frac{gx - ge}{d}$; donc $x = \frac{cge - cdh}{cg - df}$.

Exemple premier.

Si on suppose que A & B sont deux couriers, dont le premier fait trois lieues par heures, & le second cinq lieues dans trois heures; que B a sept lieues d'avance, & qu'il part deux heures plutôt, on aura $c = 3$, $f = 1$, $d = 5$, $g = 3$, $e = 7$; $h = 2$; donc $x = \frac{ge + dh}{g - \frac{d}{c}f} = \frac{3 \times 7 + 5 \times 2}{3 - \frac{5}{3} \times 1} = \frac{31}{\frac{4}{3}} = \frac{93}{4} = 23\frac{1}{4}$.

Exemple deuxième.

Si le Soleil parcourt tous les jours un degré, & la Lune treize, & que le Soleil soit au commencement de l'Ecrevisse, & trois jours ensuite la Lune au commencement du Belier: on demande le temps de leur premiere conjonction? On répond au $10\frac{3}{4}$ de l'Ecrevisse; car comme il vont dans le même sens, & que la Lune est plus éloignée du but: A désignera la Lune, B le Soleil; & $\frac{cge + cdh}{cg - df}$ l'espace parcouru par la Lune; ainsi si l'on met $c = 13$, $f = d = g = 1$, $e = 90$, $h = 3$; on aura $\frac{13 \times 1 \times 90 + 13 \times 1 \times 3}{13 \times 1 - 1 \times 1} = \frac{1209}{12} = 100\frac{3}{4}$, lesquels degrés étant ajoûtés au commencement du Belier, donnent $10\frac{3}{4}$ de l'Ecrevisse.

DEUXIÉME CAS.

Si les mobiles vont en sens contraire, c'est-à-dire, si chacun court à la rencontre de l'autre, & qu'on suppose, comme auparavant, A éloigné du point de rencontre de la distance x, B en sera éloigné de la distance $e - x$; par conséquent A employera le le temps $\frac{fx}{c}$, & B le temps $\frac{ge-gx}{d}$. Au plus court de ces temps, ajoûtez la différence h, par exemple, à $\frac{fx}{c}$, si B part le premier; & vous aurez $\frac{fx}{c}+h=\frac{ge-gx}{d}$; donc $x=\frac{cge-cdh}{cg+df}$.

Si A part le premier, ajoûtez h au temps de B, & vous aurez $\frac{fx}{c}=h+\frac{ge-gx}{d}$; donc $x=\frac{cge+cdh}{cg+df}$.

EXEMPLE.

Si deux couriers éloignés de 59 milles marchent l'un vers l'autre, de sorte que le premier A fait 7 milles en deux heures, & le deuxiéme B 8 milles en trois heures, & part une heure plus tard: on demande le chemin fait par A avant de rencontrer B: mettant $c=7$, $f=2$, $d=8$, $g=3$, $e=59$, $h=1$; on aura $x=\frac{cge+cdh}{cg+df}=\frac{7\times3\times59+7\times8\times1}{7\times3+8\times2}=\frac{1295}{37}=35$. & $e-x=59-35=24$.

PROBLEME.

197. *Trouver deux nombres dont la somme soit la sixiéme partie du produit, & qui soient entre eux comme trois est à deux.*

SOLUTION.

$x+y=\frac{xy}{6}$	
$x:y::3:2$	
$xy=6x+6y$	
$xy-6x=6y$	
$\overline{y-6}\times x=6y$	$x=\frac{6y}{y-6}$
$2x=3y$	$x=\frac{3y}{2}$

L

$$\frac{6y}{y-6} = \frac{3y}{2}$$

$$12y = 3y^2 - 18y$$

$$30y = 3y^2$$

$$30 = 3y$$

$$y = 10$$

$$x = \frac{3 \times 10}{2} = 15$$

REMARQUE.

198. Lorsqu'on a deux équations, dont l'inconnue est élevée à différentes puissances, si on ne peut réduire la plus haute à la moindre, il faut élever la moindre à la plus haute.

PROBLEME.

199. *Connoissant la somme de deux quantités, & la différence de leur quarrés, trouver ces quantités.*

SOLUTION.

Soient les deux quantités x & y, leur somme a, & la différence de leur quarré d.

$$x + y = a \quad \Big| \quad x = a - y$$

$$x^2 - y^2 = d$$

$$x^2 = a^2 - 2ay + y^2$$

$$x^2 = d + y^2$$

$$d + y^2 = a^2 - 2ay + y^2$$

$$d = a^2 - 2ay$$

$$2ay = a^2 - d$$

$$y = \frac{a^2 - d}{2a}$$

$$x = \frac{a^2 + d}{2a}$$

PROBLEME.

200. *Connoissant le rapport de deux nombres & la différence de leur cube, connoître ces deux nombres.*

SOLUTION.

$$x : y :: a : b$$

$$x^3 - y^3 = d \quad \Big| \quad x^3 = d + y^3$$

$$x = \frac{ay}{b}$$

$$x^3 = \frac{a^3 y^3}{b^3}$$

$$d + y^3 = \frac{a^3 y^3}{b^3}$$

$$a^3 y^3 - b^3 y^3 = d b^3$$

$$y^3 = \frac{d b^3}{a^3 - b^3}$$

$$y = \frac{\sqrt[3]{d b^3}}{a^3 - b^3}$$

$$x = \frac{\sqrt[3]{d a^3}}{a^3 - b^3}$$

REMARQUE.

201. S'il y a trois équations, & que la même inconnue s'y trouve répétée, cherchez-en trois valeurs, comparez la premiere avec la deuxiéme, & la premiere avec la troisiéme ; ces deux dernieres équations fourniront encore deux valeurs de la même inconnue, dont la comparaison achevera la solution du Problême.

EXEMPLE.

$x + y + z = 12$	$x = 12 - y - z$
$x + 2y + 3z = 20$	$x = 20 - 2y - 3z$
$\frac{x}{3} + \frac{y}{2} + z = 6$	$x = 18 - \frac{3y}{2} - 3z$

$$12 - y - z = 20 - 2y - 3z$$

$$12 - y - z = 18 - \frac{3y}{2} - 3z$$

$$2y + 3z - y - z = 20 - 12$$

$$y + 2z = 8 \ldots\ldots\ldots\ldots y = 8 - 2z$$

$$\frac{3y}{2} + 3z - y - z = 18 - 12$$

$$3y + 6z - 2y - 2z = 36 - 24$$

$$y + 4z = 12 \ldots\ldots\ldots\ldots y = 12 - 4z$$

$$8 - 2z = 12 - 4z$$

$$4z - 2z = 12 - 8$$

$$2z = 4 \ldots z = 2$$

$$y = 8 - 2z = 4$$

$$x = 12 - y - z = 6$$

On peut souvent éviter des opérations longues & difficiles, en cherchant non les quantités inconnues, mais quelques autres qui ont avec elles un rapport connu, c'est-à-dire, qui, étant une fois connues, donnent la connoissance des inconnues proposées.

PROBLEME.

202. *Connoissant la somme de deux quantités & la somme de leurs quarrés, trouver les deux quantités.*

SOLUTION.

Au lieu de considérer les deux inconnues, je ne considere que leur ſomme & leur différence : j'appelle leur ſomme, qui eſt connue, $2a$, & leur différence, qui eſt inconnue, $2z$; or nous avons vû (N°. 192.) que la plus grande de deux quantités eſt égale à la moitié de leur ſomme plus la moitié de leur différence, & que la moindre eſt égale à la moitié de leur ſomme moins la moitié de leur différence ; donc la plus grande ſera $a + z$, & la moindre $a - z$, & la ſomme de leur quarrés ſera

$$2a^2 + 2z^2 = 2b$$

$$2z^2 = 2b - 2a^2$$

$$z^2 = b - a^2$$

$$z = \sqrt{b - a^2}$$

PROBLEME.

203. *Connoiſſant le produit de deux quantités, & la ſomme de leurs quarrés, trouver les deux quantités.*

SOLUTION.

Au lieu de chercher les quantités mêmes, je cherche leur ſomme & leur différence. Soit leur ſomme $2x$, leur différence $2y$; donc la plus grande ſera $x + y$, & la moindre $x - y$. Soit $2a$ leur produit, & $4b$ la ſomme de leurs quarrés.

$$x^2 - y^2 = 2a$$

$$2x^2 + 2y^2 = 4b$$

$$x^2 + y^2 = 2b$$

ajoûtant la premiere à celle-ci.

$$2x^2 = 2a + 2b$$

$$x^2 = a + b \qquad x = \sqrt{a + b}$$

& ſouſtrayant la premiere de la troiſiéme

$$2y^2 = 2b - 2a$$

$$y^2 = b - a \qquad y = \sqrt{b - a}$$

THÉOREMES GÉNÉRAUX

Pour trouver les valeurs des inconnues.

204. J'appellerai coëfficiens du même ordre, les quantités qui accompagnent la même inconnue dans différentes équations, ou celles qui n'en accompagnent aucune.

205. J'appellerai coëfficiens opposés, ceux qui accompagnent différentes inconnues dans différentes équations.

THÉOREME PREMIER.

206. Deux équations & deux inconnues étant données, chacune de ces inconnues est égale à une fraction dont le numérateur est la différence des produits des coëfficiens opposés des ordres où cette inconnue ne se trouve point, & le dénominateur est la différence des produits des coëfficiens opposés des deux inconnues.

DEMONSTRATION.

Soit .... $ax + by = c$

$dx + ey = f$

je dis que .... $y = \frac{af - dc}{ae - db}$

& .... $x = \frac{ce - bf}{ae - db}$

car par la premiere équation

$$x = \frac{c - by}{a}$$

par la deuxiéme ... $x = \frac{f - ey}{d}$

donc .... $\frac{c - by}{a} = \frac{f - ey}{d}$

$$cd - dby = af - aey$$

$$aey - dby = af - cd \quad \Big| \quad y = \frac{af - cd}{ae - db}$$

substituant cette valeur de y dans une des valeurs de x, on trouvera

$$x = \frac{ce - bf}{ae - db}.$$

THÉOREME II.

207. Trois équations & trois inconnues étant données, chaque inconnue sera égale à une fraction dont le numérateur contiendra tous les produits qu'on peut faire de trois coëfficiens opposés, pris dans les ordres où cette inconnue ne se trouve point, & le dénominateur contiendra les différens produits qu'on peut former de trois coëfficiens opposés, pris dans les ordres qui renferment les trois inconnues.

DEMONSTRATION.

Soit les trois inconnues x, y, z, & les trois équations

$$ax + by + cz = m$$
$$dx + ey + fz = n$$
$$gx + hy + kz = p$$

Ne regardant d'abord comme inconnue que x & y, & n'ayant égard qu'aux deux premieres équations, on aura par le Théorême précédent

$$y = \frac{an - afz - dm + dcz}{ae - db}$$

n'ayant égard qu'à la premiere & à la derniere

$$y = \frac{ap - akz - gm + gcz}{ah - gb}$$

donc . . $\frac{an - afz - dm + dcz}{ae - db} = \frac{ap - akz - gm + gcz}{ah - gb}$

& ayant fait évanouir les fractions, détruit les termes semblables, & divisé les deux membres de l'équation par a, on trouvera

$$aekz - afhz + cdhz - bdkz + bfgz - cegz = aep - ahn + dhm - dbp + gbn - gem$$

& par conséquent $z = \frac{aep - ahn + dhm - dbp + gbn - gem}{aek - afh + cdh - ceg + bdk - bfg}$

pour trouver la valeur de y, au lieu de substituer celle de z, ce qui seroit une opération fort embarrassante, on recommence entierement l'opération, dans laquelle on traite y comme on a traité z dans la précédente, & on trouve

$$y = \frac{afp - akn + dkm - dep + cgn - fgm.}{aek - afh + cdh - bdk + bfg - ceg.}$$

S'il manquoit quelque termes dans quelqu'une des trois équations données, on trouveroit des valeurs plus simples des inconnues; je suppose, par exemple, $f = 0$, $k = 0$; alors le terme fz s'évanouira dans la seconde équation, & kz dans la troisiéme, & l'on aura

$$z = \frac{aep - ahn + dhm - bdp + bgn - egm}{cdh - ceg}$$

$$y = \frac{cgn - dep.}{cdh - ceg.}$$

PROBLEME GÉNÉRAL

Sur les progressions Arithmétiques.

208. Supposant le premier terme d'une progression Arithmétique $= a$, le dernier $= u$, la différence $= d$, le nombre des termes $= n$, & la somme de la progression $= s$.

Trois de ces cinq termes étans connus, trouver les deux autres.

SOLUTION.

Je ne donne que les résultats des différens cas, pour laisser aux Commençans le plaisir de chercher les routes qui y conduisent; les Théorêmes qu'ils ont vû au sujet des progressions Arithmétiques leur fourniront les équations nécessaires.

Connues.	Inconnues.	Valeurs.
a, v, n	s	$= \frac{1}{2}an + \frac{1}{2}vn$
	d	$= \frac{v - a}{n - 1}$
a, d, v	n	$= 1 + \frac{v - a}{d}$
	s	$\frac{1}{2}a + \frac{1}{2}v - \frac{a^2 + v^2}{2d}$

a, v, s

Connues.	Inconnues.	Valeurs.
a, v, s	n	$= \frac{2s}{a+v}$
	d	$= \frac{v^2 - a^2}{2s - a - v}$
a, n, d	v	$= a + dn - d$
	s	$= an + \frac{1}{2}dn^2 - \frac{1}{2}dn$
a, n, s	v	$= \frac{2s}{n} - a$
	d	$= \frac{2s - 2an}{n^2 - n}$
v, n, d	a	$= c - dn + v$
	s	$= \frac{1}{2}dn - \frac{1}{2}dn^2 + nv$
v, n, s	a	$= \frac{2s}{n} - n$
	d	$= \frac{2vn - 2s}{n^2 - n}$
d, n, s	a	$= \frac{1}{2}d - \frac{1}{2}dn + \frac{s}{n}$
	v	$= \frac{1}{2}dn - \frac{1}{2}dn + \frac{s}{-n}$

Je ne donne point ici les cas où le nombre des termes se trouve inconnu avec l'un ou l'autre des extrêmes; parce qu'ils ne peuvent se résoudre que par des équations du second degré.

THÉOREME.

209. La somme d'une progression Géométrique est égale à la différence du dernier terme augmenté d'un degré & du premier, divisée par l'exposant diminué de l'unité.

DEMONSTRATION.

Soit $a + aq + aq^2 + aq^3 + aq^{n-1} = x$; je dis que $x = \frac{aq^n - a}{q - 1}$; car multipliant tous les termes de la progression par

M

son exposant q, j'ai $aq + aq^2 + aq^3 + aq^{n-1} + aq^n = qx$, & soustrayant la premiere de celle-ci, je trouve $aq^n - a = qx - x$: donc $x = \frac{aq^n - a}{q - 1}$. Ce Théorême joint à ce qu'on a déja vû au sujet des progressions Géométriques, suffira pour résoudre les Problêmes qu'on propose ordinairement au sujet de ces progressions.

PROBLEME.

210. *Trouver tous les termes d'une progression dont on connoît la somme, l'exposant & le nombre des termes.*

SOLUTION.

Par le Théorême précédent $s = \frac{aq^n - a}{q - 1}$ (supposant ici la somme égale à s), donc $qs - s = aq^n - a$, donc $a = \frac{qs - s}{q^n - 1}$. Connoissant ainsi le premier terme, on aura les suivans, en multipliant celui-ci par les puissances successives de l'exposant q.

PROBLEME.

211. *Trouver l'exposant d'une progression dont on connoît le premier terme a, le dernier v, & le nombre des termes n.*

SOLUTION.

$v = aq^{n-1}$: donc $\frac{v}{a} = q^{n-1}$: donc $q = \sqrt[n-1]{\frac{v}{a}}$.

PROBLEME.

212. *Trouver le nombre des termes d'une progression dont on connoît le premier terme, le dernier & l'exposant.*

SOLUTION.

Par la solution précédente nous avons $\frac{v}{a} = q^{n-1}$, & multipliant l'un & l'autre membre par q, $\frac{vq}{a} = q^n$; ce qui fait connoître la valeur de l'exposant élevé à une puissance égale au nombre des termes : c'est pourquoi élevant q successivement à ses différentes puiſſances, on trouvera celle qui le rend égal à $\frac{vq}{a}$; & par conſéquent le nombre des termes.

Le calcul exponentiel fournit une voye plus directe de réſoudre ce Problême. Ce n'eſt point ici le lieu de ce calcul ; cependant je crois qu'on ne ſera pas fâché d'en voir le principe, dont on pourra faire quelque uſage en attendant qu'on le voye traité plus à fond.

Le calcul exponentiel eſt une Méthode pour trouver la valeur des expoſans indéterminés.

On déſigne le logarithme d'une quantité par le produit de cette quantité par l, ainſi $l\,a$ déſigne le logarithme de a.

THÉOREME FONDAMENTAL.

213. Le produit de l'expoſant d'une puiſſance quelconque par ſa racine eſt toujours égal au logarithme de cette puiſſance.

DEMONSTRATION.

Soit une puiſſance quelconque a^q, le logarithme de ſa racine a ſera $l\,a$. Je dis que $q\,l\,a$ eſt le logarithme de a^q ; car la ſomme des logarithmes de pluſieurs grandeurs eſt égale au logarithme de leur produit : or la puiſſance a^q eſt un produit d'autant de grandeurs a qu'il y a d'unités dans ſon expoſant q : donc la ſomme d'autant de logarithmes de a, qu'il y a d'unités dans q, c'eſt-à-dire, le produit $q\,l\,a$, eſt le logarithme de la puiſſance a^q. *Ce qu'il falloit démontrer.*

PROBLEME.

214. *L'équation* $c^x = a\,b^{x-1}$ *étant donnée, trouver l'expoſant* x.

SOLUTION.

Par le Théorême précédent, $x\,l\,c = l\,a + \overline{x-1} \times l\,b = l\,a + x\,l\,b - l\,b$; donc $x\,l\,c - x\,l\,b = l\,a - l\,b$, donc $x = \frac{l\,a - l\,b}{l\,c - l\,b}$.

PROBLEME.

215. *Supposant* $x^x = a$, & $x^{x+p} = b$, *trouver la valeur de* x.

SOLUTION.

$$x^x = a \ldots\ldots\ldots \text{donc } x\,l\,x = l\,a$$

$$x^{x+p} = b \ldots\ldots\ldots \text{donc } x\,l\,x + p\,l\,x = l\,b$$

par la premiere $l\,x = \frac{l\,a}{x}$

par la seconde $l\,x = \frac{l\,b}{x+p}$

Donc $\frac{l\,a}{x} = \frac{l\,b}{x+p}$; ce qui donne $x\,l\,a + p\,l\,a = x\,l\,b$;

ou $x\,l\,b - x\,l\,a = p\,l\,a$: donc $x = \frac{p\,l\,a}{l\,b - l\,a}$.

216. Par le moyen de ce calcul, il est facile de résoudre le dernier Problême proposé au sujet des progressions Géométriques; car nous avons $v = a\,q^{n-1}$: donc $n\,l\,q - l\,q + l\,a = l\,v$: donc $n\,l\,q = l\,v + l\,q - l\,a$: donc $n = \frac{l\,v + l\,q - l\,a}{l\,q}$.

CHAPITRE II.

De la résolution des équations du second degré.

217. On a vû que les équations du deuxiéme degré, sont celles où l'inconnue est élevée au quarré.

218. Quand le terme, ou les termes qui renferment l'inconnue plus, ou moins quelqu'autres quantités, forment un quarré parfait, on met ce quarré seul dans un membre de l'équation, & on tire la racine quarrée des deux membres, ce qui donne la valeur de l'inconnue simple. Par exemple, si $x^2 + b = a^2$, donc $x^2 = a^2 - b$, & $x = \sqrt{a^2 - b}$, ou $x = -\sqrt{a^2 - b}$. Si $y^2 - ay + \frac{1}{4}a^2 = b^2$; donc $y - \frac{1}{2}a = b$, $y = b + \frac{1}{2}a$, ou $y = \frac{1}{2}a - b$.

219. On vient de voir que l'inconnue dans les équations pré-

cédentes a deux valeurs ; en effet, dans le premier exemple, on pouvoit également ſuppoſer $a^2 - b = \sqrt{a^2 - b} \times \sqrt{a^2 - b}$, ou $= -\sqrt{a^2 - b} \times -\sqrt{a^2 - b}$; dans le ſecond, on pouvoit ſuppoſer $b^2 = b \times b$, ou $= -b \times -b$; il en eſt de même de toutes les équations du ſecond degré ; & en général, l'inconnue a autant de valeurs que l'équation a de degrés.

Si, outre le quarré de l'inconnue, il ſe trouve quelques autres termes qui en renferment la racine, & qu'on n'ait point un quarré parfait, il faudra obſerver la regle ſuivante.

REGLE.

220. 1°. Tranſportez tous les termes qui contiennent l'inconnue dans un membre de l'équation, & tous les termes connus dans l'autre membre.

2° Si le quarré de l'inconnue eſt multiplié par quelque quantité, diviſez tous les termes de l'équation par cette quantité.

3°. Formez le quarré de la moitié de la quantité qui multiplie l'inconnue ſimple, ajoûtez-le dans l'un & l'autre membre de l'équation, & par ce moyen, le membre qui renferme l'inconnue ſera un quarré parfait.

4°. Tirez la racine quarrée de l'un & l'autre membre, qui, dans l'un, ſera toujours l'inconnue avec la moitié de la quantité qui multiplioit l'inconnue ſimple ; de ſorte, qu'en tranſpoſant cette moitié, on aura la valeur de l'inconnue.

EXEMPLE.

$$y^2 + ay = b$$

ajoûtant le quarré de $\frac{a}{2}$ . . . . $y^2 + ay + \frac{a^2}{4} = b + \frac{a^2}{4}$

extrayant la racine . . . . $y + \frac{a}{2} = \pm\sqrt{b + \frac{a^2}{4}}$

tranſpoſant $\frac{a}{2}$ . . . . $y = \pm\sqrt{b + \frac{a^2}{4}} - \frac{a}{2}$

puiſque tout quarré eſt poſitif, il eſt évident que la racine quarrée d'une quantité négative eſt imaginaire, & ne ſçauroit être aſſignée ; c'eſt pourquoi il y a des équations du ſecond degré qui ne peuvent avoir aucune ſolution. Par exemple,

$$y^2 - ay = -3a^2$$

ajoûtant $\frac{a^2}{4} \ldots\ldots y^2 - ay + \frac{a^2}{4} = -3a^2 + \frac{a^2}{4} = -\frac{11a^2}{4}$

extrayant la racine $y - \frac{a}{2} = \pm\sqrt{\frac{-11a^2}{4}}$

$$y = \frac{a}{2} \pm \sqrt{\frac{-11a^2}{4}}$$

Dans cet exemple, les deux valeurs de y sont imaginaires, ou impossibles, parce qu'on ne peut assigner la racine quarrée de $-\frac{11a^2}{4}$.

PROBLEME.

221. *Un écot se monte à 8 liv. 15 sols ; il y a deux personnes qui ne payent point, & la part de chacun des payans est de 10 sols plus forte que si tous avoient payé. On demande le nombre de la compagnie, & ce que chacun a payé ?*

SOLUTION.

Soit le nombre de la Compagnie x, & par conséquent celui des payans $x - 2$; on aura, par les conditions du Problême,

$$\frac{175\ f.}{x-2} - \frac{175\ f.}{x} = 10$$

$$175x - 175x + 350 = 10x^2 - 20x$$

$$10x^2 - 20x = 350$$

$$x^2 - 2x = 35$$

$$x^2 - 2x + 1 = 35 + 1 = 36$$

$$x - 1 = \pm 6$$

$$x = 1 \pm 6 = 7, \text{ ou } -5.$$

Divisant 175 f. par $7 - 2 = 5$, on trouvera ce que chacun a payé, il est évident, dans ce Problême, que la seule valeur positive 7 en donne la solution, & que l'autre -5 ne peut être ici d'aucun usage.

PROBLEME.

222. *Trouver trois nombres en proportion continue Géométrique, de sorte que la somme des deux premiers soit 10, & la différence des deux derniers 24.*

SOLUTION.

Soit le premier x, le second sera $10 - x$, & le troisiéme $34 - x$; donc

$$x : 10 - x :: 10 - x : 34 - x$$

$$34x - x^2 = 100 - 20x + x^2$$

$$54x = 100 + 2x^2$$

$$x^2 - 27x = -50$$

$$x^2 - 27x + \frac{729}{4} = \frac{729}{4} - 50 = \frac{529}{4}$$

$$x - \frac{27}{2} = \pm\sqrt{\frac{529}{4}} = \pm\frac{23}{2}$$

$$x = \frac{27+23}{2} \text{ ou } \frac{27-23}{2} = 25, \text{ ou } 2.$$

Ce qui donne les deux proportions continues suivantes,

$$\div\div\, 2 : 8 : 32 \ldots\ldots\ldots\ldots \div\div\, 25 : -15 : 9.$$

223. Toute équation où l'inconnue n'a que deux exposans différens, dont l'un est double de l'autre, peut être regardée & résolue comme une équation du second degré.

Soit la formule générale $y^{2m} + ay^m = b$. Je fais $y^m = z$; par conséquent $y^{2m} = z^2$, & la premiere équation se change en celle-ci $z^2 + az = b$; qui me donne $z = \pm\sqrt{b + \frac{a^2}{4}} - \frac{a}{2} = y^m$. Donc $y = \sqrt[m]{-\frac{a}{2} \mp \sqrt{b + \frac{a^2}{4}}}$.

Si on avoit $x^3 - 7x^{\frac{3}{2}} = 8$ .... en faisant $x^{\frac{3}{2}} = z$, on auroit $x^3 = z^2$, & l'équation précédente deviendroit

$$z^2 - 7z = 8$$

$$z^2 - 7z + \tfrac{49}{4} = \tfrac{81}{4}$$

$$z - \tfrac{7}{2} = \pm \tfrac{9}{2}$$

$$z = 8$$

mais . . . . . . $x^3 = z^2$

donc . . . . . $x = \sqrt[3]{z^2} = \sqrt[3]{64} = 4.$

PROBLEME.

224. *Trouver trois nombres en proportion continue dont la ſomme ſoit 20, & la ſomme des quarrés 140.*

PREMIERE SOLUTION.

Soit . . . . $x + y + z = 20$

$$x^2 + y^2 + z^2 = 140$$

$$xz = y^2$$

Tranſpoſant y dans la premiere équation, & quarrant les deux membres, on aura

$$x^2 + 2xz + z^2 = 400 - 40y + y^2$$

ſouſtrayant la deuxiéme de celle-ci

$$2xz - y^2 = 400 - 140 - 40y + y^2$$

mais par la troiſiéme . . . . $2xz = 2y^2$

donc . . . . $2y^2 - y^2 = 400 - 140 - 40y + y^2$

donc . . . . $40y = 260$

donc . . . . $y = 6\tfrac{1}{2}$

pour trouver x & z, je remarque que par la deuxiéme équation j'ai

$$x^2 + z^2 = 140 - y^2 = 140 - \tfrac{169}{4} = \tfrac{391}{4}$$

d'où

d'où soustrayant $2xz = 2y^2 = \frac{338}{4}$

on aura....... $x^2 - 2xz + z^2 = \frac{391}{4} - \frac{338}{4} = \frac{53}{4}$

donc......... $x - z\sqrt{\frac{53}{4}}$

mais par la premiere équation

$$x + z = 20 - y = 20 - 6\tfrac{1}{2} = 13\tfrac{1}{2}$$

donc en ajoûtant $2x = 13\tfrac{1}{2} + \sqrt{\frac{53}{4}}$

$$x = \frac{13\frac{1}{2} + \sqrt{\frac{53}{4}}}{2} = \frac{27}{4} + \sqrt{\frac{53}{16}} = 6\tfrac{3}{4} + \sqrt{3\tfrac{5}{16}}$$

& soustrayant... $2z = 13\tfrac{1}{2}\sqrt{\frac{53}{4}}$

$$z = \frac{13\frac{1}{2} - \sqrt{\frac{53}{4}}}{2} = 6\tfrac{3}{4} - \sqrt{3\tfrac{5}{16}}.$$

AUTRE SOLUTION.

Soit................... $\div\div\, x : y : \frac{y^2}{x}$

$$x + y + \frac{y^2}{x} = 20$$

$$x^2 + xy + y^2 = 20x$$

$$\left.\begin{array}{l} x^2 + yx \\ -20x \end{array}\right. = -y^2$$

ajoûtant de part & d'autre $100 - 10y + \frac{1}{4}y^2$ pour achever le quarré

$$\left.\begin{array}{l} x^2 + yx \\ -20x \end{array}\right. + 100 - 10y + \tfrac{1}{4}y^2 = 100 - 10y - \tfrac{1}{4}y^2$$

$$x + \tfrac{1}{2}y - 10 = \sqrt{100 - 10y - \tfrac{1}{4}y^2}$$

$$x = 10 - \tfrac{1}{2}y + \sqrt{100 - 10y - \tfrac{1}{4}y^2}$$

donc aussi $\frac{y^2}{x} = 20 - y - x = 10 - \frac{1}{2}y - \sqrt{100 - 10y - \frac{1}{4}y^2}$.

Ayant ainsi trouvé la valeur du premier & du dernier terme,

on forme la somme des trois quarrés qui ne contient d'inconnue que y, & toute réduction faite, on trouve

$$400 - 40y = 140 \ldots\ldots y = 6\tfrac{1}{2}$$

& substituant cette valeur de y dans celle du premier & dernier terme, on aura

$$x = 6\tfrac{3}{4} + \sqrt{3\tfrac{1}{16}}$$

$$\frac{y^2}{x} = 6\tfrac{3}{4} - \sqrt{3\tfrac{1}{16}}$$

AUTRE SOLUTION.

$$x + y + \frac{y^2}{x} = 20$$

$$x^2 + y^2 + \frac{y^4}{x^2} = 140$$

la premiere donne $x + \frac{y^2}{x} = 20 - y$, & les deux membres étant quarrés

$$x^2 + 2y^2 + \frac{y^4}{x^2} = 400 - 40y + y^2$$

$$x^2 + y^2 + \frac{y^4}{x^2} = 400 - 40y.$$

donc par la deuxiéme, $400 - 40y = 140 \ldots\ldots y = 6\tfrac{1}{2}$.

PROBLEME.

225. *Connoissant la somme de quatre quantités en progression Géométrique, & la somme de leurs quarrés, trouver les quatre quantités.*

SOLUTION.

Soit x la moitié de la somme des moyens, y la moitié de leur différence, par conséquent $x - y$ & $x + y$ les deux moyens, le premier terme sera

$$\frac{\overline{x-y}^2}{x+y}, \text{ \& le quatriéme } \frac{\overline{x+y}^2}{x-y}.$$

Donc par les conditions

$$2x + \frac{\overline{x-y}^2}{x+y} + \frac{\overline{x+y}^2}{x-y} = a$$

$$\overline{x-y}^{2} + \overline{x+y}^{2} + \frac{\overline{x-y}^{4}}{\overline{x+y}^{2}} + \frac{\overline{x+y}^{4}}{\overline{x-y}^{2}} = b$$

formant les puissances indiquées, & réduisant les termes à la même dénomination, on aura

$$\frac{4x^3 + 4xy^2}{x^2 - y^2} = a$$

$$\frac{4x^6 + 28x^4y^2 + 28x^2y^4 + 4y^6}{x^4 - 2x^2y^2 + y^4} = b$$

divisant la derniere équation par celle qui la précéde, j'aurai

$$\frac{4x^8 + 24x^6y^2 - 24x^2 6 - 4y^8}{4x^7 - 4x^5y^2 - 4x^3y^4 + 4xy^6} = \frac{b}{a}$$

& divisant le numérateur & le dénominateur du premier membre par $4x^4 - 4y^4$, je trouve

$$\frac{x^4 + 6x^2y^2 + y^4}{x^3 - xy^2} = \frac{b}{a}$$

je soustrais celle-ci de l'équation

$$\frac{4x^4 + 4x^2y^2}{x^3 - xy^2} = a,$$ ce qui me donne

$$\frac{3x^4 - 2x^2y^2 - y^4}{x \times \overline{x^2 - y^2}} = \frac{3x^2 + y^2}{x} = a - \frac{b}{a}$$

donc . . . . $3x^2 + y^2 = ax - \frac{bx}{a}$

$$y^2 = ax - 3x^2 - \frac{bx}{a}$$

& prenant une autre valeur de y^2, dans l'équation

$$\frac{4x^3 + 4xy^2}{x^2 - y^2} = a.$$

$$y^2 = \frac{ax^2 - 4x^3}{a + 4x}$$

donc . . . . $ax - 3x^2 - \frac{bx}{a} = \frac{ax^2 - 4x^3}{a + x}$

$$x^2 \begin{array}{l} -bx \\ -3ax \end{array} = -a^2$$

$$\begin{matrix} x^2 - bx \\ \quad - 3ax \end{matrix} + \frac{b^2}{4} + \frac{3ab}{2} + \frac{9a^2}{4} = \frac{b^2 + 5a^2}{4} + \frac{3ab}{2}$$

$$x = \frac{b + 3a}{2} \pm \sqrt{\frac{b^2 + 5a^2}{4} + \frac{3ab}{2}}$$

x étant connu, $y = \sqrt{ax - 3x^2 - \frac{bx}{a}}$, est aussi connu, & par conséquent $x - y$, & $x + y$.

LEMME.

226. Si on a un nombre impair de termes en progression Géométrique, & qu'on divise la somme des quarrés par la somme des termes.

1°. La somme du quotient & du diviseur, sera double de la somme de tous les termes impairs, c'est-à-dire, du premier, du troisiéme, du cinquiéme, &c.

2°. La différence du quotient & du diviseur, sera double de la somme des termes pairs, c'est-à-dire, du deuxiéme, du quatriéme, du sixiéme, &c. de la progression.

DEMONSTRATION.

Soit une progression quelconque $a + ax + ax^2 + ax^3 + ax^4 \ldots\ldots + ax^{n-1} = b$, & la somme des quarrés $a^2 + a^2x^2 + a^2x^4 + a^2x^6 + a^2x^8 \ldots\ldots + a^2x^{2n-2} = c$.

Donc (N°. 209.) $b = \frac{a \times \overline{x^n - 1}}{x - 1}$, & $c = \frac{a^2 \times \overline{x^{2n} - 1}}{x^2 - 1}$. Donc $\frac{c}{b} = \frac{a \times \overline{x - 1}}{x^2 - 1} \times \frac{\overline{x^{2n} - 1}}{\overline{x^n - 1}}$; mais $\frac{x^2 - 1}{x - 1} = x + 1$, & $\frac{x^{2n} - 1}{x^n - 1} = x^n + 1$; donc $\frac{a \times \overline{x - 1}}{x^2 - 1} \times \frac{\overline{x^{2n} - 1}}{\overline{x^n - 1}} = \frac{a \times \overline{1 + x^n}}{1 - x}$

$= a - ax + ax^2 - ax^3 + ax^4 \ldots\ldots\ldots\ldots + ax^{n-1}$

par conséquent $\frac{c}{b} + b = a - ax + ax^2 - ax^3 \ldots\ldots$

$+ ax^{n-1} + a + ax + ax^2 + ax^3 \ldots\ldots + ax^{n-1}$

$= 2a + 2ax^2 + 2ax^4 \ldots\ldots + 2ax^{n-1}$; donc 1°. &c.

$b - \frac{c}{b} = 2ax + 2ax^3 + 2ax^5 \ldots\ldots + 2ax^{n-2}$.

PROBLEME.

227. *Connoissant la somme de cinq quantités en progression Géométrique, & la somme de leurs quarrés, trouver les quantités.*

Solution.

Soit le terme du milieu z, le second $a - y$, le quatriéme $a + y$: par conséquent la progression sera $\frac{a^2 - 2ay + y^2}{z} + a - y + z + a + y + \frac{a^2 + 2ay + y^2}{z} = b$, dont la somme des quarrés soit supposée égale à c; donc, par le Lemme précédent, $\frac{2a^2 + 2y^2}{z} + z = \frac{b}{2} + \frac{c}{2b}$: & $2a = \frac{b}{2} - \frac{c}{2b}$; donc on connoîtra a: mais par la nature de la progression, $z^2 = a^2 - y^2$; donc $y^2 = a^2 - z^2$; laquelle valeur étant substituée dans $\frac{2a^2 + 2y^2}{z} + z$, donne $\frac{4a^2 - 2z^2}{z} + z = \frac{b}{2} + \frac{c}{2b}$; & faisant $\frac{b}{2} + \frac{c}{2b} = 2d$, & multipliant l'équation par z, on aura $4a^2 - z^2 = 2dz$; donc $z = \sqrt{4a^2 - d^2} - dz$ étant connu, $y = \sqrt{a^2 - z^2}$ est aussi connu.

PROBLEME.

228. *Connoissant la somme d'un nombre impair quelconque de termes en progression Géométrique & la somme de leurs quarrés, connoître tous ces termes.*

Solution.

Soit n le nombre des termes de la progression, z le terme du milieu, $a-y$ celui qui le précéde, & $a+y$ celui qui le suit; donc les termes qui suivent z seront $a+y$, $\frac{\overline{a+y}^2}{z}$, $\frac{\overline{a+y}^3}{z^2}$ ....; $\frac{\overline{a+y}^{\frac{n-1}{2}}}{z^{\frac{n-3}{2}}}$; & ceux qui précédent z seront $a-y$, $\frac{\overline{a-y}^2}{z}$,

$\frac{\overline{a-y}^3}{z^2}$ . . . . $\frac{\overline{a-y}^{\frac{n-1}{2}}}{z^{\frac{n-3}{2}}}$: donc, par le Lemme précédent, nous aurons $z + \frac{\overline{a+y}^2 + \overline{a-y}^2}{z} + \frac{\overline{a+y}^4 + \overline{a-y}^4}{z^3}$, &c. $= b \pm \frac{c}{b}$; & $2a + \frac{\overline{a+y}^3 + \overline{a-y}^3}{z^2}$, &c. $= b \mp \frac{c}{b}$; lorsque le nombre des termes sera 5, 9, ou 13, &c. on prendra le signe supérieur de ceux qui précédent $\frac{c}{b}$; mais lorsque le nombre des termes est 3, z, ou n, &c. on prendra l'inférieur. Soit présentement $b \pm \frac{c}{b} = f$, & $b \mp \frac{c}{b} = g$, on aura, en multipliant le premier membre de chacune des deux équations précédentes par le dernier de l'autre, $gz + \frac{2ga^2 + 2gy^2}{z} + \frac{2ga^4 + 12ga^2y^2 + 2gy^4}{z^3}$, &c. $= 2fa + \frac{2fa^3 + 6fay^2}{z^2}$, &c.; mais $z^2 = a^2 - y^2$; donc $y^2 = a^2 - z^2$, laquelle valeur de y^2 étant substituée, donne $gz + \frac{4ga^2 - 2gz^2}{z} + \frac{16ga^4 - 16gaz^2 + 2gz^4}{z^3}$, &c. $= 2fa + \frac{8fa^3 - 6faz^2}{z^2}$, &c. divisant alors cette derniere équation par z, & y substituant ensuite $x = \frac{a}{z}$, on aura enfin $g + \frac{4gx^2 - 2g}{1} + \frac{16gx^4 - 16gx^2 + 2g}{1}$, &c. $= 2fx + \frac{8fx^3 - 6fx}{1}$; &c. Il faudroit continuer les termes jusqu'à ce que le plus haut exposant de x fût égal à $\frac{n-1}{2}$.

CHAPITRE III.

Des Problêmes indéterminés du premier degré, & de ceux qui sont imparfaitement déterminés.

229. SI le nombre des conditions indépendantes, qui fournissent des équations pour la solution d'un Problême, est égal à celui des inconnues qu'il renferme, le Problême est déterminé, c'est-à-dire, que chaque inconnue n'y peut avoir plus de valeurs qu'elle n'a de degrés dans l'équation dont on tire ses valeurs.

230. Si le nombre des conditions qui donnent des équations surpasse celui des inconnues, alors le Problême renferme, ou des conditions superflues, ou des conditions opposées qui le rendent impossible.

231. Si le nombre des conditions indépendantes est moindre que celui des inconnues, le Problême est indéterminé, c'est-à-dire, susceptible d'une infinité de solutions.

232. J'appellerai Problêmes imparfaitement déterminés, ceux qui contiennent autant de conditions indépendantes que d'inconnues, mais dont quelque condition ne fournit point d'équation: comme quand on demande des nombres entiers, le moindre nombre possible, &c.

233. La solution des Problêmes indéterminés du premier degré ne souffre aucune difficulté, quand les fractions y sont admises. On peut alors supposer l'inconnue égale à un nombre arbitraire, à moins que la nature de la question ne fixe des bornes entre lesquelles on soit obligé de s'arrêter. Dans ce cas, il faut d'abord chercher ces bornes; ce qu'on pourra faire de la maniere suivante.

PROBLEME.

234. *Trouver les limites des valeurs d'une inconnue indéterminée du premier degré.*

SOLUTION.

Soient les équations $x + z = a$, & $y + z = b$: elles nous

donnent $x = a - z$, & $y = b - z$; donc z doit être moindre que a, & moindre que b, si l'on veut que x & y soient des quantités positives : on trouveroit de même que x doit être moindre que a, & y moindre que b.

Soit encore l'équation $ax + by + cz = dg$, où l'on veut trouver les limites de x, y, & z, en supposant qu'aucune d'elles ne peut être moindre que l'unité, on aura

$$x = \frac{dg - by - cz}{a}$$

& puisque y & z ne peuvent être moindres que l'unité; il est évident que x ne sçauroit être plus grand que $\frac{dg - b - c}{a}$: on trouvera de même que y ne peut être plus grand que $\frac{dg - a - c}{a}$; ni z plus grand que $\frac{dg - a - b}{c}$.

235. Si on a besoin de trouver les limites de la somme des inconnues, l'opération se fera de la maniere suivante.

Soit $17x + 19y + 21z = 40$. Je fais $x + y + z = m$, & soustrayant 17 fois cette équation de la premiere, il reste $2y + 4z = 400 - 17m$; or y & z ne pouvant être moindres que l'unité, $2y + 4z$ ne sçauroient être moindres que 6, non plus que $400 - 17m$; & par conséquent m ne peut être plus grand que $\frac{400 - 6}{17}$, ou 23.

Ensuite je multiplie la deuxiéme équation par 21, j'en soustrais la premiere, & j'ai pour reste $4x + 2y = 21m - 400$, qui ne peut être moindre que 6; donc m ne peut être moindre que $\frac{400 + 6}{21}$, ou 19. Donc les limites de m sont 19 & 23.

PROBLEME.

236. Résoudre un Problême indéterminé du premier degré; les fractions étant admises.

SOLUTION.

1°. Je procede, comme dans les Problêmes déterminés, jusqu'à l'équation finale qui contient encore au moins deux inconnues.

2°. Je cherche les limites de ces ces inconnues, qui se trouvent

vent ordinairement par le moyen des équations dont on a fait usage.

3°. Je donne à cette inconnue une valeur à volonté, pourvû qu'elle n'excede point ces limites.

PROBLEME.

237. *Trouver deux nombres, dont la somme plus le produit soit égale à un nombre donné.*

SOLUTION.

Soit le nombre donné $a=30$, l'un des nombres cherchés x, & l'autre y : par la condition du Problême, on aura

$$xy+x+y=a$$

$$xy+x=a-y$$

$$x=\frac{a-y}{y+1}$$

on voit ici que y doit être moindre que a, si on veut que x ait une valeur positive ; car si $y=a$, on aura $a-y=0$; & si $y=31$, on aura $a-y=30-31=-1$. Mais on peut prendre toute valeur à volonté au-dessous de $a=30$, qui donnera toujours une valeur positive de x, soit en nombres entiers, soit en fractions ; car soit $y=29\frac{1}{2}$, on aura $x=\frac{a-y}{y+1}$ $=\frac{30-29\frac{1}{2}}{29\frac{1}{2}+1}=\frac{\frac{1}{2}}{30+\frac{1}{2}}=\frac{1}{10}$. Si $y=2$, on aura $x=\frac{30-2}{2+1}$ $=\frac{28}{3}=9\frac{1}{3}$.

Mais dans les Problêmes numériques, on propose très-souvent de trouver des nombres entiers, parce que les unités, dont il est question, ne peuvent être supposées divisées, & les Méthodes ordinaires ne donnent ces solutions qu'à force d'adresse & de tatonnement. J'en vais enseigner une qui donne toujours & par une voye infaillible la moindre valeur de l'inconnue en nombres entiers, quand cela est possible ; & je ferai voir comment, par le moyen de cette premiere valeur, on peut trouver toutes les autres aussi en nombres entiers.

MÉTHODE

Pour la solution en nombres entiers des Probêmes indéterminés, & des Problêmes imparfaitement déterminés du premier degré.

238. Quand on est parvenu à l'équation finale, on dégage une des inconnues qu'elle contient, & s'il arrive que sa valeur ne contienne point de fractions, on pourra faire l'inconnue qui y est contenue égale à un nombre entier quelconque; (pourvû qu'il n'excede point les limites, si on demande des nombres positifs); parce que la somme, la différence, ou le produit de deux nombres entiers quelconques, est toujours un nombre entier. Soit, par exemple, $ax \pm 2ay = abc$; je dégage x, & j'ai $x = \frac{abc \pm 2ay}{a} = bc \pm 2y$; or, supposant bc un nombre entier, quelque nombre entier que je mette pour y, $bc \pm 2y$ sera un nombre entier.

239. Si la valeur de l'inconnue contient quelque fraction, dans laquelle la deuxiéme inconnue ne soit pas comprise, il est évident que cette fraction restera toujours dans la valeur, quelque nombre entier qu'on suppose égal à la deuxiéme inconnue; parce que la somme, ou la différence d'un entier & d'une fraction, ne sçauroit être un entier.

240. Si la valeur de la premiere inconnue contient quelque fraction, dont le numérateur n'ait poit d'autre terme que celui qui renferme l'inconnue, on donnera à cette inconnue une valeur qui rende ce terme le moindre multiple possible du dénominateur, & du coëfficient de l'inconnue dans le numérateur; c'est-à-dire, que, la fraction étant réduite à ses moindres termes, le dénominateur sera la valeur de l'inconnue.

241. Mais si le numérateur de cette fraction contient quelque autre terme, & qu'elle soit $\frac{N.x \pm g}{M}$, l'opération devient plus difficile. Pour démontrer la Méthode dont je me sers pour ce cas, qui est le plus fréquent & le seul embarrassant, j'ai beboin du Lemme suivant & de ses Corollaires.

LEMME.

242. Deux nombres étant donnés, leur trouver deux multiples qui ne different entr'eux que de l'unité.

SOLUTION.

1°. Si les deux nombres ne sont pas premiers entr'eux, le Problême est impossible; car leur diviseur commun seroit contenu au moins une fois de plus dans le plus grand multiple que dans le moindre.

2°. Si les deux nombres sont premiers entr'eux, procédez comme pour chercher le plus grand commun diviseur. Supposant donc $M = 219$, & $N = 59$, vous aurez

Divisions.	Quotiens.	Restes.
$\frac{M}{N} = \frac{219}{59}$	$a = 3$	$p = 42$
$\frac{N}{p} = \frac{59}{42}$	$b = 1$	$q = 17$
$\frac{p}{q} = \frac{42}{17}$	$c = 2$	$r = 8$
$\frac{q}{r} = \frac{17}{8}$	$d = 2$	$1 = 1$

243. Or, le reste de chaque division est toujours égal au dividende moins le quotient multiplié par le diviseur de la même division; par conséquent les quatre divisions que nous venons de faire, fourniront les quatre équations suivantes, où je substituerai dans le premier membre les valeurs des restes, à la place de ces restes.

$$M - aN = p.$$

$$N - bp = N - bM + abN = \overline{ab+1} \times N - bM = q.$$

$$M - aN - \overline{abc - c} \times N + bcM = \overline{bc+1} \times M - \overline{abc - c - a} \times N = r.$$

$$\overline{ab+1} \times N - bM - \overline{bcd - d} \times M + \overline{abcd + cd + ad} \times N = \overline{abcd + cd + ad + ab + 1} \times N - \overline{bcd - b - d} \times M = 1.$$

Or, les nombres étant premiers entr'eux, le dernier reſte eſt néceſſairement 1; donc par cette opération, on a dans la derniere équation deux multiples qui ne different que de l'unité. *Ce qu'il falloit faire.*

REMARQUE.

244. Si on diſpoſe en colonne les quotiens, & qu'on écrive à côté les coëfficiens correſpondans de N, c'eſt-à-dire, le coëfficient de la premiere équation vis-à-vis le premier quotient, &c. comme il ſuit.

a	a
b	$ab + 1$
c	$abc + a + c$
d	$abcd + ab + ad + cd + 1$

On pourra obſerver que le premier coëfficient n'eſt que le premier quotient multiplié par 1; que le deuxiéme eſt la ſomme du deuxiéme quotient multiplié par le premier coëfficient, & du multiplicateur (1) du premier coëfficient; que le troiſiéme eſt la ſomme du troiſiéme quotient multiplié par le deuxiéme coëfficient, & du multiplicateur (a) du deuxiéme coëfficient; que le quatriéme eſt la ſomme du quatriéme quotient multiplié par le troiſiéme coëfficient, & du multiplicateur ($ab + 1$) du troiſiéme coëfficient; c'eſt pourquoi ayant trouvé les quotiens numériques, il ſera facile de trouver le dernier coëfficient numérique, dont nous ferons uſage dans la réſolution des Problêmes.

La pratique de cette opération ſera plus aiſée pour les Commençans, s'ils s'y prennent de la maniere qui ſuit:

24 . Ils écriront dans la deuxiéme colonne l'unité vis-à-vis le premier quotient; le premier quotient vis-à-vis le ſecond; ils multiplieront le deuxiéme terme de la premiere colonne par le deuxiéme terme de la deuxiéme, ils ajoûteront au produit le premier terme de la deuxiéme, & ils écriront cette ſomme vis-à-vis le troiſiéme quotient; ils multiplieront enſuite le troiſiéme terme de la premiere par le troiſiéme de la deuxiéme, ils ajoûteront au produit le deuxiéme terme de la deuxiéme, & écriront cette ſomme vis-à-vis le quatriéme quotient; & toujours ainſi faiſant le produit des deux derniers termes correſpondans, y ajoûtant l'avant dernier

terme de la deuxiéme colonne, & écrivant cete somme vis-à-vis le quotient suivant.

EXEMPLE.

Quotiens.

3 . . . . 1.

1 . . . . 3.

2 . . . . $3 \times 1 + 1 = 4$.

2 . . . . $2 \times 4 + 3 = 11$.

$2 \times 11 + 4 = 26$.

COROLLAIRE PREMIER.

246. A la seule inspection du Lemme précédent, il est évident que le multiple du moindre nombre (N) est le plus grand dans les équations paires, & celui de M dans les impaires: & de plus que l'équation finale est paire, quand le nombre des quotiens est pair, & qu'elle est impaire quand ce nombre est impair.

COROLLAIRE II.

247. Si on multiplie par un nombre quelconque le multiple de N pris dans une équation finale paire, ce produit moins le multiplicateur sera multiple de M. Car, dans une telle équation le multiple de N surpasse de l'unité celui de M; ainsi je le designe par $VM + 1$; or, soit $\overline{VM + 1} \times g$, il est clair que $VMg + g - g$ est multiple de M.

COROLLAIRE III.

248. Si on multiplie par g le coëfficient de N pris dans une équation finale paire, & qu'on divise le produit par M, on aura un reste qui, multiplié par N, donnera un produit qui, diminué de g, sera multiple de M: car, si $\frac{abcdg + cdg + adg + abg + g}{M}$ donne pour quotient Q, le reste sera (N°. 243.) $abcdg + cdg + adg + abg + g - MQ$, qui, multiplié par N, donne $abcdgN + cdgN + adgN + abgN + gN - MNQ$; or MNQ est multiple de M, puisque N & Q sont des nom-

bres entiers, & par le Corollaire précédent, $abcdgN + cdgN + adgN + abgN + gN - g$ eſt auſſi multiple de M : donc (N°. 28.) $abcdgN + cdgN + adgN + abgN + gN - MNQ - g$ eſt multiple de M.

COROLLAIRE. IV.

249. L'équation finale étant impaire, ſi on multiplie par g le coëfficient de N, & qu'on diviſe le produit par M, on aura un reſte, dont le produit par N, ajoûté à g, ſera multiple de M : ce qui ſe démontre comme le troiſiéme Corollaire.

COROLLAIRE V.

250. L'équation finale étant impaire, le produit du coëfficient par g étant diviſé par M, donnera un reſte dont la diffirence a M étant multipliée par N, le produit moins g ſera multiple de M. Car, il eſt evident (*Coroll. III.*) que $MN + MNQ - abcgN - agN - cgN - g$ eſt multiple de M.

COROLLAIRE VI.

251. L'équation finale étant paire, tout le reſte étant ſuppoſé comme dans le Corollaire précédent, il faudra ajoûter g au lieu de le retrancher.

PROBLEME FONDAMENTAL.

252. *Une fraction indéterminée* $\frac{Nx \pm g}{M}$ *étant donnée, trouver la moindre valeur de x qui puiſſe rendre cette fraction égale à un nombre entier.*

SOLUTION.

1°. Je réduis cette fraction à ſes moindres termes, & ſi, après cette réduction, M & N ne ſont pas premiers entr'eux, le Problême eſt impoſſible ; car, dans ce cas, ou on prendroit o pour le dernier reſte, & le multiple de N ſeroit égal à celui de M ; & par conſéquent ſi on y ajoûtoit, ou ſi on retranchoit un nombre g qui ne fût égal à M, ni multiple de M, le multiple de N ne ſeroit plus multiple de M ; ou ſi on prenoit le reſte précédent qui est le plus grand commun diviseur de M & N, il mesureroit aussi N x multiple de N (N°. 29.); mais il ne mesureroit point g, puisque, par la supposition, la fraction est réduite à ses moindres termes; donc il ne mesureroit point N $x \mp g$ (N°. 28.); donc N $x \mp g$ ne peut, dans ce cas, être multiple de M (N°. 29.); donc la fraction ne peut valoir un entier.

2°. Si M & N sont premiers entr'eux, j'opere comme si je voulois chercher leur plus grand commun diviseur.

3° Je dispose en colonne les quotiens trouvés par cette opération, & j'en forme les produits comme dans la remarque sur le Lemme précédent (N°. 245.)

4°. Je multiplie le dernier produit par g, & je divise ce produit par M.

PREMIER CAS.

Le reste que laissera cette division sera la valeur de x, si le nombre des quotiens est pair, & que g soit négatif, (*par le deuxième Cor.*) ou si le nombre des quotiens est impair, & que g soit positif, (*Corollaire V.*).

DEUXIÉME CAS.

Si le nombre des quotiens est impair, & que g soit négatif, ou si ce nombre est pair, & que g soit positif, la valeur de x sera la différence de ce reste à M. (*troisiéme & quatriéme Corollaires.*)

PROBLEME.

253. *Trouver le moindre nombre entier qui, divisé par 17, donne pour reste 7, & qui, divisé par 26, donne pour reste 13.*

SOLUTION.

Soit x le quotient de la premiere division; par conséquent $17x + 17$ exprimera le nombre cherché: & puisque ce nombre moins 13 est divisible par 26, il est clair que $\frac{17x + 7 - 13}{26} = \frac{17x - 6}{26}$ doit être un nombre entier: j'opere donc comme si je voulois trouver le plus grand commun diviseur de 17 & 26, je dispose les quotiens en colonne, & j'en forme les produits (N°. 245.), comme ci-dessous.

Divisions.	Quotiens.	Produits.
$\frac{26}{17}$	1	1
$\frac{17}{9}$	1	1
$\frac{9}{8}$	1	2
		3

Je multiplie le dernier produit (3) par le terme connu (6) du numérateur, & je dois diviser le produit 18 par 26, mais comme 26 n'y est pas contenu, j'ai 18 pour reste ; & parce que le nombre des quotiens est impair, & que le second terme du numérateur est négatif, je prends la différence du reste 18, & du dénominateur 26, cette différence (8) est la valeur cherchée de x (*deuxième Cas du Problême fondamental.*) ce qui donne $17x + 7 = 17 \times 8 + 7 = 143$; en effet $\frac{143}{17} = 8 + \frac{7}{17}$; & $\frac{143}{26} = 5 + \frac{13}{26}$.

PROBLEME.

254. *Trouver le moindre nombre entier possible, qui, divisé par 28, donne pour reste 19 ; qui, divisé par 19, donne pour reste 15 ; & qui divisé par 15, laisse pour reste 11.*

SOLUTION.

Je cherche d'abord le nombre qui satisfait aux deux premieres conditions du Problême, & pour cela j'appelle x le quotient de la premiere division, ce qui me donne $28x + 19$ pour le nombre cherché ; mais par la deuxiéme condition, le nombre cherché moins 15 est divisible par 19 ; donc $\frac{28x + 19 - 15}{19} = \frac{28x + 4}{19} = x + \frac{9x + 4}{19}$ doit être un nombre entier.

J'opere donc comme si je voulois chercher le plus grand commun diviseur de 9 & 19, & comme, dans ce cas, je n'ai qu'un quotient qui est 2, je multiplie ce quotient par le terme connu (4) du numérateur, ce qui produit 8 ; je divise 8 par le dénominateur 19, j'ai au quotient 0, & pour reste 8 : & (*par le premier Cas*

Cas du Probléme fondamental) puisque le nombre des quotiens est impair, & que le terme connu du numérateur est positif; 8 est la valeur de x; donc $28x + 19 = 243$; & ce seroit le nombre cherché, s'il n'étoit question que de satisfaire aux deux premieres conditions du Probléme. Pour satisfaire à la troisiéme, je prends le plus petit multiple de 28 & de 19; or comme ces nombres sont premiers entr'eux, leur plus petit multiple est leur produit 532; ainsi puisque le nombre demandé est un multiple de 532, augmenté de 243, il est évident que ce nombre peut être représenté par $532x + 243$; donc $\frac{532x + 243 - 11}{15}$ $= \frac{532x + 232}{15} = 35x + 15 + \frac{7x + 7}{15}$ doit être un nombre entier; donc la fraction $\frac{7x + 7}{15}$ est aussi un nombre entier; or, $\frac{15}{7}$ donne 2 pour quotient, & comme cette division laisse pour reste 1, je multiplie ce quotient (2) par le terme connu (7) du numérateur, le produit est 14; je le divise par le dénominateur 15, j'ai pour quotient 0, & pour reste 14, qui est la valeur de x, (*par le premier Cas du Probléme fondamental*), donc $532x + 243 = 7691$ est le nombre cherché.

PROBLÈME.

255. *Trouver en combien de façons on peut payer 600 liv. en guinées reçües sur le pied de 21 liv. & en pistoles d'Espagne reçües pour 11 liv.*

SOLUTION.

Nous avons d'abord $21x + 11y = 600$; donc $x = \frac{600 - 11y}{21}$ $= 28 + \frac{12 - 11y}{21}$. Je remarque que $12 - 11y$ a la même valeur que $11y - 12$, excepté que l'une est positive, & l'autre négative. J'opere donc sur $\frac{11y - 12}{21}$, & je prendrai négativement la valeur positive qu'elle me donnera; je trouve $y = 3$. Donc $\frac{11y - 12}{21} = 1$, donc $x = 28 + \frac{12 - 11y}{21} = 27$.

Ces premieres valeurs de deux inconnues étant trouvées, on tendra les coëfficiens des inconnues dans la premiere équation

P

premiers entr'eux, s'ils ne le sont pas, on ajoûtera le coëfficient réduit de x à la valeur trouvée de y, & on retranchera le coëfficient réduit de y de la valeur trouvée de x, comme ci-dessous.

$$x = 27.\ 16.\ 5.$$
$$y = 3.\ 24.\ 45.$$

Le Problême n'a que ces trois solutions en nombres entiers positifs; mais si on admettoit les nombres négatifs, c'est-à-dire, si ayant trop donné d'une espece pour faire la somme, on en pouvoit recevoir de l'autre espece en compensation, on pourroit continuer à l'infini le nombre des solutions vers la droite & vers la gauche, en voici quelques-unes.

$$x = 49.\ 38.\ 27.\ 16.\ 5.\ -6.\ -17.\ -28.\ -39.\ -50, \&c.$$
$$y = -39.\ -18.\ 3.\ 24.\ 45.\ 66.\ 87.\ 108.\ 129.\ 150, \&c.$$

On verra dans le Problême suivant la raison de ces opérations.

PROBLEME.

256. *Connoissant les premieres valeurs de deux inconnues, trouver leurs autres valeurs.*

SOLUTION.

Soit l'équation $mx \pm ny = a$, où je suppose m & n premiers entr'eux. Je dis que les valeurs de x formeront une progression arithmétique, dont la différence sera n, & celles de y une autre, dont la différence sera m, & que dans l'équation $mx + ny = a$, l'une des progressions étant ascendante, l'autre sera descendante; mais que dans l'équation $mx - ny$ elles seront ascendantes ou descendantes en même-temps.

DEMONSTRATION.

Soit, 1°. $mx - ny = a$; je suppose que les valeurs prochaines sont $x + b$, & $y + d$, les substituant dans l'équation donnée, je trouve $mx + bm - ny - dn = a$; mais, par la supposition, $mx - ny = a$ donc $bm - dn = 0$, ou $bm = dn$; & réduisant cette équation en proportion on a $d : b :: m : n$; ce qui fait voir que tous les nombres qui feront entr'eux comme m eft eft à n peuvent être pris pour d & b : mais pour trouver toutes les valeurs poffibles, il faut faire chaque augmentation la moindre qu'il eft poffible ; par conféquent, il faut prendre les moindres termes qui puiffent exprimer le rapport de m à n, c'eft-à-dire m & n, s'ils font premiers entr'eux. Ces deuxiémes valeurs étant trouvées, on trouveroit, par le même raifonnement, que les troifiémes valeurs demandent précifément la même augmentation, & ainfi des valeurs fuivantes. Donc, &c.

Soit, 2°. $mx + ny = a$; je fuppofe encore que les valeurs prochaines font $x + b$, & $y + d$, elles donnent $mx + bm + ny + nd = a$: mais $mx + ny = a$, donc $bm + dn = 0$, ou $bm = - dn$, ou $- bm = dn$: ce qui me fait voir que la feule différence qu'il y a de ce cas au précédent, c'eft qu'ici l'une des deux augmentations étant pofitive, l'autre doit être négative, c'eft-à-dire, qu'une des deux valeurs augmentant, l'autre doit diminuer.

COROLLAIRE.

257. Il fuit de-là que fi on divife la plus grande valeur d'une des deux inconnues, par le coëfficient réduit de l'autre, le refte fera la moindre valeur de cette inconnue; alors le quotient fimple quand la divifion eft exacte, & le quotient augmenté de l'unité quand la divifion laiffe un refte, exprimeront le nombre des Solutions poffibles en nombres entiers pofitifs.

PROBLEME.

258. *Vingt perfonnes ont dépenfé 20 liv. chaque homme a payé 24 f. chaque femme 16 f. & chaque enfant 10 f. combien y avoit-il d'hommes, de femmes & d'enfans ?*

SOLUTION.

Soit le nombre d'hommes x, celui des femmes y, & celui des enfans z; par les conditions du Problême, nous avons

$$x + y + z = 20$$

$$24x + 16y + 10z = 400 \text{ f.}$$

& divifant la deuxiéme équation par 2, $12x + 8y + 5z = 200$ f.

pour faire disparoître z, je retranche cinq fois la premiere équation de celle-ci, & je trouve

$$7x + 3y = 100$$
$$x = \frac{100 - 3y}{7} = 14 + \frac{2 - 3y}{7}.$$

Or, $\frac{7}{3}$ donne 2 au quotient, & il reste 1; je multiplie ce quotient par le terme 2 du numérateur, & je divise le produit 4 par le dénominateur 7, & comme la division ne peut se faire, j'ai pour reste 4; donc (*par le deuxième Cas.*) $7 - 4 = 3 = y$; donc $\frac{2 - 3y}{7} = -1$; donc $x = 13$; & par conséquent $z = 4$.

Ce Problême n'a que cette Solution; parce que si je voulois avoir de nouvelles valeurs, je trouverois $x = 13 - 3 = 10$; $y = 3 + 7 = 10$; & par conséquent $y + x = 20$, & $z = 0$; ce qui est contre la supposition.

PROBLEME.

259. *Partager le nombre 40 en trois parties, de sorte que le produit de la premiere par 4, celui de la deuxième par 3, & le quotient de la troisiéme par 2, fassent 98.*

SOLUTION.

Par les conditions du Probleme . . . . $x + y + z = 40$

$$4x + 3y + \frac{z}{2} = 98.$$

je multiplie la deuxiéme équation par 2, $8x + 6y + z = 196$.

je soustrais la premiere de celle-ci, & j'ai . . . $7x + 5y = 156$

donc . . . . $x = \frac{156 - 5y}{7} = 22 + \frac{2 - 5y}{7}$

& opérant suivant notre Méthode, on trouve $y = 6$, $x = 18$, & par conséquent $z = 40 - x - y = 16$.

Les valeurs de y formeront une progression arithmétique ascendante, dont la différence sera 7, & celles de x une descendante, dont la différence sera 5 (N°. 256.); par conséquent, puisque la somme des trois inconnues est déterminée, & que la somme des valeurs correspondantes des deux premieres forme une progreſſion aſcendante, dont la différence eſt 7 — 5, il faut que les valeurs de z en forment une deſcendante, dont la différence ſoit auſſi 7 — 5. nous aurons donc les quatre ſolutions ſuivantes.

$$x = 18.\ 13.\ 8.\ 3.$$
$$y = 6.\ 13.\ 20.\ 27.$$
$$z = 16.\ 14.\ 12.\ 10.$$

COROLLAIRE.

260. Quand la ſomme des trois inconnues eſt déterminée, les valeurs de la troiſiéme forment une progreſſion arithmétique, qui a pour différence commune la différence des coëfficiens des deux autres inconnues, & cette progreſſion eſt aſcendante, ſi celle des deux premieres qui a la moindre différence eſt aſcendante; ſinon, elle eſt deſcendante. Ceci eſt vrai, quelque inconnue qu'on prenne pour la troiſiéme.

REMARQUE.

261. Si la ſomme des trois inconnues n'eſt point déterminée par les conditions du Problême, on cherchera les limites de celles des inconnues qu'on jugera à propos; par ce moyen, on verra d'abord combien on aura d'opérations à faire pour la Solution entiere du Problême; car il faudra ſuppoſer cette inconnue égale ſucceſſivement à tous les nombres entiers contenus dans ſes limites, & il faudra faire autant d'opérations qu'il y aura de nombres auxquels on la ſuppoſera égale : mais les limites de l'inconnue qui a le plus grand coëfficient ſont plus reſſerrées que celles des autres, & par conſéquent on diminuera le nombre des opérations en préférant cette inconnue.

D'ailleurs, quelque inconnue qu'on détermine ainſi ſucceſſivement, cela ne changera ni le nombre, ni la valeur des Solutions.

Le Problême ſuivant éclaircira cette remarque.

PROBLEME.

262. *Une ſeule équation & trois inconnues étant données, trouver toutes les valeurs poſſibles des trois inconnues en nombres entiers.*

SOLUTION.

Soit l'équation $5x + 3y + 2z = 52$; je trouve $x = \frac{52 - 3 - 2}{5} = \frac{47}{5} < 10$; par conſéquent je pourrai ſuppoſer x égal ſucceſſivement à tous les nombres entiers au-dessous de 10. Je fais $x = 1$; donc $3y + 2z = 47$; donc $y = 15 + \frac{2 - 2z}{3}$. Je trouve $z = 1$, & par conséquent $y = 15 + \frac{0}{3} = 15$. Je fais $x = 2$; donc $3y + 2z = 42$; $y = 14 - \frac{2z}{3}$; donc $z = 3$ & $y = 12$. Je suppose $x = 3$; donc $3y + 2z = 37$; donc $y = 12 + \frac{1 - 2z}{3}$; donc $z = 2$, & $y = 11$.

Je suppose $x = 4$; d'où il suit que $3y + 2z = 32$; $y = 10 + \frac{2 - 2z}{3}$ $z = 1$; $y = 10$.

En supposant ainsi x successivement égal aux neuf nombres contenus dans ses limites; on aura neuf premieres valeurs des trois inconnues; de celle-ci on déduira les valeurs suivantes, comme il a été enseigné, & par ce moyen on aura toutes les solutions possibles du Problême en nombres entiers.

On trouvera que le Problême, dont nous donnons ici la Solution, en a 37 qui sont representées dans la table suivante.

$x = 1$	$z =$ 1. 4. 7. 10. 13. 16. 19. 22.
	$y =$ 15. 13. 11. 9. 7. 5. 3. 1.
$x = 2$	$z =$ 3. 6. 9. 12. 15. 18.
	$y =$ 12. 10. 8. 6. 4. 2.
$x = 3$	$z =$ 2. 5. 8. 11. 14. 17.
	$y =$ 11. 9. 7. 5. 3. 1.
$x = 4$	$z =$ 1. 4. 7. 10. 13.
	$y =$ 10. 8. 6. 4. 2.
$x = 5$	$z =$ 3. 6. 9. 12.
	$y =$ 7. 5. 3. 1.
$x = 6$	$z =$ 2. 5. 8.
	$y =$ 6. 4. 2.
$x = 7$	$z =$ 1. 4. 7.
	$y =$ 5. 3. 1.
$x = 8$	$z =$ 3.
	$y =$ 2.
$x = 9$	$z =$ 2.
	$y =$ 1.

CHAPITRE IV.

De la résolution, en nombres rationels, des Problêmes où la quantité indéterminée a plusieurs dimensions.

ON a imaginé plusieurs Méthodes pour la résolution de ces sortes de Problêmes, & les unes sont préférables aux autres suivant les cas : mais si j'entreprenois d'expliquer chacune en détail, la plûpart des Lecteurs m'accuseroient d'abuser de leur patience dans une matiere qu'on regarde communément comme plus curieuse qu'utile. Je me contenterai de résoudre quelques Problêmes qui suffiront pour donner une idée de cette espece d'analyse, & j'en donnerai des Solutions générales qui fourniront des formules pour tous les Problêmes semblables; je ne m'arrêterai point à en faire l'application à des exemples arithmétiques; c'est un amusement que je laisse au Lecteur. Ceux qui seront curieuse de voir cette matiere traitée plus au long pourront consulter Diophante, le Pere Prestet, ou M. Ozanam dans ses nouveaux élémens d'Algebre.

Les plus célebres de ces Problêmes sont ceux où il s'agit d'égaler des quantités à des quarrés, des cubes, ou d'autres puissances.

263. On appelle problêmes de double égalité, ceux ou chacune de deux quantités indéterminées doit être égalée à un quarré, ou à une autre puissance plus élevée.

264. Lorsque chacune de trois quantités doit être égalée à un quarré, ou à une autre puissance, c'est une triple égalité.

265. Voici en deux mots, tout l'artifice de ces Solutions : il faut prendre pour racine du quarré qu'on cherche, une quantité qui soit telle, que par ce moyen l'équation puisse être réduite au premier degré.

PROBLEME PREMIER.

266. *Partager un quarré donné en deux autres quarrés.*

SOLUTION.

Soit le quarré $a\,a$; prenez à volonté un nombre m, & un moindre n; nx sera la racine d'un des quarrés demandés, & $mx - a$ celle de l'autre; car le quarré donné (a^2) moins un des deux quarrés cherchés est égal à l'autre quarré cherché, c'est-à-dire, $a^2 - n^2x^2 = m^2x^2 - 2amx + a^2$; donc $2amx - n^2x^2 = m^2x^2$, & $2am - n^2x = m^2x$. $x = \frac{2am}{n^2 + m^2}$; & mettant cette valeur de x dans les deux racines supposées, la premiere sera $\frac{2amn}{m^2 + n^2}$; & la deuxiéme $\frac{2am^2}{m^2 + n^2} - a = \frac{am^2 - an^2}{m^2 + n^2}$; qui sont les racines des quarrés demandés; car élevant l'une & l'autre au quarré, & les ajoûtant ensemble, on trouvera $\frac{a^2m^4 + 2a^2m^2n^2 + a^2n^4}{m^4 + 2m^2n^2 + n^4} = a^2$. *Ce qu'il falloit faire.*

COROLLAIRE.

267. Il suit de-là que $m^2 + n^2$, $2mn$, & $m^2 - n^2$ désignent les trois côtés d'un triangle rectangle quelconque; car extrayant la racine du quarré qu'on a trouvé égal à la somme des deux autres, on aura $\frac{am^2 + an^2}{m^2 + n^2}$ qui représentera l'hypothénuse, & les deux autres racines $\frac{2amn}{m^2 + n^2}$, & $\frac{am^2 - an^2}{m^2 + n^2}$ en seront les côtés; mais si on divise chacune de ces trois quantités par a, & qu'on les multiplie par $m^2 + n^2$, elles conserveront encore le même rapport entr'elles; donc $m^2 + n^2$, $2mn$, & $m^2 - n^2$ désignent les trois côtés d'un triangle rectangle quelconque.

PROBLEME II.

268. *Partager la somme de deux quarrés donnés en deux autres quarrés.*

SOLUTION.

Soient les deux quarrés donnés a^2 & b^2, dont $a^2 > b^2$; prenez à volonté $m > n$: mais il ne faut pas qu'on ait $m : n :: a : b$, ou $m : n :: a + b : a - b$; car on retrouveroit les quarrés donnés eux-mêmes: moyennant cette précaution, je dis que $mx \mp a$, & $nx \mp b$ seront les racines des deux quarrés cherchés; ce que je vais démontrer pour $mx - a$, & $nx - b$: les quarrés de ces deux quantités étant ajoûtés, on a $m^2x^2 + n^2x^2 - 2amx$

$-2amx-2bnx+a^2+b^2=a^2+b^2$; donc $m^2x^2+n^2x^2-2amx-2bnx=0$; donc $m^2x+n^2x=2am+2bn$; donc $x=\frac{2am+2bn}{m^2+n^2}$: donc $mx-a=\frac{2am^2+2bmn}{m^2+n^2}-a=\frac{am^2+2bmn-an^2}{m^2+n^2}$, & $nx-b=\frac{2amn+2bn^2}{m^2+n^2}-b=\frac{2amn+bn^2+bm^2}{m^2+n^2}$. Je forme donc les quarrés de ces deux quantités, j'en fais la somme, & je trouve $\frac{a^2m^4+2a^2m^2n^2+a^2n^4+b^2m^4+2b^2m^2n^2+b^2n^4}{m^4+2m^2n^2+n^4}=a^2+b^2$; donc, &c. La même démonstration peut s'appliquer à $mx+a$, & $nx\mp b$, ou $mx-a$, & $nx+b$.

PROBLEME III.

269. *Trouver un nombre qui étant ajoûté à son quarré, ou en étant soustrait, la somme aussi-bien que la différence, soient des nombres quarrés.*

SOLUTION.

Soit x le nombre cherché : donc x^2+x, & x^2-x sont des nombres quarrés; pour résoudre cette double égalité, je remarque que la somme de ces deux quarrés est $2xx$; c'est pourquoi, si je trouve deux quarrés dont la somme soit $2x^2$, supposant le plus grand égal à x^2+x, le moindre sera nécessairement $xx-x$: mais le nombre $2=1+1$, est la somme de deux quarrés; je le divise en deux autres quarrés, par le Problême précédent, & je trouve $\frac{1}{25}+\frac{49}{25}=2$; donc $\frac{xx}{25}+\frac{49xx}{25}=2xx$. Je fais $xx+x=\frac{49xx}{25}$, & $xx-x=\frac{xx}{25}$; par le moyen de l'une ou de l'autre de ces ceux équations, je trouve $x=\frac{25}{24}$; ce qui résoud le Problême.

PROBLEME IV.

270. *Trouver deux quarrés dont la différence soit égale à un nombre donné.*

SOLUTION.

Décomposez la différence donnée en deux produisans inégaux, la moitié de la somme des produisans sera la racine du plus grand quarré, & la moitié de leur différence sera celle de l'autre : car, soit d la différence ; je pourrois prendre d & 1 pour les produisans ; mais, pour avoir une expression plus générale, je prends a & b, de sorte que $d = ab$. Je dis que les racines seront $\frac{a+b}{2}$ $\frac{a-b}{2}$; car les élevant au quarré, on trouve $\frac{a^2+2ab+b^2}{4}$ & $\frac{a^2-2ab+b^2}{4}$; or la différence de ces deux quarrés est $ab = d$; donc, &c.

REMARQUE.

271. Pour que les racines soient des nombres entiers, il faut que les deux produisans soient des nombres entiers ; & de plus qu'ils soient, ou tous deux pairs, ou tous deux impairs.

PROBLEME V.

272. *Trouver un nombre qui puisse être divisé en deux parties, de sorte que la somme de l'une multipliée par un nombre donné, & celle du quarré de l'autre multipliée par un autre nombre donné fassent un nombre quarré.*

SOLUTION.

Soit x le nombre cherché, y & $x-y$ les parties de ce nombre. Les nombres donnés a & b ; de sorte que $a^2y^2 + bx - by$ doit être égal à un quarré ; je prends $ay - z$ pour la racine de ce quarré : par conséquent $a^2y^2 + bx - by = a^2y^2 - 2ayz + z^2$. $bx - by = -2ayz + z^2$. Je suppose $z = \frac{b}{2a}$. Donc

$bx - by = -by + \frac{b^2}{4a^2}$. $bx = \frac{b^2}{4a^2}$. $x = \frac{b}{4a^2}$. Mettant cette valeur dans la quantité $a^2y^2 - by + bx$ qui doit être égalée à un quarré, on aura $a^2y^2 - by + \frac{b^2}{4a^2}$ qui est effectivement le quarré de $ay - \frac{b}{2a}$.

PROBLEME VI.

273. *Trouver trois nombres tels que la somme des trois soit un quarré; & que la somme de deux quelconques soit aussi un quarré.*

SOLUTION.

Prenant $a^2 > 25$; & $x = \frac{a^2 - 1}{6}$; les trois nombres cherchés seront $4x$, $x^2 - 4x$, $2x + 1$.

Pour le démontrer, soit $x + 1$ la racine du quarré qui est la somme des trois. Donc la somme des trois sera $x^2 + 2x + 1$.

Puisque la somme du premier & du deuxiéme est un quarré, je le désigne par x^2. Si donc de $x^2 + 2x + 1$, somme des trois, je soustrais x^2 somme des deux premiers, le reste $2x + 1$ sera le troisiéme nombre.

Puisque la somme du deuxiéme & du troisiéme est un quarré, je suppose que $x - 1$ en est la racine, par conséquent $x^2 - 2x + 1$ est la somme du deuxiéme & du troisiéme; j'en soustrais le troisiéme nombre $2x + 1$, le reste $x^2 - 4x$ sera le deuxiéme nombre.

Je soustrais enfin le deuxiéme nombre $x^2 - 4x$ de x^2, somme des deux premiers, & le reste $4x$ exprimera le premier nombre. Les trois nombres sont donc, le premier $4x$; le deuxiéme $x^2 - 4x$; le troisiéme $2x + 1$: mais on exige que la somme du premier & du dernier, c'est-à-dire, $6x + 1$ soit un quarré : je fais $6x + 1 = a^2$; donc $x = \frac{a^2 - 1}{6}$.

Si a^2 n'étoit pas plus grand que 25, $\frac{a^2 - 1}{6}$ ne seroit pas plus grand que 4; donc le deuxiéme nombre $x^2 - 4x$ seroit égal à zéro, ou seroit moindre.

PROBLEME VII.

274. *Trouver trois nombres tels qu'ajoûtant un nombre donné au produit de deux quelconques, la somme soit toujours un quarré.*

SOLUTION.

Soient les trois nombres cherchés x, y & z, le nombre ajoûté a : prenez à volonté deux nombres connus m & n, de sorte que $m > n$, $m^2 > a$, & $n^2 > a$. Faites $x = \frac{m^2 - a}{m - n}$; $y = \frac{n^2 - a}{m - n}$; $m - n$, sera la moindre valeur de z, & l'excès de $2x + 2y$ sur $m - n$ sera la plus grande.

DEMONSTRATION.

Les trois nombres à égaler à des quarrés sont

$$xy + a$$
$$xz + a$$
$$yz + a$$

Je suppose d'abord $xy + a = r^2$; donc $xy = r^2 - a$. Je décompose $r^2 - a$ en deux produisans $r + m = x$, & $r - n = y$; donc $\overline{r + m} \times \overline{r - n} = r^2 + rm - rn - mn = r^2 - a$; donc $mr - rn - mn = -a$, & $rm - rn = mn - a$; donc $r = \frac{mn - a}{m - n}$, & $r + m = x = \frac{mn - a}{m - n} + \frac{m}{1} = \frac{m^2 - a}{m - n}$; & $r - n = y = \frac{mn - a}{m - n} - \frac{n}{1} = \frac{n^2 - a}{m - n}$.

Ces valeurs de x & y satisfont à la premiere condition du Problême ; il reste à voir si on ne peut pas trouver une valeur de z, qui avec celles qu'on a trouvées de x & y puisse remplir les deux autres conditions.

De $yx + a$ qui est égalé à un quarré, je soustrais $xz + a$; le reste $xy - xz = x \times \overline{y - z}$: la moitié de la somme de ces deux produisans est $\frac{x + y - z}{2}$, la moitié de leur différence eſt $\frac{x-y+z}{2}$. Je ſouſtrais auſſi $yz+a$ de $xy+a$: le reſte $yx-yz=y\times\overline{x-z}$; la moitié de la ſomme des deux produiſans eſt $\frac{y+x-z}{2}$, la même que la précédente ; la moitié de leur différence eſt $\frac{x-y-z}{2}$: c'eſt pourquoi ſi on peut donner une valeur rationnelle à z qui puiſſe rendre le quarré de la demi-ſomme $\frac{x+y-z}{2}$ égal à $xy+a$, dont on avoit ſouſtrait $xz+a$ & $yz+a$, il s'enſuivra que $xz+a$ ſera égal au quarré de la demi-différence $\frac{x-y+z}{2}$, & $yz+a$ égal au quarré de la demi-différence $\frac{x-z-y}{2}$: tout ceci eſt évident par le Problême IV. (N°. 270.).

Je ſuppoſe donc que le quarré de la demi-ſomme $\frac{x+y-z}{2}$ eſt égal à $xy+a=r^2$; donc $\frac{x+y-z}{2}=\pm r$; donc $z=x+y\pm 2r$, ce qui donne deux valeurs rationnelles de z dont chacune conjointement avec les valeurs trouvées de x & de y réſoudra le Problême : mais ces deux valeurs ſont $x+y+2r$, & $x+y-2r$, & leur ſomme eſt $2x+2y$; par conſéquent ſi je trouve la moindre valeur de z, & que je la retranche de $2x+2y$, le reſte ſera la plus grande valeur : nous avions d'abord $x=r+m$, & $y=r-n$; donc $x+y=2r+m-n$, & $x+y-2r=m-n$; donc $m-n$ eſt la moindre valeur de z, & $2x+2y-m+n$ en eſt la plus grande.

REMARQUES.

275. 1°. Si on veut avoir les valeurs des inconnues en nombres entiers, il faut que l'unité ſoit la différence de m & n, tout le reſte demeurant comme dans la ſolution précédente.

276. 2°. Si on demandoit trois nombres tels que, retranchant un nombre donné du produit de deux quelconques, les reſtes fuſſent toujours des quarrés; en voici la ſolution qui differe peu de la précédente, & qui dépend de la même analyſe.

$x=\frac{m^2+a}{m-n}$, $y=\frac{n^2+a}{m-n}$, $z=m-n$, ou $z=2x+2y-m+n$.

PROBLEME VIII.

277. *Trouver trois nombres tels que le produit de deux quelconques ajoûté à leur somme multipliée par un nombre donné, fasse toujours un quarré.*

SOLUTION.

Soient les nombres cherchés x, y, z; & le multiplicateur donné g; prenez à volonté $m > n$: vous aurez $x = \frac{m^2 + g^2}{m - n} - g$, $y = \frac{n^2 + g^2}{m - n} - g$, $z = m - n - g$, ou $z = 2x + 2y + 2g - m + n + g$.

Car les conditions du Problême peuvent être exprimées de la maniere suivante.

$$xy + gx + gy$$

$$xz + gx + gz$$

$$yz + gy + gz$$

Ces trois nombres doivent être des quarrés, je fais un quarré à volonté $r^2 = xy + gx + gy$; donc $r^2 + g^2 = xy + gx + gy + g^2$; mais $xy + gx + gy + g^2 = \overline{x + g} \times \overline{y + g}$; c'est pourquoi je regarde $x + g$ & $y + g$ comme les deux produisans de $r^2 + g^2$; je prends deux nombres connus m & n, de sorte que $m > n$; je fais $r + m = \overline{x + g}$, & $r - n = y + g$, de maniere que $r^2 + g^2 = \overline{r + m} \times \overline{r - n} = r^2 - rn + rm - mn$; donc $g^2 = rm - rn - mn$; donc $r = \frac{g^2 + mn}{m - n}$, & $r + m = \frac{g^2 + mn}{m - n} + \frac{m}{1} = \frac{g^2 + m^2}{m - n}$, & $r - n = \frac{g^2 + mn}{m - n} - \frac{n}{1} = \frac{g^2 - n^2}{m - n}$. Suivant ainsi la même marche que dans le Problême précédent, on achevera de trouver la solution.

PROBLEME IX.

278. *Trouver deux nombres tels que leur somme soit un quarré qui ait pour racine le quarré du premier plus le deuxiéme.*

SOLUTION.

Soient les deux nombres cherchés x & y : prenez un nombre $n > 1$; faites $x = \frac{n+1}{n^2+1}$; & $y = x \times \overline{n - x}$:
Car, par les conditions du Problême $x^2 + y = n$

$$x + y = n^2$$

Or, la premiere équation donne $y = n - x^2$, & la deuxiéme $y = n^2 - x$; donc $n - x^2 = n^2 - x$: mais cette équation étant du deuxiéme degré on n'en pourroit trouver la solution en nombres rationels, excepté dans certains cas. C'est pourquoi il faut faire quelque autre supposition : je prends $n x$ au lieu de n, & j'ai les équations suivantes.

$$x^2 + y = n x$$

$$x + y = n^2 x^2$$

La premiere équation donne $y = n x - x^2$, la deuxiéme $y = n^2 x^2 - x$; donc $n x - x^2 = n^2 x^2 - x$; donc $n - x = n^2 x - 1$; donc $x = \frac{n+1}{n^2+1}$.

PROBLEME X.

279. *Trouver deux nombres tels que le premier plus le quarré du deuxiéme soit égal au deuxiéme plus le quarré du premier.*

SOLUTION.

Divisez l'unité en deux parties quelconques, ces deux parties seront les deux nombres demandés.

Pour le démontrer, prenez deux nombres connus a & b ; $a > b$; désignez les nombres cherchés par $a x$ & $b x$, vous aurez, par la condition du Problême, $a^2 x^2 + b x = b^2 x^2 + a x$;

par conséquent $x = \frac{a - b}{a^2 - b^2} = \frac{1}{a + b}$; donc $ax = \frac{a}{a + b}$; & $bx = \frac{b}{a + b}$: & puisque la somme de ces deux nombres est toujours $\frac{a + b}{a + b} = 1$; quelques nombres qu'on désigne par a & b le Problême sera résolu.

PROBLEME XI.

280. *Trouver trois nombres tels qu'ajoûtant au quarré de chacun la somme des deux autres, les sommes résultantes soient des quarrés.*

SOLUTION.

Le quarré de $x + 1$ est $xx + 2x + 1$; par conséquent si on nomme le premier nombre x, le second $2x$, & le troisiéme 1, la premiere condition sera remplie. Mais il faut encore que le quarré du second joint au premier plus le troisiéme, c'est-à-dire, $4xx + x + 1$ soit un quarré, & de plus que le quarré du troisiéme plus la somme du premier & du deuxiéme, c'est-à-dire, $3x + 1$, soit aussi un quarré. Ainsi, pour satisfaire aux deux dernieres conditions, il faut résoudre cette double égalité $3x + 1$, $4xx + x + 1$. Je soustrais $3x + 1$ de $4xx + x + 1$, le reste est $4xx - 2x = \overline{4x - 2} \times x$; la demi-différence de ces deux facteurs est $\frac{3x}{2} - 1$, qui est par conséquent la racine du moindre des deux quarrés cherchés; donc $3x + 1 = \frac{9}{4}x^2 - 3x + 1$; donc $x = \frac{8}{3}$.

PROBLEME XII.

281. *Une personne achete de deux sortes de vin, le premier sur le pied de 8 s. la pinte, le deuxiéme sur le pied de 5 s. le prix du tout fait un nombre quarré de sols, lequel étant ajoûté à 60, on a un autre nombre quarré, dont la racine exprime le nombre de pintes des deux especes. On demande combien il y a de pintes de chaque sorte, & quel est le prix total.*

SOLUTION.

J'appelle x le nombre total de pintes; par conséquent $x^2 - 60$ représentera

représentera le nombre total de sols, mais ce nombre doit être un quarré, ainsi il faut égaler $x^2 - 60$ à un quarré : pour cela j'ai besoin de la préparation suivante.

Si la somme $x^2 - 60$ avoit été payée entiere pour la deuxiéme sorte de vin, le nombre de pintes seroit $\frac{x^2 - 60}{5}$, & alors le nombre des pintes auroit surpassé celui qu'on suppose avoir été acheté; par conséquent $\frac{x^2 - 60}{5} > x$, & $x^2 - 60 > 5x$: par le même raisonnement on trouvera $x^2 - 60 < 8x$, par conséquent ce nombre est entre $5x$ & $8x$, mais puisque $x^2 - 60 > 5x$; donc $x^2 > 5x + 60$, & $x^2 - 5x > 60$; achevant le quarré, on trouvera $x^2 - 5x + \frac{25}{4} > 60 + \frac{25}{4} = \frac{265}{4}$: supposons $x^2 - 5x + \frac{25}{4} > \frac{289}{4}$, ce qui donnera des limites en nombres rationnels; dans cette supposition $x - \frac{5}{2}$ sera plus grand que $\frac{17}{2}$, & $x > \frac{22}{2} = 11$. De plus, puisque $x^2 - 60 < 8x$, nous aurons $x^2 - 8x < 60$, & $x^2 - 8x + 16 < 76$: supposons $x^2 - 8x + 16 < 64$, & nous trouverons $x - 4 < 8$, & $x < 12$; par conséquent les limites de x sont entre 11 & 12.

A quelque quarré qu'on égale $x^2 - 60$, il est certain que x doit entrer dans la racine, afin qu'on puisse réduire l'équation au premier degré; il reste à déterminer ce qui doit entrer de plus dans cette racine, pour que x ne sorte pas des limites. Je suppose que cette racine est $x - y$, & j'ai $x^2 - 60 = x^2 - 2xy + y^2$; donc $x = \frac{y^2 + 60}{2y}$: on doit donc avoir $\frac{y^2 + 60}{2y} > 11$, $\frac{y^2 + 60}{2y} < 12$; par la premiere de ces deux inégalités on a $y^2 + 60 > 22y$, & $y^2 > 22y - 60$, & $y^2 - 22y > -60$; donc $y^2 - 22y + 121 > 61$: soit $y^2 - 22y + 121 > 64$, & on aura $y > 19$. De même puisque $\frac{y^2 + 60}{2y} < 12$, on a $y^2 + 60 < 24y$, & $y^2 - 24y < -60$, & $y^2 - 24y + 144 < 84$: soit donc $y^2 - 24y + 144 < 81$; donc $y < 21$. Puisque y doit être plus grand que 19, & moindre que 21, je fais $y = 20$, ainsi $x - 20$ sera la racine du quarré cherché; donc $x^2 - 60 = x^2 - 40x + 400$; donc $x = 11\frac{1}{2} = \frac{23}{2}$ dont le quarré est $\frac{529}{4}$; si de ce quarré je retranche $60 = \frac{240}{4}$, le reste sera $\frac{289}{4}$, qui est encore un quarré, comme ce Problême l'exige, & qui représente le nombre de sols qui a été payé : mais $\frac{289}{4} = 72\frac{1}{4}$ = 3 liv. — 12 s. 6 den.

Présentement pour trouver le nombre de pintes de chaque espece, j'appelle z celui de la moindre espece, & puisque $11\frac{1}{2}$ étoit le nombre total, le nombre de pintes de la plus chere espece sera $11\frac{1}{2} - z$: le prix de l'un est donc $5 \times z$, celui de l'autre $8 \times 11\frac{1}{2} - z$, & le prix total est $5z - 8z + 92 = 92 - 3z$; mais on a déja trouvé que le prix total étoit $72\frac{1}{4}$; donc $92 - 3z = 72\frac{1}{4}$, $z = 6\frac{7}{12}$; donc $11\frac{1}{2} - z = 4\frac{11}{12}$.

CHAPITRE V.

Application de l'Algebre à la Géométrie élémentaire.

282. ON peut désigner les lignes & les figures de Géométrie par les caracteres Algébriques, & réciproquement on peut représenter les expressions Algébriques par des lignes, ou des figures Géométriques : de sorte qu'on peut dire qu'on applique l'Algebre à la Géométrie, & la Géométrie à l'Algebre. La premiere application a lieu dans la résolution des Problêmes, la deuxiéme dans leur construction.

283. Dans tous les Problêmes de Géométrie on cherche des points, des lignes, des surfaces, ou des solides; or, il se réduisent tous à trouver la longueur d'une, ou de plusieurs lignes.

On peut faire sur les lignes & les figures les opérations que l'on fait sur les nombres, ou les caracteres Algébriques; car on peut ajoûter une ligne à une autre, on peut l'en soustraire; & comme le produit d'une multiplication n'est autre chose qu'une quatriéme proportionnelle à l'unité, le multiplicateur & le multiplicande; on aura le produit de deux lignes en regardant comme l'unité, quelque ligne qui peut ordinairement être prise à discrétion, & cherchant une quatriéme proportionnelle à cette ligne, & aux deux dont on veut avoir le produit; ce qui se fait par le moyen des triangles semblables. De même pour la division, on fera le diviseur au dividende, comme l'unité à une quatriéme ligne, qui sera le quotient. Enfin, pour tirer la racine quarrée d'une ligne, on cherchera une moyenne proportionnelle entre l'unité & cette ligne, & pour extraire la racine cubique on en cherchera deux, &c.

Quelquefois l'unité est déterminée, comme quand il s'agit de trouver une quatriéme proportionnelle à trois lignes données.

Lorsque dans un Problême il n'y a qu'une ligne connue on la prend pour l'unité; ainsi dans la parabole on prend ordinairement le parametre pour l'unité.

284. Quand il y a plusieurs grandeurs connues, il faut faire attention que les quantités multipliées ou divisées par l'unité ne changent point en vertu de ces opérations, c'est pourquoi on se dispense de les faire, & on préfere celle qui en épargne le plus grand nombre; mais quand une fois on s'est servi d'une grandeur pour l'unité, on ne peut la changer pendant le reste de l'opération, à moins que la nature du Problême ne le demande.

285. Les équations qui, dans la Géométrie, représentent des surfaces, ou des solides, se trouvent également vraies quand on les applique aux lignes; ainsi b^2 qui peut signifier une surface quarrée dont le côté est b, peut aussi représenter une ligne trouvée par cette proportion $1 : b :: b : \frac{b^2}{1}$; de même b^3 qui peut représenter un cube, peut également représenter une ligne trouvée par ces analogies $1 : b :: b : bb :: bb : b^3$; il en est de même de b^4, b^5, &c. qui sont des grandeurs impossibles dans la Géométrie, parce qu'elle ne connoît que trois dimensions. Ceci se doit entendre aussi des plans & des solides : par exemple, ab qui représente quelquefois un plan, peut désigner une ligne trouvée par cette proportion $1 : a :: b : \frac{ab}{1}$; & abc peut également désigner un solide, ou une ligne trouvée par ces proportions $1 : a :: b : ab$, & $1 : ab :: c : abc$. Surquoi il faut remarquer que les dimensions d'une fraction ne sont que celle du numérateur moins celles du dénominateur, & qu'on peut toujours regarder les quantités en question comme divisées par 1, 1^2, 1^3, &c.

286. Suivant la Géométrie exacte, les lignes, les plans, & les solides sont des quantités hétérogenes; ainsi pour conserver la loi des homogenes, quand l'unité n'est point déterminée, tous les termes qui entrent dans l'expression d'une ligne, d'un plan, ou d'un solide, doivent avoir autant de dimensions l'un que l'autre; mais lorsque l'unité est déterminée, on peut la sous entendre comme multipliant autant de fois qu'il est nécessaire, les termes qui ont trop peu de dimensions, ou divisant ceux qui en ont trop : par exemple, dans l'expression $aabb - b$, on peut supsupposer $aabb$ divisé une fois par l'unité, & b multiplié deux fois; & si l'unité est c, on peut, sans changer la valeur de l'expression, écrire $\frac{aabb}{c} - bcc$.

Dans les Probêmes à résoudre il y a des lignes qui sont données de position seulement ; d'autres qui sont données de grandeur ; d'autres qui sont données de grandeur & de position.

287. Les lignes données de position sont celles dont la situation est invariable, mais dont la longueur est indéterminée : comme une tangente menée d'un point donné d'une circonférence.

288. Les lignes données de grandeur, sont celles dont la différente situation ne change point la longueur : tels sont le rayon, ou le diametre d'un cercle ; on les appelle *connues* ou *constantes*.

289. Les lignes données de grandeur & de position tout ensemble, sont celles dont la situation est invariable aussi-bien que la longueur : tel est un rayon perpendiculaire sur le diametre d'un cercle donné.

290. Les lignes qui ne sont données ni de grandeur, ni de position sont celles qui changent de longueur en changeant de situation : comme la perpendiculaire élevée sur le diametre d'un cercle & terminée par la circonférence, qui change de grandeur & de situation, en s'approchant ou s'éloignant du centre. Ces lignes s'appellent *inconnues*, *indéterminées*, ou *variables*.

291. Comme il suffit qu'une ligne soit indéterminée par une extrémité, on peut supposer l'autre extrémité connue ; ainsi la ligne A B dont les deux extrémités sont déterminées, représentera une ligne connue, pendant que A P, dont l'extrémité P est indéterminée, représentera une ligne inconnue ; & si on suppose que le point P se meuve vers A, A P représentera successivement toutes les lignes moindres que la premiere A P ; & si après être parvenu en A, le point P avance dans la même direction vers p, alors A p représentera une quantité négative, si A P étoit positif ; & par conséquent si $AP = Ap$, & qu'on désigne A P par x, A p sera désigné par $-x$.

Fig. 1.

Fig. 2. De la même maniere si $PM = y$, & qu'on prenne P m, prolongement de la même ligne de l'autre côté de la ligne A B, on aura $Pm = -y$.

292. En Algebre la racine impossible d'une équation a son expression, mais en Géométrie elle n'en a point. En Algebre on obtient une solution générale pour tous les cas possibles, ou impossibles, & ceux-ci sont représentés par des quantités imaginaires qui ne servent qu'à faire voir la génération de la quantité, & les bornes dans lesquels la possibilité se trouve renfermée.

293. Si dans la solution d'un Problême on parvient à une équa-

tion finale qui donne la valeur de l'inconnue en quantités toutes connues : on a résolu un Problême déterminé.

294. Si cette valeur contient quelque inconnue, le Problême est indéterminé, & on peut supposer à la place de cette inconnue une ligne à volonté, à moins que la nature du Problême n'y mette des bornes.

295. Si l'inconnue n'a qu'une valeur imaginaire, c'est signe que le Problême est impossible, & c'est l'avoir résolu que de l'avoir ainsi démontré impossible.

296. Si les deux membres de l'équation finale sont parfaitement semblables, par exemple, $ax = ax$, la conséquence étant semblable à la supposition, c'est signe que la chose est toujours telle qu'on l'a supposé, & par conséquent la proposition est un Théorême; c'est ce qui arriveroit si on demandoit de trouver un triangle rectangle, dans lequel le quarré de l'hypoténuse soit égal aux quarrés des deux autres côtés.

Regles pour résoudre les Problêmes de Géométrie.

297. 1°. Décrivez une figure qui représente toute les conditions du Problême, & regardez-là comme véritable.

2°. Par le moyen des conditions du Problême, & des propriétés connues de la figure, formez, s'il est possible, autant d'équations qu'il y a d'inconnues.

3°. Si la figure décrite simplement suivant les conditions du Problême, ne suffit pas pour trouver ces équations, il faut tirer, ou prolonger les lignes qui paroissent les plus convenables pour la solution, préférant les perpendiculaires & les paralleles qui peuvent former des triangles semblables : & si quelque angle est donné, tirez une perpendiculaire opposée à cet angle, & s'il se peut, de l'extrémité d'une ligne donnée.

4°. Représentez les lignes dont vous voulez faire usage par les lettres de l'Alphabet, prenant pour inconnues, non pas toujours celle qui est demandée, mais quelque autre qui donne la valeur de celle-là ; le choix de ces lignes n'est pas indifférent; car il vaut mieux prendre celles qui sont voisines des lignes connues par le moyen desquelles on pourra les exprimer par addition ou soustraction, sans le secours des radicaux.

5°. Lorsque dans un Problême on connoît la somme ou la différence de deux lignes, qui ont un même rapport avec les autres parties de la figure, il ne faut se servir ni de l'une ni de l'autre, mais de leur demi-différence, si leur somme est donnée, ou de la moitié de leur somme, si leur différence est connue.

6°. Si on connoît l'aire, le périmetre, ou quelque autre partie d'une figure qui n'ait qu'un rapport éloigné avec ce qu'on cherche, il est quelquefois à propos de former une autre figure semblable à la proposée, dont on regarde un côté comme l'unité; & alors procédant par les proportions des quantités correspondantes, on trouve les inconnues proposées.

7°. Lorsqu'on a des angles à exprimer, on met à leur place des lignes qui en marquent les rapports : par exemple, leur sinus, ou d'autres lignes qu'on peut trouver par la Trigonométrie.

De la résolution des Problêmes du premier degré.

PROBLEME PREMIER.

Fig. 3. 298. *Une ligne* AB *étant divisée en un point* C, *la diviser en un autre point* D, *de sorte que les deux parties de la seconde division soient entre elles, comme* DB *l'une de ces deux parties est à la partie* DC *interceptée entre les points de division.*

SOLUTION.

Soit AC $= a$. BC $= b$. CD $= x$. on aura DB $= b - x$. AD $= a + x$.

Or, par la condition du Problême, $a + x : b - x :: b - x : x$

donc en composant .... $a + b : b - x :: b : x$

en alternant .... $a + b : b :: b - x : x$

& en composant .... $a + 2b : b :: b : x$

CONSTRUCTION.

Prenez pour premier terme une ligne égale à AC + 2 BC $= a + 2b$, pour moyenne proportionnelle BC $= b$, & la troisiéme proportionnelle sera la valeur de $x =$ DB.

PROBLEME II.

299. *Couper une ligne AB en un point C, de sorte que le rectangle de toute la ligne par la petite partie, soit égal à celui de la différence des deux parties par la plus grande.* Fig. 4.

SOLUTION.

Soit $AB = a$. $AC = x$. $CB = a - x$. $CB - AC = a - 2x$.

Par la condition du Problême $ax = \overline{a - x} \times \overline{a - 2x}$

donc . . . . $a : a - 2x :: a - x : x$

donc en renversant & composant $2a - 2x : a :: a : a - x$

donc . . . . $a - x : \frac{1}{2}a :: a : a - x$

donc en renversant . . . . $\frac{1}{2}a : a - x :: a - x : a$.

CONSTRUCTION.

Cherchez une moyenne proportionnelle entre $\frac{1}{2}a$ & a, elle sera la valeur de $a - x = CB$.

PROBLEME III.

300. *Connoissant la base (BC) d'un triangle, & les angles sur la base, trouver le sommet A.* Fig. 5.

SOLUTION.

Soit $BC = a$, & $AD = y$; puisqu'on connoît l'angle B, on peut connoître le rapport des lignes AD, BD que je suppose $d : e$. C'est pourquoi $d : e :: AD\ (y) : BD\ \left(\frac{ey}{d}\right)$: de même l'angle connu C donne le rapport de AD & DC que je suppose $d : f$, & par conséquent $DC = \frac{fy}{d}$; mais $DB + DC = BC$, donc $\frac{ye}{d} + \frac{fy}{d} = a$; donc $ey + fy = ad$; donc $e + f : d :: a : y$.

CONSTRUCTION.

Cherchez une quatriéme proportionnelle.

PROBLEME IMPOSSIBLE.

Fig. 6. 301. *D'un point* B *pris hors d'une ligne* C A *abbaisser deux perpendiculaires sur cette ligne.*

SOLUTION.

Supposant la chose faite, & soit A B $= x$, A C $= y$, B C $= z$. Puisque l'angle B A C est droit, nous aurons

$$z^2 = x^2 + y^2$$

$$x^2 = z^2 - y^2$$

& puisque l'angle B C A est aussi droit,

$$x^2 = z^2 + y^2 \text{ ; donc}$$

$$x^2 = z^2 - y^2 = z^2 + y^2 \text{ ; donc}$$

$$- y^2 = + y^2$$

& cette derniere équation étant impossible, fait voir que d'un même point on ne peut abbaisser qu'une seule perpendiculaire sur une même ligne.

AUTRE.

Fig. 7. 302. *Diviser une ligne* A B *en un point* C, *de sorte que le quarré de toute la ligne soit égal aux quarrés des segmens* A C, C B, *plus un rectangle des mêmes segmens.*

SOLUTION.

Soit A B $= a$, A C $= x$, on aura C B $= a - x$; donc par la supposition $a^2 = x^2 + a^2 - 2ax + x^2 + ax - x^2$.

$$x^2 - ax = 0$$

$$ax = x^2$$

$$a = x$$

c'est-à-dire, la partie égale au tout, ce qui prouve l'impossibilité du Problême.

THÉOREME

THÉOREME PROPOSÉ EN FORME DE PROBLEME.

303. *Trouver un point A dans un rectangle MNRP, d'où ayant tiré aux quatre angles les lignes AM, AN, AP, AR, les quarrés des deux lignes opposées AP, AN soient égaux aux quarrés des deux autres lignes opposées AN, AR.* Fig. 8.

SOLUTION.

Supposant la chose faite, par le point A menons GH parallele à PR, & fK parallele à PM; soit $GH = MN = PR = a$; $MP = Kf = b$; $Pf = MK = z$, $GR = Af = x$; nous aurons $KN = MN - MK = a - z = fR$, $AK = Kf - Af = b - x$. A cause des triangles rectangles, nous aurons

$$\overline{AP}^2 = z^2 + x^2$$
$$\overline{AN}^2 = a^2 - 2az + z^2 + b^2 - 2bx + x^2$$
$$\overline{AM}^2 = z^2 + b^2 - 2bx + x^2$$
$$\overline{AR}^2 = x^2 + a^2 - 2az + z^2;$$

Mais, par la supposition, $\overline{AP}^2 + \overline{AN}^2 = \overline{AM}^2 + \overline{AR}^2$, c'est-à-dire, $z^2 + x^2 + a^2 - 2az + z^2 + b^2 - 2bx + x^2 = z^2 + b^2 - 2bx + x^2 + x^2 + a^2 - 2az + z^2$, c'est-à-dire, $0 = 0$ d'où il suit que c'est un Théorême, & que quelque part qu'on prenne le point A au dedans du rectangle, on trouvera toujours la même propriété.

MÉTHODE GÉNÉRALE

Pour la construction des équations du premier degré.

304. Tout l'art consiste à réduire en proportion l'équation qui exprime la valeur de l'inconnue; c'est ce qu'on peut mieux enseigner par des exemples, que par des regles.

Soit, 1°. l'inconnue égale à une fraction simple: par exemple, $x = \frac{ab}{c}$, ou $\frac{abe}{cf}$, ou $\frac{abeh}{cfg}$, &c. Dans la premiere valeur si l'on fait $c : a :: b : l$, il est clair que $l = \frac{ab}{c}$; c'est pourquoi

S

ſi on ſubſtitue l dans la ſeconde valeur, on aura $f : l :: e : m$; donc $m = \frac{e l}{f} = \frac{a b e}{c f}$, & ſubſtituant m dans la troiſiéme valeur, on aura $g : m :: h : n$; donc $n = \frac{m h}{g} = \frac{a b e h}{c f g}$; ainſi on trouvera l'inconnue $x = l + m + n$. Il eſt évident qu'en augmentant le nombre des proportions, on trouvera toujours une ligne droite égale à une fraction ſimple quelconque, de quelque dimenſion que ſoit ſon numérateur.

2°. Soit une inconnue égale à une quantité compoſée de pluſieurs fractions ſimples; par exemple, $x = a + \frac{a b}{c} + \frac{a^2 b}{c f} - \frac{a^2 c^2}{b^3}$; on cherchera, comme dans le cas précédent, des lignes égales à chacune de ces fractions en particulier, & on fera ſur ces lignes les opérations indiquées par les ſignes $+$ & $-$.

3°. Soit une inconnue égale à une ou pluſieurs fractions compoſées, c'eſt-à-dire, dont les dénominateurs ſont complexes: on cherchera d'abord une ligne égale au dénominateur diviſé par une quantité d'une ſeule dimenſion, ſi les termes du dénominateur en ont deux; de deux dimenſions, ſi les termes du dénominateur en ont trois, &c. Soit $x = \frac{a g e - b c e}{b^2 + a f}$: je cherche une ligne $m = f + \frac{b^2}{a}$, qui me donne $b b + a f = a m$, & je cherche $n = \frac{a g e - b c e}{a m} = \frac{g e}{m} - \frac{b c e}{a m} = x$. Soit $x = \frac{a^3 b + a^2 c^2 - a b c f}{a^2 f + c^2 f + b f^2}$, on cherchera une ligne égale au dénominateur diviſé $a f$; par exemple, $m = a + \frac{c^2}{a} + \frac{b f}{a}$; ce qui donne $a f m = a^2 f + c^2 f + b f^2$; enfin on cherche une ligne égale à $\frac{a^3 b + a^2 c^2 - a b c f}{a f m} = \frac{a^2 b}{f m} + \frac{a c^2}{f m} - \frac{b c}{m} = x$.

REMARQUE.

305. Il y a des cas particuliers où il eſt avantageux de s'écarter un peu de cette Méthode générale, comme on le verra dans les exemples ſuivans.

1°. Soit $x = \frac{a b c^2 - a^2 b^2}{a b c + c^3}$. Je cherche d'abord une ligne $m = \frac{a b}{c}$, & ſubſtituant à la place de $a b$ ſa valeur $c m$, je trouve $x = \frac{c^3 m - c^2 m^2}{c^2 m + c^3} = \frac{c m - m^2}{m + c}$, ce qui me donne cette proportion $c + m : c - m :: m : x$.

2°. Soit $x = \sqrt{a^2 + b^2}$. Je fais un triangle rectangle, dont un côté soit a, & l'autre b; son hypoténuse sera x. Si l'on avoit eu $x = \sqrt{a^2 - b^2}$, on auroit cherché une moyenne proportionnelle entre $a + b$ & $a - b$, dont le quarré $x^2 = a^2 - b^2$. Ou l'on auroit fait un triangle rectangle dont l'hypoténuse seroit a, un côté b, & l'autre côté seroit la valeur de x.

3°. Soit $x^2 = f^2 + 4 e^2 - \frac{4 c^2 e^2}{a^2}$: je prends l'hypoténuse m, d'un triangle rectangle dont un côté soit f, & l'autre $2 e$, & ayant trouvé une ligne $n = \frac{2 c e}{a}$, j'ai $x^2 = m^2 - n^2$, & $x = \sqrt{m^2 - n^2}$.

4°. Soit $x^2 = f^2 - \frac{c^2 e^2 - e^2 h^2}{b^2 + a f}$. Je prends une moyenne proportionnelle l entre a & f, pour avoir un quarré $l^2 = a f$, je cherche ensuite un quarré $m^2 = b^2 + l^2$, & un autre $n^2 = c^2 + h^2$, & la substitution me donne $x^2 = f^2 - \frac{e^2 n^2}{m^2}$; & trouvant enfin une ligne $g = \frac{n e}{m}$, j'ai $x = \sqrt{f^2 - g^2}$, qui se résoud comme les deux cas précédens.

MÉTHODES

Pour la construction des équations du second degré.

306. 1°. Les équations du second degré se peuvent réduire à des équations simples; par exemple, $x^2 = a b$ donne $a : x :: x : b$: de même $x^2 \mp a x = \pm b^2$ donne $x = \frac{1}{2} a \pm \sqrt{\frac{1}{4} a^2 \mp b^2}$, ou $x = \sqrt{\frac{1}{4} a^2 \mp b^2} - \frac{1}{2} a$; ainsi on peut les construire de la même maniere que les équations du premier degré.

2°. Toute équation du second degré se peut réduire à l'une de ces deux formes $x^2 \mp a x - b^2 = 0$, ou $x^2 \mp a x + b^2 = 0$; en faisant a égal à toutes les quantités connues qui multiplient l'inconnue, & b^2 égal à tous les plans connus.

Pour construire la premiere forme, je fais un angle droit C A B, dont un côté C A $= \frac{1}{2} a$, & l'autre côté A B $= b$. Fig. 9.
Et ayant tiré l'hipoténuse B C prolongée indéfiniment au-delà

Fig. 9. de C, du centre C, & avec le rayon C A je décris une circonférence qui coupe B C en deux points E, D; je dis que B E est la racine vraie, & B D la fausse de l'équation $x^2 + ax - b^2 = 0$, & au contraire B D la vraie, & B E la fausse de l'égalité $x^2 - ax - b^2 = 0$; car faisant $BE = x$, on aura B D ou $BE + ED = a + x$; & si on fait $BD = -x$, on trouvera B E, ou $BD - ED = -x - a$. C'est pourquoi on aura toujours $DB \times BE = x^2 + ax = \overline{AB}^2 = b^2$. Au contraire, si $BD = x$, ou $BE = -x$, on aura $DB \times BE = x^2 - ax = b^2$.

Pour construire la deuxiéme forme, après avoir fait l'angle
Fig. 10. droit, comme ci-devant, je mene une droite indéfinie B D parallele à A C, & du centre C avec le rayon C A, je décris une circonférence qui coupe la ligne B D aux points E, D. Et je dis que les droites B E, B D sont les deux racines vraies de l'équation $x^2 - ax + b^2 = 0$, & les deux fausses de l'équation $x^2 + ax + b^2 = 0$. Car, menant E F & D G paralleles à A B, & faisant B E, ou $AF = x$, on aura $AF \times FH = ax - xx = \overline{FE}^2 = b^2$. De même, si on fait B D, ou $AG = x$, on aura $AG \times GH = ax - x^2 = \overline{GD}^2 = b^2$: c'est-à-dire, en l'un & l'autre cas $x^2 - ax + b^2 = 0$. Si B E, ou $AF = -x$, & B D ou $AG = -x$, on trouvera $AF \times FH$ & $AG \times GH = -x^2 - ax = \overline{FE}^2$, ou $\overline{GD}^2 = b^2$, c'est-à-dire, $x^2 + ax + b^2 = 0$. Si la parallele B D ne coupe ni ne touche le cercle, les deux racines sont imaginaires : & si elle le touche en un point, les deux racines sont égales.

307. 3°. On peut construire les équations du second degré sans changer leur dernier terme en un quarré. Car, soit l'équa-
Fig. 11. tion $x^2 \mp ax - bc = 0$: je décris un cercle A B D, dont le diametre ne soit pas moindre que les données a & $b - c$; j'inscris dans ce cercle deux cordes qui partent du même point, $AB = a$, $AD = b - c$: & ayant prolongé A D en F, ensorte que $DF = c$, du centre C, avec le rayon C F, je décris un autre cercle concentrique qui coupe les cordes prolongées aux points F, E, G, H; je dis que A G est la vraie racine, & A H la fausse de l'équation $x^2 + ax - bc = 0$; & qu'au A G est la fausse & A H la vraie dans $x^2 - ax - bc = 0$; car A F ou $AD + DF = b$, D F ou $AE = c$; ainsi faisant A G ou $BH = x$, on aura $AH = a + x$; or $EA \times AF$

$= bc =$ A G × A H $= x^2 + ax$. Si l'on fait A H $= - x$, on aura A G, ou B H, ou A H — A B $= - x - a$, & par conséquent A G × A H $= x^2 + ax$; ce qui donne toujours $x^2 + ax - bc = 0$. On fera voir de même que A G est la racine fausse, & A H la vraie dans l'équation $x^2 - ax - bc = 0$.

Soit à présent $x^2 \mp ax + bc = 0$. Je décris un cercle ABD ; dont le diametre ne soit pas moindre que les données a & $b + c$, & j'y inscris deux cordes A B $= a$, & A D $= b + c$, qui aboutissent à un même point A de la circonférence : ensuite ayant pris sur A D la partie D F $= c$, du centre C, avec le rayon C F, je décris un autre cercle concentrique qui coupe les cordes aux points F, E, G, H. Et je dis que A G & A H sont les deux racines vraies de l'équation $x^2 - ax + bc = 0$, & les deux fausses de $x^2 + ax + bc = 0$; ce qui se démontre, comme dans le cas précédent. Fig. 12.

Si le cercle qui a pour rayon C f ne touche, ni ne coupe la ligne A B en aucun point, il s'ensuit que les deux racines de l'équation sont imaginaires.

CHAPITRE VI.

Problêmes Géométriques.

PROBLEME PREMIER.

308. *Deux lignes droites* D E *&* f G *étant données, en trouver deux autres qui soient en raison réciproque, & dont la différence soit égale à une ligne donnée* A C. Fig. 13.

SOLUTION.

SOIT D E $= a$, f G $= b$, A C $= c$, la moindre des réciproques x, la plus grande sera $c + x$. Par la condition du Problême $x : a :: b : c + x$; donc $x^2 + cx = ab$.

CONSTRUCTION.

D'un centre C avec un rayon à volonté, mais plus grand que c, ou $a - b$, soit décrit un cercle dans lequel soient appliquées Fig. 11.

Fig. 11. les cordes $AB = c$ & $AD = a - b$; soit prolongé AD de sorte que son prolongement $DF = b$. Enfin avec le rayon CF soit décrit un second cercle concentrique au premier, & soient prolongées les cordes jusqu'à sa circonférence : on aura $AG = x$, comme il est démontré dans la troisiéme Méthode de construction.

PROBLEME II.

309. *Connoissant le périmetre, & l'aire d'un triangle rectangle, trouver l'hipothénuse.*

SOLUTION.

Fig. 14. Soit l'hipothénuse $AC = x$, le périmetre a, & soit l'aire $= b^2$; la somme des deux autres côtés $AB + BC$ sera $a - x$. Puisque $\overline{AC}^2 (x^2) = \overline{AB}^2 + \overline{BC}^2$, & $4b^2 = 2BC \times AB$, on aura donc $x^2 + 4b^2 = \overline{AB}^2 + \overline{BC}^2 + 2BC \times AB = \overline{AB + BC}^2 = x^2 - 2ax + a^2$, c'est-à-dire, $x^2 + 4b^2 = x^2 - 2ax + a^2$; donc $x = \frac{1}{2}a - \frac{2b^2}{a}$.

CONSTRUCTION.

Soit la hauteur $BD = y$; on aura $\frac{1}{2}xy = b^2$; & par conséquent $y = \frac{b^2}{\frac{1}{2}x}$. Soit donc fait une ligne $BD = a$, sur l'ex-
Fig. 15. trémité de laquelle soit élevé une perpendiculaire $AB = 2b$, soit pris $BG = b$, & soit cherché une quatriéme proportionnelle $BH = \frac{2b^2}{a}$; qu'on prenne $CB = \frac{1}{2}a$, & $CI = BH$, on aura $BI = \frac{1}{2}a - \frac{2b^2}{a} = x$; soit divisée BI en deux également en O, ensuite on cherchera à $BO = \frac{1}{2}x$, & $BE = BG = b$ une troisiéme proportionnelle BK, qui sera la hauteur du triangle demandé. C'est pourquoi si sur le diametre BI on décrit un demi-cercle, & que par le point K on mene KL parallele à ce diametre, & qui coupe la circonférence en L, ayant mené les cordes BL, & LI, BLI sera le triangle cherché.

PROBLEME III.

310. *Deux points également distans du centre étant donnés sur le diametre d'un cercle, trouver un point sur la circonférence d'où ayant abbaissé des droites aux points donnés, le rayon soit moyenne proportionnelle entre la somme & la différence de ces lignes.*

SOLUTION.

Je suppose que c'est le point f, & j'abbaisse une perpendiculaire f G sur le diametre, & soient D C $=$ C E $= a$, fC $= b$, fD $= x$, fE $= y$, C G $= z$. Fig. 16.

Par la condition du Problême $\div x + y : b : x - y$: donc $b^2 = x^2 - y^2$: le triangle obtus-angle f D C donne $x^2 = a^2 + b^2 + 2az$; & le triangle fC E donne $y^2 = a^2 + b^2 - 2az$. soustrayant la troisiéme équation de la deuxiéme, on trouve $x^2 - y^2 = 4az$; qui étant comparé avec la premiere équation donne $b^2 = 4az$; donc $\div 4a : b : z$. La ligne z étant trouvée, on a le point G, d'ou élevant une perpendiculaire on a le point f.

REMARQUE.

311. Dans le Problême précédent, nous avons cherché z plutôt que x ou y, parce que C G n'a qu'une valeur, au lieu que chacune des deux autres lignes en a deux : car, outre D$f = x$, & E$f = y$ que nous avons trouvé, on trouve encore dans l'autre demi-cercle D$f = x$, E$f = y$ qui sont les valeurs négatives. Il faut observer, en général, que quand il se trouve une ligne qui a le même rapport avec deux autres lignes qui résolvent le Problême, comme ici D G avec Df & Df, il faut plutôt chercher cette premiere ligne, si elle donne la solution du Problême.

PROBLEME IV.

312. *Les mêmes choses étant supposées, trouver un point f, tel que le rayon soit moyen proportionnel entre les lignes f* D, *f* E. Fig. 17.

SOLUTION.

Ayant désigné les lignes par les mêmes lettres que dans les Problême précédent, nous aurons

$$x\,y = b^2$$

$$x\,x = a^2 + b^2 + 2\,a\,z$$

$$y^2 = a^2 + b^2 - 2\,a\,z.$$

Dans ces équations, rien ne détermine x à désigner la plus grande ligne plutôt que la moindre, c'est pourquoi il doit désigner l'une & l'autre; car, dans les deux dernieres équations y sera la plus grande, si z est négatif; c'est pourquoi x ou y ont deux valeurs affirmatives; elles ont aussi deux valeurs négatives correspondantes dans le demi-cercle opposé. Si donc nous cherchons la valeur de x, nous tombons nécessairement dans une équation de quatre dimensions, qui se résoudra comme une de deux dimensions, si on cherche la valeur du quarré x^2.

Si on parvient à déterminer z, le Problême est aussi résolu, parce que le point G étant trouvé la perpendiculaire donnera le point f: mais z n'a que deux valeurs égales, la positive C G, & la négative C g. Je prends donc le parti de chercher z. La premiere équation me donne $x^2 = \frac{b^4}{y^2}$, & substituant cette valeur de x^2 dans la deuxiéme, j'ai $\frac{b^4}{y^2} = a^2 + b^2 + 2\,a\,z$; donc $y^2 = \frac{b^4}{a^2 + b^2 + 2\,a\,z}$, & comparant cette valeur de y^2 avec celle que me fournit la troisiéme équation, je trouve $\frac{b^4}{a^2 + b^2 + 2\,a\,z} = a^2 + b^2 - 2\,a\,z$, & faisant la réduction $z^2 = \frac{1}{4}\,a^2 + \frac{1}{2}\,b^2$.

CONSTRUCTION.

Faites un quarré double de $\frac{1}{4}\,b^2$ qui sera égal à $\frac{1}{2}\,b^2$; alors cherchant un seul quarré égal $\frac{1}{4}\,a^2 + \frac{1}{2}\,b^2$ vous aurez le quarré z^2.

PROBLEME V.

Fig. 18. 313. *Un quarré* A B C D *étant donné, mener de l'angle* A *une ligne droite* A E, *ensorte que la partie* f E *comprise entre le quarré & le prolongement du côté* D C *soit égale à une ligne donnée.*

SOLUTION.

Je tire du point E la droite E G perpendiculaire à A E & qui rencontre

rencontre le prolongement de A B. Il est évident que E G est égal à A F ; car ayant mené E H perpendiculaire à A G, le triangle E H G est égal & semblable au triangle A D F, & par conséquent le côté E G de l'un est égal au côté A F de l'autre.

Soit donc D A $= a$, F E $= b$, A F, E G $= x$, & B G $= y$. A cause du triangle rectangle A E G, le quarré de A G est égal aux quarrés de A E & de E G, c'est-à-dire, $a^2 + 2ay + y^2 = 2x^2 + 2bx + b^2$. Et à cause des triangles semblables A B F, A E G; A B (a) : A F (x) :: A E ($x + b$) : A G ($a + y$). Donc $a^2 + ay = x^2 + xb$; c'est pourquoi substituant dans la premiere équation cette valeur de $x^2 + xb$; on aura $a^2 + 2ay + y^2 = 2a^2 + 2ay + b^2$ qui se réduit à $y^2 = a^2 + b^2$; donc $y = \pm \sqrt{a^2 + b^2}$.

CONSTRUCTION.

Faites D G $= \sqrt{a^2 + b^2}$; sur le diametre A G décrivez un cercle qui coupera la ligne B C E en deux points E, L ; les lignes E F & L S satisferont au Problême. Fig. 19.

De même prenez A $g = - \sqrt{a^2 + b^2}$; & sur le diametre A g décrivez une demi-circonférence qui coupe C B prolongé de l'autre part en e & en o, vous aurez encore les lignes ef, & os qui résoudront ce Problême.

REMARQUES.

314. Ainsi ce Problême admet quatre solutions, & l'équation qui l'a résolu seroit montée au quatriéme degré, si au lieu de chercher B G qui n'a que deux valeurs, on avoit cherché directement C E ou F A qui en ont chacune quatre.

Il est facile de voir que la moindre ligne qui passe par le point A, & qui rencontre les lignes B k, D e, est double de la diagonale du quarré donné. C'est pourquoi si la ligne donnée F E est précisément double de la diagonale, les deux valeurs négatives se réunissent en une, & si F E est moindre que le double de la diagonale, les deux valeurs négatives sont impossibles.

PROBLEME VI.

Fig. 20. 315. *Connoissant la perpendiculaire* C D, *la différence des côtés* D A *&* D B, *& l'angle vertical d'un triangle* A B D, *déterminer les côtés de ce Triangle.*

Solution.

De l'angle B je mene sur A D prolongée, s'il le faut, la perpendiculaire B E : j'appelle s le sinus de l'angle B D E, c le cosinus, & je regarde le rayon comme l'unité ; je nomme aussi p la perpendiculaire C D, a la demi-différence des côtés, & x leur demi-somme : ainsi A D $= x + a$, & B D $= x - a$; donc $1 : s :: x - a : s \times \overline{x - a} =$ B E; & $1 : c :: x - a : c \times \overline{x - a} =$ D E : mais $\overline{AB}^2 = \overline{AD}^2 + \overline{DB}^2 - 2\,DE \times AD$, $= 2x^2 + 2a^2 - 2cx^2 + 2ca^2$; donc à cause des triangles semblables A B E, A D C, on aura cette proportion $2x^2 + 2a^2 - 2cx^2 + 2ca^2$ $(\overline{AB}^2) : s^2 \times \overline{x - a}^2$ $(\overline{BE}^2) :: \overline{x + a}^2$ $(\overline{AD}^2) : p^2$ $(\overline{DC}^2)$; & par conséquent, prenant le produit des extrêmes & celui des moyens, $s^2x^4 - 2s^2a^2x^2 + s^2a^4 = 2p^2x^2 - 2cp^2x^2 + 2p^2a^2 + 2cp^2a^2$; donc par transposition $s^2x^4 - 2s^2a^2x^2 - 2p^2x^2 + 2cp^2x^2 = 2p^2a^2 + 2cp^2a^2 - s^2a^4$; donc $x^4 - 2a^2x^2 - \frac{2p^2x^2}{s^2} + \frac{2cp^2x^2}{s^2} = \frac{2p^2a^2}{s^2} + \frac{2cp^2a^2}{s^2} - a^4$; & faisant $f = a^2 + \frac{p^2}{s^2} - \frac{cp^2}{s^2}$, & $g = \frac{2p^2a^2}{s^2} + \frac{2cp^2a^2}{s^2} - a^4 = a^2 \times \overline{\frac{2p^2 + 2cp^2}{s^2} - a^2}$, l'équation se trouvera réduite à cette forme $x^4 - 2fx^2 = g$; ainsi achevant le quarré, on aura $x = \sqrt{f \mp \sqrt{f^2 + g}}$.

PROBLEME VII.

316. *Les diagonales* A C, B D, *& les quatre angles d'un trapeze* A B C D *étant donnés, connoître les côtés.* Fig. 21.

SOLUTION.

Faites un trapeze semblable P Q R S, dont le côté P Q soit l'unité, & prolongez Q P & R S jusqu'à ce qu'ils se rencontrent en T : tirez aussi les diagonales P R & Q S, & menez R V & S N perpendiculaires à T Q. Prenant l'unité pour rayon, soit m le sinus de l'angle donné S T P; n celui de l'angle T S P, ou P S R; p celui de T R Q; r le cosinus de S P Q; s celui de P Q R; A C $= a$, B D $= b$, & P T $= x$. On sçait par la Trigonométrie que $n : x :: m : \frac{mx}{n}$ (P S) & 1, sinus de P N S : $\frac{mx}{n}$ (P S) :: r, sinus de P S N : $\frac{rmx}{n}$ (P N); donc $\overline{QS}^2 = \overline{QP}^2 + \overline{PS}^2 - 2 PQ \times PN = 1 + \frac{m^2x^2}{n^2} - \frac{2rmx}{n}$. De plus $p : 1 + x$ (T Q) :: $m : \frac{m + mx}{p}$ (Q R), & 1 sinus de R N Q : $\frac{m + mx}{p}$ (Q R) :: s sinus de Q R N : $\frac{ms + msx}{p}$ (Q N); donc $\overline{RP}^2 = \overline{PQ}^2 + \overline{QR}^2 - 2 PQ \times QN = 1 + \frac{\overline{m + mx}^2}{p^2} - \frac{2ms + 2msx}{p}$; mais les figures semblables A B C D & P Q R S donnent $\overline{AC}^2 : \overline{BD}^2 :: \overline{PR}^2 : \overline{QS}^2$, ou $a^2 : b^2 :: 1 + \frac{\overline{m + mx}^2}{p^2} - \frac{2ms + 2msx}{p} : 1 + \frac{m^2x^2}{n^2} - \frac{2rmx}{n}$; donc prenant le produit des extrêmes & celui des moyens, $a^2 + \frac{a^2m^2x^2}{n^2} - \frac{2a^2rmx}{n} = b^2 + \frac{b^2m^2 + 2b^2m^2x + b^2m^2x^2}{p^2} - \frac{2b^2ms - 2b^2msx}{p}$; c'est pourquoi faisant $f = \frac{a^2m^2}{n^2} - \frac{b^2m^2}{p^2}$, $g = \frac{b^2ms}{p} - \frac{b^2m^2}{p^2} - \frac{a^2rm}{n}$, & $h = b^2 - a^2 + \frac{b^2m^2}{p^2} - \frac{2bms}{p}$, on trouvera $fx^2 + 2gx = h$; & par conséquent $x = \sqrt{\frac{h}{f} + \frac{g^2}{f^2}} - \frac{g}{f}$; donc $QS = \sqrt{1 + \frac{m^2 x^2}{n^2} - \frac{2rmx}{n}}$ sera aussi donné; alors à cause des figures semblables, on aura cette proportion $QS : QP\ (1) :: BD\ (b) : AB$; d'où l'on déduira la valeur des deux autres côtés par la Trigonométrie.

REMARQUE.

317. Le nombre des solutions Géométriques ne répond pas toujours au nombre de dimensions de l'équation qui sert à résoudre le Probleme; il y a trois cas où il peut arriver que le nombre de dimensions de l'équation surpasse celui des solutions possibles. 1°. Quand les conditions du Problême, exprimées algébriquement, fournissent des solutions Algébriques qui ne sçauroient être appliquées aux Problêmes considérés géométriquement. 2°. Lorsque dans le Problême géométrique il n'est pas indifférent que la racine soit positive ou négative. 3°. Si on exprime algébriquement les conditions d'un Problême absolument impossible, on parvient à une équation dont toutes les racines sont impossibles. Les deux Problêmes suivans serviront d'éclaircissement à cette observation.

PROBLEME VIII.

318. *Former un quarré, connoissant la différence de la diagonale au côté.*

SOLUTION.

Fig. 22. Soit le quarré DCEF; dont le côté soit x; la différence de la diagonale au côté a; & par conséquent la diagonale $x + a$; donc

$$x^2 + 2ax + a^2 = 2x^2, \text{ ou } x^2 - 2ax - a^2 = 0.$$

Cette équation a deux racines, mais il n'y a que la positive qui satisfasse au Problême.

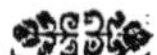

PROBLEME IX.

319. *Le demi cercle* A E B *étant donné, mener ſur le prolongement du diametre* A B *une perpendiculaire* D F, *& du point* F *au point* A *la ſécante* F A, *enſorte que* E F, D F, A E *ſoient en proportion continue.* Fig. 23.

SOLUTION.

On voit d'abord que F D peut être continué au-deſſous de A D, qu'on peut achever le cercle, & qu'enfin on ne peut trouver les valeurs poſitives des lignes qui forment la proportion, ſans trouver en même-temps leurs valeurs négatives; l'équation donnera donc néceſſairement le quarré de la quantité cherchée.

Soit E F $= x$, D F $= y$, A E $= z$, A B $= a$, A D $= b$. Par la condition du Problême on aura $\div$ E F (x) : D F (y) : A E (z). Et à cauſe des triangles ſemblables A E B, A D F, A B (a) : A E (z) :: A F ($z + x$) : D A (b).

Donc . . . . $xz = y^2$

$$z^2 + zx = ab$$

$$z^2 + 2zx + x^2 = y^2 + b^2$$

retranchant la premiere & la deuxiéme équation de la troiſiéme, elle ſe réduit à celle-ci $x^2 = b^2 - ab$.

Mais quoique je connoiſſe x, le Problême n'eſt pas réſolu; parce que je ne puis mener A F ſans connoître A E ou D F, c'eſt-à-dire, z ou y. Je cherche z parce qu'il eſt plus facile à connoître : la deuxiéme équation ſe change en celle-ci $zx = ab - z^2$

donc $z^2x^2 = a^2b^2 - 2abz^2 + z^4$; donc ſubſtituant la valeur de x^2

$$b^2z^2 - abz^2 = a^2b^2 - 2abz^2 + z^4,\text{ c'eſt-à-dire}$$

$$\begin{aligned} z^4 - abz^2 + a^2b^2 &= 0 \\ - b^2z^2 \quad & \end{aligned}$$

Cette équation a quatre racines, deux poſitives, & deux négatives qui leur ſont égales, c'eſt-à-dire, que z^2 a deux valeurs dont il faudra rejetter l'une; parce que z^4 est le quarré de $-z^2$, non de $+z^2$; ce qui suit non de quelques lignes menées à volonté, mais de la nature du Problême.

On peut aussi réduire ce Problême à deux dimensions, en faisant $b^2 - ab = d^2$. Car, alors x vaut $+d$ & $-d$; ainsi substituant ces valeurs dans l'équation $zx = ab - z^2$, je trouve les deux suivantes. $z^2 + dz - ab = 0$, & $z^2 - dz - ab = 0$.

Chacune de ces deux équations a une racine positive & une négative. Je néglige les deux de la derniere équation; parce qu'il n'est pas question dans le Problême de x négatif. Je m'en tiens à la racine positive de la premiere, dont je néglige aussi la négative, parce qu'elle appartient aux cas impossibles, aussi-bien que la positive de l'équation $z^2 - zx - ab = 0$: car si on cherche y, on trouvera que le Problême a deux solutions, qui peuvent être exprimées algébriquement, mais qui sont impossibles suivant les conditions du Problême.

REMARQUE.

320. Il arrive aussi quelquefois que le nombre des solutions du Problême surpasse celui des dimensions de l'équation, soit pour les raisons qu'on a vû (N°. 313. 314.), ou lorsque plusieurs lignes égales positives ou négatives satisfont à l'équation; parce qu'en Algebre plusieurs valeurs égales n'en font qu'une, quand elles sont comprises sous la même expression.

PROBLEME X.

Fig. 24. 321. *Sur la circonférence d'un demi-cercle* A D B, *dont le centre est* C, *on demande un point* D, *d'où ayant abbaissé une perpendiculaire* D E *sur le diametre, le rectangle* C E × E D *soit égal au quarré d'une ligne donnée* F H.

SOLUTION.

Soit C D $= a$, C E $= x$, D E $= y$, F H $= b$; donc

$xy = b^2$, ... $y = \frac{b^2}{x}$

$a^2 = x^2 + y^2$,

ſubſtituant la valeur de y dans la derniere équation, on aura

$$a^2 = x^2 + \frac{b^4}{x^2}$$

$$x^4 - a^2 x^2 + b^4 = 0.$$

Si on réſoud cette équation on trouvera deux valeurs du quarré x^2, dont chacune a une racine poſitive & une négative égale; c'eſt pourquoi x (CE) a deux valeurs de chaque côté du centre, & par cette ſolution on peut déterminer les quatre points E, E, e, e; chacun de ces points fournit deux ſolutions, l'une poſitive au-deſſus du diametre, & une négative au-deſſous. Mais ſi on cherche y dans les équations données on trouve $y^4 - a^2 y^2 + b^4 = 0$, qui donne ſeulement deux valeurs poſitives, & deux négatives; parce que ED $= e$D, ED $= e$D.

Pour conſtruire l'équation $x^4 - a^2 x^2 + b^4 = 0$, il faut d'abord la réduire aux deux équations ſuivantes.

$$x^2 = \tfrac{1}{2} a^2 + \sqrt{\tfrac{1}{4} a^4 - b^4}$$

$$x^2 = \tfrac{1}{2} a^2 - \sqrt{\tfrac{1}{4} a^4 - b^4}$$

On a deux lignes a & b, on cherche une troiſiéme ligne proportionnelle d, qui donne $b^2 = ad$, & $b^4 = a^2 d^2$; donc $\sqrt{\tfrac{1}{4} a^4 - b^4} = a \sqrt{\tfrac{1}{4} a^2 - d^2}$ qu'on peut déterminer, & que je ſuppoſe $= e$, donc faiſant la ſubtitution

$$x^2 = \tfrac{1}{2} a^2 + ae$$

$$x^2 = \tfrac{1}{2} a^2 - ae$$

REMARQUE.

322. On a vû qu'on rejette les ſolutions négatives, lorſqu'on ne cherche que d'un côté d'une ligne une conſtruction qu'on pourroit trouver également de l'autre côté. D'ailleurs il eſt rare en Géométrie de rejetter les racines parce qu'elles ſont négatives; car une ligne négative ne differe d'une poſitive que par ſa ſituation; c'eſt pourquoi on change ſouvent les ſolutions poſitives en négatives & réciproquement, en changeant les quantités connues, & les différens cas ſe peuvent déterminer par la ſeule conſidération de l'équation qui réſoud le Problême. Ce qu'on éclaircira dans le Problême ſuivant.

PROBLEME XI.

323. *Décrire un cercle qui passe par un point donné, qui touche une ligne donnée de position, & un cercle donné de grandeur & de position sur le même plan.*

SOLUTION.

Fig. 25. Soit le point donné A, la ligne donnée de position B D, le cercle donné E F, & son centre C. Je suppose que le centre du cercle demandé est N. Menant la droite N C le point E sera le point d'attouchement des deux cercles; & ayant mené N I perpendiculaire sur B D, cette ligne touchera le cercle cherché au point I : donc N I, N E, N A sont rayons du cercle demandé, & par conséquent égales. Je mene sur B D la perpendiculaire A B, que je divise en deux également en M, & je mene M L parallele à B D; je joins les points A & I par une droite qui sera coupée par M L en O en deux également, à cause des lignes égales A M, M B. C'est pourquoi dans le triangle isoscele A N I, N O est perpendiculaire sur A I, & N O I est un triangle rectangle dans lequel O L est perpendiculaire sur l'hipothénuse, donc ∺ N L : L O : L I.

Si on prolonge N I de sorte que son prolongement I H = E C, & qu'on tire C H, le triangle C N H sera isoscele : qu'on abbaisse présentement C D perpendiculaire sur B D, & qu'on la prolonge, de sorte que le prolongement D G = I H, H G sera parallele à B D; qu'on coupe C G en deux parties égales en Q, ayant mené Q R parallele à B D elle coupera C H en deux également en P, & N P sera perpendiculaire sur H C, par conséquent le triangle N P H est rectangle, & P K est perpendiculaire sur son hypothénuse, donc ∺ N K : K P : K H.

Soit donc B D = $2a$, C Q = Q G = K H = b; A M = M B = L I = c, M R = L K = d, M O = O L = x, N L = y, P Q = K P = $a - d$.

Nous n'avons que deux inconnues x & y, dont la connoissance suffit pour déterminer N; & nous avons trouvé deux proportions continues

∺ $y : x : c$.

$\div\, y : x : c.$

$\div\, d + y : a - x : b$; donc

$x^2 = c\,y \ldots\ldots y = \frac{x^2}{c}$

$a^2 - 2\,a\,x + x^2 = b\,d + b\,y$

& faisant la substitution

$a^2 - 2\,a\,x + x^2 = b\,d + \frac{b\,x^2}{c}$; donc

$x^2 - \frac{2\,a\,c\,x + a^2\,c - b\,c\,d}{c - b} = 0.$

PREMIER CAS.

Si c surpasse b, c'est-à-dire, si A B > C G, le deuxiéme terme de l'équation est négatif; si en même-temps $a^2 > b\,d$, c'est-à-dire, si la moitié de B D surpasse la moyenne proportionnelle entre M R & C Q, le dernier terme sera positif, & l'équation aura deux racines positives, c'est-à-dire, que la propriété demandée conviendra à deux cercles, dont les centres seront du même côté que C D par rapport à A B, mais dont l'un sera entre ces lignes, & l'autre au-delà de C D.

DEUXIÉME CAS.

Si $c > b$, & $d\,b > a^2$, le troisiéme terme sera négatif, il y aura une racine négative & une positive, c'est-à-dire, que A B se trouvera entre les centres des deux cercles qui résoudront le Problême.

TROISIÉME CAS.

La même chose arrivera si $b > c$, & $a^2 > b\,d$; car alors le deuxiéme terme sera positif, & le troisiéme négatif.

QUATRIÉME CAS.

Mais si $b > c$, & $b\,d > a^2$, tous les termes sont positifs, & les deux racines négatives; c'est pourquoi les deux centres sont du même côté de A B, qui se trouve entre eux & la ligne C Q.

V

CINQUIÉME CAS.

Si $a^2 = bc$, l'équation ſe change en celle-ci $x^2 - \frac{2acx}{c-b} = 0$, dont les racines ſont $x = 0$. $x = \frac{2ac}{c-b}$: c'eſt-à-dire, que l'un des centres étant dans la ligne A B, l'autre ſe trouve du côté de C D, ſi $c > b$; & de l'autre côté, ſi $b > c$.

SIXIÉME CAS.

Si $c = b$, l'équation multipliée par $c - b$ devient $x^2 \times \overline{c-b} - 2acx + a^2c - bcd = 0$. Mais $c - b = 0$; donc $2ax = a^2 - bd : x = \frac{a^2 - bd}{2a}$, alors le Problême n'a qu'une ſolution, l'autre centre étant infiniment loin.

Pour conſtruire l'équation $x^2 - \frac{2acx}{c-b} + \frac{a^2c - bcd}{c-b} = 0$, je cherche une quatriéme proportionnelle f aux trois lignes $c - b, c, a$; & une autre g aux trois a, b, d; ainſi $f = \frac{ac}{c-b}$, & $ag = bd$; donc l'équation précédente ſe change en celle-ci $x^2 - 2fx + \overline{a-g} \times f = 0$. Ayant trouvé une moyenne proportionnelle h entre $a - g$ & f, on parvient enfin à cette équation $x^2 - 2fx + h^2 = 0$, dont on a expliqué la conſtruction.

Quand b ſurpaſſe c, on a $+ 2fx$, & $- 2fx$, quand c ſurpaſſe b. Quand a ſurpaſſe g on a $+ h^2$, & au contraire $- h^2$ quand $g > a$.

REMARQUE.

324. Dans les Problêmes géométriques il n'eſt pas toujours néceſſaire de continuer le calcul juſqu'à ce qu'on parvienne à une équation qui ne contienne qu'une ſeule inconnue ; lorſqu'on n'en a plus que deux, ſi l'équation en donne le rapport, il faut examiner la figure, parce que ſouvent on en peut déduire la conſtruction du Problême, comme on le verra dans l'exemple ſuivant.

PROBLEME XII.

325. *Décrire un cercle qui en touche un autre donné de grandeur & de position, & qui passe par deux points donnés sur le même plan.*

SOLUTION.

Soient les points donnés A & B, le cercle donné D E, son contre C. Tirez la ligne AB, divisez-la en deux également; & du point de division menez la perpendiculaire F G. Il est évident que le centre du cercle cherché se trouve dans cette perpendiculaire ; supposons que ce soit N, ayant mené N A, & N C qui coupe la circonférence donnée en E, on aura N A = N E. Du centre C soit menée C H perpendiculaire sur F G, & soient F H $= a$, F A $= b$, C H $= c$, C E $= d$, N H $= x$, N E = N A $= y$. Fig. 26.

Les triangles rectangles N C H, N F A donnent $\overline{NC}^2 = \overline{CH}^2 + \overline{NH}^2$, & $\overline{NA}^2 = \overline{AF}^2 + \overline{FN}^2$, c'est-à-dire,

$$y^2 + 2dy + d^2 = c^2 + x^2.$$

$$y^2 = b^2 + a^2 + 2ax + x^2.$$

Je soustrais la seconde équation de la premiere, & je trouve

$$2dy + d^2 = c^2 - b^2 - a^2 - 2ax; \text{ donc}$$

$$2dy = c^2 - b^2 - a^2 - d^2 - 2ax.$$

Je cherche un quarré $e^2 = c^2 - b^2 - a^2 - d^2$; ensuite je cherche une troisiéme proportionnelle f aux deux quantités $2a$ & e; ce qui me donne

$$2af = c^2 - b^2 - a^2 - d^2; \text{ donc}$$

$$dy = af - ax, \text{ donc}$$

$$y : f - x :: a : d.$$

C'est pourquoi si on prend H I $= f$, on aura N I $= f - x$; donc N E : N I :: $a : d$.

Soit mené I E, & sa parallele C L, on aura encore

$$a : d :: \text{EC } (d) : \text{IL} = \frac{d^2}{a}.$$

CONSTRUCTION.

Je prends $HI = f$, & $IE = \frac{d^2}{a}$; je mene LC, & par le point I je lui mene une parallele IE, qui coupe la circonférence en E & e, par les points C & E je mene une droite qui coupe la ligne FG en un point N, qui est le centre cherché.

Le point e fait voir qu'il y a une autre solution du Problême, & que la ligne eC prolongée détermineroit le centre du second cercle par son intersection avec la ligne FL.

Quand le point N tombe de l'autre côté du point H, x devient négatif, ce qui ne change rien à la construction.

Quand $b^2 + a^2 + d^2 > c^2$, on suppose $b^2 + a^2 + d^2 = e^2$, & dans ce cas f est négatif; ainsi il faut prendre le point I de l'autre côté du point H.

PROBLEME XIII.

Fig. 14. 326. *Connoissant l'aire d'un triangle rectangle, dont les côtés* AC, AB *&* BC *sont en proportion continue, trouver les côtés.*

SOLUTION.

Soit l'aire a^2, $BC = x$, $AB = y$, on aura $AC = \frac{y^2}{x}$.

donc $\frac{y^4}{x^2} = x^2 + y^2$ $\qquad \frac{1}{2} xy = a^2$

$y^4 = x^4 + x^2 y^2 \ldots\ldots\ldots xy = 2a^2$

$y^4 = \frac{16a^8}{y^4} + 4a^4 \qquad x = \frac{2a^2}{y}$

$y^8 = 16a^8 + 4a^4y^4. \qquad x^2 = \frac{4a^4}{y^2}$

$y^8 - 4a^4y^4 = 16a^8. \qquad x^4 = \frac{16a^8}{y^4}$

$y^8 - 4a^4y^4 + 4a^8 = 20a^8 \qquad y^2x^2 = 4a^4$

$\left.\begin{array}{l} y^4 - 2a^4 \\ 2a^4 - y^4 \end{array}\right\} = 2a^4\sqrt{5}$

$y^4 = 2a^4 + 2a^4\sqrt{5} = a^4 \times \overline{2 + 2\sqrt{5}}$

$y = a\sqrt{2 + 2\sqrt{5}}$.

parce que $2a^4 < 2a^4\sqrt{5}$, la racine $2a^4 - y^4$ se trouve fausse.

On trouvera de la même maniere la valeur de x; car puisque $xy = 2a^2$, donc $y = \frac{2a^2}{x}$, & $y^4 = \frac{16a^8}{x^4}$; & puisque $y^4 = x^2y^2 + x^4$; donc $\frac{16a^8}{x^4} = 4a^4 + x^4$, & continuant l'opération comme ci-devant, on trouvera enfin

$$x = a\sqrt[4]{2\sqrt{5} - 2}.$$

CONSTRUCTION.

Formez un angle droit avec $AB = a$, & $AC = 2a$, sa base $BC = a\sqrt{5}$. Faites $BD = AB$, & vous aurez $DC = a\sqrt{5} - a$. Faites $CE = CD$, & menant par le point C la droite NL perpendiculaire sur AK, décrivez sur le diametre AE un demi-cercle; vous aurez $CN = \sqrt{2a^2\sqrt{5} - 2a^2} = a\sqrt{2\sqrt{5} - 2}$. Ayant fait $CH = a$, & $CG = CN$, & ayant décrit un demi-cercle sur HG, vous aurez $CI = \sqrt{a^2\sqrt{2\sqrt{5} - 2}} = a\sqrt[4]{2\sqrt{5} - 2}$. De même faites $CK = CB + CH = a + a\sqrt{5}$, ayant décrit un demi-cercle sur AK, vous aurez $CL = \sqrt{2a^2 + 2a^2\sqrt{5}} = a\sqrt{2 + 2\sqrt{5}}$. Faites $CO = CL$ & ayant décrit sur HO un demi-cercle, vous aurez $CM = \sqrt{a^2\sqrt{2 + 2\sqrt{5}}} = a\sqrt[4]{2 + 2\sqrt{5}}$. Fig. 27.

Si donc enfin on fait $CF = CI$; ayant mené FM, le triangle CMF sera celui qu'on cherche.

Dans la résolution de ce dernier Problême, on remarquera la maniere dont on chasse l'inconnue, & l'application du calcul des radicaux qui rend la formule plus simple. Dans la construction on fera attention à la maniere dont on représente des nombres radicaux par des lignes, & à celle de construire des racines quatriémes par la Géométrie élémentaire.

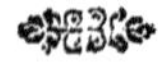

PROBLEME XIV.

Fig. 28. 327. *Connoiſſant le rayon* A C *d'un cercle, trouver le côté* A B *du décagone régulier inſcrit.*

SOLUTION.

Puiſque A B vaut $\frac{1}{10}$ de la circonférence, l'angle A C B eſt de 36 degrés; & par conſéquent, puiſque A C = B C, l'angle A B C = C A B eſt de 72 degrés : donc D A C en vaut 108. Faites A D = A C, vous aurez l'angle A D C = A C D de 36 degrés, & par conſéquent D C B de 72. Ainſi les triangles A B C & B D C ſont ſemblables ; donc B D : B C :: B C : A B.

Soit A C = B C = a, A B = x; on aura B D = $a + x$; donc

$$a + x : a :: a : x$$

$$x^2 + a x = a^2$$

Il faut donc diviſer a en moyenne & extrême raiſon, de ſorte que la médiane ſoit x : ou il faut chercher deux lignes $a + x$ & x, réciproques au rayon a.

CONSTRUCTION.

Fig. 29. La derniere équation donne $x = \sqrt{\frac{5}{4} a^2} - \frac{1}{2} a$ avec le rayon a ſoit donc décrit un cercle, & au centre E ſoit élevée la perpendiculaire I E = a, ſoit fait E F = $\frac{1}{2}$ a : on aura F I = $\sqrt{\frac{5}{4} a^2}$; c'eſt pourquoi ſi du centre F avec le rayon I F on décrit un arc K I, on aura K E = $\sqrt{\frac{5}{4} a^2} - \frac{1}{2} a$.

PROBLEME XV.

Fig. 14. 328. *Connoiſſant l'aire d'un triangle rectangle* A B C, *& l'angle* C, *trouver les côtés* A B, B C.

SOLUTION.

Soit l'aire b^2, B C = x, le ſinus total r, la tangente t; & B A = $\frac{2 b^2}{x}$. Donc par la Trigonométrie

$$x : \frac{2b^2}{x} :: r : t.$$

$$x^2 : 2b^2 :: r : t.$$

$$x^2 = \frac{2rb^2}{t}.$$

$$x = \sqrt{\frac{2rb^2}{t}}.$$

Je vais donner deux conſtructions de ce Problême, afin de faire mieux ſentir qu'il ne faut pas toujours s'en tenir à la conſtruction qui ſe préſente d'abord.

PREMIERE CONSTRUCTION.

Entre les côtés de l'angle donné A D M ſoit élevée la perpendiculaire F E, on aura D E $= r$ & F E $= t$. Soit fait D G = F E, D H $= b$, & ſoit mené H I parallele à E G, on aura D I $= \frac{br}{t}$. Soit pris M I $= 2b$; entre M I & D I cherchez une moyenne proportionnelle I K qui ſera un des côtés demandés : diviſez M I en deux également en L, faites I N = L I, & menez N O parallele à M K, vous aurez I O $= \frac{2b^2}{x}$, qui ſera l'autre côté, & par conſéquent K O I ſera le triangle demandé.

DEUXIEME CONSTRUCTION.

Soit E D A l'angle donné : faites D A $= 2b$, & élevez A E perpendiculaire ſur D A, vous aurez D A $= r$ & A E $= t$. Prolongez E A indéfiniment, & en D élevez la perpendiculaire D G ſur E D, vous aurez A G $= \frac{2br}{t}$: faites A H = A G, & A I $= \frac{1}{2}$ A D $= b$, ayant décrit un demi-cercle ſur le diametre I H vous trouverez A L $= \sqrt{\frac{2b^2r}{t}}$: faites enfin A B = A L, & menez B C parallele à D E, côté de l'angle donné; & B A C ſera le triangle cherché.

PROBLEME XVI.

329. *Diviser un triangle en raison donnée par une ligne qui passe par un point donné.*

Ce Problême renferme différens cas qui dépendent des différentes positions du point donné. Je vais le résoudre pour un cas, & de la formule que me fournira cette premiere solution, je déduirai celles des autres cas, pour instruire le Lecteur de la maniere dont il doit se conduire dans ces sortes de passages.

PREMIER CAS.

Fig. 32. Soit 1°. le point D tellement situé hors du triangle qu'une ligne menée de ce point à un angle du triangle donné, & qui passe par ce triangle, coupe nécessairement un de ses côtés A B.

Je divise d'abord le côté A B en un point F de sorte que les deux segmens A F, F B soient entr'eux dans le même rapport que les parties dans lesquelles on veut diviser le triangle : or, dans ce cas A F : F B :: A C F : B C F ; par conséquent ces deux triangles sont égaux aux deux parties dans lesquelles on veut diviser le triangle donné ; ainsi si C F prolongé passe par le point donné D, ce cas du Problême est résolu, & les parties demandées sont les triangles A C F. & B C F. Mais si la ligne C F ne passe pas par le point D, & que ce soit une autre ligne C E, il faut examiner si A E est plus grande ou moindre que A F : si elle est plus grande, le triangle A C E sera plus grand que A C F, & par conséquent B C E sera moindre que B C F ; il s'ensuit que la ligne qui part du point D ne peut diviser le triangle A C B en deux parties égales à A C F & B C F sans décliner de D C vers A, & sans couper les côtés A B, A C du triangle donné. On fera voir de la même maniere que si A E est moindre que A F, la ligne qui divisera le triangle dans la raison donnée déclinera de D C vers B, & coupera les côtés A B & B C. Pour découvrir si A E est plus grand ou moindre que A F, menez D G parallele à A B jusqu'à la rencontre du côté A C prolongé, vous aurez les triangles semblables C G D & C A E, qui donnent C G : G D :: C A : A E : mais C A est

eſt connu, parce que c'eſt un côté du triangle donné, C G & G D le ſont auſſi, parce que la poſition du point D eſt donnée, par conſéquent on connoîtra A E. Il ne s'agit donc plus, pour réſoudre le Problême, que de trouver ſur la ligne A C un point K où doit aboutir la ligne menée du point D, pour couper un triangle A H K égal au triangle A C F.

SOLUTION.

Soient $AC = a$, $AF = b$, $AG = c$; $DG = d$, $AK = x$; puiſque le triangle A H K eſt égal au triangle A C F, leurs côtés autour de l'angle commun A ſont réciproquement proportionnels; c'eſt-à-dire, x (A K) : a (A C) :: b (A F) : $\frac{ab}{x}$ (A H); donc $AH = \frac{ab}{x}$. Et à cauſe des triangles ſemblables G K D, A K H, $x + c$ (G K) : d (G D) :: x (A K) : $\frac{dx}{x+c}$ (A H) : ces deux valeurs de A H nous donnent l'équation $\frac{dx}{x+c} = \frac{ab}{x}$; donc $dx^2 = abx + abc$, $dx^2 - abx = abc$, & $x^2 - \frac{ab}{d} \times x = \frac{abc}{d}$: je cherche une quatriéme proportionnelle à D G, A F & A C, je l'appelle e; donc $\frac{ab}{d} = e$: j'en cherche une autre à D G, A F & A G, & je la nomme f, donc $\frac{bc}{d} = f$: l'équation précédente devient donc $x^2 - ex = af$: donc $AK = x = \frac{1}{2}e \mp \sqrt{\frac{1}{4}e^2 + af}$. Mais $\frac{1}{2}e = \sqrt{\frac{1}{4}e^2}$; donc la valeur $\frac{1}{2}e - \sqrt{\frac{1}{4}e^2 + af}$ eſt négative, & donne le point K ſur le prolongement de C A vers G : or, cette ſolution ne peut être admiſe, parce que le triangle que fourniroit D K ſeroit hors du triangle donné : il faut donc s'en tenir à la valeur $\frac{1}{2}e + \sqrt{\frac{1}{4}e^2 + af}$.

Soit g l'hipothenuſe d'un triangle rectangle, dont un côté ſoit $\frac{1}{2}e$, & l'autre $\sqrt{af}$, on aura $AK = \frac{1}{2}e + g$; menez D A & ſa parallele F L, les triangles ſemblables D G A, F A L donneront D G : A F :: A G : A L. Mais par la conſtruction D G : A F :: A G : f; donc $AL = f$, & $\sqrt{af}$ eſt moyenne proportionnelle entre A C & A L.

CONSTRUCTION.

Faites D G : A F :: A C : e; cherchez l'hipothénuſe g d'un triangle rectangle dont un côté soit $\frac{1}{2}e$, & l'autre une moyenne proportionnelle entre A C & A L. Alors prenez sur A C, de A vers C, $AK = \frac{1}{2}e + g$; menez la ligne D H K, elle coupera du côté de A le triangle A H K, égal au triangle A C F, & par conséquent laissera de l'aure côté le trapeze B H K égal au triangle B C F.

DEUXIÉME CAS.

Fig. 33. Si le point D est sur le côté A B, la ligne D G tombe dessus la ligne D A & le point G sur le point A, & $AG = c = 0$; donc $\frac{bc}{d} = f = 0$, & $\frac{abc}{d} = af = 0$; donc, dans ce cas, $AK = \frac{1}{2}e + \sqrt{\frac{1}{4}e^2} = \frac{1}{2}e + \frac{1}{2}e = e = \frac{ab}{d}$: donc on trouvera le point K en menant F K parallele à D C; car; alors A D : A F :: A C : A K; donc $AK = \frac{AC \times AF}{AD} = \frac{ab}{d}$.

TROISIÉME CAS.

Fig. 34. Si le point D est dans le triangle, soient A B & A C les deux côtés qui doivent être coupés par la ligne H D K, menez D G parallele à l'un des deux, tirez la ligne D A, & sa parallele F L qui coupe C A prolongé en L : il est clair que le point D ayant changé de côté par rapport au point A, $AL = f$ devient négatif; le point G ayant aussi changé de côté par rapport au même point A, la ligne A G devient négative; donc $\frac{bc}{d} = f$ & $\frac{abc}{d} = af$ deviennent négatifs; donc, dans ce cas, $AK = x = \frac{1}{2}e \mp \sqrt{\frac{1}{4}e^2 - af}$ est moindre que $\frac{1}{2}e$.

CONSTRUCTION.

Soit g un côté d'un triangle rectangle, dont l'autre côté soit une moyenne proportionnelle entre A C & A L considérés comme positifs, & dont l'hipothenuse soit $\frac{1}{2}e$; prenez sur A C une ligne $AK = \frac{1}{2}e \pm g$, & vous aurez le point K par lequel & par le point D, vous menerez la ligne K D G, ou servez vous de la proportion donnée dans le premier cas A K : A C :: A F : A H; & si A K est moindre que A C, vous trouverez A H moindre que A B; & A C, A B seront les côtés coupés; si A K n'est pas moindre que A C, il faudra essayer les côtés A B, B C, ou A C & B C.

Si la moyenne proportionnelle entre A C & A L, n'est pas plus grande que $\frac{1}{2}e$, les valeurs de A K sont impossibles, puisqu'un côté d'un triangle rectangle ne sçauroit être plus grand que l'hipothénuse.

REMARQUE.

L'énoncé du Problême suppose que la ligne H K est toute entiere dans le triangle, mais cette condition n'est point exprimée dans l'équation : l'équation est seulement fondée sur ce que le triangle A H K est égal au triangle A F C ; ce qui peut être lorsque A K est plus grand que A C, ou A H plus grand que A B ; quoique, dans aucun de ces deux cas, la ligne H K ne puisse être entiere dans le triangle donné.

QUATRIÉME CAS.

Si le point D est au sommet de l'angle C ; on aura A G $= c =$ A C $= a$, D G $= d = 0$; donc $\frac{ab}{d} = e$, & $\frac{bc}{d} = f$ sont infiniment grands, puisque $d = 0 : b :: a : \frac{ab}{d}$, & $d = 0 : c :: b : \frac{bc}{d}$. De plus, puisque $a = c$, on aura $\frac{ab}{d} = \frac{bc}{d}$, c'est-à-dire, $e = f$, ce qui donne pour ce quatriéme cas, A K $= x = \frac{1}{2}e \pm \sqrt{\frac{1}{4}e^2 - ae}$. Mais $\frac{1}{4}e^2 - ae = e \times \frac{1}{4}e - a$ est un infini, puisque ses deux produisans sont infinis ; donc $\sqrt{\frac{1}{4}e^2 - ae}$ est aussi infini, & à plus forte raison $\frac{1}{2}e + \sqrt{\frac{1}{4}e^2 - ae}$: ainsi, dans ce cas, une des valeurs de A K est infinie, & ne peut avoir lieu dans la solution. Mais l'autre valeur $\frac{1}{2}e - \sqrt{\frac{1}{4}e^2 - ae}$ peut être finie, car la différence de deux quantités infinies peut être une quantité finie : pour découvrir si elle l'est effectivement, j'extrais la racine de $\frac{1}{4}e^2 - ae$, & je trouve $\sqrt{\frac{1}{4}e^2 - ae} = \frac{1}{2}e - a - \frac{a^2}{e} - \frac{2a^3}{e^2}$, &c. Or, dans cette suite, chaque terme est infini par rapport au suivant ; car le premier terme $\frac{1}{2}e$ est infini, & le deuxiéme a est Fig. 35.

une quantité finie; le deuxiéme $a : \frac{a^2}{e} :: 1 : \frac{a}{e} :: e : a$, donc le deuxiéme est infini par rapport au troisiéme; & le troisiéme $\frac{a^2}{e} : \frac{2a^3}{e^2} :: e : 2a$, donc le troisiéme est infini par rapport au quatriéme, & ainsi de suite; par conséquent chaque terme de cette suite est infiniment plus grand que la somme de tous les termes suivans. Ainsi puisque le deuxiéme terme est une quantité finie, la somme de tous les termes suivans est un infiniment petit, & peut être négligée; donc $\sqrt{\frac{1}{4}e^2 - ae} = \frac{1}{2}e - a$; donc $\frac{1}{2}e - \sqrt{\frac{1}{4}e^2 - ae} = \frac{1}{2}e - \frac{1}{2}e + a = a =$ AC.

CINQUIÉME CAS.

Fig. 36. Si le point D est hors du triangle, & que la ligne DE y entre par le sommet de l'angle C, menez DG parallele à AB jusqu'à la rencontre du prolongement de AC : le point G ayant changé de côté par rapport au point D, la ligne DG $= d$ devient négative aussi-bien que $\frac{ab}{d} = e$; mais la ligne $\frac{bc}{d} = f$ devient positive, & la ligne c demeure négative : c & d étant négatives, la quantité $\frac{bc}{d}$ aura le même signe que si l'une & l'autre avoit été positive. On aura donc AK $= -\frac{1}{2}e + \sqrt{\frac{1}{4}e^2 + af}$.

CONSTRUCTION.

Menez AD & sa parallele FL jusqu'à la rencontre de AC, prolongé s'il le faut; soit g l'hipothénuse d'un triangle rectangle, dont un côté soit $\frac{1}{2}e$, & l'autre une moyenne proportionnelle entre AC & AL : alors de A vers C prenez AK $= g - \frac{1}{2}e$; la ligne DKH résoudra le Problême.

SIXIÉME CAS.

Fig. 37. Si on suppose le point D à une distance infinie sur le prolongement de EC : dans ce cas FL, qui est supposée parallele à AD, devient aussi parallele à EC, parce que toutes parties finies de lignes qui ne se rencontrent qu'à une distance infinie peuvent être regardées comme paralleles; donc la ligne AL

$= f$ sera finie & positive : mais D G $= d$ est infiniment grande, & par conséquent $\frac{ab}{d} = e = o$; donc A K $= \sqrt{af}$.

Construction.

Prenez une moyenne proportionnelle entre A C & A L, portez-là de A en K, & par le point K menez A H parallele à C E.

PROBLEME XVII.

330. *Connoissant le sinus & le co-sinus d'un angle, trouver le sinus & le co-sinus d'un angle multiple.*

Solution.

Faites un binome du co-sinus & du sinus donné; & élevez ce binome à une puissance qui ait le même exposant que le multiple : la somme des termes pairs de cette puissance précédés alternativement des signes + & — divisée par le sinus total élevé à un degré de moins, sera la valeur du sinus de l'angle multiple.

La somme des termes impairs de la même puissance avec les mêmes signes & le même diviseur sera la valeur du co-sinus.

Demonstration.

Soit l'angle A, & soit fait A B = B D = D F = F H = H L = L M = M P, &c. examinant les triangles isosceles & les angles extérieurs, on trouvera E B D = A + A D B = 2 A, F D H = 3 A, H F L = 4 A, &c. soient donc menées les perpendiculaires B C, D E, F G, H I, &c. si on prend A B pour le sinus total de l'angle A, B C en sera le sinus, & A C le co-sinus; E D sera le sinus de l'angle double, B E le co-sinus; F G sera le sinus de l'angle triple, & D G en sera le co-sinus. Fig. 38.

Soit donc A B $= r$, B C $= b$, A C $= a$: les triangles semblables donneront A B : B C :: A D : D E, c'est-à-dire, $r : b :: 2a : \frac{2ab}{r}$; de même A B : A C :: A D : A E, c'est-à-dire, $r : a :: 2a : \frac{2a^2}{r}$; donc B E = A E — A B $= \frac{2a^2}{r} - r = \frac{2a^2 - r^2}{r}$; mais $r^2 = a^2 + b^2$; donc B E

$= \frac{a^2 - b^2}{r}$, & AF = AE + EF = $\frac{3a^2 - b^2}{r}$; donc, à cause des triangles semblables, r (AB) : b (BC) :: $\frac{3a^2 - b^2}{r}$ (AF) : $\frac{3a^2 b - b^3}{r^2}$ (FG); de même r (AB) : a (AC) :: $\frac{3a^2 - b^2}{r}$ (AF) : $\frac{3a^3 - ab^2}{r^2}$ (AG); donc DG = AG − AD = $\frac{3a^3 - ab^2}{r^2} - 2a = \frac{3a^3 - ab^2 - 2ar^2}{r^2}$ $= \frac{a^3 - 3ab^2}{r^2}$; & par conséquent AH = AG + GH $= \frac{4a^3 - 4ab^2}{r^2}$. On trouvera de même le sinus HI = $\frac{4a^3 b - 4ab^3}{r^3}$, & le co-sinus FI = $\frac{a^4 - 6a^2 b^2 + b^4}{r^3}$, &c. ce qui formera cette suite de sinus.

Sinus de l'angle simple b

de l'angle double $\frac{2ab}{r}$

de l'angle triple $\frac{3a^2 b - b^3}{r^2}$

de l'angle quadruple $\frac{4a^3 b - 4ab^3}{r^3}$

de l'angle quintuple $\frac{5a^4 b - 10a^2 b^3 + b^5}{r^4}$

&c.

& cette suite de co-sinus.

Co-sinus de l'angle simple a

de l'angle double $\frac{a^2 - b^2}{r}$

de l'angle triple $\frac{a^3 - 3ab^2}{r^2}$

de l'angle quadruple $\frac{a^4 - 6a^2 b^2 + b^4}{r^3}$

de l'angle quintuple $\frac{a^5 - 10a^3 b^2 + 5ab^4}{r^4}$

&c.

Or ces deux suites sont conformes à la loi prescrite dans la solution; donc, &c.

REMARQUE.

On pourra avoir une formule générale pour un sinus, ou co-sinus quelconque, en faisant usage du binome élevé à une puissance indéterminée (N°. 115. 116. 117.).

COROLLAIRE.

Par le moyen des mêmes formules on déterminera les cordes des arcs multiples, puisque les sinus en sont moitiés : pour cet effet, on nommera la corde de l'arc simple b, celle de son complément a, & le diametre r; & puisque la corde étant donnée, l'arc l'est aussi, on se servira des mêmes formules pour multiplier un arc par un nombre donné.

PROBLEME XVIII.

331. *Connoissant la tangente de l'arc simple, trouver celle d'un arc multiple quelconque.*

SOLUTION.

Elevez à une puissance indéterminée le binome composé du rayon & de la tangente : formez une fraction qui ait pour numérateur les termes pairs de cette puissance multipliés par le rayon, & pour dénominateur les termes impairs, les signes + & — étant toujours alternatifs, cette fraction exprimera une tangente indéfinie.

DEMONSTRATION.

Le co-sinus est au sinus, comme le rayon est à la tangente, c'est-à-dire, (en me servant des expressions indéterminées pour avoir une démonstration générale) $a^n - \frac{n \times n - 1}{1 \times 2 \times r^{n-1}} a^{n-2} b^2 + \&c.$ $: \frac{n}{r^{1-1}} a^{n-1} b - \frac{n \times n - 1 \times n - 2}{1 \times 2 \times 3 \times r^{n-1}} a^{n-3} b^3 + \&c. :: r : x.$ Mais la tangente de l'arc simple donnoit cette proportion $a : b :: r : t$; donc $a = \frac{br}{t}$; je substitue cette valeur & ses puissances pour a, & ses puissances dans la premiere proportion, je néglige dans les diviseurs r^{n-1} diviseurs du sinus & du co-sinus, & je trouve

$$x = \frac{\frac{n \times r^{1} b^n}{1 \times t^{1-1}} - \frac{n \times n - 1 \times n - 2 \times r^{n-2} b^n}{1 \times 2 \times 3 \times t^{n-3}} + \&c.}{\frac{b^n r^n}{t^n} - \frac{n \times n - 1 \times r^{n-2} b^n}{1 \times 2 \times t^{n-2}} + \&c.}$$

Multipliant le numérateur & le dénominateur de cette fraction par r^n, & les divisant par b^n, on trouvera enfin

$$x = \frac{\frac{n}{1} r^n t - \frac{n \times \overline{n-1} \times \overline{n-2}}{1 \times 2 \times 3} r^{n-2} t^3 + \&c.}{r^n - \frac{n \times \overline{n-1}}{1 \times 2} r^{n-2} t^2 + \&c.}$$

: *Ce qu'il falloit trouver.*

PROBLEME XIX.

332. *Trouver un cylindre dont la surface soit égale à un cercle donné.*

SOLUTION.

Soit r le rayon du cercle, c sa circonférence, x la hauteur du cylindre, & y le rayon de sa base; la circonférence de la base sera $\frac{cy}{r}$; & par conséquent

$$\frac{cyx}{r} = \frac{1}{2} c r$$

$$cyx = \frac{1}{2} c r^2$$

$$yx = \frac{1}{2} r^2$$

$$x = \frac{r^2}{2y}$$

On voit que ce Problême est indéterminé, de sorte qu'on peut prendre le rayon ou la hauteur, à volonté.

PROBLEME XX.

333. *Connoissant le diametre d'une sphere & la hauteur d'un cylindre qui lui est égal, trouver le diametre du cylindre.*

SOLUTION.

Soit d le diametre de la sphere, a la hauteur du cylindre, & x son diametre; on sçait que le cube du diametre est à la sphere, à peu près, comme 300 : 157; par conséquent la solidité de la sphere sera $\frac{157\, d^3}{300}$, & celle du cylindre sera $\frac{314\, a x^2}{400}$; donc suivant la condition du Problême

$$\frac{157\, d^3}{300} = \frac{314\, a x^2}{400}$$

$$\frac{4 \times 157\, d^3}{3} = 314\, a x^2$$

$$\frac{628\, d^3}{942\, a} = \frac{2\, d^3}{3\, a} = x^2$$

$$x = \sqrt{\frac{2\, d^3}{3\, a}}.$$

Fin de la premiere Partie.

TRAITÉ

TRAITÉ D'ALGEBRE.

DEUXIEME PARTIE.

De la résolution des Equations de tous les degrés, & de l'application de l'analyse aux courbes Algébriques.

PREMIERE SECTION.

De la formation & de la résolution des Equations de tous les degrés.

CHAPITRE PREMIER.

De la formation des Equations & de leurs racines.

OMME on a découvert les Regles de l'extraction des racines par l'examen de la maniere dont les puissances avoient été formées; ainsi, pour découvrir les voyes que l'on doit suivre dans la résolution des équations, nous allons examiner leur formation.

1. Je ſuppoſe une inconnue x, dont les valeurs ſoient a, b, c, &c. & par conſéquent $x - a = 0$, $x - b = 0$, $x - c = 0$, &c. le produit de deux de ces deux équations ſimples, comme $\overline{x - a} \times \overline{x - b} = 0$ donne une équation du ſecond degré : le produit de trois, comme $\overline{x - a} \times \overline{x - b} \times \overline{x - c} = 0$, en donne une de trois degrés : le produit de quatre en donne une de quatre dimenſions; & en général, la plus haute puiſſance de l'inconnue, dans une équation, eſt égale au nombre des équations ſimples qui l'ont produite.

2. C'eſt pourquoi une équation peut être conſidérée comme produite par la multiplication d'autant d'équations ſimples qu'elle a de degrés, ou par un nombre quelconque d'équations, dont la ſomme des dimenſions eſt égale au degré de l'équation propoſée. Ainſi une équation cubique peut être conçûe comme formée par la multiplication de trois équations ſimples, ou par la multiplication d'une équation ſimple & d'une du deuxiéme degré; & on peut regarder une équation du quatriéme degré, comme le produit de quatre équations ſimples, ou comme celui de deux du deuxiéme degré, ou enfin comme celui d'une équation cubique par une ſimple.

3. Quand il eſt queſtion de réſoudre une équation, comme $\overline{x - a} \times \overline{x - b} \times \overline{x - c} \times \overline{x - d} = 0$, toute la difficulté conſiſte à trouver les équations ſimples dont elle eſt le produit, par exemple, ici $x - a = 0$, $x - b = 0$, $x - c = 0$, $x - d = 0$; chacune de ces équations ſimples fournit une valeur de x, & une ſolution de l'équation propoſée. Car ſi, dans cette équation, on ſubſtitue à x quelqu'une de ſes valeurs priſe dans ces équations ſimples; alors tous les termes de cette équation ſe détruiront & deviendront effectivement égaux à 0, parce que le produit d'une quantité quelconque par 0 eſt toujours zéro. Il y a donc quatre ſuppoſitions qui peuvent rendre l'équation précédente égale à 0, c'eſt-à-dire qu'elle a quatre racines. Et de même toute équation a autant de ſolutions qu'il entre d'équations ſimples dans ſa formation, ou autant qu'il y a d'unités dans l'expoſant de la plus haute puiſſance de l'inconnu. Je ſuppoſe ici que l'équation ne ſe puiſſe pas réduire à de moindres dimenſions, car l'équation $x^6 - ax^3 + b = 0$, qui paroîtroit être du ſixiéme degré, n'eſt cependant que du deuxiéme; puiſque faiſant $x^3 = y$, elle ſe réduit à $y^2 - ay + b = 0$, qui n'eſt que du deuxiéme degré.

4. Mais comme a, b, c, d ſont les ſeules quantités qui, ſubſtituées à x, puiſſent rendre le produit égal à zéro ; il s'enſuit que l'équation $\overline{x - a} \times \overline{x - b} \times \overline{x - c} \times \overline{x - d} = 0$ ne peut avoir que quatre racines, & n'eſt capable que de quatre ſolutions. Si vous ſubſtituez, dans ce produit, une autre quantité, comme e, qui ne ſoit égale à aucune des quatre précédentes, alors aucune des quatre quantités $e - a$, $e - b$, $e - c$, $e - d$ n'étant égale à zéro, leur produit $\overline{e - a} \times \overline{e - b} \times \overline{e - c} \times \overline{e - d}$ ſera néceſſairement quelque choſe de réel : & par conſéquent il n'y a aucune ſuppoſition, outre les quatre précédentes, qui puiſſe donner la juſte valeur de x dans l'équation propoſée; & ainſi elle ne ſçauroit avoir d'autre racine que les quatre précédentes ; & en général, aucune équation ne peut avoir plus de racines qu'il n'y a d'unités dans l'expoſant de la plus haute puiſſance de ſon inconnue.

Pour rendre tout ceci plus ſenſible par un exemple en nombres ; je ſuppoſe qu'on ait à réſoudre l'équation $x^4 - 10x^3 + 35x^2 - 50x + 24 = 0$, & qu'on ait découvert que cette équation eſt le produit de $\overline{x - 1} \times \overline{x - 2} \times \overline{x - 3} \times \overline{x - 4}$, on peut alors conclure que les quatre valeurs de x ſont 1, 2, 3, 4 ; & on verra que chacun de ces nombres ſubſtitués pour x dans l'équation, la rend égale à zéro, comme on la ſuppoſe, de plus, on ſera certain que x ne ſçauroit avoir d'autre valeur, puiſque, ſubſtituant tout autre nombre à la place de x dans les quantités $x - 1$, $x - 2$, $x - 3$, $x - 4$, aucune d'elles ne ſe détruit; & que par conſéquent leur produit ne peut être égal à zéro, csmme le demande l'équation.

5. Il eſt quelquefois à propos de conſidérer les équations comme produites par d'autres. Ainſi une équation cubique peut être conçûe comme formée par l'équation du deuxiéme degré $x^2 - px + q = 0$ multipliée par $x - a = 0$, dont le produit eſt $\left.\begin{array}{l} x^3 - px^2 + qx - aq \\ \quad\;\; - ax^2 + apx \end{array}\right\} = 0$ qui déſigne toute équation du troiſiéme degré, dont les racines ſeroient a, valeur de x dans l'équation ſimple, & les deux racines de l'équation quarrée $\frac{p + \sqrt{p^2 - 4q}}{2}$ & $\frac{p - \sqrt{p^2 - 4q}}{2}$; & ſelon que ces racines ſont réelles ou impoſſibles, celles de l'équation cubique le ſont auſſi.

6. On a vû ci-devant que la racine quarrée d'une quantité négative est impossible ou imaginaire; d'où il suit que quoiqu'une équation quarrée n'ait aucune expression impossible dans ses coëfficiens, elle peut cependant avoir des racines imaginaires; ainsi l'équation $x^2 - a^2 = 0$ ne contient aucun coëfficient impossible; cependant ses racines $\sqrt{-a^2}$ & $-\sqrt{-a^2}$ sont toutes deux imaginaires; il en est de même de toutes les équations qui peuvent être formées par la multiplication de celles du deuxiéme degré seules, c'est à-dire, de celles dont les exposans sont des nombres pairs (premiere Part. N°. 103.).

7. Mais une équation du troisiéme degré qui est produite par une du deuxiéme, & une du premier, a au moins une racine réelle, si elle n'a point de coëfficiens impossibles; & cette racine réelle est toujours celle de l'équation simple qui entre dans sa formation. Le quarré d'une quantité imaginaire peut être réel, ainsi le quarré de $\sqrt{-a^2}$ est $-a^2$ qui est réel; mais le cube d'une quantité impossible est encore impossible, parce qu'il renferme la racine quarrée d'une quantité négative, par exemple, $\sqrt{-a^2} \times \sqrt{-a^2} \times \sqrt{-a^2} = \sqrt{-a^6} = a^3 \sqrt{-1}$ est imaginaire. De-là, on doit conclure que quoique la multiplication de deux équations simples qui renferment des imaginaires, puisse donner un produit qui n'en renferme plus; cependant il n'en est pas de même de trois équations simples, dont la multiplication ne fait point disparoître les expressions impossibles; & par conséquent quoiqu'une équation du second degré, dont tous les coëfficiens sont réels, puisse avoir les deux racines imaginaires, l'équation cubique, dont les coëfficiens sont réels, a au moins une racine réelle.

8. En général, les expressions impossibles ne sçauroient disparoître dans une équation, à moins qu'elles n'y entrent en nombre pair.

9. Dans une équation, dont tous les coëfficiens sont réels, il ne peut y avoir un nombre impair de racines impossibles.

10. Les racines des équations sont positives ou négatives, selon que les racines des équations simples qui les ont produites le sont elles-mêmes. Si on suppose $x = -a$, $x = -b$, $x = -c$, $x = -d$; ce qui donne $x + a = 0$, $x + b = 0$, &c. l'équation résultante $\overline{x+a} \times \overline{x+b} \times \overline{x+c} \times \overline{x+d} = 0$ aura pour ses racines $-a$, $-b$, $-c$, $-d$, qui sont toutes négatives.

CHAPITRE II.

Des termes des équations, de leurs coëfficiens & de leurs signes.

11. On dispose les termes d'une équation de maniere que celui qui contient l'inconnue élevée à la plus haute puissance en est le premier ; celui où elle est élevée à une dimension de moins, en est le deuxiéme terme ; celui où elle a deux dimensions de moins qu'au premier, est le troisiéme terme ; & ainsi toujours diminuant d'une dimension à chaque terme jusqu'au dernier, qui ne contient plus que des quantités connues.

12. Le nombre des termes d'une équation surpasse toujours de l'unité la plus haute puissance de l'inconnue. Quand quelque terme y manque, on marque sa place par une petite étoile. L'inspection de la Table suivante instruira de ce qui regarde les signes & les coëfficiens des équations.

13. $x - a = 0$

$\times\, x - b = 0$

$$= x^2 \begin{array}{l} -\,a\,x \\ -\,b\,x + a\,b \end{array} \Big\} = 0$$

$\times\, x - c = 0$

$$= x^3 \left.\begin{array}{l} -a \\ -b \\ -c \end{array}\right\} \times x^2 \left.\begin{array}{l} +ab \\ +ac \\ +bc \end{array}\right\} \times x - abc = 0$$

$\times\, x - d = 0$

$$= x^4 \left.\begin{array}{l} -a \\ -b \\ -c \\ -d \end{array}\right\} \times x^3 \left.\begin{array}{l} +ab \\ +ac \\ +ad \\ +bc \\ +bd \\ +cd \end{array}\right\} \times x^2 \left.\begin{array}{l} -abc \\ -abd \\ -acd \\ -bcd \end{array}\right\} \times x + abcd = 0$$

$\times\, x - e = 0$

$$= x^5 \left.\begin{array}{l} -a \\ -b \\ -c \\ -d \\ -e \end{array}\right\} \times x^4 \left.\begin{array}{l} +ab \\ +ac \\ +ad \\ +ae \\ +bc \\ +bd \\ +be \\ +cd \\ +ce \\ +de \end{array}\right\} \times x^3 \left.\begin{array}{l} -abc \\ -abd \\ -abe \\ -acd \\ -ade \\ -ace \\ -bcd \\ -bce \\ -bde \\ -cde \end{array}\right\} \times x^2 \left.\begin{array}{l} +abcd \\ +abce \\ +abde \\ +acde \\ +bcde \end{array}\right\} \times x - abcde = 0$$

On voit par cette Table, 1°. que le premier terme d'une équation a l'unité pour coëfficient. 2°. Que le deuxiéme terme a pour coëfficient la somme de toutes les racines avec leurs signes changés. 3°. Que le coëfficient du troisiéme terme est la somme de tous les produits qu'on peut faire en multipliant toutes les racines deux à deux. 4°. Que le coëfficient du quatriéme est la somme de tous les produits que l'on peut faire, en multipliant les racines trois à trois avec leurs signes changés : on peut trouver de même les coëfficiens des autres termes. 5°. Que le dernier terme est toujours le produit de toutes les racines, après avoir changé leurs signes. Quoique dans cette Table on n'ait multiplié que des équations simples, dont les racines sont positives, il est cependant aisé de voir qu'il suffit de suivre la même regle générale lorsque les racines se trouvent négatives, & que la différence qui se trouve dans les coëfficiens n'est que dans les signes. Car, supposons que $x^3 - p x^2 + q x - r = 0$ représente une équation cubique quelconque ; alors p désignera la somme des racines, q la somme des produits des racines prises deux à deux, r le produit des trois racines : en un mot, si $-p$, $+q$, $-r$, $+s$, $-t$, $+v$, &c. sont les coëfficiens du 2e, 3e, 4e, 5e, 6e, 7e, &c. termes d'une équation, p sera la somme de toutes les racines, q celle des produits des racines deux à deux, r celle des produits des racines trois à trois, s celle des produits des racines quatre à quatre, t celle des produits des racines cinq à cinq, v celle des produits des racines six à six, &c.

14. C'est pourquoi une équation étant proposée, il est aisé de trouver la somme des racines qui est égale au coëfficient du deuxiéme terme après en avoir changé le signe : il n'est pas moins facile de trouver la somme des produits qu'on peut former, en les multipliant deux à deux, trois à trois, &c.

On peut aussi trouver la somme des quarrés, ou des puissances quelconques des racines : la somme des quarrés est toujours $p^2 - 2q$; car, appellant la somme des quarrés B, puisque celles des racines est p ; & que le quarré d'une somme de quantités est toujours égal aux quarrés de chacune de ces quantités ajoûtés au double des produits qu'on peut former en les prenant deux à deux ; par conséquent $p^2 = B + 2q$; par conséquent $B = p^2 - 2q$, par exemple, $\overline{a + b + c}^2 = a^2 + b^2 + c^2 + 2ab + 2a^2 + 2bc$; c'est-à-dire, $p^2 = B + 2q$. Il en est de même d'un nombre quelconque de quantités. D'où on peut conclure, en général, qu'on peut toujours trouver B somme des quarrés des racines d'une équation en soustrayant $2q$ de p^2.

La somme des cubes des racines d'une équation est $p^3 - 3pq + 3r$, ou $Bp - pq + 3r$; car $\overline{B - q} \times p$ donne toujours l'excès de la somme des cubes d'un nombre de quantités sur la triple somme des produits qu'on peut faire en les multipliant trois à trois; ainsi $\overline{a^2 + b^2 + c^2 - ab - ac - bc} \times \overline{a + b + c} = \overline{B - q} \times p = a^3 + b^3 + c^3 - 3abc$. C'est pourquoi si on appelle C la somme des cubes, on aura $\overline{B - q} \times p = C - 3r$, & $C = p - pq + 3r = p^3 - 3pq + 3r$: parce que $B = p^2 - 2q$. De la même maniere, si D est la somme des quatriémes puissances des racines, on trouvera $D = Cp - Bq + pr - 4s$; & si E est la somme des cinquiémes puissances, on aura $E = Dp - Cq + Br - ps + 5t$: & ainsi des autres puissances.

15. Dans la Table précédente les signes sont alternativement + & —: les équations en sont produites par la multiplication continuelle de $x - a$, $x - b$, $x - c$, $x - d$, $x - e$; & le premier terme est toujours une puissance pure de x, & est positif; le deuxiéme est une puissance de x multipliée par $-a$, $-b$, &c. & puisque ces quantités sont toutes négatives, le deuxiéme terme doit être négatif; le troisiéme terme a pour coëfficient les produits des quantités $-a$, $-b$, &c. prises deux à deux, & comme tous ces produits sont positifs, le troisiéme terme le sera; par la même raison, le coëfficient suivant sera négatif, parce qu'il contient tous les produirs des mêmes quantités prises trois à trois: & le suivant sera positif. De sorte que les coëfficiens sont positifs & négatifs tour à tour. Mais dans le cas dont nous parlons, toutes les racines sont positives; puisqu'on a pris pour équation simple $x = a$, $x = b$, $x = c$, &c. il est donc évident que lorsque toutes les racines sont positives les signes sont alternativement + & —.

16. Si les racines sont toutes négatives, l'équation sera $\overline{x + a} \times \overline{x + b}$, &c. $= 0$ dont tous les termes sont positifs; par conséquent lorsque toutes les racines d'une équation sont négatives, il n'y a point de changement de signes dans ses termes.

17. En général, il y a autant de racines poſitives qu'il y a dans les termes de changemens de ſignes de $+$ en $-$, ou de $-$ en $+$; & les autres racines ſont négatives. Cette regle eſt générale, s'il n'y a pas de racines imaginaires.

Dans l'équation du deuxiéme degré $x^2 \begin{matrix}-ax\\-bx\end{matrix} + ab = 0$, il y a deux changemens de ſignes, les deux racines ſont poſitives : dans l'équation $x^2 \begin{matrix}+ax\\+bx\end{matrix} + ab = 0$, où il n'y a aucun changement de ſignes, les deux racines ſont négatives : dans l'équation $x^2 \begin{matrix}-ax\\+bx\end{matrix} - ab = 0$, il y en a une poſitive & une négative, parce qu'il y a néceſſairement un changement de ſignes, puiſque le premier terme eſt poſitif, & le dernier négatif, ce qui ne peut faire qu'un changement de ſignes, ſoit qu'on regarde le deuxiéme comme poſitif, ou comme négatif.

Dans les équations cubiques les racines peuvent être, 1°. toutes poſitives, comme dans $\overline{x-a}\times\overline{x-b}\times\overline{x-c} = 0$, ou les ſignes ſont alternativement $+$ & $-$, comme on peut voir par la Table ; ainſi il y a dans cette équation trois changemens de ſignes. 2°. Elles peuvent être toutes négatives comme dans $\overline{x+a}\times\overline{x+b}\times\overline{x+c} = 0$, où il n'y a aucun changement de ſignes. 3°. Il peut y en avoir deux poſitives, & une négative comme dans l'équation $\overline{x-a}\times\overline{x-b}\times\overline{x+c} = 0$, ce qui donne $x^3 \left.\begin{matrix}-a\\-b\\+c\end{matrix}\right\}\times x^2 \left.\begin{matrix}+ab\\-ac\\-bc\end{matrix}\right\}\times x + abc = 0$; il y a ici deux changemens de ſignes : parce que ſi $a+b$ eſt plus grand que c, le deuxiéme terme eſt négatif ; & ſi $\overline{a+b} < c$, le troiſiéme terme devient négatif ; car $a\times b < \overline{a+b}\times\overline{a+b}$. Or, dans ce cas, $\overline{a+b}\times\overline{a+b}$ eſt moindre que $\overline{a+b}\times c = ac+bc$. Donc $ac+bc$ eſt plus grand que ab : par conſéquent, dans cette équation, on ne ſçauroit ſuppoſer trois changemens de ſignes ; le premier & le dernier ayant le ſigne $+$. 4°. Il peut y avoir une racine poſitive, & deux négatives, comme dans l'équation $\overline{x+a}\times\overline{x+b}\times\overline{x-c} = 0$, qui donne ne $x^3 \left.\begin{matrix} + a \\ + b \\ - c \end{matrix}\right\} \times x^2 \left.\begin{matrix} + a b \\ - a c \\ - b c \end{matrix}\right\} \times x - a b c = 0$; où il y a toujours un changement de signes, puisque le premier terme est positif & le dernier négatif. Et il ne peut y en avoir plus d'un, puisque si $a + b$ est moindre que c, ce qui donne le deuxiéme terme négatif, le troisiéme terme sera aussi négatif : ou si le deuxiéme terme est positif, quel que soit le troisiéme terme, il ne peut y avoir qu'un changement de signes. On peut donc conclure, en général, que dans toute équation cubique, il y a autant de racines positives qu'il y a de changemens de signes dans tous les termes successifs de l'équation. On peut appliquer le même raisonnement aux équations d'un degré plus élevé.

18. Mais les racines imaginaires n'appartiennent proprement ni aux positives, ni aux négatives, quoiqu'elles empruntent l'une ou l'autre de ces formes, & quelquefois l'une & l'autre en même-temps. Les exemples suivans éclairciront ce mystere.

L'équation $x^3 + q x - r = 0$ manque de deuxiéme terme ; ainsi pour la soumettre à la regle précédente, il faut suppléer ce terme, qui peut être indifféremment $+ 0 x^2$, ou $- 0 x^2$: or, l'équation $x^3 + 0 x^2 + q x - r = 0$ doit avoir, suivant la regle, une racine positive & deux négatives, & la même équation présentée sous la forme $x^3 - 0 x^2 + q x - r$ paroît avoir avoir trois racines positives, ce qui fait voir qu'elle contient deux racines imaginaires, qui paroissent négatives sous un point de vûe, & positives sous un autre.

Si on examine les changemens de signes de l'équation $x^3 + p x^2 + 3 p p x - q = 0$, elle paroîtra avoir une racine positive, & deux négatives : mais si on y ajoûte une racine positive $+ 2 p$, en la multipliant par l'équation $x - 2 p = 0$, on trouvera $x^4 - p x^3 + p^2 x^2 \begin{matrix} - p^3 x \\ - q \ x \end{matrix} + 2 p q = 0$, qui devroit alors avoir deux racines positives, & deux négatives ; mais les signes alternatifs semblent indiquer d'un autre côté que toutes les racines sont positives ; d'où on peut conclure que les deux racines qui paroissent négatives dans la premiere équation étoient imaginaires, puisqu'elles paroissent positives dans la deuxiéme.

De tout ce que nous avons vû jusqu'ici sur la formation des équations, on a tiré plusieurs conséquences qui sont d'un grand usage pour en découvrir les racines. Mais avant que d'en parler, nous allons expliquer quelques transformations d'équations qui peuvent ſouvent les rendre plus ſimples, & faciliter la découverte de leur racines.

CHAPITRE III.

De la transformation des équations, & de l'évanouiſſement de leurs termes intermédiaires.

19. ON peut changer les racines poſitives d'une équation en négatives de la même valeur & les négatives en poſitives, en changeant ſeulement les ſignes des termes alternatifs, en commençant par le deuxiéme; par exemple, les racines de l'équation $x^4 - x^3 - 19x^2 + 49x - 30 = 0$ ſont $+1$, $+2$, $+3$, -5; au lieu que ſi on change les ſignes comme on vient de dire, l'équation ſera $x^4 + x^3 - 19x^2 - 49x - 30 = 0$: & les racines -1, -2, -3, $+5$.

Pour concevoir la raiſon de cette regle, prenons l'équation $\overline{x-a} \times \overline{x-b} \times \overline{x-c} \times \overline{x-d} \times \overline{x-e}$, &c. $= 0$, dont les racines ſont $+a$, $+b$, $+c$, $+d$, $+e$, &c. & l'équation $\overline{x+a} \times \overline{x+b} \times \overline{x+c} \times \overline{x+d} \times \overline{x+e}$, &c. $= 0$ qui a les mêmes racines, mais affectées de ſignes contraires. Il eſt évident que les termes alternatifs, en commençant par le premier, ſont les mêmes dans l'une & l'autre équation, & qu'ils y ont les mêmes ſignes, parce qu'ils ſont les produits d'un nombre pair de racines: mais le deuxiéme terme & les ſuivans, pris alternativement, ont des ſignes contraires dans les deux équations, parce que leurs coëfficiens ſont les produits d'un nombre impair de racines.

Les transformations les plus fréquentes, ſont celles qui ſe font par le moyen des quatre opérations de l'Arithmétique, en augmentant, diminuant, multipliant, ou diviſant les racines d'une équation; ce qui ſe peut faire ſans les connoître.

20. Si on veut transformer une équation en une autre, qui ait ſes racines plus grandes ou moindres d'une différence donnée, que celles de la propoſée: ſoit, par exemple, l'équation cubique $x^3 - px^2 + qx - r = 0$; on demande de la transfor-

mer dans une autre dont les racines soient moindres d'une quantité e; je suppose $y = x - e$, & par conséquent $x = y + e$, alors, au lieu de x & de ses puissances, je substitue $y + e$ & ses puissances correspondantes, & j'ai la nouvelle équation

$$\left.\begin{array}{r} y^3 + 3ey^2 + 3e^2y + e^3 \\ - py^2 - 2pey - pe^2 \\ + qy + qe \\ - r \end{array}\right\} = 0$$

dont les racines sont moindres que celles de la proposée de la différence e. Si on avoit demandé de trouver une équation dont les racines surpassassent de la même quantité e celles de la proposée; on eût supposé $y = x + e$, & par conséquent $x = y - e$, & on eût eu pour équation transformée

$$\left.\begin{array}{r} y^3 - 3ey^2 + 3e^2y - e^3 \\ - py^2 + 2pey - pe^2 \\ + qy - qe \\ - r \end{array}\right\} = 0$$

Si l'équation proposée avoit été $x^3 + px^2 + qx + r = 0$; alors supposant $x + e = y$, on eut eu une équation entierement semblable à la premiere des deux transformées précédentes, excepté que le deuxiéme & le quatriéme terme y auroient eu des signes contraires; & supposant $x - e = y$, on auroit eu une équation semblable à la deuxiéme transformée, excepté que le deuxiéme & le quatriéme terme y auroit eu des signes contraires; car, dans la premiere supposition on eut eu

$$\left.\begin{array}{r} y^3 - 3ey^2 + 3e^2y - e^3 \\ + py^2 - 2pey - pe^2 \\ + qy - qe \\ + r \end{array}\right\} = 0$$

& dans la deuxiéme supposition

$$\left.\begin{array}{r} y^3 + 3ey^2 + 3e^2y + e^3 \\ + py^2 + 2pey + pe^2 \\ + qy + qe \\ + r \end{array}\right\} = 0$$

Le premier usage de cette transformation est de fournir le moyen de faire évanouir le second terme, ou un autre terme intermédiaire d'une équation.

Dans la premiere transformée, dont le deuxiéme terme est $3ey^2 - py^2$, si on suppose $e = \frac{1}{3}p$, & par conséquent $3e - p = 0$, le deuxiéme terme disparoîtra; & avec la même supposition on fera évanouir le deuxiéme terme de la troisiéme transformée; mais la premiere transformée étoit déduite de l'équation $x^3 - px^2 + qx - r = 0$, en supposant $y = x - e$: & la troisiéme transformée étoit déduite de l'équation $x^3 + px^2 + qx + r = 0$: en supposant $y = x + e$; d'où il est facile de tirer la regle suivante, pour faire évanouir le deuxiéme terme d'une équation du troisiéme degré.

REGLE.

21. Ajoûtez à l'inconnue le $\frac{1}{3}$ du coëfficient du deuxiéme terme avec son signe propre, par exemple, $\pm \frac{1}{3}p$, supposez cette somme égale à une nouvelle inconnue y; de cette valeur de y tirez celle de x par transposition, & substituez la valeur de x & ses puissances dans l'équation, & vous aurez une nouvelle équation qui n'aura point de deuxiéme terme.

EXEMPLE.

Soit l'équation $x^3 - 9x + 26x - 34 = 0$, dont on veut faire évanouir le deuxiéme terme; je suppose $x - 3 = y$, ou $x = y + 3$; & faisant les substitutions prescrites par la regle, on trouvera

$$\left.\begin{array}{r} y^3 + 9y^2 + 27y + 27 \\ - 9y^2 - 54y - 81 \\ + 26y + 78 \\ - 34 \end{array}\right\} = 0$$

$$y^3 \; * - y - 10 = 0$$

Dans cette équation il n'y a plus de deuxiéme terme, & on a mis une petite étoile pour faire voir qu'il manque.

Soit proposée une équation dont le nombre de dimensions soit représenté par n, & le coëfficient du deuxiéme terme par $-p$: alors, supposant $x - \frac{p}{n} = y$, & par conséquent $x = y + \frac{p}{n}$, & substituant cette valeur de x dans l'équation donnée, il naîtra une nouvelle équation qui n'aura point de deuxiéme terme; car on a fait voir ci-devant que, dans ce cas, $+p$ est la somme des racines de l'équation; c'est pourquoi, puisque nous supposons $y = x - \frac{p}{n}$, il s'ensuit que dans la nouvelle équation, chaque valeur de y sera moindre que la valeur correspondante de x de la quantité $\frac{p}{n}$; & puisque le nombre des racines est n, la somme des valeurs de y sera moindre que p, somme des valeurs de x, de la quantité $n \times \frac{p}{n} = p$: par conséquent la somme des valeurs de y sera $+ p - p = 0$; mais le coëfficient du second terme de l'équation transformée est la somme des valeurs de y, c'est-à-dire, $+ p - p = 0$; & par conséquent ce second terme s'évanouit. De-là, on peut déduire la regle générale suivante, pour faire évanouir le second terme d'une équation quelconque.

REGLE.

22. Divisez le coëfficient du deuxiéme terme de l'équation proposée par l'exposant de la plus haute puissance de l'inconnue; ajoûtez ce quotient, avec un signe contraire, a une nouvelle inconnue y : enfin substituez à x & à ses différentes puissances sa valeur, & les puissances correspondantes de sa valeur, par ce

moyen, vous aurez une nouvelle équation ſans ſecond terme.

Si on propoſe l'équation du deuxiéme degré $x^2 - px + q = 0$, ſuppoſez $y + \frac{1}{2}p = x$, ſubſtituant cette valeur pour x vous trouverez

$$\left.\begin{array}{r} y^2 + py + \frac{1}{4}p^2 \\ -py - \frac{1}{2}p^2 \\ + q \end{array}\right\} = 0$$

$$y^2 * - \frac{1}{4}p^2 + q = 0$$

On voit, par cet exemple, l'uſage de l'évanouiſſement du deuxiéme terme; car ayant trouvé la valeur de y par le moyen de la nouvelle équation, il eſt aiſé de trouver celle de x par le moyen de l'équation $x = y + \frac{1}{2}p$. Par exemple, puiſque $y^2 - \frac{1}{4}p^2 + q = 0$, il s'enſuit que $y^2 = \frac{1}{4}p^2 - q$, & $y = \pm\sqrt{\frac{1}{4}p^2 - q}$, de ſorte que $x = y + \frac{1}{2}p = \frac{1}{2}p \mp \sqrt{\frac{1}{4}p^2 - q}$; ce qui s'accorde avec ce que nous avons déja démontré au ſujet des équations du ſecond degré dans la premiere Partie de cet Ouvrage.

Si on propoſe l'équation du quatriéme degré $x^4 - px^3 + qx^2 - rx + s = 0$, alors ſuppoſant $x - \frac{1}{4}p = y$, ou $x = y + \frac{1}{4}p$, & faiſant les ſubſtitutions, on aura une équation ſans deuxiéme terme. Si la propoſée étoit de cinq dimenſions on ſuppoſeroit $x = y \pm \frac{1}{5}p$, & ainſi de ſuite.

23. Lorſque le deuxiéme terme manque dans une équation, on peut conclure qu'il y a des racines poſitives, & des racines négatives, & que la ſomme des poſitives eſt égale à celle des négatives; car c'eſt ce qui fait que le coëfficient du deuxiéme terme, qui eſt la ſomme de toutes les racines, eſt égal à zéro, ce qui fait diſparoître le deuxiéme terme.

24. En général, le coëfficient du deuxiéme terme eſt toujours la différence de la ſomme des racines poſitives à celles des négatives : & les regles que nous avons données ſervent ſeulement à diminuer toutes les racines lorſque la ſomme des poſitives eſt plus grande, ou à les augmenter lorſque la ſomme des négatives eſt plus grande, de maniere qu'on réduiſe ces deux ſommes à l'égalité.

25. Il eſt donc clair que dans une équation du ſecond degré, qui manque de ſecond terme, il y a une racine poſitive & une

négative; & qu'elles ſont égales entr'elles. De même dans une équation du troiſiéme degré, dont le ſecond terme eſt évanoui, il y a, ou deux racines poſitives qui, priſes enſembles, ſont égales à la troiſiéme, qui eſt négative, ou deux négatives, dont la ſomme eſt égale à la troiſiéme qui eſt poſitive.

Soit propoſée l'équation $x^3 - p x^2 + q x - r = 0$, dont on veut faire évanouir le troiſiéme terme; je ſuppoſe $y = x - e$, je transforme l'équation, & je trouve pour coëfficient du troiſiéme terme de la transformée $3 e^2 - 2 p e + q$, que je ſuppoſe égal à zéro. Je réſouds l'équation du ſecond degré $3 e^2 - 2 p e + q = 0$, & je trouve $e = \frac{p \pm \sqrt{p^2 - 3 q}}{3}$; de ſorte qu'on pourra transformer cette équation cubique en une autre qui n'aura point de troiſiéme terme, en ſuppoſant $y = x - \frac{p - \sqrt{p^2 - 3 q}}{3}$; ou $y = x - \frac{p + \sqrt{p^2 - 3 q}}{3}$.

26. En général, on peut faire évanouir le troiſiéme terme d'une équation quelconque d'un nombre de degrés n, en réſolvant l'équation du ſecond degré $e^2 + \frac{2 p}{n} \times e + \frac{2 q}{n \times n - 1} = 0$, ſuppoſant $- p$ pour coëfficient du ſecond terme, & $+ q$ pour celui du troiſiéme de l'équation propoſée.

27. On peut faire évanouir le quatriéme terme d'une équation quelconque, par la ſolution de l'équation cubique, qui eſt le coëfficient du quatriéme terme de la transformée; & le cinquiéme par la ſolution d'une équation du quatriéme degré, &c.

L'évanouiſſement du ſecond terme eſt ſouvent fort utile, on a beſoin de celui du troiſiéme dans certaines conſtructions géométriques, mais celui des termes ſuivans n'eſt preſque jamais d'aucun uſage.

28. Une équation comme $x^3 - p x^2 + q x - r = 0$ peut être transformée en une autre, qui aura ſes racines égales à celles de cette équation multipliée par une quantité donnée, comme f, en ſuppoſant $y = f x$, & par conſéquent $x = \frac{y}{f}$ en ſubſtituant cette valeur de x dans l'équation propoſée on a la transformée $\frac{y^3}{f^3} - \frac{p y^2}{f^3} + \frac{q y}{f} - r = 0$; en multipliant tout par f^3, on a $y^3 - f p y^2 + f^2 q y - f^3 r = 0$, ou le coëfficient du deuxiéme terme de la propoſée multiplié par f, forme celui du ſecond terme de la

transformée; & les coëfficiens suivans sont produits par les correspondans de la proposée multipliés par les puissances successives de f.

29. C'est pourquoi pour transformer une équation en une autre, dont les racines soient égales à celles de la proposée multipliées par une quantité donnée f, il suffit de multiplier les termes de la proposée, en commençant par le second, par les puissances successives f, f^2, f^3, &c. & de mettre y & ses puissances au lieu de x & de ses puissances.

On se sert de cette transformation pour réduire à l'unité le coëfficient de la plus haute puissance de l'inconnue. Soit, par exemple, l'équation $a x^3 - p x^2 + q x - r = 0$, transformez-là dans une autre, dont les racines soient égales à celles de la proposée, multipliées par a; c'est-à-dire, supposez $y = a x$, ou $x = \frac{y}{a}$, vous aurez $\frac{a y^3}{a^3} - \frac{p y^2}{a^2} + \frac{q y}{a} - r = 0$; c'est-à-dire, $y^3 - p y^2 + q a y - r a^2 = 0$. D'où on tire facilement la regle suivante.

REGLE.

30. Changez l'inconnue x en une autre y, ne mettez aucun coëfficient à la plus haute puissance de la nouvelle inconnue, conservez au second terme le coëfficient de la proposée, multipliez les termes suivans, en commençant par le troisiéme par a, a^2, a^3, &c. qui sont les puissances du coëfficient du premier terme de la proposée.

L'équation $3 x^3 - 13 x^2 + 14 x + 16 = 0$ étant transformée, suivant cette regle, deviendra, $y^2 - 13 y^2 + 3 \times 14 x + 9 \times 16 = 0$, ou $y^3 - 13 y^2 + 42 x + 144 = 0$; & ayant trouvé les racines de la transformée, il est facile de trouver celles de la proposée, puisque $3 x = y$, ou $x = \frac{1}{3} y$. Et par conséquent puisqu'une des valeurs de y est -2, il s'ensuit qu'une de celles de x est $-\frac{2}{3}$.

31. Par le secours de la regle précédente on peut délivrer une équation de fractions. Soit, par exemple, l'équation $x^3 - \frac{p}{m} x^2 + \frac{q}{n} x - \frac{r}{e} = 0$; multipliez tous les termes par le produit des dénominateurs, & vous aurez $m n e \times x^3 - n e \times p x^2 + m e \times q x - m n r = 0$; ensuite, transformant cette équation en une autre qui aura l'unité pour coëfficient; vous trouverez $y^3 - n e \times p y^2 + m^2 e^2 n \times q y - m^3 n^3 e^2 r = 0$, ou

ou négligeant le dénominateur du dernier terme $\frac{r}{e}$; vous vous contenterez de multiplier tous les termes par mn, ce qui donne $mn \times x^3 - n \times px^2 + m \times qx - \frac{mnr}{e} = 0$; & par conséquent $y^3 - n \times py^2 + m^2 n \times qy - \frac{m^3 n^3 r}{e} = 0$. Ayant trouvé les valeurs de y, il sera facile d'avoir celles de x; puisque dans le premier cas, $x = \frac{y}{mne}$; dans le second, $x = \frac{y}{mn}$. Si on a, par exemple, l'équation $x^3 * - \frac{4}{3} x - \frac{146}{27} = 0$; premierement, on la réduit sous cette forme, $3x^3 * - 4x - \frac{146}{9} = 0$, & ensuite on la transforme en celle-ci $y^3 * - 12y - 146 = 0$.

32. Ces transformations font quelquefois disparoître les radicaux. Soit, par exemple, $x^3 - p\sqrt{a} \times x^2 + qx - r\sqrt{a} = 0$; si on suppose $y = \sqrt{a} \times x$, ou $x = \frac{y}{\sqrt{a}}$, elle se transformera en celle-ci $\frac{y^3}{a\sqrt{a}} - p\sqrt{a} \times \frac{y^2}{a} + q \times \frac{y}{\sqrt{a}} - r\sqrt{a} = 0$, & multipliant tous les termes par $a\sqrt{a}$, on aura $y^3 - pay^2 + qay - ra^2 = 0$. Mais pour que cette opération réussisse, il faut que les radicaux se trouvent précisément dans les termes alternatifs, en commençant par le second, ou que celui des termes alternatifs, où le radical ne se trouve pas, soit évanoui.

33. On peut aussi diviser les racines d'une équation par une quantité donnée. Si vous voulez diviser par c celles de l'équation $x^3 + bx^2 - a^2 x - a^2 b = 0$; faites $\frac{x}{c} = y$, $x = cy$; la transformée sera $c^3 y^3 + bc^2 y^2 - a^2 cy - a^2 b = 0$; & divisant tout par c^3: le quotient est $y^3 + \frac{by^2}{c} - \frac{a^2 y}{c^2} - \frac{a^2 b}{c^3} = 0$. Les usages de la transformation précédente font connoître ceux de celle-ci : quelquefois elle fait aussi évanouir les radicaux.

34. On pourra encore transformer une équation comme $x^3 - px^2 + qx - r = 0$ en une autre, dont les racines soient des quantités réciproques à x, en supposant $y = \frac{1}{x}$, & $y = \frac{z}{r}$, ou par une seule supposition, $x = \frac{r}{z}$, ce qui donne l'équation $z^3 - qz^2 + prz - r^2 = 0$.

Il est évident que l'ordre des coëfficiens se trouve renversé par cette espece de transformation; par conséquent si le second terme avoit manqué dans l'équation proposée, l'avant dernier eût manqué dans la transformée; & que si la proposée n'eût point eu de troisiéme terme, le dernier moins deux eût disparût dans les équations transformées.

La plus grande racine de l'équation proposée devient la moindre dans la transformée; car puisque $x = \frac{1}{y}$, & $y = \frac{1}{x}$, il est évident que lorsque la valeur de x est la plus grande, celle de y est la moindre, & réciproquement.

35. On peut enfin transformer une équation en une autre, dont les racines soient en raison donnée à celles de la proposée; pour cet effet on formera une proportion de la raison donnée, de l'inconnue de la proposée & de celle de la transformée; de cette proportion on tirera une valeur de la premiere inconnue, & on la lui substituera dans l'équation proposée.

On verra dans le Chapitre V. comment on peut transformer une équation en une autre, qui ait toutes ses racines positives.

CHAPITRE IV.

Des équations qui ont deux ou plusieurs racines égales.

36. UNe équation qui a deux ou plusieurs racines égales, peut être abbaissée à un degré inférieur; ce qui en facilite la résolution.

Pour comprendre ce que nous allons dire à ce sujet, il faut se rappeller que si on diminue d'une quantité donnée e, les racines d'une équation $x^3 - p x^2 + q x - r = 0$, on a la transformée

$$\left.\begin{array}{r} y^3 + 3 e y^2 + 3 e^2 y + e^3 \\ - p y^2 - 2 p e y - p e^2 \\ + q y + q e \\ - r \end{array}\right\} = 0$$

37. Je remarque, 1°. que le dernier terme $e^3 - p e^2 + q e - r$

n'eſt autre choſe que l'équation propoſée, dans laquelle on auroit mis e au lieu de x.

2°. Que le coëfficient de l'avant dernier terme eſt $3e^2 - 2pe + q$, qui ſe trouve en multipliant chaque terme du dernier coëfficient $e^3 - pe^2 + qe - r$ par l'expoſant de e dans ce terme, ce qui donne $3e^3 - 2pe^2 + qe$, & diviſant ce produit par la quantité commune e.

3°. Que le coëfficient du dernier terme moins deux eſt $3e - p$, qui eſt la quantité qui réſulte en multipliant chaque terme du dernier coëfficient trouvé $3e^2 - 2pe + q$ par l'expoſant de e dans ce terme, & diviſant le tout par $2e$.

Ces obſervations s'étendent aux équations de tous les degrés : car ſoit l'équation du quatriéme $x^4 - px^3 + qx^2 - rx + s = 0$, ſuppoſant $y = x - e$, on aura pour équation transformée

$$\left.\begin{array}{r} y^4 + 4ey^3 + 6e^2y^2 + 4e^3y + e^4 \\ - py^3 - 3pey^2 - 3pe^2y - pe^3 \\ + qy^2 + 2qey + qe^2 \\ - ry - re \\ - s \end{array}\right\} = 0$$

On voit encore que dans cette transformée, le dernier terme eſt l'équation propoſée, qui a e au lieu de x : l'avant dernier a pour coëfficient la quantité qui réſulte en multipliant les termes de la derniere quantité par les expoſans de e dans chaque terme, & diviſant le produit par e : le coëfficient du dernier moins deux, c'eſt-à-dire, $6e^2 - 3pe + q$ ſe déduit de même du terme qui ſuit immédiatement, en multipliant chaque terme de $4e^3 - 3pe^2 + 2qe - r$ par l'expoſant de e dans ce terme, & diviſant le tout par e, multiplié par l'expoſant de y dans le terme cherché, c'eſt-à-dire, par $e \times 2$: pareillement le terme ſuivant ſera $4e - p = \frac{6e^2 \times 2 - 3pe \times 1}{3e}$.

On pourroit facilement rendre générale la démonſtration de tout ceci, par le moyen du théorême pour trouver les puiſſances d'un binome ; puiſque l'équation transformée contient les puiſſances du binome $y + e$, qui ſont marquées par les expoſans

$6e^2 - 3pe + q = 0$; ou, puisque $x = e$;

$6x^2 - 3px + q = 0$: & une des racines, de cette équation du second degré, eſt égale à une de celles de l'équation propoſée du quatriéme degré. Dans ce cas, deux des racines de l'équation du troiſiéme degré $4x^3 - 3px^2 + 2qx - r = 0$ ſont auſſi racines de la propoſée, parce que la quantité $6x^2 - 3px + q$ ſe déduit de $4x^3 - 3px^2 + 2qx - r$, en multipliant les termes par les expoſans de x dans chaque terme.

42. En général, quel que ſoit le nombre des racines égales, dans une équation propoſée, elles ſe trouvent toutes moins une dans l'équation qu'on en déduit, en multipliant tous les termes par les expoſans de x dans chacun ; & elles ſe trouvent toutes moins deux dans l'équation qu'on déduit de celle-ci, de la même maniere; & ainſi de ſuite.

Quoique nous ayons fait uſage d'équations dont les ſignes changeoient alternativement, il eſt clair que les mêmes raiſonnemens peuvent s'appliqner à celles où il n'y auroit pas le même changement.

43. Il ſuit auſſi de ce qui a été démontré, que ſi une équation, comme $x^3 - px^2 + qx - r = 0$, a deux racines égales, alors multipliant les termes par une progreſſion arithmétique, telle que $a + 3b$, $a + 2b$, $a + b$, a, le produit ſera égal à zéro. Car, puiſque $ax^3 - apx^2 + aqx - ar = 0$; & $\overline{3x^2 - 2px + q} \times bx = 0$, il s'enſuit que $ax^3 + 3bx^3 - apx^2 - 2bpx^2 + aqx + bqx - ar = 0$; or, cette derniere équation eſt le produit des termes de l'équation propoſée par les termes correſpondans de la progreſſion $a + 3b$, $a + 2b$, $a + b$, a, qui repréſente une progreſſion arithmétique quelconque.

CHAPITRE V.

Des limites des équations.

44. SOit une équation quelconque $x^3 - px^2 + qx - r = 0$; transformez-la dans la ſuivante, dont les racines ſont moindres de la différence e

$$\left.\begin{array}{r} y^3 + 3\,e\,y^2 + 3\,e^2\,y + e^3 \\ -\,p\,y^2 - 2\,p\,e\,y - p\,e^2 \\ +\,q\,y + q\,e \\ -\,r \end{array}\right\} = 0.$$

Si la quantité e eſt telle qu'elle rende poſitifs tous les coëfficiens $e^3 - p\,e^2 + q\,e - r$, $3\,e^2 - 2\,p\,e + q$, $3\,e - p$; puiſqu'il n'y a alors aucune variation de ſigne dans l'équation, toutes les valeurs de y ſont négatives; & par conſéquent la quantité e dont les valeurs de x ont été diminuées, ſurpaſſoit la plus grande racine poſitive de x : donc elle eſt la limite des racines de l'équation $x^3 - p\,x^2 + q\,x - r = 0$.

45. Ainſi, pour trouver la limite, il ſuffit de découvrir la quantité qui ſubſtituée pour x dans chacune de ſes expreſſions $x^3 - p\,x^2 + q\,x - r$, $3\,x^2 - 2\,p\,x + q$, $3\,x - p$, les rendent toutes poſitives; car cette quantité ſera la limite cherchée.

Soit propoſée l'équation $x^5 - 2\,x^4 - 10\,x^3 + 30\,x^2 + 63\,x + 120 = 0$; on veut déterminer la limite qui ſurpaſſe chacune de ſes racines; il faut chercher le nombre entier qui, ſubſtitué pour x dans l'équation propoſée, & dans les ſuivantes qui en ſont déduites, donne toujours une quantité poſitive.

$$5\,x^4 - 8\,x^3 - 30\,x^2 + 60\,x + 63$$
$$5\,x^3 - 6\,x^2 - 15\,x + 15$$
$$5\,x^2 - 4\,x - 5$$
$$5\,x - 2$$

Le moindre nombre entier, qui y ſatisfaſſe, eſt 2, & par conſéquent 2 eſt la limite des racines de l'équation propoſée.

46. Si on demandoit la limite des racines négatives, il faudroit commencer par changer les racines négatives en poſitives, enſuite on procéderoit comme ci-devant pour trouver leur limite : dans l'exemple précédent, on trouveroit -3 pour limite des racines négatives. De ſortes que les cinq racines de l'équation propoſée ſont entre -3 & $+2$.

47. Ayant trouvé la limite qui ſurpaſſe la plus grande racine poſitive, appellez-là m. Et ſi vous prenez $y = m - x$, ſubſtituant $m + y$ pour x, il en réſultera une équation qui aura toutes ſes racines poſitives; parce que m eſt ſuppoſé ſurpaſſer toutes les valeurs de x, & par conſéquent $m - x = y$ ſera toujours poſitif. Par ce moyen, on peut rendre poſitives toutes les racines d'une équation.

Si $-n$ eſt la limite des racines négatives, prenant $y = x + n$, l'équation propoſée ſera transformée en une autre, dont toutes les racines ſeront poſitives; car $+n$ ſurpaſſant toute valeur négative de x, il faut que $y = x + n$ ſoit poſitif.

48. Le plus grand coëfficient négatif d'une équation, augmenté de l'unité, ſurpaſſe toujours la plus grande racine de l'équation.

Pour le démontrer, ſoit l'équation $x^3 - px^2 - qx - r = 0$, dont tous les termes ſont négatifs, excepté le premier. Prenant $y = x - e$, on aura pour transformée

$$\left.\begin{array}{llll} y^3 + 3ey^2 & + 3e^2y & + e^3 \\ - py^2 & - 2pey & - pe^2 \\ & - qy & - qe \\ & & - r \end{array}\right\} = 0$$

1°. Suppoſons les coëfficiens p, q, r, égaux entre eux; $e = p + 1$, & mettons p au lieu de ſes égales q & r, la derniere équation deviendra

$$\left.\begin{array}{llll} y^3 + 2py^2 & + p^2y & + 1. \\ + 3y^2 & + 3py \cdots\cdots \\ & + 3y \cdots\cdots\cdots \end{array}\right\} = 0$$

Tous les termes étant ici poſitifs, il s'enſuit que les valeurs de y ſont toutes négatives, & par conſéquent que $e = p + 1$, ſurpaſſe la plus grande valeur de x dans l'équation propoſée.

2°. Si q & r ſont moindres que p, & qu'on ſubſtitue $p + 1$ pour e, puiſque la partie négative $\left(\begin{array}{l} -qy - qe \\ - r \end{array}\right)$ devient moindre,

dre; pendant que la partie positive ne souffre aucune diminution, à plus forte raison tous les coëfficiens de la premiere transformée deviennent positifs : il en seroit de même si q & r avoient des signes positifs : on peut donc conclure que dans toute équation cubique, si p est le plus grand coëfficient négatif, $p + 1$ surpasse la plus grande valeur de x.

3°. Par le même raisonnement on trouvera que si q est le plus grand coëfficient négatif, & $e = q + 1$, il n'y aura point de changement de signes dans l'équation de y : car, par le dernier article, si les trois quantités p, q, r sont égales entr'elles, & e égal à chacune d'elles augmentées de l'unité, par exemple à $q + 1$, tous les termes de l'équation transformée sont positifs: à plus forte raison si $e = q + 1$, & que p & r soient moindres que q, tous les termes sont positifs; car, alors la partie négative qui renferme p & r est diminuée, pendant que la partie positive & la négative qui renferme q demeure la même.

4°. On démontrera de même que si r est le plus grand coëfficient négatif, & $e = r + 1$, tous les termes de l'équation de y seront positifs; & par conséquent $r + 1$ sera plus grand qu'aucune des valeurs de x.

Il n'est pas difficile d'appliquer aux autres équations, ce qu'on vient de dire au sujet de celles du troisiéme degré.

On peut donc conclure, en général, que dans une équation quelconque, le plus grand coëfficient négatif augmenté de l'unité, est toujours la limite qui surpasse toutes les racines de cette équation : mais il faut observer en même-temps qu'il est rarement la plus prochaine limite, & qu'on la découvrira mieux par la premiere regle que nous avons donnée pour cet effet.

Ayant expliqué la maniere de rendre positives toutes les racines d'une équation, nous supposerons, dans la suite, que les racines sont positives. Or, toute équation, dont les racines sont positives, peut être représentée par $\overline{x - a} \times \overline{x - b} \times \overline{x - c} \times \overline{x - d} = 0$, & on découvrira facilement, par les moyens que nous avons donnés ci-dessus, les limites d'une telle équation; sçavoir, zéro qui est au-dessous de la moindre racine, & e qui surpasse la plus grande.

49. Il reste à faire voir la maniere de trouver les limites entre les racines elles-mêmes; pour cet effet, nous supposerons a la moin-

dre racine, b la deuxiéme, c la troisiéme, & ainsi de suite; cela étant arbitrraire.

Si vous substituez zéro à l'inconnue, faisant $x = 0$, la quantité qui résultera de cette supposition, sera le dernier terme de l'équation, tous les autres qui renferment x s'évanouiront.

Si vous substituez à x une quantité moindre que la plus petite racine a, la quantité résultante aura le même signe que le dernier terme, c'est-à-dire, sera positive, ou négative, selon que l'équation sera d'un nombre pair, ou impair de dimensions. Car, tous les facteurs $x - a$, $x - b$, $x - c$ sont négatifs, ainsi leur produit sera positif, ou négatif, selon que leur nombre sera pair ou impair.

Si vous substituez à x une quantité plus grande que la moindre racine a, mais moindre que chacune des autres racines, la quantité résultante aura une signe contraire à celui qu'elle avoit, parce qu'un multiplicateur $x - a$ devient positif, pendant que tous les autres demeurent négatifs comme devant.

Si vous substituez à x une quantité plus grande que les deux moindres racines, & moindre que toutes les autres, deux facteurs $x - a$, $x - b$ deviennent positifs, & les autres demeurent négatifs; de sorte que tout le produit a le même signe que le dernier terme de l'équation. Ainsi mettant successivement pour x les quantités qui sont les limites entre les racines de l'équation, les quantités résultantes auront alternativement les signes + & —. Et réciproquement si vous trouvez des quantités qui, substituées à x, donnent alternativement des résultats négatifs & positifs, ces quantités seront les limites de cette équation.

Il faut observer, en général, que lorsque les résultats des deux quantités substituées à x ont des signes contraires, une ou plusieurs racines sont comprises entre ces deux quantités. Ainsi dans l'équation $x^3 - 2x^2 - 5 = 0$, si vous mettez 2 & 3 pour x, les résultats sont -5, $+4$; d'où il suit que les racines sont entre 2 & 3 : car, lorsque les résultats ont différens signes, l'un ou l'autre des facteurs de l'équation a changé de signe; je suppose que ce soit $x = e$, il s'ensuit que e se trouve entre les quantités supposées égales à x.

50. Soit proposée l'équation $x^3 - px^2 + qx - r = 0$; faisant $y = x - e$, on aura pour transformée

$$\left.\begin{array}{r} y^3 + 3ey^2 + 3e^2y + e^3 \\ - py^2 - 2pey - pe^2 \\ + qy + qe \\ - r \end{array}\right\} = 0.$$

Suppoſons e ſucceſſivement égal aux trois valeurs de x, en commençant par la moindre; & parce que dans toutes ces ſuppoſitions, le dernier terme $e^3 - pe^2 + qe - r$ ſe détruit, l'équation aura cette forme

$$\left.\begin{array}{r} y^2 + 3ey + 3e^2 \\ - py - 2pe \\ + q \end{array}\right\} = 0.$$

Or, par la nature des équations le dernier terme $3e^2 - 2pe + q$ eſt le produit des valeurs reſtantes de y, ou des excès des deux autres valeurs de x ſur celle qu'on avoit ſuppoſé égale à e; puiſqu'on a toujours $y = x - e$.

Donc, 1°. ſi e eſt égal à la moindre valeur de x, les deux excès étant poſitifs, donneront un produit poſitif; & par conſéquent $3e^2 - 2pe + q$ ſera poſitif.

2°. Si e eſt égal à la deuxiéme valeur de x, un des excès ſera poſitif & l'autre négatif; & par conſéquent leur produit $3e^2 - 2pe + q$ ſera négatif.

3°. Si e eſt égal à la plus grande valeur de x, les deux excès étant négatifs, leurs produits $3e^2 - 2pe + q$ ſera poſitif.

Si dans l'équation $3e^2 - 2pe + q = 0$, on ſubſtitue ſucceſſivement à e les trois racines de l'équation $e^3 - pe^2 + qe - r = 0$, les réſultats auront ſucceſſivement les ſignes + & —; & par conſéquent les trois racines de l'équation cubique ſont les limites de celles de l'équation $3e^2 - 2pe + q = 0$: c'eſt-à-dire, que la moindre des racines de l'équation cubique eſt au-deſſous de la moindre de celles de l'autre équation; la ſeconde de l'équation cubique eſt la limite entre les deux racines de l'autre; & enfin la plus grande de l'équation cubique eſt la limite qui ſurpaſſe les deux racines de l'autre.

51. Puisqu'on a démontré que les racines de l'équation du troisiéme degré $e^3 - pe^2 + qe - r = 0$ sont les limites de celles du second $3e^2 - 2pe + q = 0$; il s'ensuit que les racines de l'équation du deuxiéme degré $3e^2 - 2pe + q = 0$ sont les limites entre la premiere & la deuxiéme, & entre la deuxiéme & la troisiéme racine de l'équation cubique $e^3 - pe^2 + qe - r = 0$. De sorte que si on trouve la limite qui surpasse la plus grande racine de l'équation du troisiéme degré, on aura quatre limites pour ses trois racines, en y comprenant zéro, qui est moindre qu'aucune des racines.

On a démontré comment de l'équation du troisiéme degré $e^3 - pe^2 + qe - r = 0$, on pouvoit déduire celle du second $3e^2 - 2pe + q$, en multipliant chaque terme par l'exposant de e dans ce terme, & divisant le tout par e; & on peut facilement étendre aux autres équations ce qu'on a démontré pour celles du troisiéme degré; de sorte qu'on peut conclure que l'avant-dernier terme fournit l'équation convenable pour déterminer les limites de l'équation proposée.

52. Par la même raison, il est évident que la racine de l'équation simple $3e - p = 0$, ou $e = \frac{1}{3}p$ est la limite entre les deux racines de l'équation du second degré $3e^2 - 2pe + q = 0$; & comme $4e^3 - 3pe^2 + 2qe - r = 0$ donne trois limites de l'équation $e^4 - pe^3 + qe^2 - re + s = 0$, ainsi l'équation $6e^2 - 3pe + q = 0$ donne deux limites entre les racines de $4e^3 - 3pe^2 + 2qe - r = 0$; & $4e - p = 0$ donne la limite entre les racines de l'équation $6e^2 - 3pe + q = 0$. De sorte qu'on a une suite complette d'équations depuis la simple jusqu'à la proposée, chacune desquelles détermine les limites de l'équation suivante.

53. Si la proposée a deux racines égales; la limite entr'elles sera égale à l'une des deux : ce qui est parfaitement d'accord avec la regle qu'on a donnée, pour trouver les racines égales d'une équation. Ainsi lorsqu'il y a deux, ou plusieurs racines égales, la même équation, qui en donne les limites, donnant en même-temps une des égales, il s'ensuit que si à l'inconnue on substitue la limite, & qu'on ait zéro pour résultat, on peut conclure que non-seulement la limite est une racine de l'équation, mais encore qu'il y a deux racines égales dans l'équation dont chacune est égale à cette limite.

54. On a démontré que les racines de l'équation $x^5 - px^4$

$+ qx - r = 0$ sont les limites de celles de l'équation $3x^2 - 2px + q = 0$; c'est pourquoi supposant a, b, c pour racines de l'équation du troisiéme degré, si on les substitue à x dans l'équation $3x^2 - 2px + q = 0$, elles donneront alternativement des résultats positifs & négatifs. Je suppose que ces résultats sont $+ N, - M, + L$; de sorte que $3a^2 - 2pa + q = N$, $3b^2 - 2pb + q = - M$, $3c^2 - 2pc + q = L$; puisque $a^3 - pa^2 + qa - r = 0$, & $3a^3 - 2pa^2 + qa = N \times a$, multipliant l'avant-derniere équation par 3, & la soustrayant de la derniere, on a pour reste $pa^2 - 2qa + 3r = N \times a$. Et de même $pb^2 - 2qb + 3r = - M \times b$, & $pc^2 - 2qc + 3r = L \times c$: donc si dans $px^2 - 2qx + 3r$ on substitue successivement a, b, c, on aura pour résultats $+ N \times a, - M \times b, + L \times c$; donc a, b, c sont les limites de l'équation $px^2 - 2qx + 3r = 0$, & réciproquement les racines de cette équation sont les limites entre la premiere & la deuxiéme racine, & entre la deuxiéme & la troisiéme de l'équation $x^3 - px^2 + qx - r = 0$. Mais l'équation $px^2 - 2qx + 3r = 0$ se tire de l'équation cubique proposée en multipliant les termes de celle-ci par la progression arithmétique $0, - 1, - 2, - 3$. On peut faire voir de la même maniere que les racines de l'équation $px^3 - 2qx^2 + 3rx - 4s = 0$ sont les limites de celles de $x^4 - px^3 + qx^2 - rx + s = 0$, où multipliant les termes de l'équation $x^3 - px^2 + qx - r = 0$ par $a + 3b, a + 2b, a + b, a$, ce qui donne

$$ax^3 - apx^2 + aqx - ar = 0$$

$$+ 3bx^3 - 2bpx^2 + bqx = \overline{3x^2 - 2px + q} \times bx.$$

Si vous substituez successivement à x les trois racines a, b, c de l'équation cubique proposée, les produits seront $+ N \times bx$, $- M \times bx$, $+ L \times bx$; car la premiere partie du produit $a \times \overline{x^3 - px^2 + qx - r} = 0$; & a, b, c étant les limites de l'équation $3x^2 - 2px + q = 0$, leur substitution donnera les résultats N, M, L qui seront alternativement positifs & négatifs.

En général, les racines de l'équation $x^n - px^{n-1} + qx^{n-2} - rx^{n-3} + \&c. = 0$ sont les limites des racines de l'équation $nx^{n-1} - \overline{n-1} \times px^{n-2} + \overline{n-2} \times qx^{n-3} - \overline{n-3}$

$\times r x^{n-4} + \&c. = 0$, ou de toute équation qui en seroit déduite en multipliant ses termes par une progression arithmétique quelconque $a \mp b$, $a \pm 2b$, $a \pm 3b$, $a \pm 4b$, &c. & réciproquement les racines de cette nouvelle équation seront les limites de la proposée $x^n - p x^{n-1}$ &c.

Si quelques racines de l'équation des limites sont impossibles, il y en a d'impossibles dans la proposée ; car, comme on a démontré que la quantité $3e^2 - 2pe + q$ est égale au produit de l'excès de deux valeurs de x sur la troisiéme qu'on suppose égale à e; si ces deux excès contiennent quelque expression impossible, il y en aura nécessairement d'impossibles dans ces deux valeurs de x.

Outre la Méthode que nous venons d'expliquer, il y en a encore d'autres pour déterminer les limites des racines d'une équation.

55. Puisque les quarrés de toutes les quantités réelles sont positifs, il s'ensuit que la somme des quarrés des racines d'une équation surpasse toujours le quarré de la plus grande racine ; par conséquent la racine quarrée de cette somme sera une limite au-dessus de la plus grande racine.

Soit l'équation $x^n - p x^{n-1} + q x^{n-2} - r x^{n-3} + \&c. = 0$, la somme des quarrés des racines sera $p^2 - 2q$; de sorte que $\sqrt{p^2 - 2q}$ surpasse la plus grande racine de cette équation : on peut encore chercher la somme des quatriémes puissances des racines, & en extraire la racine quatriéme, qui surpassera la plus grande racine de l'équation.

56. Si on trouve un moyen proportionnel entre la somme des quarrés de deux racines a, b, & la somme de leurs quatriémes puissances $a^4 + b^4$, ce moyen proportionnel sera $\sqrt{a^6 + a^2 b^4 + a^4 b^2 + b^6}$, & la somme des cubes des mêmes racines est $a^3 + b^3$; mais puisque $a^2 - 2ab + b^2$ est le quarré de $a - b$, il est toujours positif, & si on le multiplie par $a^2 b^2$, le produit $a^4 b^2 - 2 a^3 b^3 + a^2 b^4$ sera aussi positif, & par conséquent $a^4 b^2 + a^2 b^4$ surpassera toujours $2 a^3 b^3$: ajoûtez donc $a^6 + b^6$, & vous aurez $a^6 + a^4 b^2 + a^2 b^4 + b^6 > a^6 + 2 a^3 b^3 + b^6$; & par conséquent $\sqrt{a^6 + a^4 b^2 + a^2 b^4 + b^6} > a^3 + b^3$. On peut appliquer la même démonstration à un nombre quelconque de racines.

Présentement si à la somme des racines prises avec leurs propres signes on ajoûte celle de tous leurs cubes pris positivement, on aura une somme double de celle des cubes des racines positives; & si on soustrait la premiere somme de la seconde, le reste sera double de la somme des cubes des racines négatives : d'où il suit que la moitié de la somme du moyen proportionnel entre la somme des quarrés & celle des quatriémes puissances, & de la somme des cubes des racines avec leurs signes propres, surpasse la somme des cubes des racines positives : & que la moitié de leur différence surpasse celle des cubes des racines négatives. En extrayant la racine cubique de cette somme & de cette différence, on trouvera des limites dont l'une surpassera la somme des racines positives, & l'autre celle des négatives : & puisqu'on a vû la maniere de diminuer les racines d'une équation jusqu'à ce qu'elles deviennent toutes négatives moins une, il est clair que par ce moyen on pourra approcher très-près d'une racine. Mais ceci ne peut être d'usage quand il y a des racines impossibles.

57. Enfin on peut encore trouver les limites d'une équation de la maniere suivante. Soit l'équation cubique $x^3 - p x^2 + q x - r = 0$, cherchez $q^2 - 2 p r$, que vous appellerez e^4; la plus grande racine de l'équation sera toujours plus grande que $\frac{e}{\sqrt[4]{3}}$, ou $\sqrt[4]{\frac{e^4}{3}}$: & dans une équation quelconque $x^n - p x^{n-1} + q x^{n-2} - r x^{n-3} + \&c. = 0$, trouvez $\frac{q^2 - 2 p r + 2 s}{n}$, & extrayant la racine quatriéme de cette quantité, elle sera toujours moindre que la plus grande racine de l'équation.

CHAPITRE VI.

De la résolution des équations dont toutes les racines sont commensurables.

On a démontré que le dernier terme d'une équation est le produit de toutes les racines : de-là il suit que les racines, lorsqu'elles sont commensurables, doivent se trouver parmi les diviseurs du dernier terme ; d'où nous tirons la regle suivante pour la résolution de ces sortes d'équations.

REGLE.

58. Faites passer tous les termes dans le même membre de l'équation, cherchez tous les diviseurs du dernier terme, & substituez-les successivement à l'inconnue dans l'équation : ceux qui donneront zéro pour résultat, seront racines de l'équation proposée.

Soit, par exemple, l'équation $\left.\begin{array}{l} x^3 - 3ax^2 + 2a^2x - 2a^2b \\ - bx^2 + 3abx \end{array}\right\} = 0;$

dont le dernier terme est $2a^2b$, dont les diviseurs simples sont a, b, $2a$, $2b$, chacun desquels peut être pris positivement ou négativement : mais puisqu'on voit ici que les signes sont alternatifs, on n'a besoin que de les prendre positivement. Je suppose $x = a$ premier diviseur, & substituant a, l'équation devient $\left.\begin{array}{l} a^3 - 3a^3 + 2a^3 - 2a^2b \\ - a^2b + 3a^2b \end{array}\right\} = 0$, donc a est une des racines.

Ensuite substituant b, je trouve $\left.\begin{array}{l} b^3 - 3ab^2 + 2a^2b - 2a^2b \\ - b^3 + 3ab^2 \end{array}\right\} = 0;$

donc b est une autre racine.

Troisiémement, je substitue $2a$, ce qui me donne

$$\left.\begin{array}{l} 8a^3 - 12a^3 + 4a^3 - 2a^2b \\ - 4a^2b + 6a^2b \end{array}\right\} = 0;$$

donc $2a$ est la troisiéme racine de l'équation, qu'on auroit pû trouver autrement; car les deux premieres racines étant $+a$, $+b$ la troisiéme étoit nécessairement égale au dernier terme divisé par leur produit ab, c'est-à-dire, $\frac{2a^2b}{ab} = 2a$.

Si on demande les racines de l'équation $x^3 - 2x^2 - 33x + 90 = 0$. On cherche d'abord tous les diviseurs de 90, qui sont 1, 2, 3, 5, 6, 9, 10, 15, 18, 30, 45, 90 : si on substitue 1, on trouve $x^3 - 2x^2 - 33x + 90 = 56$; de sorte que 1 n'est point racine de cette équation : si on substitue 2, on a pour résultat 24 : mais substituant 3, on trouve $x^3 - 2x^2 - 33x + 90 = 27 - 18 - 99 + 90 = 117 - 117 = 0$, par conséquent 3 est une des racines; l'autre racine positive est 5; ensuite comme

comme il eſt clair, par les ſignes de l'équation, que la troiſiéme racine eſt négative, vous ſubſtituerez à x les autres diviſeurs pris négativement : & vous trouverez -6 pour la troiſiéme racine; car cette quantité ſubſtituée donnera $x^3 - 2x^2 - 33x + 90 = -216 - 72 + 198 + 90 = 0$. On auroit pû auſſi trouver la troiſiéme racine en diviſant le dernier terme 90 par 15, produit des deux premieres racines trouvées.

59. Lorſqu'on a trouvé une des racines de l'équation, pour trouver plus facilement les autres on diviſe l'équation propoſée par l'équation ſimple que fournit la racine déja trouvée, & le quotient donne une équation d'un degré au-deſſous de la propoſée, & dont les racines ſont les racines reſtantes de la propoſée: par exemple, dans l'équation $x^3 - 2x^2 - 33x + 90 = 0$, ayant trouvé la racine $+3$, on en forme l'équation ſimple $x - 3 = 0$, par laquelle on diviſe la propoſée, & on a pour quotient l'équation du ſecond degré $x^2 + x - 30 = 0$, qui eſt le produit des autres équations ſimples qui avoient formées l'équation cubique propoſée; & dont par conſéquent les racines ſont les deux autres racines de cette équation cubique. Or, il eſt facile de trouver les racines de cette équation du ſecond degré par les regles qu'on a données ci-devant pour la réſolution de cette eſpece d'équations.

60. Si on avoit à réſoudre l'équation du quatriéme degré $x^4 - 2x^3 - 25x^2 + 26x + 120 = 0$; ſubſtituant à x les diviſeurs de 120, on trouvera $+3$ pour une des racines; & par conſéquent diviſant cette équation par $x - 3$, on aura pour quotient $x^3 + x^2 - 22x - 40 = 0$ dont on cherchera les racines de la même maniere, & ayant trouvé que $+5$, un des diviſeurs de 40, en eſt une racine, on diviſera l'équation par $x - 5$ & on aura pour quotient l'équation du ſecond degré $x^2 + 6x + 8 = 0$, dont les racines ſont -2, -4. De ſorte que les quatre racines de l'équation propoſée ſont $+3$, $+5$, -2, -4.

61. Mais quand le dernier terme a un grand nombre de diviſeurs, ce ſeroit un travail long & ennuyeux de les ſubſtituer les uns après les autres; c'eſt pourquoi nous allons donner des moyens pour réduire à un petit nombre ceux qu'on eſt obligé d'eſſayer.

1°. Il eſt évident qu'on peut négliger tout diviſeur qui ſurpaſſe de l'unité le plus grand coëfficient négatif; ainſi dans l'équation

$x^4 - 2x^3 - 25x^2 + 26x + 120 = 0$, comme 25 eſt le plus grand coëfficient négatif, on peut négliger tous les diviſeurs de 120 qui le ſurpaſſent d'une unité.

2°. On abrégera encore davantage le travail, ſi on cherche le nombre qui, ſubſtitué dans les expreſſions ſuivantes, donne toujours des réſultats poſitifs :

$$x^4 - 2x^3 - 25x^2 + 26x - 120$$

$$2x^3 - 3x^2 - 25x + 13$$

$$6x^2 - 6x - 25$$

$$2x - 1$$

car, comme nous avons vû au ſujet des limites, ce nombre ſera plus grand que la plus grande racine, & on pourra négliger tous les diviſeurs de 120 qui le ſurpaſſeront.

Pour faciliter cette recherche, il faut commencer par l'expreſſion où les racines négatives ſemblent prévaloir davantage, comme ici par l'expreſſion $6x^2 - 6x - 25$; où on trouve que 6 ſubſtitué à x donne un réſultat poſitif, comme il le donne étant ſubſtitué dans les autres expreſſions; d'où l'on conclut que 6 ſurpaſſe chacune des racines; & que par conſéquent on peut négliger tous les diviſeurs de 120 qui ſont au-deſſus de 6.

Si on propoſe l'équation $x^3 + 11x^2 + 10x - 72 = 0$, on ne ſçauroit profiter du premier moyen, parce que le dernier terme lui-même eſt le plus grand coëfficient négatif; mais on cherchera le nombre qui, ſubſtitué à x, rend poſitives toutes les expreſſions ſuivantes :

$$x^3 + 11x^2 + 10x - 72$$

$$3x^2 + 22x + 10$$

$$3x + 11$$

où le travail eſt fort court, puiſqu'on n'a que la premiere expreſſion à examiner; & on trouve tout d'un coup que 4 ſubſtitué à x donne un réſultat poſitif, & que par conſéquent on doit rejetter tous les diviſeurs de 72 qui ſont au-deſſus de 4; c'eſt pourquoi on trouvera bien-tôt que $+2$ eſt la racine poſitive de cette équation : alors diviſant la propoſée par $x - 2$, & réſolvant l'équation du second degré, qui est le quotient de cette division, on trouvera que les deux autres racines sont — 9 & — 4.

62. Mais M. Newton nous a donné une Méthode pour resserrer le nombre de ces diviseurs dans des bornes encore plus étroites. Pour la developer de la maniere la plus claire qu'il sera possible, je suppose qu'on ait à résoudre l'équation $x^3 - px^2 + qx - r = 0$. Diminuez ses racines de l'unité, faisant $y = x - 1$. Le dernier terme de la transformée sera $1 - p + q - r$: ensuite augmentez de l'unité les racines de la proposée faisant $y = x + 1$; le dernier terme de la transformée sera $-1 - p - q - r$; mais on a fait voir ci-devant que ces derniers sont les mêmes qu'on eût trouvé si dans la proposée on eût substitué à x dans le premier cas, $+1$, & dans le deuxiéme, -1.

Les valeurs de y, dans le premier cas, sont quelques-uns des diviseur du dernier terme $+1 - p + q - r$; les valeurs de x sont quelques-uns des diviseurs de r; & celles de y, dans le second cas, sont quelques-uns des diviseurs de $-1 - p - q - r$; or ces valeurs sont en progression arithmétique, puisqu'elles ont l'unité pour différence commune; donc il suffira d'examiner les diviseurs de r, qui sont moyens proportionnels arithmétiques entre ceux de $1 - p + q - r$, & ceux de $-1 - p - q - r$.

REGLE.

Substituez successivement à l'inconnue les termes de cette progression $1, 0, -1$, &c. cherchez tous les diviseurs des résultats que donnent ces suppositions; & prenez entre ces diviseurs les progressions arithmétiques qui ont l'unité pour différence commune; les valeurs de x seront les termes des progressions pris dans les diviseurs qui répondent à $x = 0$. Et ces mêmes valeurs seront positives, lorsque la progression arithmétique sera croissante & négative, lorsque cette progression sera décroissante.

EXEMPLE.

63. Si on demande une des racines de l'équation $x^3 - x^2 - 10x + 6 = 0$, l'opération se fait de la maniere suivante.

Supposit.		Résult.	Diviseurs.	Progress. arith. décroissante.
$x = 1$	. . . .	-4	1, 2, 4.	4
$x = 0$	$x^3 - x^2 - 10x + 6 =$	$+6$	1, 2, 3, 6	3 donne $x = -3$
$x = -1$	. . . .	-14	1, 2, 7, 14.	2

Les ſuppoſitions $x = 1$, $x = 0$, $x = -1$, donnent la quantité $x^3 - x^2 - 10x + 6 = a - 4, + 6, + 14$, entre les diviſeurs deſquels on trouve la ſeule progreſſion arithmétique 4, 3, 2 ; dont le terme 3 étant vis-à-vis de $x = 0$, & la progreſſion étant décroiſſante, on ſubſtitue $- 3\,a\,x$ dans la propoſée, & tous les termes ſe détruiſant, on eſt ſûr que -3 eſt une de ſes racines : alors diviſant l'équation par $x + 3$ on a pour quotient l'équation du ſecond degré $x^2 - 4x + 2 = 0$ dont il eſt facile de trouver les racines.

64. Pour trouver les racines de l'équation $x^3 - 3x^2 - 46x - 72 = 0$; voici l'opération

1	120	1, 2, 3, 4, 5, 6, 8, 10, 12, 15, 20, 24, 30, 40, 60, 120	8, 3, 4, 5
0	72	1, 2, 3, 4, 6, 8, 9, 12, 18, 24, 36, 72.	9, 2, 3, 4
—1	30	1, 2, 3, 5, 6, 10, 15, 30.	10, 1, 2, 3

Ces progreſſions donnent $x = 9$, $x = -2$, $x = -3$, $x = -4$; qui réuſſiſſent toutes excepté $x = -3$.

65. On ne peut pas toujours trouver les diviſeurs ſimples d'une équation, ou les équations ſimples qui l'ont formée ; dans ce cas, on peut ſouvent trouver des équations du ſecond, du troiſiéme, ou du quatriéme degré, qui diviſent la propoſée. Pour trouver les regles qui ſervent à faire découvrir cette eſpece de diviſeurs, nous ſuppoſerons que

$mx - n$ ....
$mx^2 - nx + r$ .....
$mx^3 - nx^2 + rx - s$

déſignent les diviſeurs { ſimples / du deuxiéme degré / du troiſiéme degré } d'une équation propoſée.

Et ſuppoſant que E repréſente le quotient qui réſulte de cette diviſion, l'équation propoſée elle-même ſera repréſentée par

$$E \times \overline{mx - n}$$

$$E \times \overline{mx^2 - nx + r}$$

$$\text{ou } E \times \overline{mx^3 - nx^2 + rx - s}$$

Or il eſt évident que puiſque m eſt le coëfficient du plus haut terme des diviſeurs, il diviſera néceſſairement le coëfficient du plus haut terme de l'équation propoſée.

66. On obſervera que (ſuppoſant que l'équation a un diviſeur ſimple $mx - n$) ſi dans l'équation $E \times \overline{mx - n}$, on ſubſtitue à x une quantité connue a, le réſultat de cette ſubſtitution aura $ma - n$ pour un de ſes diviſeurs.

Si l'on ſubſtitue à x une progreſſion arithmétique a, $a - e$, $a - 2e$, &c. les réſultats auront pour diviſeurs

$$ma - n$$
$$ma - me - n$$
$$ma - 2me - n$$

qui ſont auſſi en progreſſion arithmétique, ayant pour différence commune me.

Si, par exemple, on ſubſtitue à x les termes de cette progreſſion $1, 0, -1$, les quantités réſultantes auront parmi les diviſeurs la progreſſion arithmétique $m - n$, $-n$, $-m - n$; ou changeant les ſignes, $n - m$, n, $n + m$; où la différence eſt m, & le terme qui répond à la ſuppoſition $x = 0$ eſt n.

Il s'enſuit que quand une équation a un diviſeur ſimple, ſi on ſubſtitue à x la progreſſion $1, 0, -1$, parmi les diviſeurs des ſommes qui réſulteront de ces ſubſtitutions, on trouvera au moins une progreſſion arithmétique dont la différence ſera ou l'unité, ou un diviſeur m du coëfficient du plus haut terme, & qui ſera le coëfficient de x dans le diviſeur ſimple demandé : & le terme n de la progreſſion qui répond à la ſuppoſition $x = 0$, eſt le ſecond terme du diviſeur ſimple $mx - n$. De-là on tire une regle pour découvrir ces diviſeurs ſimples, quand cela ſe peut.

RÉGLE.

67. Subſtituez ſucceſſivement à x dans l'équation propoſée les nombres $1, 0, -1$. Cherchez tous les diviſeurs des réſultats de ces ſubſtitutions, & prenez toutes les progreſſions arithmétiques que vous y pouvez trouver, dont la différence ſoit ou l'unité, ou quelque diviſeur du coëfficient du plus haut terme de l'équation. Suppoſez n égal au au terme de la progreſſion qui répond à la ſuppoſition $x = 0$, & m le diviſeur du coëfficient du

plus haut terme de l'équation, & en même-temps la difference des termes de la progression ; vous aurez pour diviseur $mx - n$.

On peut trouver des progressions qui donnent des diviseurs qui ne réussissent pas ; cependant s'il en est quelqu'un qui puisse réussir, on le trouvera par cette voye.

Si l'équation proposée a l'unité pour coëfficient de son premier terme, on aura $m = 1$, & le diviseur sera $x - n$, & la regle tombe dans le cas de la précédente, qu'on a démontré d'une maniere différente ; car le diviseur étant $x - n$, la valeur de x sera $+ n$, le terme de la progression qui répond à $x = 0$; & quoiqu'il soit toujours facile de réduire à l'unité le coëfficient du premier terme d'une équation, nous allons faire voir comment, sans cette réduction, on peut résoudre une équation par le moyen de la regle que nous venons de donner.

68. Je suppose qu'on demande les valeurs de x dans l'équation $8x^3 - 26x^2 + 11x + 10 = 0$; voici l'opération.

Suppositions.		Résultats.	Diviseurs.	Progressions.
$x = 1$	....	3	1, 3.	3, 3.
$x = 0$	$8x^3 - 26x^2 + 11x + 10 =$	10	1, 2, 5, 10	2, 5.
$x = -1$	....	-35	1, 5, 7, 35	1, 7

La différence des termes de la derniere progression est 2, diviseur de 8, coëfficient du premier terme de l'équation ; donc $m = 2$, $n = 5$; ainsi on tente la division par $2x - 5$, qui réussit ; par conséquent $2x - 5 = 0$, ou $x = 2\frac{1}{2}$, le quotient de la division est l'équation du deuxiéme degré $4x^2 - 3x - 2 = 0$, dont les racines sont $\frac{3 + \sqrt{41}}{8}$, & $\frac{3 - \sqrt{41}}{8}$; de sorte que les trois racines de l'équation proposée sont $2\frac{1}{2}$, $\frac{3 + \sqrt{41}}{8}$, $\frac{3 - \sqrt{41}}{8}$. L'autre progression donne pour diviseur $x + 2$, mais il ne réussit point.

69. Si l'équation proposée n'a pas de diviseur simple, il faut examiner si elle n'en a point du second degré, si l'équation elle-même surpasse le troisiéme degré.

Une équation qui a pour diviseur $mx^2 - nx + r$, peut s'exprimer, comme ci-devant, par $E \times \overline{mx^2 - nx + r}$; & si où ſubſtitue à x une quantité connue a, le réſultat aura pour un de ſes diviſeurs $ma^2 - na + r$; ſi l'on ſubſtitue ſucceſſivement à x les termes d'une progreſſion arithmétique a, $a - e$, $a - 2e$, $a - 3e$, &c. les réſultats de ces ſubſtitutions auront reſpectivement parmi leurs diviſeurs

$$ma^2 - na + r$$
$$m \times \overline{a - e}^2 - n \times \overline{a - e} + r$$
$$m \times \overline{a - 2e}^2 - n \times \overline{a - 2e} + r$$
$$m \times \overline{a - 3e}^2 - n \times \overline{a - 3e} + r.$$

Ces termes ne ſont point en progreſſion arithmétique, comme dans le cas précédent; mais ſi vous les ſouſtrayez des quarrés des termes a, $a - e$, $a - 2e$, &c. multipliés par m diviſeur du premier terme de la propoſée, c'eſt-à-dire, ſi vous les ſouſtrayez de ma^2, $m \times \overline{a - e}^2$, $m \times \overline{a - 2e}^2$, $m \times \overline{a - 3e}^2$, &c. les reſtes $na - r$, $n \times \overline{a - e} - r$, $n \times \overline{a - 2e} - r$, $n \times \overline{a - 3e} - r$, &c. ſeront en progreſſion arithmétique, ayant pour différence commune $n \times e$.

Si on ſuppoſe, par exemple, que la progreſſion a, $a - e$, $a - 2e$, $a - 3e$, &c. déſignent 2, 1, 0, -1, les diviſeurs ſeront

$$4m - 2n + r.$$
$$m - n + r.$$
$$+ r.$$
$$m + n + r.$$

qui étant ſouſtraits de $4m$, m, 0, m, donnent pour reſtes $2n - r$, $n - r$, $-r$, $-n - r$, qui eſt une progreſſion dont la différence eſt $+n$, & dont le terme provenant de la ſuppoſition $x = 0$, eſt $-r$.

Il s'enſuit que ſi une équation a un diviſeur du deuxiéme degré, on pourra trouver une progreſſion arithmétique qui déterminera n & r, le coëfficient m étant ſuppoſé connu, puiſqu'il eſt l'unité, ou un diviſeur du coëfficient du premier terme de l'équation.

Il faut obſerver que ſi le premier terme du diviſeur du deuxiéme degré eſt négatif, c'eſt-à-dire, ſi on a $-mx^2$, alors, pour trouver la progreſſion arithmétique; au lieu de ſouſtraire il faudra ajoûter les diviſeurs $-4m-2n+r$, $-m-n+r$, $+r$, $-m+n+r$, aux termes $4m$, m, 0, m.

REGLE GÉNÉRALE.

70. Subſtituez ſucceſſivement à x, dans l'équation propoſée, les termes de cette progreſſion arithmétique $2, 1, 0, -1$. Trouvez tous les diviſeurs des ſommes réſultantes de ces ſuppoſitions; ajoûtez-les aux quarrés de ces nombres $2, 1, 0, -1$, multipliés par un diviſeur numérique du plus haut terme de l'équation, & ſouſtrayez-les des mêmes quarrés : enſuite prenez toutes les progreſſions arithmétiques que fourniſſent ces ſommes & ces différences. Soit r le terme de la progreſſionqui répond à la ſuppoſition $x=0$, & ſoit $\mp n$ la difference qui provient en ſouſtrayant ce terme du précédent dans la progreſſion; enfin ſoit m le diviſeur du plus haut terme de l'équation, alors $mx^2 \pm nx - r$ ſera le diviſeur qu'il faudra tenter; & ſi l'équation a un diviſeur du deuxiéme degré, ce ſera quelqu'un des diviſeurs trouvés de cette maniere. Soit propoſée l'équation du quatriéme degré $x^4 - 5x^3 + 7x^2 - 5x - 6 = 0$, qui n'a point de diviſeur ſimple; pour découvrir ſi elle en a du deuxiéme degré, on fera l'opération ſuivante.

Supp.	Réſult.	Diviſeurs.	Quarr.	Sommes des différences des diviſeurs & des quarrés.	Progreſſions arithmétiques.
2	-12	1,2,3,4,6,12	4	$-8, -2, 0, 1, 2, 3, 5, 6, 7, 8, 10, 16$	$8, 1, -8, 3$
1	-8	1, 2, 4, 8	1	$-7, -3, -1, 0, 2, 3, 5, 9$	$5, -1, -7, 2$
0	-6	1, 2, 3, 6	0	$-6, -3, -2, -1, 1, 2, 3, 6$	$2, -3, -6, 1$
-1	$+12$	1,2,3,4,6,12	1	$-11, -5, -3, -2, -1, 0, 2, 3, 4, 5, 7, 13$	$-1, -5, -5, -0$

La premiere progreſſion donne pour diviſeur $x^2 - 3x - 2$; la deuxiéme donne $x^2 - 2x + 3$, dont l'un & l'autre réuſſit; de ſorte que prenant les racines de ces deux équations du deuxiéme degré, on a les quatre racines de l'équation propoſée du quatriéme degré, qui ſont $\frac{3 \mp \sqrt{17}}{2}$, & $1 \mp \sqrt{-2}$, dont les deux dernieres ſont impoſſibles. Les diviſeurs que donneroient les autres progreſſions, ne réuſſiroient pas.

71. On

71. On pourroit, de la même maniere, trouver un regle pour découvrir les diviſeurs du troiſiéme, du quatriéme degré, &c. d'une équation quelconque.

Je ſuppoſe l'équation du troiſiéme degré $mx^3 - nx^2 + rx - s$ pour diviſeur d'une autre équation; faiſant x ſucceſſivement égal aux termes d'une progreſſion arithmétique, je forme une premiere colonne des termes de cette progreſſion; dans la deuxiéme colonne j'écris les réſultats de l'équation dans chaque ſuppoſition; je forme la troiſiéme colonne des cubes des termes correſpondans de la progreſſion arithmétique que je multiplie par le coëfficient m; je retranche les termes de la deuxiéme colonne des termes correſpondans de la troiſiéme, & les reſtes ſont les termes d'une quatriéme colonne; pour avoir la cinquiéme colonne, je retranche le deuxiéme terme de la quatriéme du premier, le troiſiéme du deuxiéme, le quatriéme du troiſiéme, &c. je fais de même à l'égard de la cinquiéme colonne pour trouver la ſixiéme.

Suppoſition.	Réſultats.	Cubes mult. par m	Premieres différences.	Deuxiémes différences.	Troiſiémes différences.
$x = 3$	$27m - 9n + 3r - s$	$27m$	$9n - 3r + s$	$5n - r$	$2n$
$x = 2$	$8m - 4n + 2r - s$	$8m$	$4n - 2r + s$	$3n - r$	$2n$
$x = 1$	$m - n + r - s$	m	$n - r + s$	$n - r$	$2n$
$x = 0$	. . . . $- s$	0	. . . . . . $+ s$	$-n - r$	
$x = -1$	$-m - n - r - s$	$-m$	$n + r + s$		

Les premieres différences ne ſont point en progreſſion arithmétique, comme dans le cas précédent, mais ſeulement les deuxiémes différences qui ont pour différence commune $2n$; celles-ci ſont donc n; on trouvera r par la colonne des deuxiémes différences; s ſera toujours un diviſeur du dernier terme de l'équation propoſée, & m un diviſeur du coëfficient du premier terme. Par conſéquent on pourra déterminer tous les coëfficiens du diviſeur $mx^3 - nx^2 + rx - s$, par lequel on tentera la diviſion de l'équation propoſée.

Si on demande un diviſeur de quatre dimenſions, on trouvera, par le même procédé, une ſuite de différences dont les troiſiémes ſeront en progreſſion arithmétique. Pour un diviſeur de cinq dimenſions, les quatriémes différences ſeront en progreſſion arithmétique; & en examinant ces progreſſions, on trouvera des regles pour déterminer les coëfficiens dans tous les cas.

Ces regles sont fondées sur ce que dans toute progression arithmétique a, $a + e$, $a + 2e$, $a + 3e$, &c. les premieres différences des quarrés sont en progression arithmétique ; ces différences étant $2ae + e^2$, $2ae + 3e^2$, $2ae + 5e^2$, &c. dont la différence commune est $2e^2$. De même les deuxiémes différences de leur cubes, & les troisiémes différences de leurs quatriémes puissances sont en progression arithmétique, comme on le peut aisément démontrer.

Nous nous sommes contentés de donner la maniere de trouver les diviseurs des équations qui ne contiennent qu'une seule lettre. Mais les mêmes regles servent pour découvrir les diviseurs lorsqu'il y a deux lettres, pourvû que tous les termes ayent les mêmes dimensions. Pour cela, on suppose une des lettres égale à l'unité ; on cherche les diviseurs par les regles précédentes ; alors, rendant completes les dimensions du diviseur, en remettant la lettre au lieu de l'unité, on a le divisenr demandé.

Je suppose, par exemple, qu'on cherche le diviseur de $8x^3 - 26ax^2 + 11a^2x + 10a^3 = 0$ faisant $a = 1$, cette équation devient $8x^3 - 26x^2 + 11x + 10 = 0$; dont on trouve pour diviseur $2x - 5$; on multiplie donc -5 par $+a$, pour le rendre de la même dimension que l'autre terme, & on a enfin pour diviseur $2x - 5a$.

72. Outre les Méthodes qu'on a expliquées jusqu'à présent pour trouver les diviseurs des équations, il y en a d'autres qui méritent de n'être pas passées sous silence : la suivante s'étend aux équations de tous les degrés, quoique nous n'en fassions ici l'application qu'à celles du quatriéme.

Soit l'équation $x^4 - px^3 + qx^2 - rx + s = 0$; je suppose qu'elle est le produit des deux équations du deuxiéme degré

$$\begin{array}{l} x^2 - mx + n = 0 \\ \times\ x^2 - kx + l = 0 \\ \hline \end{array}$$

$$x^4 \left.\begin{array}{l} -k \\ -m \end{array}\right\} x^3 \left.\begin{array}{l} +l \\ +n \\ +mk \end{array}\right\} x^2 \left.\begin{array}{l} -ml \\ -nl \end{array}\right\} x + nl = 0$$

dont les termes sont égaux aux termes correspondans de l'équation proposée.

Dans cette équation, l & n étant diviseurs du dernier terme s de la proposée, on peut considérer un des deux comme connu, par exemple l; pour trouver m ou k, il suffit de comparer les termes de cette équation avec les termes correspondans de l'équation proposée, ce qui donne $k + m = p$, $mk + l + n = q$, $ml + nk = r$, $nl = s$. Pour trouver une équation qui ne renferme que k & des quantités connues, prenez deux valeurs de m dans la premiere & dans la troisiéme équation, & vous trouverez $m = p - k = \frac{r - nk}{l}$ & parce que $n = \frac{s}{l}$, $\frac{r - nk}{l} = \frac{rl - ks}{l^2}$; donc $pl^2 - kl^2 = rl - ks$; donc $k = \frac{pl^2 - rl}{l^2 - s}$; donc l'équation du deuxiéme degré $x^2 - kx + l = 0$ devient $x^2 - \frac{pl^2 - rl}{l^2 - s} \times x + l = 0$.

Pour appliquer ceci à la pratique, vous substituerez successivement à l tous les diviseurs de s, dernier terme de l'équation proposée, jusqu'à ce que vous en trouviez un qui soit tel que $x^2 - \frac{pl^2 - rl}{l^2 - s} \times x + l$ puisse diviser exactement l'équation proposée.

EXEMPLE.

Soit l'équation $x^4 - 6x^3 + 20x^2 - 34x + 35 = 0$; les diviseurs de 35 sont 1, 5, 7, 35; si on suppose $l = 1$, l'équation du deuxiéme degré qui en résultera ne réussira pas; mais si on suppose $l = 5$, alors $x^2 - kx + l = x^2 - \frac{pl^2 - rl}{l^2 - s} \times x + l = 0$, deviendra $x^2 - \frac{6 \times 25 - 34 \times 5}{25 - 35} \times x + 5 = 0 = x^2 - 2x + 5$, qui divise, sans reste, l'équation proposée, & donne pour quotient $x^2 - 4x + 7 = 0$.

Dans cette opération il est inutile de tenter aucun diviseur l qui surpasse la racine quarrée de s, dernier terme de l'équation proposée: & si l'équation proposée est littérale, il ne faut tenter aucun diviseur au-dessus de deux dimensions.

Si dans quelques suppositions de l, la valeur de $k = \frac{pl^2 - rl}{l^2 - s}$ devient une fraction, il faudra rejetter cette supposition, & en faire une autre; en comparant la deuxiéme & la quatriéme équation du dernier article, on peut trouver une autre valeur de k; car $n = q - l - mk = \frac{s}{e}$; & à cause de $m = p - k$, on a $\frac{s}{e} = q - l - pk + k^2$, & $k^2 - pk + q - l - \frac{s}{e} = 0$; ce qui donne $k = \frac{1}{2}p \mp \sqrt{\frac{1}{4}p^2 - q + l + \frac{s}{e}}$; de sorte que le diviseur du deuxiéme degré devient $x^2 - \overline{\frac{1}{2}p \mp \sqrt{\frac{1}{4}p^2 - q + l + \frac{s}{e}}} \times x + l = 0$.

C'est ce diviseur qu'il faudra tenter lorsque $l = \frac{s}{e}$, & en même-temps $l = \frac{r}{p}$; car, dans ce cas, on ne peut faire usage de la premiere expression.

Par le moyen de cette formule on peut trouver des diviseurs, dont le deuxiéme terme est irrationel.

Pour peu qu'on fasse réflexion sur ce qu'on a dit au sujet des diviseurs des équations de quatre dimensions, on pourra comprendre comment on peut trouver les diviseurs des équations plus élevées, lorsqu'elles en ont quelqu'un.

CHAPITRE VIII.

De la réduction des équations par les diviseurs radicaux.

73. QUoiqu'une équation de quatre, de six, ou d'un plus grand nombre de degrés n'ait pas de diviseurs rationnels, on peut cependant tenter de la réduire par le moyen de quelque diviseur irrationnel, c'est-à-dire, de la diviser en deux parties qui soient telles qu'on puisse extraire la racine de l'une & de l'autre. Soit, par exemple, l'équation du quatriéme degré $x^4 + px^3 + qx^2 + rx + s = 0$ qu'on suppose n'avoir point de diviseurs rationnels; en y ajoûtant un quarré $k^2x^2 + 2klx + l^2$ multiplié par une certaine quantité n, on peut en faire un quarré $\overline{x^2 - \frac{1}{2}px + Q}^2$; dans lequel cas on aura $x^2 - \frac{1}{2}p + Q = \sqrt{n} \times \overline{kx + l}$, & on trouvera x par la résolution d'une équation du deuxiéme degré.

REGLE.

74. Soit l'équation $x^4 + p x^3 + q x^2 + r x + s = 0$, ou p, q, r, s, représentent les coëfficiens donnés avec leurs propres signes : faites $q - \frac{1}{4} p^2 = a$, $r - \frac{1}{2} a p = b$, $s - \frac{1}{4} a^2 = c$. Et pour n prenez un diviseur commun de b & $2c$, qui ne soit ni une fraction, ni un quarré ; &, si p ou r est impair, il faut de plus que ce diviseur soit impair, & qu'étant divisé par 4, il reste 1. Prenez de même pour k quelque diviseur de $\frac{b}{n}$, si p est un nombre pair, ou la moitié du diviseur impair, si p est impair, ou rien si $b = 0$. Retranchez $\frac{b}{n k}$ de $\frac{1}{2} p k$, & soit le reste l ; au lieu de Q, mettez $\frac{a + n k^2}{2}$, & éprouvez si $\frac{Q^2 - s}{n}$ donne un quotient dont la racine est rationnelle & égale à l ; si cela est, ajoûtez dans chaque membre de l'équation $n k^2 x^2 + 2 n k l x + n l^2$, & extrayant la racine vous aurez $x^2 + \frac{1}{2} p x + Q = n^{\frac{1}{2}} \times \overline{k x + l}$.

Soit l'équation $x^4 + 12 x - 17 = 0$, parce que $p = 0$; $q = 0$, $r = 12$, $s = -17$, on aura $a = 0$, $b = 12$, $c = -17$. Et b & $2c$, c'est-à-dire, 12 & -34 n'ayant pour commun diviseur que 2, on aura $n = 2$. De plus $\frac{b}{n} = 6$, dont les diviseurs sont 1, 2, 3, 6 qu'il faudra mettre successivement pour k, & -3, $-\frac{1}{2}$, -1, $-\frac{1}{2}$, pour l respectivement. Mais $\frac{a + n k^2}{2}$, c'est-à-dire, $k^2 = Q$, & $\sqrt{\frac{Q^2 - s}{n}} = l$; & lorsqu'on substitue à k les diviseurs pairs 2 & 6, Q devient 4 & 36, & $Q^2 - s$, étant un nombre impair n'est point divisible par $n = 2$; par conséquent il faut rejetter 2 & 6. Mais si on prend 1 & 3 pour k, Q devient 1 ou 9, & $Q^2 - s$ devient 18 ou 98 ; lesquels nombres se peuvent diviser par 2, & les racines des quotiens sont ∓ 3 & ∓ 7 ; mais il n'y a que -3 qui convienne à l, c'est pourquoi je fais $k = 1$, $l = -3$, $Q = 1$, & ajoûtant aux deux membres de l'équation $n k^2 x^2 + 2 n k l x + n l^2$, c'est-à-dire, $2 x^2 - 12 x + 18$, je trouve $x^4 + 2 x^2 + 1 = 2 x^2 - 12 x + 18$, & tirant la racine de chaque membre $x^2 + 1 = \pm \sqrt{2} \times \overline{x - 3}$. Et tirant encore les racines de cette derniere équation, j'ai les quatre valeurs de x, $-\frac{1}{2}\sqrt{2}+\sqrt{3\sqrt{2}-\frac{1}{2}}$; $-\frac{1}{2}\sqrt{2}-\sqrt{3\sqrt{2}-\frac{1}{2}}$; $\frac{1}{2}\sqrt{2+\sqrt{-3\sqrt{2}-\frac{1}{2}}}$; $\frac{1}{2}\sqrt{2}-\sqrt{-3\sqrt{2}-\frac{1}{2}}$, qui sont les racines de l'équation proposée $x^4+12x-17=0$.

Soit l'équation $x^4-6x^3-58x^2-114x-11=0$. Ecrivant -6, -58, -114, -11 pour p, q, r, s, nous aurons $-67=a$, $-315=b$, & $-1133\frac{1}{4}=c$. Les nombres b & $2c$, c'est-à-dire, -315 & $-\frac{4533}{2}$ n'ont que 3 pour diviseur commun; donc $n=3$: les diviseurs de $-105=\frac{b}{n}$ sont 3, 5, 7, 15, 21, 35, 105. Je tente d'abord par $3=k$, & j'ai pour quotient -35, qui étant soustrait de $\frac{1}{2}pk=-3\times 3$ donne pour reste 26, dont la moitié 13 doit être égale à l; or $\frac{a+nk^2}{2}=\frac{-67+27}{2}=-20=Q$; & $Q^2-s=411$ qui est divisible par $n=3$, mais on ne peut extraire la racine du quotient 137; par conséquent le diviseur 3 doit être rejetté; je tente 5 par lequel je divise $\frac{b}{n}=-105$, le quotient est -21 qui, étant soustrait de $\frac{1}{2}pk=-3\times 5$, donne pour reste $6=2l$: de même $Q=\frac{a+nk^2}{2}=\frac{-67+75}{2}=4$; & $Q^2-s=16+11$ est divisible par n, & donne pour quotient 9, dont la racine $3=l$. D'où je conclus que faisant $l=3$, $k=5$, $Q=4$, $n=3$, & ajoûtant dans les deux membres de l'équation la quantité $nk^2x^2+2nklx+nl^2$, c'est-à-dire, $75x^2+90x+27$, & extrayant les racines, on aura $x^2+\frac{1}{2}px+Q=\sqrt{n}\times \overline{kx+l}$; ou $x^2-3x+4=\pm\sqrt{3}\times 5x+3$; & faisant une deuxiéme extraction de racine $x=\frac{3\pm 5\sqrt{3}}{2}\pm\sqrt{17\pm\frac{21\sqrt{3}}{2}}$.

De même dans l'équation $x^4-9x^3+15x^2-27x+9=0$, écrivant -9, $+15$, -27, $+9$ pour p, q, r, s, on aura $a=-5\frac{1}{4}$, $b=-50\frac{5}{8}$, $2\frac{7}{64}=c$; les diviseurs communs de b & $2c$, c'est-à-dire de $\frac{405}{8}$ & de $\frac{135}{32}$ sont 3, 5, 9, 15, 27, 45, 135; mais 9 est un quarré, & 3, 15, 27, 135 divisés par 4 ne donnent pas l'unité pour reste, comme il le faut lorſque p eſt un nombre impair : rejettant donc tous ces nombres, reſtent 5 & 45 à tenter pour n. Soit d'abord $n = 5$, il faudra tenter pour k la moitié des diviſeurs impairs de $\frac{b}{n} = -\frac{81}{8}$, c'eſt-à-dire, $\frac{1}{2}$, $\frac{3}{2}$, $\frac{9}{2}$, $\frac{27}{2}$, $\frac{81}{2}$. Si $k = \frac{1}{2}$ le quotient $-\frac{81}{4}$ de $\frac{b}{n}$ diviſé par k, étant retranché de $\frac{1}{2} p k = -\frac{9}{4}$, donne pour reſte $18 = 2 l$, & $Q = \frac{a + n k^2}{2} = -2$, & $Q^2 - s = -5$, mais la racine du quotient -1, qui devroit être $l = 9$, eſt imaginaire. Suppoſons donc, en deuxiéme lieu, $k = \frac{3}{2}$, le quotient de $\frac{b}{n}$ diviſé par k, ou de $-\frac{81}{8}$ diviſé par $\frac{3}{2}$ eſt $-\frac{27}{4}$: cette derniere quantité ſouſtraite de $\frac{1}{2} p k = -\frac{27}{4}$ ne laiſſe aucun reſte, & par conſéquent $l = 0$, $Q = \frac{a + n k^2}{2} = 3$, & $Q^2 - s = 0$, & $l = \sqrt{\frac{Q^2 - s}{n}} = 0$; d'où je conclus que $n = 5$, $k = \frac{3}{2}$, $l = 0$, & ajoûtant dans chaque membre de l'équation la quantité $n k^2 x^2 + 2 n k l x + n l^2 = \frac{45}{4} x^2$, je trouve $x^2 - 4\frac{1}{2} x + 3 = \sqrt{5} \times \frac{3}{2} x$.

75. On peut traiter de la même maniere les équations littérales. Et ſi on fait $n = 1$, la même regle donnera le diviſeur commenſurable de l'équation du quatriéme degré, ſi elle en a. Ainſi dans l'équation $x^4 - x^3 + 5 x^2 + 12 x - 6 = 0$, faiſant $n = 1$, je trouve $k = \frac{5}{2}$, $l = \frac{5}{2}$, & l'équation ſe réduit aux deux équations du deuxiéme degré $x^2 - 3 x + 3 = 0$, & $x^2 + 2 x - 2 = 0$.

Lorſque les diviſeurs de $\frac{b}{n}$ ſont en trop grand nombre, on peut chercher ceux de $a s - \frac{1}{4} r^2$; car le nombre Q ſera égal à un d'eux, ou à ſa moitié lorſqu'il eſt impair.

76. Pour faire voir les fondemens ſur leſquels cette regle eſt établie, je ſuppoſe l'équation du quatriéme degré $x^4 + p x^3 + q x^2 + r x + s = 0$, délivrée de fractions & de radicaux, & dans laquelle p, q, r, s ſont les coëfficiens donnés avec leurs ſignes; ſi, de cette équation, on peut faire un quarré complet, de la maniere qu'on l'a dit, on aura $x^4 + p x^3 + q x^2 + r x + s + n k^2 x^2 + 2 n k l x + n l^2 = n k^2 x + 2 n k l x + n l^2 = \overline{x^2 + \frac{1}{2} p x + Q}^2$, c'eſt-à-dire, $x^4 + p x^3 + \overline{q + n k^2} \times x^2 + \overline{r + 2 n k l} \times x + s + n l^2 = x^4 + p x^3 + \overline{2 Q + \frac{1}{4} p^2} \times x^2 + p Q \times x + Q^2$, & compa-

rant les termes correſpondans, on a les trois équations ſuivantes

$$q + n k^2 = 2 Q + \tfrac{1}{4} p^2,$$

$$r + 2 n k l = p Q,$$

$$s + n l^2 = Q^2;$$

dans leſquelles y ayant quatre inconnues, on ne les peut trouver qu'en tatonnant.

Formant une équation de deux valeurs de Q, l'une priſe dans la premiere équation, l'autre dans la deuxiéme, on en tire $n = \frac{\frac{1}{2} p q - \frac{1}{8} p^3 - r}{2 k l - \frac{1}{2} p k^2} = \frac{b}{k \times \frac{1}{2} p k - 2 l}$, en ſe ſervant des lettres de la regle.

C'eſt pourquoi ſi on cherche n, k, l, Q, il s'enſuit, 1°. que n étant un diviſeur de b, qui donne pour quotient $k \times \frac{1}{2} p k - 2 l$, k ſera un diviſeur de $\frac{b}{n}$ qui donnera pour quotient $\frac{1}{2} p k - 2 l$; & que ſouſtrayant ce quotient de $\frac{1}{4} p k$, l ſera égal à la moitié du reſte. 2°. Que par la premiere équation on a $Q = \frac{a + n k^2}{2}$, & par la troiſiéme $l^2 = \frac{Q^2 - s}{n}$. 3°. Parce que $Q = \frac{1}{2} a + \frac{1}{2} n k^2$, & $n l^2 = Q^2 - s$, $n = \frac{\frac{1}{4} a^2 - s}{l^2 - \frac{1}{2} a k^2 - \frac{1}{4} n k^4} = \frac{2 s - \frac{1}{2} a^2}{k^2 \times \overline{a + \frac{1}{2} n k^2} - 2 l^2}$. Et ſi $c = s - \frac{1}{4} a^2$, on pourra mettre $2 c$ pour le numérateur de la derniere équation, c'eſt-à-dire que n ſera égal au quotient de $2 c$ diviſé par $k^2 \times \overline{a + \frac{1}{2} n k^2 - l^2}$. Et ſi les différentes valeurs des quantités n, k, l, Q ré-pondent à ces conditions, c'eſt une preuve qu'on les a priſes telles qu'elles doivent être; & qu'en ajoûtant la quantité $n \times \overline{k x + l}|^2$ à l'équation propoſée, on aura un quarré complet $\overline{x^2 + \frac{1}{2} p + Q}|^2$.

On a dit que Q eſt toujours un diviſeur de $a s - \frac{1}{4} r^2$. Car $a s = a Q^2 - a n l^2$, & retranchant de part & d'autre $\frac{1}{4} r^2 = \frac{1}{4} p^2 Q^2 - p Q n k l + n^2 k^2 l^2$, on a pour reſte $a Q^2 - \overline{a + n k^2} \times n l^2 - \frac{1}{4} p^2 Q^2 + p Q n k l = a Q^2 - 2 Q \times n l^2 - \frac{1}{4} p^2 Q^2 + p Q n k l$, & Q ſe trouvant dans chaque terme, la choſe eſt évidente.

77. Il est inutile d'entrer dans le détail des différentes limitations de cette regle, puisqu'elles s'ensuivent aisément des expressions algébriques des quantités. Par exemple, si on cherche un diviseur irrationnel, on ne prendra pas pour n un nombre quarré; car si n étoit quarré, $\sqrt{n} \times \overline{k x + l}$ seroit rationnel : ou si n étoit multiple d'un quarré, comme $n = v \times m^2$ alors au moins $m \times \overline{k x + l}$ seroit rationnel.

Examinons le cas où p est pair & r impair; selon la regle, n doit être un nombre impair, & $n - 1$ doit être exactement divisible par 4.

1°. Puisque $b = r - \frac{1}{2} a p$, ou $b + \frac{1}{2} a p = r$, l'un des deux nombres b, & $\frac{1}{2} a p$ doit être pair, & l'autre impair, de sorte que leur somme est nécessairement impaire. Si b est impair, son diviseur n l'est aussi : supposons que b soit pair, alors $\frac{1}{2} a p$, & par conséquent $\frac{1}{2} p$ & a sont chacun impair; mais si a est impair, $2 c = 2 s - \frac{1}{2} a^2$ sera la moitié d'un nombre impair, donc son diviseur n sera impair.

Dans ce cas, Q est la moitié d'un nombre impair; car s'il étoit nombre entier, p Q seroit pair : mais si Q est un nombre entier, à plus forte raison l, puisque $s + n l^2 = Q^2$; & $2 n k l$ seroit pair; de plus, on auroit le nombre impair $r + 2 n k l = p Q$ qui est pair, ce qui est absurde.

2°. Supposons que N désigne un nombre quelconque, & I un nombre impair; $I = 4 N \mp 1$ désignera tout nombre impair multiple de 4, plus ou moins l'unité : le quarré d'un nombre impair sera $4 N + 1$, & si de ce quarré on retranche un multiple de 4, le reste, s'il surpasse l'unité, sera $4 N + 1$.

Il s'ensuit que $n = 4 N + 1$; car $n l^2 = Q^2 - s$; parce que l & Q sont moitié de nombres impairs, on a $\frac{n \times I^2}{4} = \frac{I^2 - 4 s}{4}$, ou $n \times I^2 = I^2 - 4 s$, c'est-à-dire, $n \times \overline{4 N + 1} = 4 N + 1$, & par conséquent $n = 4 N + 1$. Car ce n'est point $4 N - 1$, mais $4 N + 1$ qui donne le produit $4 N + 1$.

On peut, de la même maniere, déterminer les autres limitations.

On remarquera que si $k = 0$, on a aussi $b = 0$; car, dans ce cas, $Q = \frac{1}{2} a$, & $p Q = r$, donc $b = r - \frac{1}{2} a p = p Q - p Q = 0$.

78. Mais l'inverse n'est point universellement vraie, quoiqu'elle le soit presque toujours. Car $b = n \times k \times \overline{\frac{1}{2} p k - 2 l}$, ainsi quoique k soit une quantité réelle, cependant si $\frac{1}{2} p k = 2 l$ b se détruit.

Dans ce cas, on peut faire usage des regles suivantes.

REGLE PREMIERE.

Prenez un des diviseurs composés de $2c$ qui soit multiple d'un nombre quarré, mais qui ne soit pas quarré lui-même, par exemple $n k^2$, & examinez si $\frac{2c}{n k^2}$ est égal à $a + \frac{1}{2} n k^2 - \frac{1}{4} p^2$; si cela arrive, faites $x^2 + \frac{1}{2} p x + \frac{1}{2} a + \frac{1}{2} n k^2 = \sqrt{n} \times \overline{k x + \frac{1}{4} p k}$.

Ainsi dans l'équation $x^4 + 2 x^3 - 37 x^2 - 38 x + 1 = 0$, où $a = - 38$, $b = 0$, $2c = - 720$, dont les diviseurs sont en grand nombre, mais à la seule inspection on peut rejetter les moindres, & tenter par $45 = 5 \times 3 \times 3$, le quotient $\frac{2c}{n} = - 16 = - 38 + \frac{45}{2} - \frac{1}{2}$; ce qui donne $x^2 + x + \frac{7}{2} = \sqrt{5} \times \overline{3 x + \frac{3}{2}}$.

REGLE DEUXIÉME.

Lorsque $b = 0$, & $k = 0$, n étant un diviseur de $2c$, si $\frac{\frac{1}{4} a^2 - f}{n}$ est un nombre quarré, la racine de ce quarré sera l.

Ainsi dans l'équation $x^4 + 2 x^3 + 6 x^2 + 5 x - 5 = 0$, où $a = 5$, $b = 0$, $2c = \frac{45}{2}$, si on prend $n = 5$, on aura $\frac{\frac{1}{4} a^2 - f}{n} = \frac{9}{4}$, c'est-à-dire, $l = \frac{3}{2} Q = \frac{5}{2}$. Et $x^2 + x + \frac{5}{2} = \sqrt{5} \times \frac{3}{2}$.

Ce qu'on a dit sur cette matiere suffit pour ouvrir la voye à l'invention & à la démonstration de regles semblables pour des équations plus élevées de dimensions paires, si quelqu'un veut s'en donner la peine.

CHAPITRE IX.

De l'extraction des racines des quantités qui contiennent des radicaux réels ou imaginaires.

NOus allons entrer dans des Méthodes qui donnent des valeurs compliquées de radicaux, & souvent même de quantités, ou réellement imaginaires, ou déguisées sous cette forme ; c'est pourquoi je rapporterai dans ce Chapitre les moyens qu'on a imaginés pour soumettre au calcul ces especes de quantités.

79. On peut trouver par approximation la racine quarrée d'un radical, en cherchant d'abord une quantité rationnelle qui approche assez de la valeur de ce radical, & extrayant ensuite la racine quarrée de cette quantité rationnelle : si on cherche de cette maniere la racine quarrée de $3 + 2\sqrt{2}$, on trouvera $\sqrt{2} = 1.41421$, & par conséquent $3 + 2\sqrt{2} = 5.82842$; dont la racine quarrée est à peu près 2.41421 : mais quelquefois les racines des radicaux se peuvent exprimer exactement par d'autres quantités radicales, comme dans l'exemple en question; car $\sqrt{3 + 2\sqrt{2}} = 1 + \sqrt{2}$.

80. Pour découvrir quand & comment on peut trouver ces sortes de racines, je suppose que $x + y$ est un binome radical dont le quarré est $x^2 + 2xy + y^2$: si l'exposant des radicaux x & y est 2, $x^2 + y^2$ seront une quantité rationnelle, & $2xy$ une quantité irrationnelle ; de sorte que $2xy$ sera toujours moindre que $+ x^2 + y^2$, parce que leur différence est $x^2 + y^2 - 2xy = \overline{x - y}^2$ qui est toujours une quantité positive. Je suppose que dans le radical proposé la partie rationnelle soit A, & la partie irrationnelle B ; on aura

$$x^2 + y^2 = A, \ \& \ xy = \tfrac{1}{2} B.$$

$$\text{donc} \cdots y^2 = A - x^2 = \frac{B^2}{4x^2}$$

$$A x^2 - x^4 = \frac{B^2}{4}, \ \& \ x^4 - A x^2 + \frac{B^2}{4} = 0$$

$$\text{donc} \cdots x^2 = \frac{A + \sqrt{A^2 - B^2}}{2}, \ \& \ y^2 = \frac{A - \sqrt{A^2 - B^2}}{2}$$

Par conséquent une quantité en partie commensurable, en partie incommensurable étant donnée, si on désigne par A la partie commensurable, & l'incommensurable par B, le quarré du plus grand nombre de la racine sera $\frac{A + \sqrt{A^2 - B^2}}{2}$, & celui du moindre $\frac{A - \sqrt{A^2 - B^2}}{2}$: & la racine quarrée de la quantité proposée pourra être exprimée par un binome radical, toutes les fois qu'on pourra extraire la racine quarrée de $A^2 - B^2$.

Si on veut extraire la racine quarrée de $3 + 2\sqrt{2}$, on aura $A = 3$, $B = 2\sqrt{2}$, & $A^2 - B^2 = 9 - 8 = 1$; par conséquent $x^2 = \frac{A + \sqrt{A^2 - B^2}}{2} = 2$, & $y^2 = \frac{A - \sqrt{A^2 - B^2}}{2} = 1$; donc $x + y = 1 + \sqrt{2}$. Pour tirer la racine quarrée de $-1 + \sqrt{-8}$, je suppose $A = -1$, $B = \sqrt{-8}$; ainsi $A^2 - B^2 = 9$, & $\frac{A + \sqrt{A^2 - B^2}}{2} = \frac{-1+3}{2} = 1$, & $\frac{A - \sqrt{A^2 - B^2}}{2} = \frac{-1-3}{2} = -2$; donc la racine cherchée est $1 + \sqrt{-2}$.

Si x & y sont des racines de radicaux, comme dans $\sqrt{m\sqrt{z}}$ & $\sqrt{n\sqrt{z}}$, où m & n sont des entiers, on aura $A = \overline{m + n} \times \sqrt{z}$, & $\frac{1}{2} B = \sqrt{mnz}$; $A^2 - B^2 = \overline{m - n}^2 \times z$, & $x^2 = \frac{A + \sqrt{A^2 - B^2}}{2} = \frac{\overline{m+n} \times \sqrt{z} + \sqrt{\overline{m-n}^2 \times z}}{2} = m\sqrt{z}$, $y^2 = \frac{A - \sqrt{A^2 - B^2}}{2} = n\sqrt{z}$, & $x + y = \sqrt{m\sqrt{z}} + \sqrt{n\sqrt{z}}$.

Si $x + y = \sqrt{m\sqrt{z}} + \sqrt{n\sqrt{t}}$, alors $x^2 + 2xy + y^2 = m\sqrt{z} + n\sqrt{t} + 2\sqrt{mn\sqrt{zt}}$. De sorte que si z & t ne sont pas multiples l'un de l'autre, ou de quelque nombre qui puisse les mesurer tous deux par un nombre quarré, A lui-même sera le binome.

81. Si on désigne un trinome radical quelconque par $x + y + z$, on supposera, comme ci-devant, son quarré $x^2 + y^2 + z^2 + 2xy + 2xz + 2yz = A + B$: ou pour plus grande facilité, on fera le produit de deux des radicaux, comme $2xy \times 2xz$, & on le divisera par le troisiéme radical, ce qui donnera un quotient

rationnel $2x^2$, qui ſera le double du quarré du radical cherché x. Les mêmes regles ont lieu pour un quadrinome $x^2 + y^2 + z^2 + s^2 + 2xy + 2xs + 2xz + 2yz + 2ys + 2zs$; car $\frac{2xy \times 2xs}{2sy} = 2x^2$ qui eſt rationnel, & moitié du quarré de $2x$. De même $\frac{2xy \times 2yz}{2xz} = 2y^2$ moitié du quarré de $2y$: on trouvera de la même maniere z & s.

Ainſi pour tirer la racine quarrée de $10 + \sqrt{24} + \sqrt{40} + \sqrt{60}$; je prends d'abord $\frac{\sqrt{24} \times \sqrt{40}}{\sqrt{60}} = \sqrt{16} = 4$, la moitié de la racine du double de cette quantité, c'eſt-à-dire, $\frac{1}{2}\sqrt{8} = \sqrt{2}$ ſera un terme de la racine quarrée cherchée; je prends enſuite $\frac{\sqrt{24} \times \sqrt{60}}{\sqrt{40}} = 6$, qui eſt encore la moitié du quarré dont la moitié de la racine, c'eſt-à-dire $\sqrt{3}$, eſt un autre terme de la racine cherchée; je prends enfin $\frac{\sqrt{40} \times \sqrt{60}}{\sqrt{24}} = 10$ qui me donnera $\sqrt{5}$ pour troiſiéme terme de la racine que je cherche.

Pour extraire des racines plus élevées d'un binome dont les termes étant quarrés deviennent commenſurables, on pourra ſe ſervir de la regle ſuivante donnée par M. Newton.

Regle.

82. Soit le binome $A \pm B$, dont A eſt la plus grande partie, & ſoit c l'expoſant de la racine cherchée. Cherchez le moindre nombre n dont la puiſſance n^c ſoit diviſible par $A^2 - B^2$, déſignez le quotient par Q; prenez la valeur la plus proche en nombres entiers de $\sqrt[c]{A + B \times \sqrt{Q}}$, je l'appelle r. Diviſez $A\sqrt{Q}$ par ſon plus grand diviſeur rationnel, dont le quotient ſoit s; ſoit de plus t la valeur de la fraction $\frac{r + \frac{n}{r}}{2s}$ exprimée par le nombre entier le plus prochain : ſi la racine c de $A \pm B$ peut être extraite, elle ſera $\frac{ts \pm \sqrt{t^2 s^2 - n}}{\sqrt[2c]{Q}}$.

EXEMPLE PREMIER.

Si on cherche la racine cubique de $\sqrt{968} + 25$, on aura $A^2 - B^2 = 343$, dont les diviseurs sont 7, 7, 7, donc $n = 7$, & $Q = 1$; mais $\overline{A + B} \times \sqrt{Q} = \sqrt{968} + 25$ est un peu plus grand que 56, dont la racine cubique la plus approchante est 4; donc $r = 4$. Divisant ensuite $\sqrt{968}$ par son plus grand diviseur rationnel, on aura $A\sqrt{Q} = 22\sqrt{2}$, & la partie radicale $\sqrt{2} = s$, $\frac{r + \frac{n}{r}}{2s} = \frac{5}{2\sqrt{2}}$ exprimée par le nombre entier le plus approchant donnera $2 = t$; par conséquent $ts = 2\sqrt{2}$, $\sqrt{t^2 s^2 - n} = 1$, & $\sqrt[2c]{Q} = \sqrt[6]{1} = 1$. Donc $2\sqrt{2} + 1$ est la racine cubique cherchée.

EXEMPLE DEUXIEME.

Pour trouver la racine cubique de $68 - \sqrt{4374}$, on a $A^2 - B^2 = 250$ dont les diviseurs sont 5, 5, 5, 2 : donc $n = 5 \times 2 = 10$, & $Q = 4$, $\sqrt[c]{\overline{A + B} \times \sqrt{Q}}$, ou $\sqrt[3]{\overline{68 + \sqrt{4374}} \times 2}$ est à peu près $7 = r$; de plus $A\sqrt{Q}$, ou $68 \times \sqrt{4} = 136 \times \sqrt{1}$, c'est-à-dire, $s = 1$, & $\frac{r + \frac{n}{r}}{2s}$, ou $\frac{7 + \frac{10}{7}}{2}$ est à peu près $4 = t$; par conséquent $ts = 4$, $\sqrt{t^2 s^2 - n} = \sqrt{6}$, & $\sqrt[2c]{Q} = \sqrt[6]{4} = \sqrt[3]{2}$, ce qui donne $\frac{4 - \sqrt{6}}{\sqrt[3]{2}}$ pour la racine cherchée.

EXEMPLE TROISIEME.

Si on demande la racine cinquiéme de $29\sqrt{6} + 41\sqrt{3}$, on a $A^2 - B^2 = 3$, $n = 3$, $Q = 81$, $r = 5$, $s = \sqrt{6}$, $t = 1$, $ts = \sqrt{6}$; donc $\sqrt{t^2 \cdot s^2 - n} = \sqrt{3}$, & $\sqrt[2c]{Q} = \sqrt[10]{81} = \sqrt[5]{9}$, ce qui donne $\frac{\sqrt{6} + \sqrt{3}}{\sqrt[5]{9}}$ pour la racine demandée.

83. Dans ces opérations, si la quantité est une fraction, ou si ses parties ont un diviseur commun, il faudra prendre séparément les racines du numérateur & du dénominateur, ou celles des

facteurs : ainsi pour extraire la racine cubique de $\sqrt{242} - 12\frac{1}{2}$, on réduit cette quantité à un dénominateur commun $\left(\frac{\sqrt{968} - 25}{2}\right)$ & les racines du numérateur & du dénominateur prises séparément donnent $\frac{\sqrt[3]{\sqrt{2} - 1}}{\sqrt[3]{2}}$. Si on cherche une racine quelconque de $\sqrt[3]{3993} + \sqrt[6]{17578125}$, on divisera ses parties par le diviseur commun $\sqrt[3]{3}$, & le quotient étant $11 + \sqrt{125}$, on trouvera la racine de la quantité proposée en prenant celle de $\sqrt[3]{3}$, & celle de $11 + \sqrt{125}$, & multipliant l'une par l'autre.

Pour découvrir les fondemens de cette regle, je me servirai du Théorême suivant.

THÉOREME.

84. Si on éleve la somme, ou la différence de deux quantités x & y à une puissance c, appellant A la somme des termes impairs, & B celle des termes pairs ; la différence des quarrés de A & de B sera égale à la différence des quarrés de x & de y élevés à la puissance c.

DEMONSTRATION.

Les termes de $x + y$ élevés à la puissance c sont $x^c + \frac{c}{1} x^{c-1} y + \frac{c}{1} \times \frac{c-1}{2} x^{c-2} y^2 + \frac{c}{1} \times \frac{c-1}{2} \times \frac{c-2}{3} x^{c-3} y^3$, &c. $= A + B$ & la même puissance de $x - y$ donne $x^c - \frac{c}{1} x^{c-1} y + \frac{c}{1} \times \frac{c-1}{2} x^{c-2} y^2 - \frac{c}{1} \times \frac{c-1}{2} \times \frac{c-2}{3} x^{c-3} y^3$, &c. $= A - B$; par conséquent $\overline{x+y}^c \times \overline{x-y}^c = \overline{A+B} \times \overline{A-B} = A^2 - B^2 = \overline{\overline{x+y} \times \overline{x-y}}^c = \overline{x^2 - y^2}^c$. *Ce qu'il falloit démontrer.*

85. Supposez que $x + y$ qui désigne la racine c du binome proposé $A + B$ appartienne à une de ces formes $p + l\sqrt{q}$, $k\sqrt{p} + q$, ou $k\sqrt{p} + l\sqrt{q}$, c'est-à-dire, que l'une ou l'autre des quantités x & y, ou chacune en même-temps soit un radical quarré ; il s'ensuit

1°. Si $x + y = p + \sqrt{lq}$, c étant un nombre entier, A somme des termes impairs sera un nombre rationnel ; & B somme des termes pairs dont chacun renferme une puissance impaire de y sera le produit d'un nombre rationnel par le radical $\sqrt{q}$.

2°. Si l'exposant c, de la racine cherchée, est un nombre impair, comme on le peut toujours supposer, parce que s'il étoit pair, en extrayant la racine quarrée on pourroit toujours en prendre la moitié jusqu'à ce qu'il devienne impair; & si $x + y = k\sqrt{p} + q$, A contiendra le radical $\sqrt{p}$, & B sera rationnel.

3°. Si $x + y = k\sqrt{p} + l\sqrt{q}$, A & B seront tous deux irrationnels, l'un renfermant $\sqrt{p}$, & l'autre $\sqrt{q}$.

Dans ces trois cas, il est aisé d'appercevoir que quand x est plus grand que y, A sera plus grand que B.

86. L'examen de cette formation du binome A + B peut nous guider dans la découverte des moyens donnés dans la regle précédente pour sa décomposition.

Lorsque A est rationnel, & que $A^2 - B^2$ est une puissance parfaite qui a pour exposant c. Par le Théorême précédent, $A^2 - B^2 = \overline{x^2 - y^2}|^c$ exactement; & par conséquent extrayant la racine c de $A^2 - B^2$ elle sera $x^2 - y^2$. Je nomme cette racine n. J'extrais la racine c de A + B dans les nombres entiers les plus approchans, elle sera à peu près $x + y$. Je la nomme r. Je divise $x^2 - y^2 = n$ par $x + y = r$, le quotient est $x - y$; & la somme du diviseur & du quotient est $2x$; c'est-à-dire, que si on cherche la valeur de x en nombres entiers, elle sera à très-peu de chose près $\frac{r + \frac{n}{r}}{2}$. Mais $x^2 - \overline{x^2 - y^2} = y^2$, ou $\left(\frac{r + \frac{n}{r}}{2}\right)^2 - n = y^2$: donc $y = \sqrt{\left(\frac{r + \frac{n}{r}}{2}\right)^2 - n}$ & par conséquent faisant $t = \frac{r + \frac{n}{r}}{2}$, la racine cherchée $x + y = t + \sqrt{t^2 - n}$, qui est la même expression que celle de la regle, lorsque $Q = 1$, c'est-à-dire, lorsque $A^2 - B^2$ est une puissance parfaite de l'exposant c, & que A est rationnel.

Lorsque

Lorſque A eſt irrationnel, & Q = 1, on trouvera, par le même procédé, $x = \frac{r + \frac{n}{r}}{2} = T$, & $y = \sqrt{T^2 - n}$. Mais puiſque A eſt irrationnel, & que c eſt un nombre impair, x ſera auſſi irrationnel, & l'un & l'autre contiendra le même radical $\sqrt{p}$, ou s, qu'on trouvera en diviſant A par ſon plus grand diviſeur rationnel; ſubſtituez donc à x ou T, ſa valeur $t \times s$, & vous aurez enfin $x + y = ts + \sqrt{t^2 s^2 - n}$.

Si on ne peut extraire la racine c de $A^2 - B^2$ multipliez $A^2 - B^2$ par un nombre Q qui ſoit tel qu'il donne un produit $n^c = A^2 Q - B^2 Q$, qui ſoit la moindre puiſſance parfaite qui ait pour expoſant c. Préſentement, au lieu d'extraire la racine c de A + B, tirez celle de $A + B, \times \sqrt{Q}$, qui ſera, comme ci-devant, $ts + \sqrt{t^2 s^2 - n}$; & par conſéquent la racine c de A + B ſera $ts + \sqrt{t^2 s^2 - n}$ diviſé par la racine c de $\sqrt{Q}$; c'eſt-à-dire, $\frac{ts + \sqrt{t^2 s^2 - n}}{\sqrt[2c]{Q}}$.

87. Cette regle exige qu'on puiſſe trouver n^c qui ſoit une puiſſance parfaite de $A^2 - B^2$ multiplié par un nombre entier Q: voici comment on peut parvenir à cette découverte.

Soit repréſenté le nombre donné $A^2 - B^2$ par le produit $a^m b^p d^f$, dont les diviſeurs ſont $a, a, a \ldots\ldots b, b, b \ldots\ldots d, f$; élevez le produit de ces diviſeurs à la puiſſance c, vous aurez $a^c b^c d^c f^c$, qui étant diviſé par $a^m b^p d^f$ donnera $a^{c-m} b^{c-p} d^{c-1} f^{c-1} = Q$ nombre entier, pourvû que quelqu'un des expoſans m ou p ne ſoit pas plus grand que c; ſi cela étoit, il faudroit élever a, ou b à des puiſſances ſuffiſantes pour que leurs expoſans ne ſoient pas négatifs.

88. Si le binome propoſé étoit A — B, il eſt évident que la même regle feroit trouver $x - y$.

Si chaque membre du binome eſt radical, ou ſi le plus grand l'eſt, on n'en peut trouver aucune racine paire.

Lorſque le plus grand membre eſt rationnel, & que l'expoſant c eſt un nombre pair, il eſt douteux ſi le plus grand membre de la racine eſt rationnel, ou non; & quoiqu'on ne puiſſe pas trouver de racine ſous la forme $p + l\sqrt{q}$, on en peut trouver ſous celle-ci $K\sqrt{p} + q$, ou ſous cette autre $K\sqrt{p} + l\sqrt{q}$.

Si on cherche la racine $K\sqrt{p} + q$, on ſouſtraira $x - y$

de $x + y$, & la moitié du reste donnera la partie rationnelle y; ou q; & si à $x^2 - y^2 = n$, on ajoûte y^2, la somme sera x^2; de sorte que $y = \frac{r - \frac{n}{r}}{2}$, & $x = \sqrt{\overline{\frac{r - \frac{n}{r}}{2}}|^2 + n}$; les expressions étant les mêmes que lorsque c étoit impair, excepté que n a un signe différent.

Si cela ne réussit pas, & qu'on ait sous le signe radical un nombre premier, il est inutile de faire d'autres tentatives : mais si on a sous le signe radical un nombre composé, la racine peut appartenir à la forme $K\sqrt{p} + l\sqrt{q}$; & ce nombre composé étant $p \times q$, puisque $K^2 p - l^2 q = n$, & $K\sqrt{p} = x$, il faut chercher les nombres entiers les plus approchans des valeurs de K & l, & tenter l'opération avec $K\sqrt{p} + l\sqrt{q}$; comme dans l'exemple suivant, où il s'agit de trouver la racine quatriéme de $49849 - 2895\sqrt{224}$; je vois que la racine quatriéme de $A^2 - B^2$ est $157 = x^2 - y^2 = n$, & la racine quatriéme de A — B, c'est-à-dire, $x - y = r = 9$ à peu près: & $\frac{n}{r} = \frac{157}{9} = 17$ à peu près; donc $x = \frac{9 + 17}{2} = 13$. D'ailleurs le moindre facteur radical de B étant $\sqrt{14} = \sqrt{7 \times 2}$, je fais $13 = x = K\sqrt{7}$, & l'entier le plus approchant de K est 5. De plus, $K^2 p - l^2 q = n = 175 - l^2 \times 2 = 157$, c'est-à-dire, $l^2 \times 2 = 18$, & $l = 3$: ce qui donne pour la racine cherchée $5\sqrt{7} - 3\sqrt{2}$.

De cette maniere on trouve immédiatement les racines paires; mais on évite souvent bien de l'embarras en extrayant la racine quarrée par la premiere Méthode jusqu'à ce que l'exposant devienne impair.

89. Si l'un des membres du binome en question étoit un radical imaginaire, comme $A \pm B\sqrt{-q}$; alors on auroit $\sqrt[c]{A^2 - B^2} = x^2 - y^2$: & (si on cherche la racine cubique) $\sqrt[3]{A^2 + B^2 q} = x^2 - y^2 = p^2 + l^2 \times q$; divisant ce qui est sous le signe par son plus grand diviseur rationnel, le quotient sera $\sqrt{-q}$, & si de $\sqrt[3]{A^2 + B^2 q}$ on soustrait p^2, qui est le quarré d'un diviseur de A, le reste sera $l^2 \times q$, multiple connu du quarré de l qui est un diviseur de B.

Si on doute que p & l sont diviseurs de A & de B, on s'en convaincra en cubant $p + l\sqrt{-q}$; car on trouvera $A = p$

$\times \overline{p^2 - 3l^2q}$, & $B = l \times \overline{3p^2 - l^2q}$: ici les signes de p & de l doivent être tels qu'ils rendent positives, ou négatives, les valeurs de A & de B, selon que ces quantités le sont elles-mêmes.

Si on cherche, par cette Méthode, la racine cubique de $81 + \sqrt{-2700} = 81 + 30\sqrt{-3}$. On aura $A = 81$, $B = 30$, $q = 3$; $\sqrt[3]{81 \times 81 + 2700} = 21 = p^2 + l^2q$. C'est pourquoi soustrayant de 21 le quarré de $p = \pm 3$ qui est un diviseur de A, on aura pour reste $l^2q = 2 \times 2 \times 3$; & $l = 2$ est un diviseur de 30. Enfin $A = p \times \overline{p^2 - 3l^2q}$ étant positif, & le facteur $p^2 - 3l^2q$ négatif, p doit avoir le signe négatif, & par la même raison l doit avoir le signe positif; de sorte que la racine cherchée est $-3 + 2\sqrt{-3}$.

On a déja vû que toute puissance doit avoir autant de racines qu'il y a d'unités dans son exposant; & on verra, dans le Chapitre suivant, que l'unité elle-même a trois racines cubiques qui sont 1, $\frac{-1 + \sqrt{-3}}{2}$, & $\frac{-1 - \sqrt{-3}}{2}$; ainsi, pour trouver les deux autres racines de la quantité sur laquelle nous venons d'opérer, on multipliera la racine trouvée par les deux racines incommensurables de l'unité, & on aura $-\frac{3}{2} - \frac{5}{2}\sqrt{-3}$, & $\frac{9}{2} + \frac{1}{2}\sqrt{-3}$.

On pourra souvent abréger cette opération, en divisant le binome donné par le plus grand cube qu'il contient, & cherchant la racine du quotient; car celle-ci, multipliée par la racine du cube qui a servi de diviseur, donnera la racine cherchée : ainsi, dans l'exemple précédent, $81 + \sqrt{-2700} = 27 \times 3 + \sqrt{-\frac{100}{27}}$, & la racine cubique de $3 + \sqrt{-\frac{100}{27}}$ étant trouvée, on la multipliera par 3 racine cubique de 27.

Si le coëfficient du membre imaginaire du binome avoit le signe —, la racine seroit la même, excepté que la partie imaginaire auroit un signe différent.

90. Soit que ces especes de racines puissent s'exprimer en nombres rationnels ou non, on pourra toujours les trouver en réduisant en sa suite infinie le binome $A + B\sqrt{-q}$, & prenant les sommes des termes alternatifs : ainsi, dans l'exemple précédent, $\overline{81 + 30\sqrt{-3}}|^{\frac{1}{3}}$, ou encore mieux $81|^{\frac{1}{3}} \times \overline{1 + \frac{10}{27}\sqrt{-3}}|^{\frac{1}{3}}$

étant réduit en ſuite, la ſomme des termes impairs approchera continuellement de $4.5 = \frac{9}{2}$, & la ſomme des coëfficiens des termes pairs approchera de $\frac{1}{2}$, qui eſt le coëfficient de la partie imaginaire.

CHAPITRE X.

De la réſolution des équations par la regle de Cardan, & autres regles de même eſpece.

91. ON a fait voir comment on peut faire évanouir le deuxiéme terme d'une équation; & de cette maniere, toute équation du troiſiéme degré peut être réduite ſous cette forme

$$x^3 * + q x + r = 0.$$

Si on ſuppoſe $x = a + b$, on aura $x^3 + q x + r = a^3 + 3 a^2 b + 3 a b^2 + b^3 + q x + r = a^3 + 3 a b \times \overline{a + b} + b^3 + q x + r = a^3 + 3 a b x + b^3 + q x + r$ (& ſuppoſant $3 a b = - q$) $= a^3 + b^3 + r = 0$.

Mais $b = - \frac{q}{3 a}$, & $b^3 = - \frac{q^3}{27 a^3}$, & par conſéquent $a^3 - \frac{q^3}{27 a^3} + r = 0$; ou $a^6 + r a^3 = \frac{q^3}{27}$.

Je ſuppoſe $a^3 = z$, & j'ai $z^2 + r z = \frac{q^3}{27}$ qui eſt une équation du deuxiéme degré dont la réſolution donne

$$z = - \tfrac{1}{2} r \pm \sqrt{\tfrac{1}{4} r^2 + \tfrac{q^3}{27}} = a^3,$$

$$\& \; a = \sqrt[3]{- \tfrac{1}{2} r \pm \sqrt{\tfrac{1}{4} r^2 + \tfrac{q^3}{27}}}; \; \& \; x = a + b = a - \frac{q}{3 a}$$

$$= \sqrt[3]{- \tfrac{1}{2} r \pm \sqrt{\tfrac{1}{4} r^2 + \tfrac{q^3}{27}}} = \frac{q}{3 \times \sqrt[3]{\tfrac{1}{2} r^2 \pm \sqrt{\tfrac{1}{4} r^2 + \tfrac{q^3}{27}}}};$$

dans leſquelles expreſſions il n'y a que des quantités connues.

On peut trouver les valeurs de x un peu différemment de cette maniere ; puisque $a^3 = -\frac{1}{2}r \pm \sqrt{\frac{1}{4}r^2 + \frac{q^3}{27}}$, il s'ensuit que $a^3 + r = \frac{1}{2}r \pm \sqrt{\frac{1}{4}r^2 + \frac{q^3}{27}}$, & $b^3 = -a^3 - r = -\frac{1}{2}r \pm \sqrt{\frac{1}{4}r^2 + \frac{q^3}{27}}$; de sorte que $b = \sqrt[3]{-\frac{1}{2}r \pm \sqrt{\frac{1}{4}r^2 + \frac{q^3}{27}}}$, & $x = a + b$ $= \sqrt[3]{-\frac{1}{2}r \pm \sqrt{\frac{1}{4}r^2 + \frac{q^3}{27}}} + \sqrt[3]{-\frac{1}{2}r \pm \sqrt{\frac{1}{4}r^2 + \frac{q^3}{27}}}$; ce qui ne donne qu'une seule valeur de x, parce que quand, dans la valeur de a, le radical $\sqrt{\frac{1}{4}r^2 + \frac{q^3}{27}}$ est positif, il est négatif dans celle de b, & il n'y a de différence pour leur valeur que celle des signes ; de sorte qu'on peut conclure que $x = \sqrt[3]{-\frac{1}{2}r + \sqrt{\frac{1}{4}r^2 + \frac{q^3}{27}}} + \sqrt[3]{-\frac{1}{2}r - \sqrt{\frac{1}{4}r^2 + \frac{q^3}{27}}}$.

92. On peut aussi trouver les valeurs de x sans faire évanouir le deuxiéme terme de l'équation ; car toute équation du troisiéme degré peut être réduite sous cette forme

$$\left.\begin{array}{r} x^3 - 3px^2 - 3qx - 2r \\ + 3p^2x - p^3 \\ + 3pq \end{array}\right\} = 0$$

& en supposant $x = z + p$, elle devient $z^3 * - 3qz - 2r = 0$, qui n'a point de second terme. Donc, par le dernier article, $z = \sqrt[3]{r + \sqrt{r^2 - q^3}} + \sqrt[3]{r - \sqrt{r^2 - q^3}}$: & si on suppose que la racine cubique du binome $r + \sqrt{r^2 - q^3}$ est $m + \sqrt{n}$, le radical précédent deviendra $m + \sqrt{n} + m - \sqrt{n}$ $= 2m$. Et puisque $x = + p$, il s'ensuit que $x = p + 2m$. Mais une équation du troisiéme degré a trois racines qui peuvent être exprimées différemment. Je suppose, par exemple, qu'on cherche la racine cubique de l'unité ; & pour cet effet, soit $y^3 = 1$, ou $y^3 - 1 = 0$, puisque l'unité elle-même est la racine cubique de 1, une des valeurs de y sera 1, de sorte que $y - 1 = 0$ sera le diviseur de la premiere équation $y^3 - 1 = 0$, & le quotient sera l'équation du deuxiéme degré $y^2 + y + 1 = 0$, qui étant résolue, donnera pour racine $y = \frac{-1 \mp \sqrt{-3}}{2}$; de sorte que les trois expressions de $\sqrt[3]{1}$ sont 1, $\frac{-1 + \sqrt{-3}}{2}$, & $\frac{-1 - \sqrt{-3}}{2}$. Et en général, la racine cubique d'une quantité quelconque A^3 sera A, ou $\frac{-1 + \sqrt{-3}}{2} \times A$, ou $\frac{-1 - \sqrt{-3}}{2} \times A$; de sorte que la racine cubique du binome $r + \sqrt{r^2 - q^3}$ sera $m + \sqrt{n}$, comme nous l'avons déja supposé, ou $\frac{-1 + \sqrt{-3}}{2} \times \overline{m + \sqrt{n}}$, ou $\frac{-1 - \sqrt{-3}}{2} \times \overline{m + \sqrt{n}}$: ce qui nous donne trois expressions pour x, sçavoir, $x = p + 2m$, $x = p - m + \sqrt{-3n}$, $x = p - m - \sqrt{-3n}$; & ce sont les trois racines de l'équation proposée.

Pour trouver les racines de l'équation $x^3 - 12x^2 + 41x - 42 = 0$, je compare ses coëfficiens avec ceux de l'équation générale

$$\left.\begin{array}{r} x^3 - 3px^2 - 3qx - 2r \\ + 3p^2x - p^3 \\ + 3pq \end{array}\right\} = 0, \text{ \& je trouve}$$

$3p = 12$, de sorte que . . . . $p = 4$

$3p^2 - 3q = 48 - 3q = 41$ . . . . $q = \frac{7}{3}$.

$3pq - p^3 - 2r = -36 - 2r = -42$ . . . . $r = 3$;

& par conséquent

$r^2 - q^3 = 9 - \frac{343}{27} = -\frac{100}{27}$, & $r + \sqrt{r^2 - q^3} = 3 + \sqrt{-\frac{100}{27}}$.

On trouvera que la racine cubique de ce binome est

$$-1 + \sqrt{-\frac{4}{3}} = m + \sqrt{n}.$$

Donc . . $x = p + 2m = 4 - 2 = 2$.

$$x = p - m - \sqrt{-3n} = 4 + 1 - \sqrt{4} = 5 - 2 = 3$$

$$x = p - m + \sqrt{-3n} = 5 + 2 = 7.$$

De sorte que les trois racines de l'équation proposée sont 2, 3, 7.

Outre $-1 + \sqrt{-\frac{4}{3}}$, on pourroit trouver deux autres expressions de la racine cubique de $3 + \sqrt{-\frac{100}{27}}$, qui sont $\frac{3}{2} + \sqrt{-\frac{1}{12}}$, & $-\frac{1}{2} - \sqrt{-\frac{25}{12}}$; mais étant substituées à $m + \sqrt{n}$ elles donneroient les mêmes valeurs de x qu'on a déja trouvé.

Si on propose l'équation $x^3 + 15 . x^2 + 84x - 100 = 0$; on trouvera $p = -5$, $q = -3$, $r = 135$, & $r + \sqrt{r^2 - q^3} = 135 + \sqrt{18252}$ dont la racine cubique est $3 + \sqrt{12}$; de sorte que $x = p + 2m = -5 + 6 = 1$. Les deux autres valeurs de x qui sont $-8 + \sqrt{-36}$, $-8 - \sqrt{-30}$, sont impossibles. De la même maniere, on trouvera que les racines de l'équation $x^3 + x^2 - 166x + 660 = 0$, sont -15, $7 \mp \sqrt{5}$.

Il faut remarquer que toutes les racines d'une équation cubique sont réelles toutes les fois que le radical $\sqrt{r^2 - q^3}$ est imaginaire, c'est-à-dire, lorsque q est positif, & que $q^3 > r^2$: mais si le radical $\sqrt{r^2 - q^3}$ est possible, l'équation a deux racines impossibles. On se convaincra de la vérité de ce paradoxe en extrayant la racine cubique du binome $r \pm \sqrt{r^2 - q^3}$, comme on l'a enseigné dans le Chapitre précédent, ou en le réduisant en sa suite infinie.

On démontrera, dans la suite, la regle pour trouver les racines impossibles d'une équation.

93. On peut trouver les racines d'une équation du quatriéme degré, en la réduisant à une du troisiéme, de la maniere qui suit.

Faites évanouir le deuxiéme terme, & soit l'équation résultante $x^4 * + qx^2 + rx + s = 0$. Supposez que cette équation du quatriéme degré est le produit de deux équations du deuxiéme degré, comme il suit

$$x^2 + e x + f = 0,$$

$$x^2 - e x + g = 0$$

$$x^4 * \left.\begin{array}{l} + f \\ + q \\ - e^2 \end{array}\right\} \times x^2 \left.\begin{array}{l} + e g \\ - e f \end{array}\right\} \times x + f g = 0;$$

e est coëfficient de x dans les deux équations, mais il a des signes contraires ; parce que quand le deuxiéme terme manque, la somme des racines positives est égale à celle des négatives.

Comparez à présent les termes de l'équation transformée avec les termes correspondans de l'équation proposée, & vous trouverez $f + g - e^2 = q$, $e g - e f = r$, $f g = s$. D'où il suit que $f + g = q + e^2$, & $g - f = \frac{r}{e}$; & par conséquent $f + g + g - f = 2 g = q + e^2 + \frac{r}{e}$, & $g = \frac{q + e^2 + \frac{r}{e}}{2}$; on trouvera de même par soustraction que $f = \frac{q + e^2 - \frac{r}{e}}{2}$; & $f \times g = s = \frac{1}{4} \times \overline{q^2 + 2 q e^2 + e^4 - \frac{r^2}{e^2}}$; & multipliant par $4 e^2$, & ordonnant les termes, on aura $e^6 + 2 q e^4 + \overline{q^2 - 4 s} \times e^2 - r^2 = 0$. Je suppose $e^2 = y$, & cette équation devient $y^3 + 2 q y^2 + \overline{q^2 - 4 s} \times y - r^2 = 0$, qui est une équation du troisiéme degré, dont on découvrira les racines comme ci-dessus. Les racines de y étant trouvées, leur quarrés donneront celles de e, puisque $y = e^2$; ayant trouvé e, on trouvera f & g par les équations $f = \frac{q + e^2 - \frac{r}{e}}{2}$, & $g = \frac{q + e^2 + \frac{r}{e}}{2}$. Enfin tirant les racines des équations $x^2 + e x + f = 0$, & $x^2 - e x + g = 0$, on trouvera les quatre racines de l'équation du quatriéme degré $x^4 * + q x^2 + r x + s = 0$; car ou $x = -\frac{1}{2} e \mp \sqrt{\frac{1}{4} e^2 - f}$, ou $x = + \frac{1}{2} e \mp \sqrt{\frac{1}{4} e^2 - g}$.

94. Si on veut trouver les racines d'une équation du quatriéme

triéme degré ſans faire évanouir le deuxiéme terme ; on la ſuppoſera ſous cette forme

$$x^4 - 4px^3 \left.\begin{matrix} -2q \\ +4p^2 \end{matrix}\right\} x^2 \left.\begin{matrix} -8r \\ +4pq \end{matrix}\right\} x \left.\begin{matrix} -4s \\ +q^2 \end{matrix}\right\} = 0,$$

& les valeurs de x ſeront

$$x = p - a \pm \sqrt{p^2 + q - a^2 - \frac{2r}{a}}$$

$$x = p + a \pm \sqrt{p^2 + q - a^2 + \frac{2r}{a}}$$

où a^2 eſt égal à la racine de l'équation du troiſiéme degré

$$y^3 \left.\begin{matrix} -p^2 \\ -q \end{matrix}\right\} y^2 \left.\begin{matrix} +2pr \\ +s \end{matrix}\right\} y - r^2 = 0.$$

La démonſtration ſe tire du dernier article & de l'article 92. C'eſt pourquoi une équation du quatriéme degré étant propoſée, on comparera ſes termes avec les termes homologues de notre équation générale : par ce moyen on découvrira les valeurs de p, q, r, s ; après quoi on cherchera celle de a^2 par la Méthode du troiſiéme degré.

Soit l'équation du quatriéme degré $x^4 - 8x^3 - 83x^2 + 162x + 936 = 0$, on aura $4p = 8$, ou $p = 2$; $2q - 4p^2$ $(16) = 83$, ou $q = \frac{99}{2}$; $8r - 4pq$ $(396) = -162$, ou $r = \frac{117}{4}$; $4s - q^2$ $(\frac{9801}{4}) = -936$, ou $s = \frac{6057}{16}$: donc $p^2 + q = \frac{107}{2}$, $2pr + s = \frac{7929}{16}$, $r^2 = \frac{13689}{16}$; & par conſéquent $y^3 - \frac{107}{2}y^2 + \frac{7929}{16}y - \frac{13689}{16} = 0$, & ſi on cherche les racines par la formule donnée pour les équations cubiques, on trouvera $p = \frac{107}{6}$, $q = \frac{22009}{144}$, $r = \frac{2903923}{1728}$, & $r^2 - q^3 = -\frac{11940075}{16}$. Mais la racine cubique du binome $\frac{2903923}{1728} + \sqrt{-\frac{31940075}{16}}$ eſt $-\frac{53}{12} + \sqrt{-\frac{400}{3}}$; par conſéquent $y = a^2 = \frac{107}{6} - \frac{53}{6} = 9$; & de plus, $y = a^2 = \frac{107}{6} + \frac{53}{12} \pm \sqrt{400} = \frac{169}{4}$, ou $\frac{9}{4}$. a^2 ayant trois valeurs, a en a ſix, dont chacune indifféremment peut ſervir à la ſolution du Problême ; par exemple, ſi on prend $a = 3$, on trouvera $x = p - a \pm \sqrt{p^2 + q - a^2 - \frac{2r}{a}} = 2 - 3 \pm \sqrt{4 + \frac{99}{2} - 9 - \frac{39}{2}}$

$= -1 \pm 5 = 4$, ou -6, & $x = p + a \pm \sqrt{p^2 + q - a^2 + \frac{2r}{a}}$ $= 2 + 3 \pm \sqrt{4 + \frac{99}{2} - 9 + \frac{39}{2}} = 5 \pm 8 = 13$, ou -3, qui ſont les quatre racines de l'équation propoſée.

CHAPITRE XI.

Méthodes pour approcher des racines des équations par le moyen de leurs limites.

95. QUand on a une équation à réſoudre, il faut d'abord chercher les limites de ſes racines. Soit, par exemple, l'équation $x^2 - 16x + 55 = 0$, on cherchera, premierement, ſes limites, qui ſont 0, 8 & 17; c'eſt-à-dire que la moindre racine eſt entre 0 & 8, & la plus grande entre 8 & 17.

Pour trouver la premiere des racines, on fera attention que ſi on ſubſtitue zéro pour x, le réſultat ſera $+55$, & par conſéquent tout nombre entre 0 & 8 qui donnera un réſultat poſitif, ſera au-deſſous de la moindre racine, & tout nombre qui donnera un réſultat négatif ſera au-deſſus. Puiſque 0 & 8 ſont des limites, je fais $x = 4$ qui tient un milieu entre ces deux nombres, ce qui me donne $x^2 - 16x + 55 = 16 - 64 + 55 = 7$, d'où je conclus que la véritable racine eſt au-deſſus de 4. Je ſuppoſe $x = 6$ qui tient un milieu entre 4 & 8, & j'ai $x^2 - 16x + 55 = 36 - 96 + 55 = -5$, & ce réſultat étant négatif, je vois que 6 ſurpaſſe la racine cherchée; je prends donc 5 & je trouve $x^2 - 16x + 55 = 25 - 80 + 55 = 0$; & par conſéquent 5 eſt la moindre racine de l'équation propoſée. On trouveroit de même que 11 en eſt la plus grande.

Diminuant ainſi la plus grande limite, ou augmentant la moindre, on peut découvrir la véritable racine lorſqu'elle eſt commenſurable. Mais quand ce procédé conduit à deux limites, qui ne différent entr'elles que de l'unité, & dont cependant l'une eſt au-deſſus de la racine, & l'autre au-deſſous, on peut conclure que la racine eſt incommenſurable.

On peut cependant approcher de cette racine, en continuant l'opération par les fractions. Soit, par exemple, l'équation $x^2 - 6x + 7 = 0$, ſi on ſuppoſe $x = 2$, le réſultat ſera $4 - 12 + 7$

$= -1$ qui étant négatif, & la supposition $x = 0$ donnant un résultat positif, il s'ensuit que la racine est entre 0 & 2. Je fais donc $x = 1$; & je trouve $x^2 - 6x + 7 = 1 - 6 + 7 = 2$, qui étant positif, je conclus que la racine est entre 1 & 2, & par conséquent incommensurable; pour en approcher, je suppose $x = 1\frac{1}{2}$, ce qui me donne $x^2 - 6x + 7 = 2\frac{1}{4} - 9 + 7 = \frac{1}{4}$; & ce résultat étant positif, je vois que la racine est entre 2 & $1\frac{1}{2}$. Je prends donc $1\frac{3}{4}$, & j'ai pour résultat $-\frac{7}{16}$ qui est négatif; de sorte que la racine est entre $1\frac{3}{4}$ & $1\frac{1}{2}$; je prends $1\frac{5}{8}$, qui donnant aussi un résultat négatif, je conclus que la racine est entre $1\frac{1}{2} = 1\frac{4}{8}$, & $1\frac{5}{8}$; j'essaye donc $1\frac{9}{16}$, & le résultat étant positif, la racine est entre $1\frac{9}{16}$ & $1\frac{10}{16}$. Et par conséquent elle est à peu près $1\frac{19}{32}$.

96. On peut en approcher plus aisément en transformant l'équation en une autre, dont les racines soient dix fois, cent fois, ou mille fois plus grandes que celles de la proposée, & prenant les limites plus grandes à proportion. Cette transformation est facile; car il suffit de multiplier le deuxiéme terme par 10, 100, ou 1000, le troisiéme terme par leurs quarrés, le quatriéme, par leurs cubes, &c. l'équation du dernier exemple, transformée de cette maniere, devient $x^2 - 600x + 70000 = 0$, dont les racines contiennent cent fois celles de la proposée, & dont les limites sont entre 100 & 200. Et procédant comme ci-devant, on tentera 150, & on trouvera $x^2 - 600x + 70000 = 22500 - 90000 + 70000 = 2500$, de sorte que 150 est au-dessous de la moindre racine; on tentera ensuite 175, qui, donnant un résultat négatif, sera au-dessus de la racine: & procédant de cette maniere on trouvera que la racine est entre 158 & 159: d'où on pourra conclure que la moindre racine de l'équation $x^2 - 6x + 7 = 0$ est entre 1. 58 & 1. 59.

Si on veut résoudre l'équation du troisiéme degré $x^3 - 15x^2 + 63x - 50 = 0$, l'équation des limites sera $3x^2 - 3x + 63 = 0$, ou $x^2 - 10x + 21 = 0$, dont les racines sont 3 & 7; & substituant 0 pour x le résultat de l'équation $x^3 - 15x^2 + 63x - 50$ est négatif, & substituant 3 il devient positif. $x = 1$ donne encore un résultat négatif, & $x = 2$ en donne un positif, de sorte que la racine est entre 2 & 1, & par conséquent incommensurable. On peut en approcher, comme dans les exemples précédens. Mais nous allons expliquer d'autres Méthodes, par le moyen desquelles on pourra en approcher beaucoup plus facilement & plus promptement.

97. Après avoir découvert une valeur de la racine qui n'en differe pas de l'unité, supposez que la différence entre sa véritable valeur & la valeur approchée que vous avez trouvée, soit représentée par f, comme dans le dernier exemple, faites $x = 1 + f$. Substituez cette valeur au lieu de x dans l'équation, comme il suit

$$x^3 = 1 + 3f + 3f^2 + f^3$$
$$-15x^2 = -15 - 30f - 15f^2$$
$$63x = 63 + 63f$$
$$-50 = -50$$

$$x^3 - 15x^2 + 63x - 50 = -1 + 36f - 12f^2 + f^3 = 0.$$

Puisqu'on suppose f moindre que l'unité, on peut, dans cette approximation, négliger ces puissances f^2, f^3; de sorte que prenant seulement les deux premiers termes on aura $-1 + 36f = 0$, ou $f = \frac{1}{36} = 0.027$; de sorte que x vaut à peu près 1.027.

On peut prendre une valeur plus approchée de x, en considérant que puisque $-1 + 36f - 12f^2 + f^3 = 0$, par conséquent $f = \frac{1}{36 - 12f + f^2}$, & substituant dans cette fraction $\frac{1}{36}$ pour f, on aura $f = \frac{1}{36 - 12 \times \frac{1}{36} + \frac{1}{36} \times \frac{1}{36}} = \frac{1296}{46225}$ $= 0.02803$.

Mais on corrigera & on déterminera bien plus exactement la valeur de f, en désignant par g la différence entre sa valeur réelle & la valeur approchée qu'on en a trouvée, de sorte qu'on aura $f = 0.02803 + g$. Substituant cette valeur de f dans l'équation $f^3 - 12f^2 + 36f - 1 = 0$, on aura

$$f^3 = 0.0000220226 + 0.002357g + 0.08409g^2 + g^3$$
$$-12f^2 = -0.00942816 - 0.67272g - 12g^2$$
$$+36f = 1.00908 + 36g.$$
$$-1 = -1$$

$$= -0.0003261374 + 35.329637g - 11.9195g^2 + g^3 = 0$$

négligeant tous les termes, excepté les deux premiers, on a

$35.329637 \times g = 0.0003261374$, & $g = \frac{0.0003261374}{35.329637} = 0.00000923127$. de sorte que $f = 0.02803923127$; & $x = 1 + f = 1.02803923127$; qui est à très-peu près la valeur de la racine de l'équation proposée.

Si on avoit encore besoin d'une plus grande exactitude, on supposeroit h égal à la différence de la valeur de g qu'on vient de trouver & de sa valeur réelle, & procédant comme ci-dessus, on corrigeroit la valeur de g.

Si on propose l'équation $x^3 - 2x - 5 = 0$; après avoir découvert que l'une des racines est entre 2 & 3, on supposera $x = 2 + f$, & substituant cette valeur, on trouvera

$$\begin{aligned} x^3 &= 8 + 12f + 6f^2 + f^3 \\ -2x &= -4 - 2f \\ -5 &= -5 \\ \hline &= -1 + 10f + 6f^2 + f^3 = 0, \end{aligned}$$

& on aura pour valeur approchée $10f = 1$, ou $f = 0.1$. alors, corrigeant cette valeur, on supposera $f = 0.1 + g$, ce qui donnera

$$\begin{aligned} f^3 &= 0.001 + 0.03g + 0.3g^2 + g^3 \\ 6f^2 &= 0.06 + 1.2g + 6g^2 \\ 10f &= 1. \quad + 10g \\ -1 &= -1 \\ \hline &= 0.061 + 11.23g + 6.3g^2 + g^3 = 0 \end{aligned}$$

de sorte que $g = \frac{-0.061}{11.23} = -0.0054$

Supposant alors $g = -0.0054 + h$, on peut corriger cette valeur, & trouver enfin que la racine demandée est à très-peu près 2.09455147.

En faisant usage des autres limites, on peut, de la même maniere, découvrir les autres racines : ainsi l'équation $x^3 - 15x^2 + 63x - 50 = 0$, a pour limites 0, 3, 7, 50, & nous avons déja trouvé que sa moindre racine est à peu près 1. 028039. Si on demande la racine suivante; on déterminera de même ses plus proches limites 6 & 7, dont la premiere donne un résultat positif, & la deuxiéme un négatif. C'est pourquoi on supposera $x = 6 + f$, & substituant cette valeur dans l'équation, on trouvera $f^3 + 3f^2 - 9f + 4 = 0$, & par conséquent $f = \frac{4}{9}$ à peu près. Ou puisque $f = \frac{4}{9 - 3f - f^2}$, (substituant $\frac{4}{9}$ pour f) $f = \frac{4}{9 - \frac{4}{3} - \frac{16}{81}} = \frac{324}{605}$, donc $x = 6 + \frac{324}{605}$ à peu près. On peut encore corriger cette valeur, comme dans les articles précédens. On trouvera de même la plus grande racine de l'équation.

98. Dans toutes ces opérations, on approchera plus promptement de la valeur de la racine, si on veut prendre les trois derniers termes de l'équation, & en tirer la racine quarrée : si, par exemple, dans l'équation $f^3 - 12f^2 + 36f - 1 = 0$ on prend les trois derniers termes $12f^2 - 36f + 1 = 0$, tirant la racine quarrée, on aura $f = 0.028031$, qui approche beaucoup plus de la véritable valeur que celle qu'on trouve en se servant de $36f - 1 = 0$. Il est clair que cette Méthode s'étend à toutes les équations.

99. En prenant des équations affectées de coëfficiens généraux, on peut, par le moyen de cette Méthode, trouver des Théorêmes généraux pour approcher des racines d'une équation quelconque.

Soit $f^3 - pf^2 + qf - r = 0$ l'équation par le moyen de laquelle on doit déterminer la fraction f, qui doit être ajoûtée à la limite, ou en être retranchée, pour avoir la valeur approchée de x. Dans ce cas, $qf - r = 0$ donnera $f = \frac{r}{q}$. Mais puisque $f = \frac{r}{f^2 - pf + q}$, substituant $\frac{r}{q}$ pour f, on aura la formule suivante, pour trouver f à peu près

$$f = \frac{r}{\frac{r^2}{q^2} - \frac{pr}{q} + q} = \frac{q^2 \times r}{q^3 - pqr + r^2}.$$

Si c'est une équation du quatriéme degré qui doit déterminer f, par exemple, $f^4 - pf^3 + qf^2 - rf + s = 0$, alors, f étant très-petit, on aura $f = \frac{s}{r}$, & on corrigera cette valeur en la substituant dans $f = \frac{s}{r - qf + pf^2 - f^3}$ $= \frac{s}{r - \frac{qs}{r} + \frac{ps^2}{r^2} - \frac{s^2}{r^3}}$, d'où nous tirons cette formule pour toutes les équations du quatriéme degré

$$f = \frac{r^3 \times s}{-s^3 + ps^2 r - qsr^2 + r^4}.$$

100. On peut trouver d'autres Théorêmes en prenant les trois derniers termes de l'équation, & résolvant une équation du second degré : ainsi, dans l'équation $f^3 - pf^2 + qf - r = 0$, je néglige le premier terme f^3, à cause de son extrême petitesse, je tire la racine quarrée de $pf^2 - qf + r = 0$, ou de $f^2 - \frac{q}{p} \times f + \frac{r}{p} = 0$, & je trouve $f = \frac{q}{2p} \mp \sqrt{-\frac{r}{p} + \frac{q^2}{4p^2}}$ $= \frac{q \mp \sqrt{q^2 - 4pr}}{2p}$ à peu près.

On peut corriger cette valeur en supposant $f = m$, & substituant m^3 pour f^3, ce qui donne $m^3 - pf^2 + qf - r = 0$, & $pf^2 - qf + r - m^3 = 0$; dont la résolution donne $f = \frac{q \mp \sqrt{q^2 - 4pr + 4pm^3}}{2p}$, qui est à très-peu près la valeur de f.

De cette maniere, on trouvera des Théorêmes semblables pour trouver les racines d'une équation d'un nombre quelconque de degrés.

Soit l'équation générale $x^n + px^{n-1} + qx^{n-2} + rx^{n-3}$ + &c. + A = 0, dont n désigne le nombre de dimensions, & A le dernier terme. Supposez que k représente la plus prochaine limite au-dessous d'une des racines de l'équation, & supposant $x = k + f$, substituez les puissances de $k + f$ à celle de x, & vous aurez $\overline{k+f}^n + p \times \overline{k+f}^{n-1} + q \times \overline{k+f}^{n-2}$ $+ r \times \overline{k+f}^{n-3}$, &c. + A = 0, ou faisant les multiplications, & disposant les termes selon les dimensions de f

$$\left.\begin{array}{l} k^{n} + n k^{n-1} \times f + n \times \frac{n-1}{2} k^{n-2} f^{2} + \&c. \\ p k^{n-1} + p \times \overline{n-1}\, k^{n-2} \times f + p \times \overline{n-1} \times \frac{n-2}{2} k^{n-3} f^{2} + \&c. \\ q k^{n-2} + q \times \overline{n-2}\, k^{n-3} \times f + q \times n-2 \times \frac{n-3}{2} k^{n-4} f^{2} + \&c. \\ r k^{n-3} + r \times \overline{n-3}\, k^{n-4} \times f + r \times \overline{n-3} \times \frac{n-4}{2} k^{n-5} f^{3}, \&c. \end{array}\right\} + A =$$

ou négligeant toutes les puissances de f, qui suivent les deux premiers termes, on trouve

$$f = \frac{-A - k^{n} - p k^{n-1} - q k^{n-2} - r k^{n-3}, \&c.}{n k^{n-1} + p \times \overline{n-1}\, k^{n-2} + q \times n-2\, k^{n-3} + r \times n-3\, k^{n-4}, \&c.}$$

$$\& \; x = k + f = \frac{-A + \overline{n-1}\, k^{n} + p \times \overline{n-2}\, k^{n-1} + q \times \overline{n-3}\, k^{n-2} + r \times \overline{n-4}\, k^{n-3}, \&c.}{n k^{n-1} + p \times \overline{n-1}\, k^{n-2} + q \times \overline{n-2}\, k^{n-3} + r \times \overline{n-3}\, k^{n-4}, \&c.}$$

D'où on peut déduire des Théorêmes particuliers pour trouver les racines des équations.

101. On peut aussi, par cette Méthode, découvrir des Théorêmes pour approcher des racines des puissances pures; comme pour trouver la racine n d'un nombre A; je suppose que k soit sa plus prochaine racine en nombres entiers, & que $k + f$ soit sa véritable racine, on aura $k^{n} + n k^{n-1} f + n \times \frac{n-1}{2} k^{n-2} f^{2}$, &c. $=$ A; & prenant seulement les deux premiers termes, $f = \frac{A - k^{n}}{n k^{n-1}}$: ou plus exactement en prenant les trois premiers termes $f = \frac{A - k^{n}}{n k^{n-1} + n \times \frac{n-1}{2} k^{n-2} f}$, & prenant $\frac{A - k^{n}}{n k^{n-1}} = f$, on a $f = \frac{A - k^{n}}{n k^{n-1} + \frac{n^{2} - n}{2k} k^{n-2} \times \frac{A - k^{n}}{n k^{n-1}}}$

$= \frac{A - k^{n}}{n k^{n-1} + \frac{n-1}{2k} \times \overline{A - k^{n}}}$ (& faisant $m = A - k^{n}$)

$= \frac{k\, m}{n k^{n} + \frac{n-1}{2} \times m}$; qui est un Théorême rationnel pour approcher de la valeur de f.

On

On trouveroit un Théorême irrationnel pour le même ſujet, en prenant les trois premiers termes $k^n + n k^{n-1} f + n \times \frac{n-1}{2} k^{n-2} f^2 = A$. Car, $n k^{n-1} f + n \times \frac{n-1}{2} k^{n-2} f^2 = A - k^n = m$; & la réſolution de cette équation donne

$$f = -\frac{k}{n-1} \pm \sqrt{\frac{2m}{n \times \overline{n-1} \times k^{n-2} + \frac{k^2}{\overline{n-1}^2}}} = -\frac{k}{n-1} \pm \sqrt{\frac{2mn - 2m + nk^2}{n \times \overline{n-1}^2 k^{n-2}}}.$$

Dans l'application de ces Théorêmes, quand on a trouvé une valeur approchée de f, il faut l'ajoûter à k, & ſubſtituer cette ſomme au lieu de k dans la formule; & par une nouvelle opération on auroit encore une valeur plus correcte de la racine demandée: ainſi, pour trouver la racine cubique de 2, je ſuppoſe $k = 1$, & $f = \frac{km}{n k^n + \frac{n-1}{2} m} = \frac{1}{4} = 0.25$; enſuite je ſuppoſe $k = 1.25$, & par une nouvelle opération on trouvera $f = 0.009921$, & par conſéquent $\sqrt[3]{2} = 1.259921$ à peu près. Par le moyen du Théorême irrationnel on eût trouvé la même valeur de $\sqrt[3]{2}$.

CHAPITRE XII.

Méthode des ſuites pour l'approximation des racines des équations littérales.

102. S'Il n'y a que deux lettres x & a dans une équation, ſuppoſez $a = 1$, & cherchez les racines de l'équation numérique qui provient de cette ſuppoſition, multipliez les racines par a, les produits feront les racines de l'équation propoſée. Ainſi, on trouvera que 5 & 11 ſont les racines de l'équation $x^2 - 16x + 55 = 0$; & par conſéquent les racines de l'équation $x^2 - 16ax + 55a^2 = 0$ ſont $5a$ & $11a$. On trouvera les racines de l'équation $x^3 + a^2 x - 2a^3 = 0$, en cherchant celles de l'équation numérique $x^3 + x - 2 = 0$, & puiſque l'une d'elles eſt

1, il s'ensuit qu'une de celles de la proposée est a; les deux autres sont imaginaires.

103. Si l'équation à résoudre contient plus de lettres, comme $x^3 + a^2 x - 2a^3 + ayx - y^3 = 0$, on pourra alors exprimer la valeur de x par une suite dont les termes seront composés des puissances de a & y avec leurs coëfficiens respectifs; si les termes sont multipliés par les puissances de y, & divisés prr celles de a, cette suite décroîtra d'autant plus promptement que y est moindre par rapport à a. Et si les termes sont multipliés par les puissances de a, & divisés par celles de y, la suite décroîtra d'autant plus promptement, que y est plus grand par rapport à a. Puisque les termes $y\ \frac{y^2}{a}$, $\frac{y^3}{a^2}$, $\frac{y^4}{a^3}$, $\frac{y^5}{a^4}$, &c. décroissent très-promptement lorsque y est très-petit par rapport à a. Si y s'évanouit par rapport à a, le deuxiéme terme s'évanouira par rapport au premier, puisque $\frac{y^2}{a} : y :: y : a$. Et de même $\frac{y^3}{a^2}$ s'évanouira par rapport au terme qui le précéde immédiatement. Mais lorsque y est très-grand en comparaison de a, a se trouve très-grand en comparaison de $\frac{a^2}{y}$, & $\frac{a^2}{y}$ en comparaison de $\frac{a^3}{y^2}$; de sorte qu'alors les termes a, $\frac{a^2}{y}$, $\frac{a^3}{y^2}$, $\frac{a^4}{y^3}$, $\frac{a^5}{y^4}$, &c. décroissent très-rapidement. Et, dans ces cas, quelques-uns des premiers termes donnent une valeur assez approchée de la racine.

Si, dans l'équation précédente, on demande pour x une suite qui décroisse d'autant plus promptement que y est moindre par rapport à a; pour trouver le premier terme de cette suite, on pourra supposer y évanoui; & tirant la racine de l'équation $x^3 + a^2 x - 2a^3 = 0$, qui contient les termes de l'équation proposée qui ne se sont point évanouis avec $y = 0$; on trouvera $x = a$ qui est la véritable valeur de x lorsque y est évanoui, mais ce n'en est qu'une valeur approchée lorsque y est très-petit sans être égal à zéro. Pour avoir une valeur plus approchée de x, je suppose que la différence de a à la véritable valeur est p, c'est-à-dire, $x = a + p$, & substituant cette valeur pour x dans l'équation donnée, on trouve

$$\left.\begin{array}{l} x^3 = a^3 + 3\,a^2\,p + 3\,a\,p^2 + p^3 \\ + a^2\,x = + a^3 + a^2\,p \\ - 2\,a^3 = - 2\,a^3 \\ + a\,y\,x = a^2\,y + a\,p\,y \\ - y^3 = - y^3 \end{array}\right\} = 0$$

$$\left.\begin{array}{l} = 4\,a^2\,p + 3\,a\,p^2 + p^3 \\ \quad a^2\,y + a\,p\,y - y^3 \end{array}\right\} = 0$$

Mais puisque, par la supposition, y & p sont très-petits par rapport à a, il s'ensuit que les termes $4\,a^2\,p$, $a^2\,y$, ou y & p se trouvent séparément avec leurs moindres dimensions, sont très-grands par rapport aux autres; de sorte qu'on peut négliger ceux-ci dans la détermination de la valeur de p : & $4\,a^2\,p + a^2\,y = 0$ donne $p = -\frac{1}{4}y$. Donc $x = a + p = a - \frac{1}{4}y$ à peu près.

Ensuite pour trouver une valeur plus approchée de p, & par conséquent de x, je suppose $p = -\frac{1}{4}y + q$, & substituant cette valeur dans la derniere équation, je trouve

$$\left.\begin{array}{l} p^3 = -\frac{1}{64}y^3 + \frac{3}{16}y^2\,q - \frac{3}{4}y\,q^2 + q^3 \\ 3\,a\,p^2 = \frac{3}{16}\,a\,y^2 - \frac{3}{2}\,a\,y\,q + 3\,a\,q^2 \\ 4\,a^2\,p = - a^2\,y + 4\,a^2\,q \\ a\,y\,p = -\frac{1}{4}\,a\,y^2 + a\,y\,q \\ a^2\,y = a^2\,y \\ - y^3 = - y^3 \end{array}\right\} = 0 =$$

$$\left.\begin{array}{l} = -\frac{65}{64}y^3 + \frac{3}{16}y^2\,q - \frac{3}{4}\,y\,q^2 + q^3 \\ -\frac{1}{16}\,a\,y^2 - \frac{1}{2}\,a\,y\,q + 3\,a\,q^2 \\ + 4\,a^2\,q \end{array}\right\} = 0$$

& puisque, par la supposition, q est très-petit par rapport à p, qui vaut à peu près $-\frac{1}{4}y$; par conséquent q sera très-petit par rapport à y; donc tous les termes de l'équation précédente seront très-petits en comparaison des deux $-\frac{1}{16}ay^2$, $+4a^2q$, où y & q sont séparément à leur moindre dimension : particulierement le terme $-\frac{1}{2}ayq$ est très-petit par rapport à $4a^2q$, parce que y est très-petit par rapport à a; & il est très-petit par rapport à $-\frac{1}{16}ay^2$, parce que q est très-petit par rapport à y.

C'est pourquoi négligeant les autres termes, & supposant $-\frac{1}{16}ay^2 + 4a^2q = 0$, on aura $q = \frac{1}{64} \times \frac{y^2}{a}$; de sorte que $x = a - \frac{1}{4}y + \frac{1}{64} \times \frac{y^2}{a}$. Et procédant de la même maniere on trouvera $x = a - \frac{y}{4} + \frac{y^2}{64a} - \frac{131y^3}{512a^2} + \frac{509y^4}{16384a^3} - 1$, &c.

Lorsqu'on veut trouver pour x une suite qui décroisse d'autant plus vîte, que y est plus grand par rapport à une quantité a, il faut seulement supposer a très petit par rapport à y, & procéder selon le raisonnement du dernier exemple.

Ainsi, pour trouver dans l'équation $x^3 - a^2x + ayx - y^3 = 0$, une valeur de x qui décroisse d'autant plus vîte, que y est plus grand par rapport à a. Supposez a évanoui, les termes restans donneront $x^3 - y^3 = 0$, ou $x = y$; de sorte que quand y est très-grand, $x = y$ à peu près.

Mais pour avoir une valeur plus exacte de x, on fera $x = y + p$; & par conséquent

$$\left.\begin{array}{l} x^3 = y^3 + 3y^2p + 3yp^2 + p^3 \\ -a^2x = -a^2y - a^2p \\ +ayx = ay^2 + ayp \\ -y^3 = -y^3 \end{array}\right\} = 0$$

$$= 3y^2p + 3yp^2 + p^3 - a^2y - a^2p + ay^2 + ayp:$$

Où les termes $3y^2p + ay^2$ deviennent considérablement plus grands que le reste, y étant beaucoup plus grand que a ou p; & par conséquent $p = -\frac{1}{3}a$ à peu près.

Suppoſant enſuite $p = -\frac{1}{3}a + q$, l'équation précédente ſe transformera en celle-ci

$$\left.\begin{array}{l} -\frac{8}{27}a^3 + 3y^2q + 3yq^2 + q^3 \\ -a^2y - ayq - aq^2 \\ \quad -\frac{2}{3}a^2q \end{array}\right\} = 0$$

dans laquelle les deux termes $3qy^2 - a^2y$ ſont conſidérablement plus grands qu'aucun des autres, a étant beaucoup moindre que y, & q beaucoup moindre que a, par la ſuppoſition ; de ſorte que $3qy^2 - a^2y = 0$, & $q = \frac{a^2}{3y}$ à peu près. De cette maniere on pourra corriger la valeur de y, & trouver $x = y - \frac{1}{3}a + \frac{a^2}{3y} + \frac{a^3}{81y} - \frac{8a^4}{243y^3}$, &c. laquelle ſuite décroît d'autant plus promptement que y eſt ſuppoſé plus grand par rapport à a.

Dans la ſolution du premier exemple, pour déterminer p, q, r, &c. on a comparé les termes dans leſquels y, & ces mêmes quantités p, q, r, &c. avoient ſéparément les moindres dimenſions. Mais, dans le deuxiéme exemple, on a comparé ceux où a & ces mêmes quantités avoient les mêmes dimenſions ſéparément. Et ce ſont toujours les quantités qu'il faut comparer enſemble, parce qu'elles deviennent beaucoup plus grandes que les autres dans les hypoheſes reſpectives.

104. En général, pour déterminer le premier terme, ou un terme quelconque d'une ſuite, il faut ſeulement prendre enſemble les termes de l'équation qui doivent devenir beaucoup plus grands que les autres; c'eſt-à-dire, qui donnent une valeur de x qui, ſubſtituée dans tous les termes de l'équation, puiſſe élever tous les autres termes à des dimenſions ſupérieures, ou les faire deſcendre à des dimenſions inférieures, ſelon qu'on ſuppoſe y très petit, ou très-grand par rapport à a.

Ainſi, pour déterminer le premier terme de la ſuite convergente, qui exprime la valeur de x dans la derniere équation $x^3 - a^2x + ayx - y^3 = 0$, il ne faut point comparer les termes ayx & $-y^3$; car ils donneroient $x = \frac{y^2}{a}$, qui, ſubſtituée dans l'équation, donneroit $\frac{y^6}{a^3} - ay^2 + y^3 - y^3 = 0$, où le premier terme a plus de dimensions que les termes $a y x$ & $-y^3$ qu'on avoit pris : & le second en a moins; de sorte qu'on ne peut négliger les deux premiers termes en comparaison des deux derniers, soit que y soit très-grand, soit qu'il soit très-petit par rapport à a. On ne doit pas non plus comparer les termes x^3 & $a y x$ pour trouver le premier terme de la suite qui exprime la valeur de x, par la même raison.

Mais on peut comparer x^3, ou $-y^3$ avec $-a^2 x$. Ces deux termes donnent le premier terme d'une suite qui décroît d'autant plus vîte que y est moindre; de même $x^3 = y^3$ donne le premier terme d'une suite qui décroît d'autant plus vîte que y est plus grand. Cette derniere suite a été donnée dans l'article précédent. La comparaison de x^3 avec $-a^2 x$ donne les deux suites

$$x = a - \frac{1}{2} y - \frac{y^2}{8 a} + \frac{7 y^3}{16 a^2} - \frac{59 y^4}{128 a^3}, \text{ \&c.}$$

$$x = -a + \frac{1}{2} y + \frac{y^2}{8 a} + \frac{9 y^3}{16 a^2} + \frac{69 y^4}{128 a^3}, \text{ \&c.}$$

en comparant $-a^2 x$ avec $-y^3$ on trouvera

$$x = -\frac{y^3}{a^2} - \frac{y^4}{a^3} - \frac{y^5}{a^4} - \frac{y^6}{a^5} -, \text{ \&c.}$$

105. On voit, par tout ce qu'on a dit jusqu'à présent, que lorsqu'il s'agit d'exprimer la valeur de x par une suite convergente dans une équation qui renferme x & y, toute la difficulté de trouver le premier terme de la suite se réduit à trouver les termes qui déterminent la valeur de x par certaines dimensions de y & a, de maniere que cette valeur, substituée dans les autres termes, donne partout y élevé à de plus hautes dimensions, ou partout abbaissé à de moindres, que dans les termes qu'on avoit pris.

Pour le déterminer, formez un angle droit avec les deux lignes BA & AC, achevez le quarré, ou parallelograme ABCD, & divisez-le en des quarrés égaux, comme dans la figure vis-à-vis. Dans ces quarrés, placez les puissances de x depuis A jusqu'en C, & les puissances de y depuis A jusqu'en B; & dans tout autre quarré mettez la puissance de x qui est directement au-dessous dans la ligne AC multipliée par la puissance de y qui est directement à côté dans la ligne AB; de sorte que l'exposant de x, dans chaque petit quarré, exprime sa distance de la ligne AB, & que l'exposant de y dans chaque petit quarré exprime son éloignement de la ligne AC.

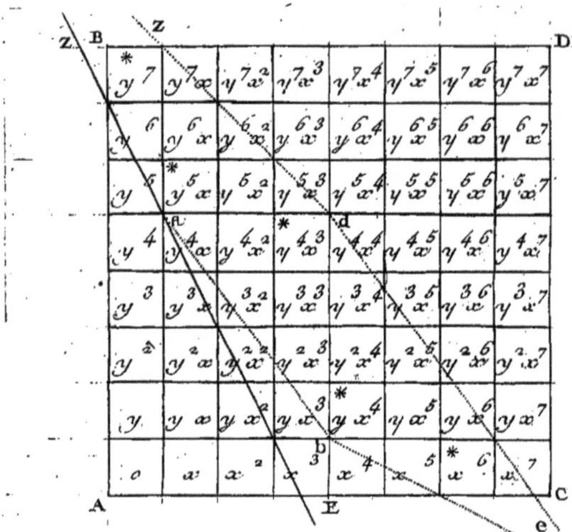

On remarquera au ſujet de ce parallelograme,

1°. Que les termes ſont en progreſſion géométrique, non-ſeulement dans la colonne verticale A B, ou l'horiſontale A C, & leurs paralleles; mais encore les termes pris dans une ligne oblique quelconque; car les expoſans de y & x y ſont toujours en progreſſion arithmétique : les expoſans de y parce qu'ils ſont entr'eux comme leurs diſtances à la ligne A C, & que les termes s'approchent, ou s'éloignent également de cette ligne. Il en eſt de même des expoſans de x, parce qu'ils s'approchent, ou s'éloignent également de la ligne A B. Ainſi, dans les termes y^7, $y^5 x$, $y^3 x^2$, $y x^3$, les expoſans de y diminuant de la différence commune 2, pendant que ceux de x augmentent ſelon la progreſſion des nombres naturels, le rapport commun des termes de la progreſſion eſt $\frac{x}{y^2}$.

2°. Il ſuit, de l'obſervation précédente, que ſi on ſuppoſe deux termes quelconques égaux, tous les termes pris dans la même ligne droite ſeront égaux; car, ſuppoſant deux termes égaux, le rapport commun ſera un rapport d'égalité; d'où il ſuit que ſi on substitue à x la valeur qu'on en trouve en supposant l'égalité de deux termes, exprimée par les puissances de y, les dimensions de y dans tous les termes pris dans la même ligne droite seront égales; mais les dimensions de y seront plus grandes dans les termes pris au-dessus de cette ligne, & moindres dans les termes pris au-dessous. Ainsi, supposant $y^7 = y x^3$, on trouve $x^3 = y^6$, ou $x = y^2$; & substituant cette valeur de x dans les quarrés, les dimensions de y dans les termes y^7, $y^5 x$, $y^3 x^2$, $y x^3$ qui sont dans la même ligne droite, seront 7, mais ses dimensions, dans les termes au-dessus de cette ligne, seront au-dessus de 7, & dans les termes au-dessous elles seront au-dessous de 7.

Ces deux observations fournissent un moyen facile pour découvrir les termes qu'il faut prendre dans une équation pour avoir une valeur de x qui donne dans tous les autres termes des dimensions supérieures de y, ou dans toutes les dimensions de y inférieures à celles qu'il avoit dans les termes proposés. Après avoir placé les termes de l'équation dans les quarrés qui leur conviennent, on prendra deux termes qui seront dans la même ligne droite, de sorte que tous les autres termes se trouvent au-dessus, ou tous au-dessous de cette ligne.

Soit l'équation $y^7 - a y^5 x + y^4 x^3 + a^2 y x^4 - a x^6 = 0$, alors marquant les quarrés du parallelograme, qui contiennent les dimensions de x & de y qui se trouvent dans l'équation, imaginez une regle Z E qui tourne autour du premier quarré y^7 de A vers C, elle rencontrera d'abord le terme $a y^5 x$, & pendant qu'elle touchera ces deux termes, tous les autres seront au-dessus : d'où on peut conclure qu'en supposant ces deux termes égaux, on aura une valeur de x qui, étant substituée, élevera tous les autres termes a de plus hautes puissances de y, que celles des termes proposés; & par conséquent cette valeur $\frac{y^2}{a}$ déduite de la supposition de l'égalité de ces deux termes, est le premier terme d'une suite qui décroîtra d'autant plus vîte que y est moindre par rapport à a.

Si on avoit fait tourner la regle dans un sens contraire autour du même quarré, c'est-à-dire, de D vers C, $y^4 x^3$ eût été le premier terme qu'elle eût rencontré, & supposant $y^7 = y^4 x^3$, on eût trouvé $y = x$, qui donne le premier terme d'une suite pour x, qui décroît d'autant plus vîte que y est plus grand.

Cette regle peut s'étendre aux équations qui ont des termes dont

dont les exposans sont des fractions, ou des radicaux; dans ce cas, on prend des distances des lignes A C & A B qui soient entr'elles dans le même rapport que ces fractions, ou ces radicaux, & on détermine dans le parallelograme la situation des termes de l'équation proposée. Il faut aussi observer que toutes les fois que la regle rencontre deux termes, de maniere que tous les autres termes soient du même côté, on peut, par le moyen de ces deux termes, trouver le premier terme d'une suite convergente pour x, & ainsi, de la même équation, on peut déduire plusieurs suites différentes. Dans le dernier exemple, quand la regle touche $y^5 x$ & $y x^4$, tous les autres termes sont au-dessus; c'est pourquoi, supposant $- a y^5 x + a^2 y x^4 = 0$, on trouve $x^3 = \frac{y^4}{a}$, & $x = \frac{y^{\frac{4}{3}}}{a^{\frac{1}{3}}}$, qui est le premier terme d'une autre suite convergente pour x. De plus, la ligne droite qui joint $y x^4$ & x^6 laisse tous les autres termes au-dessous, & par conséquent, supposant $a^2 y x^4 - a x^6 = 0$, on trouve $a y = x^2$, & $x = a^{\frac{1}{2}} y^{\frac{1}{2}}$, qui est le premier terme d'une autre suite pour x, qui décroît d'autant plus vîte que y est moindre. En supposant $y^7 = - y^4 x^3$, ou $y^4 x^3 = a x^6$, on trouve deux suites qui décroissent d'autant plus vîte que y est plus grand. Pour trouver trouver toutes ces suites, décrivez un polygone Z a b e d, qui ait un terme de l'équation dans chacun de ses angles, & qui renferme tous les autres termes, on pourra toujours trouver une suite, en supposant l'égalité de deux termes quelconques placés dans deux angles adjacens du polygone.

Si l'on fait mouvoir la regle Z E parallelement à elle-même, tous les termes qu'elle touchera à la fois contiendront les mêmes dimensions de y : car ils auront entr'eux le même rapport que les termes qui sont dans la ligne Z E. Les termes que la regle touchera d'abord contiendront de moindres dimensions de y, si elle se meut vers D; mais elle commencera par toucher les plus grandes, si elle se meut vers A. Les termes qui sont dans la ligne droite Z E servent à déterminer le premier terme de la suite convergente : & ces termes, avec ceux qu'elle touche dans la suite, servent à déterminer les termes suivans; tous les autres s'évanouissant comparés avec ceux-ci, quand y est très-petit, & que la regle avance de A vers D, ou quand y est très-grand, & que la regle va de D vers A.

106. Le célébre Newton, auteur de cette fameuse regle, en a donné pour le même sujet une deuxiéme, que nous allons aussi expliquer.

Supposez que $D y^l$ soit le terme de la moindre puissance, ou y se trouve séparément, comparez-le successivement avec les autres termes, par exemple avec $E y^m x^s$, & remarquez où $\frac{l - m}{s}$ se trouve le plus grand; & faisant $\frac{l - m}{s} = n$, $A y^n$ sera le premier terme d'une suite qui décroîtra d'autant plus vîte que y sera moindre : car, dans ce cas, $D y^l$ & $E y^m x^s$ seront infiniment plus grands qu'aucun autre terme de l'équation proposée. Supposez $F y^e x^k$ pour un autre terme de l'équation, par la supposition $\frac{l - m}{s} = n > \frac{l - e}{k}$, & par conséquent multipliant par k, $n k > l - e$, & $n k + e > l$; présentement si on substitue $A y^n$ pour x, ou aura $F y^e x^k = F A^k y^{n k + e}$, qui s'évanouira, étant comparé avec $D y^l$, lorsque y est infiniment petit, puisque $n k + e > l$. Par conséquent tous les termes s'évanouiront, étant comparés avec $D y^l$ & $E y^m x^s$ qu'on suppose égaux; donc ils donneront le premier terme d'une suite qui décroîtra d'autant plus promptement que y sera moindre.

Lorsqu'on a trouvé $\frac{l - m}{s}$ le moindre qu'il est possible, & qu'on l'a supposé égal à n, alors $A y^n$ est le premier terme d'une suite qui décroît d'autant plus vîte que y est plus grand; car, dans ce cas, $D y^l$ & $E y^m x^s$ sont infiniment plus grands que $F y^e x^k$, à cause de $\frac{l - m}{s} = n > \frac{l - e}{k}$, il s'ensuit que $n k$ est moindre que $l - e$, & $n k + e < l$, & par conséquent $F y^e x^k = F A^k y^{n k + e}$ est infiniment moindre que $D y^l$, lorsque y est très-grand.

De même si vous comparez un terme quelconque $D y^l x^h$, qui contient x & y, avec tous les autres termes, & que vous observiez où $\frac{l - m}{s - h}$ est le plus grand, ou le moindre, supposant $\frac{l - m}{s - h} = n$, $A y^n$ sera le premier terme d'une suite convergente. Car, prenant un autre terme quelconque $F y^e x^k$ de l'équation, si $\frac{l - m}{s - h} = n > \frac{l - e}{k - h}$, on aura $n k - n h > l - e$, & $n k + e > l + n h$. Mais $n k + e$ est l'exposant de

y dans $Fy^e x^k$, lorſque $x = Ay^n$, & $l + nh$ eſt ſon expoſant dans $Ey^m x^s$; par conſéquent y a plus de dimenſions dans $Fy^e x^k$ que dans $Ey^m x^s$, & par conſéquent, lorſque y eſt infiniment petit, le dernier terme s'évanouit étant comparé à l'autre. Si y eſt infiniment grand, & $\frac{l - m}{s - h} < \frac{l - e}{k - h}$, alors $Ey^m x^s$ eſt infiniment plus grand que $Fy^e x^k$.

Ayant trouvé, par la Méthode précédente, le premier terme Ay^n d'une ſuite, ſuppoſant $x = Ay^n + p$, & ſubſtituant ce binome & ſes puiſſances à x & ſes puiſſances, on aura une équation pour déterminer p, ſecond terme de la ſuite. On pourra traiter cette nouvelle équation comme celle de x, & par le moyen du parallelograme, on découvrira les termes qu'il faut comparer pour avoir la valeur approchée de p : je ſuppoſe que cette valeur eſt By^{n+r}, alors faiſant $p = By^{n+r} + q$, l'équation ſe transformera en une autre, par laquelle on pourra déterminer q troiſiéme terme de la ſuite : en procédant de cette maniere, on pourra trouver autant de termes qu'on jugera à propos, qui donneront enfin $x = Ay^n + By^{n+r} + Cy^{n+2r} + Dy^{n+3r}$, &c. où les dimenſions de y augmentent ou diminuent, ſelon que r eſt poſitif ou négatif, & elles ſont toujours en progreſſion arithmétique, de ſorte que cette valeur de x étant ſubſtituée dans l'équation, il arrive néceſſairement qu'il y a plus d'un terme qui contient les mêmes puiſſances de y, qui, ſe détruiſant mutuellement, font évanouir les termes de l'équation, comme cela doit être.

Il eſt clair que les expoſans de y dans la ſuite $Ay^n + By^{n+r} + Cy^{n+2r} + Dy^{n+3r}$, &c. forment une progreſſion arithmétique dont la différence eſt r : le quarré, le cube, ou une puiſſance quelconque $ſ$ de y, dans la même ſuite, donneroit une progreſſion arithmétique qui auroit la même différence r; car les expoſans ſeroient $ſn$, $ſn + r$, $ſn + 2r$, $ſn + 3r$, &c. c'eſt pourquoi, ſi dans un terme quelconque $Ey^m x^s$ on ſubſtitue cette ſuite à x, les termes de la nouvelle ſuite égale à $Ey^m x^s$ contiendront des puiſſances de y qui auront pour expoſans $m + ſn$, $m + ſn + r$, $m + ſn + 2r$, $m + ſn + 3r$, &c. & par une ſemblable ſubſtitution dans un autre terme comme $Fy^e x^k$, les expoſans de y deviendroient $e + nk$, $e + nk + r$, $e + nk + 2r$,

$e + nk + 3r$. La premiere suite d'exposans doit convenir avec la derniere, de sorte que les termes auxquels ils appartiennent puissent être comparés ensemble & trouvés égaux avec des signes contraires, afin de se détruire & de faire évanouir toute l'équation.

La premiere suite est composée des termes qui proviennent en ajoûtant à $m + sn$ un multiple de r, la derniere en ajoûtant un multiple de r à $e + nk$; & afin que ces suites tombent l'une dans l'autre, il faut qu'un multiple de r ajoûté à $m + sn$ soit égal à un autre multiple de r. Par où l'on voit que la différence de $m + sn$ & $e + nk$ est toujours un multiple de r; & que par conséquent r est un diviseur de la différence des dimensions de y dans les termes $E y^m x^s$ & $F y^e x^k$, supposant $x = A y^n$. Il s'ensuit donc que r est un diviseur commun des dimensions de y dans les termes de l'équation, lorsqu'on a substitué $A y^n$ pour x dans tous les termes. Et si on prend r égal au plus grand commun diviseur, excepté les cas dont on parlera dans la suite, on aura la véritable forme pour la suite qui doit exprimer la valeur de x. Les dimensions y^n, y^{n+r}, y^{n+2r}, y^{n+3r}, &c. étant connues, il ne reste plus qu'à déterminer, par le calcul, les coëfficiens généraux A, B, C, D, &c. & on connoîtra la suite $A y^n + B y^{n+r} + C y^{n+2r} + D y^{n+3r}$, &c. $= x$.

Ceci nous conduit à la Méthode générale des suites de M. Newton, elle consiste à exprimer la valeur de x par une suite $A y^n + B y^{n+r} + C y^{n+2r} +$ &c. Nous avons donné la maniere de découvrir n & r, nous allons donner celle de connoître les coëfficiens indéterminés; on substituera partout cette suite pour x, & dans la nouvelle équation qui résultera, on supposera que la somme des termes, qui contiennent les mêmes puissances de y s'évanouit : par ce moyen, on aura des équations particulieres, dont la premiere donnera A, la deuxiéme B, la troisiéme C, &c. & substituant ces valeurs dans la suite au lieu de A, B, C, &c. on aura une valeur de x qu'on poussera aussi loin qu'on jugera à propos.

Pour appliquer cette Méthode à un exemple, soit l'équation $x^3 + a^2 x - 2a^3 + ayx - y^3 = 0$. Je suppose qu'on veuille trouver une suite qui décroisse d'autant plus promptement que y est moindre : par les articles précédens, son premier terme sera a, ainsi $n = 0$. Substituez a pour x dans l'équation, les termes deviendront $a^3 + a^3 - 2a^3 + a^2 y - y^3$, & les différences des exposans seront 0, 1, 2, 3; dont la plus grande commune mesure est 1, ainsi $r = 1$. C'est pourquoi faites $x = A + By + Cy^2 + Dy^3$, &c. & substituez cette suite pour x dans l'équation, & vous aurez

$$\begin{aligned} x^3 &= A^3 + 3A^2By + 3AB^2y^2 + B^3y^3 + \text{\&c.} \\ &\qquad\qquad + 3A^2Cy^2 + 3A^2Dy^3 + \text{\&c.} \\ &\qquad\qquad\qquad + 6ABCy^3 + \text{\&c.} \\ + a^2x &= a^2 + A + a^2By + a^2Cy^2 + a^2Dy^3 + \text{\&c.} \\ + ayx &= \quad aAy + aBy^2 + aDy^3 + \text{\&c.} \\ -2a^3 &= -2a^3 \\ -y^3 &= \ldots\ldots\ldots\ldots\ldots\ldots - 1 \times y^3 \end{aligned}$$

Mais puisque $x^3 + a^2x + ayx - 2a^3 - y^3 = 0$, il s'ensuit que la somme de ces suites qui renferment y, doit s'évanouir; ce qui ne peut être, si le coëfficient de chaque terme particulier ne s'évanouit lui-même; car chaque terme où y est infiniment petit, est infiniment plus grand que les termes suivans, de sorte que si chaque terme ne s'évanouissoit de lui-même, l'addition ou la soustraction des termes suivans, qui sont infiniment moindres, ou des précédens, qui sont infiniment plus grands, ne sçauroit le détruire; & par conséquent toute l'équation ne pourroit s'évanouir : on voit donc que $A^3 + a^2A - 2a^3 = 0$, est une équation pour déterminer A, qui donne $A = a$.

Pour déterminer B, on supposera que la somme des coëfficiens de y s'évanouit, c'est-à-dire, $\overline{3A^2B + a^2B + aA} \times y = 0$, ou, puisque $A = a$, $4a^2By + a^2y = 0$, & $B = -\frac{1}{4}$.

Pour déterminer C, on supposera de même $3AB^2y^2 + 3A^2Cy^2 + a^2Cy^2 + aBy^2 = 0$, ou substituant les valeur trouvées de A & de B, $\frac{3ay^2}{16} + 4a^2Cy^2 - \frac{ay^2}{4} = 0$, & par conséquent $C = \frac{1}{64a}$. Et procédant de la même maniere, on trouvera $D = \frac{131}{512a^2}$, de sorte que $x = a - \frac{1}{4}y + \frac{1}{64a}y^2 + \frac{131}{512a^2}y^3$, &c.

107. Par cette Méthode, on peut transporter les suites d'une quantité indéterminée à une autre, & trouver des Théorêmes pour le retour des suites.

Je suppose l'équation $x = ay + by^2 + cy^3 + dy^4 +$ &c. où on demande d'exprimer y par une suite composée des puissances de x. Il est clair que quand x est très-petit, y l'est aussi, & que pour déterminer le premier terme de la suite, il suffit de prendre $x = ay$; & par conséquent $y = \frac{x}{a}$; de sorte que $n = 1$. Substituant $\frac{x}{a}$ pour y, on trouve que les dimensions de x seront 1, 2, 3, 4, &c. de sorte que $r = 1$. On peut donc prendre $y = Ax + Bx^2 + Cx^3 + Dx^4$, &c. & substituant cette valeur de y, on trouvera

$$\begin{array}{ll} ay = aAx + aBx^2 + aCx^3 + \&c. \\ by^2 = bA^2x^2 + 2bABx^3 + \&c. \\ cy^3 = \quad cA^3x^3 + \&c. \\ \&c. \quad \&c. \end{array}$$

Mais ayant déja trouvé que le premier terme est $\frac{x}{a}$, on aura $A = \frac{1}{a}$; & puisque $aB + bA^2 = 0$, donc $B = -\frac{b}{a^3}$. De même on trouvera $C = \frac{2b^2 - ac}{a^4}$; donc $y = \frac{x}{a} - \frac{b}{a^3}x^2 + \frac{2b^2 - ac}{a^4}x^3 +$ &c. Je suppose ensuite $ax + bx^2 + cx^3 + dx^4$, &c. $= gy + hy^2 + iy^3 + ky^4$, &c; où il s'agit de trouver x exprimé par des puissances de y. Le premier terme de la suite sera $\frac{gy}{a}$, de sorte que $n = 1$, $r = 1$. C'est pourquoi prenez $x = Ay + By^2 + Cy^3$, + &c. & substituant cette valeur pour x, & mettant tous les termes d'un côté, on aura

$$\begin{array}{ll} ax = aAy + aBy^2 + aCy^3 + \&c. \\ bx^2 = \quad bAy^2 + 2bABy^3 + \&c. \\ cx^3 = \quad cA^3y^3 + \&c. \\ \&c. \quad \&c. \end{array}$$

$$-gy = -gy$$
$$-hy^2 = \dots\dots\dots -hy^2$$
$$-iy^3 = \dots\dots\dots\dots\dots\dots -iy^3$$
&c. &c.

Par où l'on trouve, 1°. $aA = g$, & $A = \frac{g}{a}$. 2°. $aB + bA^2 - h = 0$, & $B = \frac{h}{a} - \frac{bg^2}{a^3}$. 3°. $aC + 2bAB + cA^3 - i = 0$, & $C = \frac{i - 2bAB - cA^3}{a}$. Ainsi on connoît les trois premiers termes de la suite $Ay + By^2 + Cy^3$, &c.

108. Lorsque le premier terme de la suite qui exprime la valeur de x a deux ou plusieurs valeurs égales, la regle précédente a besoin d'une correction pour déterminer la valeur de r.

Il faut donc observer alors que pour que cette suite $Ay^n + By^{n+r} + Cy^{n+2r} + Dy^{n+3r}$, &c. puisse exprimer la valeur de x, il est nécessaire, 1°. que l'ayant substitué dans l'équation proposée $Dy^l + Ey^m x^s + Fy^e x^k = 0$, les exposans $m + ns$, $m + ns + r$, $m + ns + 2r$, &c. tombent dans les exposans $e + nk$, $e + nk + r$, $e + nk + 2r$, &c. afin que les termes puissent être comparés pour déterminer les coëfficiens A, B, C, &c. 2°. Que dans les équations particulieres qui déterminent ces coëfficiens, par exemple B, les termes qui contiennent B ne se détruisent pas l'un l'autre. Ainsi l'équation $3A^2B - 3A^2B - aA = 0$ ne sçauroit déterminer B, parce que $3A^2B - 3A^2B = 0$, & ainsi B se détruit lui-même; outre la contradiction qui résulte de ce que $-aA = 0$, lorsque peut être on a déja trouvé A égal à quelque quantité réelle.

109. Pour éviter cette absurdité, supposons que le premier ordre des termes de l'équation proposée est, comme ci-devant, Dy^l, $Ey^m x^s$, &c.

Si Ay^n est le premier terme de la suite qui exprime x; & que l'on substitue dans ces termes Ay^n pour x, les dimensions de y; dans les termes résultans, seront $m + ns$, & si on substitue pour x un plus grand nombre de termes $Ay^n + By^{n+r} + Cy^{n+2r}$, &c. les dimensions de y seront $m + ns$, $m + ns + r$,

$m + ns + 2r$, &c. je suppose que $F y^e x^k$ est le deuxiéme ordre de termes, les dimensions de y dans les termes qui résulteront de la même substitution seront $e + nk$, $e + nk + r$, $e + nk + 2r$, &c. parce que $F y^e x^k = F y^e \times \overline{A y^n + B y^{n+r} + C y^{n+2r} + \&c.}^k = f A^k y^{e+nk} + k F B A^{k-1} y^{e+nk+r}$, &c. Or, il est évident qu'il faut que $e + nk$ soit égal à quelqu'un des termes $m + ns$, $m + ns + r$, $m + ns + 2r$, &c. afin que ces termes égaux puissent être comparés, & par conséquent il faut que r soit la différence de $e + nk$, & $m + ns$, ou quelque diviseur de cette différence. En général, r doit être un diviseur de cette différence, tel que $e + nk$ puisse être égal à quelqu'un des termes $m + ns$, $m + ns + r$, $m + ns + 2r$, &c. & de plus, que chacun des termes qui suivent $e + nk$ puisse être égal à quelqu'un des termes de la suite $m + ns$, &c. de sorte que si $G y^f x^h$ est un autre terme de l'équation, il faut prendre r tel que la suite $f + nh$, $f + nh + r$, $f + nh + 2r$, &c. qui résulte de la substitution de $A y^n + B y^{n+r}$, &c. pour x, puisse tomber quelque part dans la suite $m + ns$, $m + ns + r$, $m + ns + 2r$, &c; c'est pourquoi nous avons dit qu'on dedevoit prendre r égal à quelque diviseur commun des différences des exposans $m + ns$, $e + nk$, $f + nh$, &c. qui résulte de l'équation proposée en y substituant $A y^n$ pour x. Car prenant r égal à un commun diviseur de ces différences, ces trois suites

$$m + ns,\ m + ns + r,\ m + ns + 2r,\ m + ns + 3r,\ \&c.$$
$$e + nk,\ e + nk + r,\ e + nk + 2r,\ e + nk + 3r,\ \&c.$$
$$f + nh,\ f + nh + r,\ f + nh + 2r,\ f + nh + 3r,\ \&c.$$

tomberont l'une dans l'autre, puisque quelques multiples de r ajoûtés à $m + ns$ donnent $e + nk$ & tous les termes suivans de la deuxiéme suite, & quelques multiples de r ajoûtés à $m + ns$ donnent aussi $f + nh$ & tous les termes suivans de la troisiéme suite. Il n'est pas moins évident qu'on doit prendre r égal au plus grand commun diviseur de ces différences, s'il n'y a pas quelque raison particuliere qui l'empêche, par exemple, si les exposans $m + ns$, $e + nk$, $f + nh$ sont en progression arithmétique, il il faut prendre r égal à la différence commune de ces termes ; & le premier terme de la deuxiéme ſuite ſera égal au deuxiéme de la premiere, & le premier de la troiſiéme ſera égal au deuxiéme de la deuxiéme ſuite & au troiſiéme de la premiere, & ainſi de ſuite.

Ceci bien entendu & ſuppoſé, on obſervera qu'après avoir ſubſtitué $Ay^n + By^{n+r} + Cy^{n+2r}$, &c. pour x dans le premier ordre des termes de l'équation, il arrivera que tous les termes qui renferment y élevé à la puiſſance $m + ns$ ſe détruiront ; car $x - Ay^n$ ſera un diviſeur de la ſomme de ces termes, puiſqu'ils donnent Ay^n pour une valeur de x : repréſentant cette ſomme par $\overline{x - Ay^n} \times P$, & ſubſtituant à x ſa valeur $Ay^n + By^{n+r} + Cy^{n+2r}$, &c. cette ſomme devient $\overline{Ay^n + By^{n+r} + Cy^{n+2r}, \&c. - Ay^n} \times P = \overline{By^{n+r} + Cy^{n+2r}, \&c.} \times P$. Mais on ſuppoſe que $m + ns$ eſt l'expoſant de la moindre puiſſance dans $\overline{x - Ay^n} \times P$, par conſéquent l'expoſant de p, dans les mêmes termes, ſera $m + ns - n$, & la moindre puiſſance dans $\overline{By^{n+r} + Cy^{n+2r}, \&c.} \times P$ ſera $n + r + m + ns - n = m + ns + r$.

Suppoſons enſuite qu'il y a deux valeurs égales entre celles de x qu'on a déterminées par le premier ordre des termes, alors $\overline{x - Ay^n}|^2$ ſera un diviſeur de cette ſomme du premier ordre de termes. Je ſuppoſe que cette ſomme eſt $\overline{x - Ay^n}|^2 \times P$, ſi pour x on y ſubſtitue $Ay^n + By^{n+r} + Cy^{n+2r}$, &c. elle deviendra $\overline{By^{n+r} + Cy^{n+2r}, \&c.}|^2 \times P$ où le terme le moins élevé aura pour expoſant $m + ns$, puiſqu'on a ſuppoſé le même expoſant au terme le moins élevé de $\overline{x - Ay^n}|^2 \times P$; & par conſéquent, dans ces termes, p lui-même a pour expoſant $m + ns - 2n$.

En général, ſoit p le nombre des valeurs de x qu'on ſuppoſe égales à Ay^n, on aura $\overline{x - Ay^n}|^p$ pour un diviſeur de la ſomme des termes du premier ordre, & ſi on exprime cette ſomme par $\overline{x - Ay^n}|^p \times P$ dans les moindres termes, les dimensions de y dans P seront $m + ns - pn$, & dans $\overline{x - Ay^n}|^p$ elles seront $m + ns$, comme nous l'avons toujours supposé. Dans la quantité $\overline{x - Ay^n}|^p \times P$ substituez pour $x - Ay^n$ sa valeur $By^{n+r} + Cy^{n+2r}$, &c. & dans le résultat $\overline{By^{n+r} + Cy^{n+2r}, \&c.}|^p \times P$, les moindres dimensions de y seront $pn + pr + m + ns - pn = m + ns + pr$.

On peut conclure que lorsque dans le premier ordre des termes de l'équation proposée, on a substitué à x la suite $Ay^n + By^{n+r}$, &c. dont le premier terme Ay^n est connu, & qu'on a trouvé un nombre p de valeurs de x égales entre-elles, les termes résultans qui renferment $m + ns$, $m + ns + r$, $m + ns + 2r$, &c. jusqu'à $m + ns + pr$, se détruisent les uns les autres; de sorte que le premier terme, avec lequel on peut comparer ceux du deuxiéme ordre $e + nk$, sera celui qui renfermera $m + ns + pr$; & par conséquent supposant $e + nk = m + ns + pr$, ou $r = \frac{e + nk - m - ns}{p}$, la plus forte valeur qu'on pourra donner à r sera la différence de $e + nk$ & $m + ns$ divisée par p, qui désigne le nombre des valeurs égales du premier terme de la suite. Si cette valeur de r est une commune mesure de toutes les différences des exposans, elle est la véritable valeur de r; mais si cela n'est pas, il faudra en prendre une autre valeur qui puisse mesurer celle-ci & toutes les différences : c'est-à-dire, une valeur qui soit la plus grande commune mesure entre la moindre différence divisée par p, qui est $\frac{e + nk - m - ns}{p}$, & le diviseur commun de toutes les différences. Car, de cette maniere, les exposans $m + ns$, $m + ns + r$, $m + ns + 2r$, &c. tomberont dans les exposans $e + nk$, $e + nk + r$, $e + nk + 2r$, &c. & dans $f + nh$, $f + nh + r$, $f + nh + 2r$, &c. & on aura toujours suffisamment de termes à comparer pour déterminer B, C, D, &c. coëfficiens généraux de la suite qui exprime la valeur de x.

On peut ajoûter à tout ce que nous avons dit, que si $x - Ay^n$ est un diviseur de la somme des termes du second ordre F $y^e x^k$, &c. alors ſubſtituant pour x la ſuite A y^n + B y^{n+r} + C y^{n+2r} + &c. on fait évanouir non-ſeulement autant de termes de la ſuite qui renferment $m + ns$, $m + ns + r$, $m + ns + 2r$, &c. qu'il y a de valeurs égales du premier terme A y^n; mais encore les termes où y a pour expoſant $e + nk$; & par conſéquent il ſuffit alors que $e + nk + r$ ſoit égal à $m + ns + pr$, de ſorte que, dans ce cas, on prend $r = \frac{e + nk - m - ns}{p - 1}$. Et ſi $\overline{x - Ay^n}|^{p-1}$ eſt un diviſeur de la ſomme du ſecond ordre de termes, alors, après avoir ſubſtitué pour x la ſuite Ay^n + B y^{n+r}, &c. les termes qui renferment $e + nk$, $e + nk + r$, $e + nk + 2r$, &c. deviendront $e + nk + \overline{p - 1} \times r$, de ſorte que, ſuppoſant $e + nk + \overline{p - 1} \times r = m + ns + pr$, on aura $r = e + nk - m - ns$, c'eſt-à-dire, égal à la moindre différence des expoſans $m + ns$, $e + nk$, $f + nh$, &c. pourvû que cette différence ſoit un diviſeur des autres différences; quoique le premier terme de la ſuite ait autant de valeurs égales qu'il y a d'unités dans p. Si cela n'arrive pas, il faudra prendre r, comme ci-devant, égal à la plus grande commune meſure des différences.

Je ſuppoſe que le premier ordre des termes de l'équation ſoit exprimé par $\overline{x - Ay^n}|^p \times P$, le ſecond par $\overline{x - Ay^n}|^q \times Q$, le troiſiéme, par $\overline{x - Ay^n}|^l \times L$; & que E $y^m x^s$ eſt un terme du premier ordre, F$y^e x^k$ un du ſecond, G $y^f x^h$ un du troiſiéme, & ainſi de ſuite : il eſt clair que ſi on ſubſtitue pour x la ſuite A y^n + B y^{n+r} + C y^{n+2r}, &c. le moindre expoſant de y, qui reſtera dans le premier ordre, ſera $m + ns + pr$, le moindre du ſecond ordre ſera $e + nk + qr$, & le moindre du troiſiéme $f + nh + lr$. Car, par le même raiſonnement que nous avons employé pour démontrer que dans le premier ordre de termes $\overline{x - Ay^n}|^p \times P$, le moindre expoſant de y eſt $m + ns + pr$, nous trouverons ici que dans les ordres ſuivans $\overline{x - A y^n}|^q \times Q = \overline{B y^{n+r} + C y^{n+2r}, \&c.}|^q$ $\times Q$, ſon moindre expoſant eſt $e + nk - qn + qn + qr = e + nk + qr$, & de même dans le troiſiéme ordre $\overline{x - A y^n}|^l \times L$, le moindre expoſant eſt $f + nh + lr$. C'eſt pourquoi les expoſans des termes qui ne ſe détruiſent point ſont $m + ns + pr$, $e + nk + qr$, $f + nh + lr$: & par conſéquent ſi on prend $r = \frac{e + nk - m - ns}{p - q}$, on aura $m + ns + pr = e + nk + qr$: & ſi, en même temps, r eſt un diviſeur de $f + nh - m - ns$ qui donne un quotient plus grand que $p - l$, ou ſi r eſt moindre que $\frac{f + nh - m - ns}{p - l}$, la valeur de r ſera bien priſe. En général, prenez tous les quotiens $\frac{e + nk - m - ns}{p - q}$, $\frac{f + nh - m - ns}{p - l}$, & le moindre d'entre eux, ou un nombre dont le dénominateur ſurpaſſe $p - q$ par un nombre entier, & meſure en même-temps toutes les différences $f + nh - m - ns$, donnera la valeur convenable de r, en ſuppoſant que p, q & l ſont des nombres entiers; mais ſi ces dernieres quantités ſont des fractions, il faudra prendre $r = \frac{e + nk - m - ns}{p - q + K} = \frac{f + nh - m - ns}{p - l + M}$, de ſorte que K & M ſoient des entiers. Je ſuppoſe, par exemple, $m + ns = \frac{7}{3}$, $p = \frac{5}{2}$; $e + nk = \frac{10}{3}$, $q = \frac{3}{2}$; $f + nh = \frac{9}{2}$, & $l = \frac{1}{2}$: alors faiſant $r = \frac{e + nk - m - ns}{p - q + K} = \frac{1}{1 + K} = \frac{f + nh - m - ns}{p - l + M} = \frac{\frac{13}{6}}{2 + M}$; $M = \frac{1}{6} + \frac{13}{6}K$; il eſt aiſé d'appercevoir que 5 & 11 ſont les moindres nombres entiers qu'on puiſſe prendre pour K & M; & que $r = \frac{1}{1 + K} = \frac{1}{6}$; & par conſéquent $m + ns + pr = \frac{33}{12}$, $e + nk + qr = \frac{43}{12}$, & $f + nh + lr = \frac{55}{12}$; de ſorte que les termes de la premiere ſuite, qui ont pour dimenſions $m + ns + \overline{p + K} \times r$, $m + ns + \overline{p + M} \times r$, tombent dans les premiers termes de la ſeconde & de la troiſiéme ſuite reſpectivement.

CHAPITRE XIII.

Des racines impossibles d'une Equation.

On peut découvrir la plus grande partie des racines impossible, par le moyen de la régle suivante, donnée par M. Newton.

RÉGLE.

110. Ecrivez une suite de fractions qui ayent pour dénominateurs la progression 1, 2, 3, 4, 5, &c. continuée jusqu'au nombre qui exprime le degré de l'équation, & pour numérateurs les dénominateurs pris dans un ordre renversé. Divisez chaque fraction de la suite, par celle qui la précéde, & placez les quotiens de suite au-dessus de tous les termes de l'équation, excepté le premier & le dernier. Si le quarré d'un terme, multiplié par la fraction qui est au-dessus, donne un produit plus grand que le rectangle des deux termes adjacens, écrivez le signe + au-dessous de ce terme, & s'il n'est pas plus grand, écrivez-y le signe —; & toujours le signe + sous les deux extrêmes : il y aura autant de racines imaginaires que de changemens de signes de + en —, & de — en +. Soit proposée l'équation $x^3 + px^2 + 3p^2x - q = 0$, la suite de fractions est $\frac{3}{1}, \frac{2}{2}, \frac{1}{3}$, je divise la deuxiéme par la premiere, & la troisiéme par la deuxiéme, & je place les quotiens $\frac{1}{3}$ & $\frac{1}{3}$ sur les termes du milieu, de cette maniere :

$$\begin{array}{ccccccccc} & & \frac{1}{3} & & \frac{1}{3} & & & & \\ x^3 & + & p\,x^2 & + & 3\,p^2\,x & - & q & = & 0 \\ + & & - & & + & & + & & \end{array}$$

& parce que $\frac{1}{3} \times p^2x^4$, qui est le quarré du second terme multiplié par la fraction qui est au-dessus, est moindre que $3p^2x^4$, rectangle du premier terme par le troisiéme; je place le signe — sous le second terme : mais comme $\frac{1}{3} \times 9p^4x^2 = 3p^4x^2$, quarré du troisiéme terme, multiplié par sa fraction, est plus grand que rien, & par conséquent beaucoup plus grand que

$-pqx^2$, produit négatif des termes adjacens, je mets le ſigne $+$ ſous le troiſiéme terme. Enfin, j'écris le ſigne $+$ ſous x^3 & ſous $-q$, premier & dernier terme ; trouvant alors deux changemens de ſignes, un de $+$ en $-$, & l'autre de $-$ en $+$, je conclus que l'équation a deux racines impoſſibles.

Je vois de même que l'équation

$$\begin{array}{ccccccccc} & & \frac{1}{3} & & \frac{1}{3} & & & & \\ x^3 & - & 4x^2 & + & 4x & - & 6 & = & 0 \\ + & & + & & - & & + & & \end{array}$$

en a deux impoſſibles : j'en trouve le même nombre dans l'équation du quatriéme degré

$$\begin{array}{cccccccccc} & \frac{3}{8} & & \frac{4}{9} & & \frac{3}{8} & & & & \\ x^4 & * & - & 6x^2 & - & 3x & - & 2 & = & 0 \\ + & + & & + & & - & & + & & \end{array}$$

Car, diviſant les fractions $\frac{4}{1}$, $\frac{3}{2}$, $\frac{2}{3}$, $\frac{1}{4}$, comme le preſcrit la regle, on trouve les fractions $\frac{3}{8}$, $\frac{4}{9}$, $\frac{3}{8}$ qui doivent être placées au-deſſus des termes. Alors le quarré du ſecond terme, multiplié par ſa fraction, c'eſt-à-dire $0 \times \frac{3}{8}$, eſt encore plus grand que le produit négatif $-6x^6$, c'eſt pourquoi j'écris le ſigne $+$ ſous le terme qui manque, & continuant l'opération, comme ci-devant, je trouve que l'équation a deux racines impoſſibles.

Lorſque deux ou pluſieurs termes manquent dans une équation, mettez le ſigne $-$ ſous le premier des termes qui manquent, le ſigne $+$ ſous le ſecond, le ſigne $-$ ſur le troiſiéme, & ainſi alternativement ; ſeulement lorſque le terme qui précéde & celui qui ſuit les termes qui manquent ont des ſignes contraires, on mettra toujours le ſigne $+$ ſous le dernier. Par là on trouvera que l'équation

$$\begin{array}{ccccccccc} x^5 & + & ax^4 & * & * & * & + & a^5 & = 0 \\ + & & + & - & + & - & & + & \end{array}$$

a quatre racines impoſſibles ; & on n'en trouvera que deux dans

$$\begin{array}{ccccccccc} x^5 & + & ax^4 & * & * & * & - & a^5 & = 0 \\ + & & + & - & + & + & & + & \end{array}$$

Enfin on trouvera ſix racines impoſſibles dans l'équation

$$x^7 - \overset{\frac{3}{7}}{2x^6} + \overset{\frac{5}{9}}{3x^5} - \overset{\frac{3}{5}}{2x^4} + \overset{\frac{3}{5}}{x^3} \;\; \overset{\frac{5}{9}}{*} \;\; \overset{\frac{3}{7}}{*} - 3 = 0$$
$$+ \quad - \quad + \quad - \quad + \quad - \quad + \quad +$$

111. Par là on peut auſſi découvrir ſi les racines imaginaires ſont du nombre des poſitives, ou des négatives. Car les ſignes des termes qui ſont au-deſſus des changemens des ſignes inférieurs, font voir par le nombre de leurs variations combien il y a de racines poſitives entre les imaginaires ; & par leur répétition, ils font voir combien il y en a de négatives. Ainſi dans l'équation

$$x^5 - 4x^4 + 4x^3 - 2x^2 - 5x - 4 = 0$$
$$+ \quad + \quad - \quad + \quad + \quad +$$

les ſignes $-$, $+$, $-$ des termes $-4x^4 + 4x^3 - 2x^2$ qui ſont au-deſſus des ſignes $+ - +$, indiquant deux racines poſitives, on conclut qu'il y a deux racines imaginaires entre les poſitives : & les trois changemens de ſignes de l'équation $+ - + - - -$ marquant trois racines poſitives & deux négatives, il y aura une racine poſitive & deux négatives qui ſeront réelles, & deux poſitives qui ſeront imaginaires. Si l'équation avoit été

$$x^5 - 4x^4 - 4x^3 - 2x^2 - 5x - 4 = 0$$
$$+ \quad + \quad - \quad - \quad + \quad +$$

les termes $-4x^4 - 4x^3$ qui ſont au-deſſus du premier changement $+ -$, font voir, par la répétition du ſigne $-$, qu'il y a une racine imaginaire négative, & les termes $-2x^2 - 5x$ qui ſont au-deſſus du dernier changement $- +$, dénotent, par la même raiſon, une autre racine imaginaire négative ; de ſorte que les ſignes de l'équation $+ - - - - -$ donnant une ſeule racine poſitive, on peut conclurre qu'il y a deux racines imaginaires entre les quatre négatives.

112. La démonſtration de cette regle dépend de ce qu'on a déja vû au ſujet des limites des racines des équations. Soit l'équation du deuxiéme degré $ax^2 \mp px \pm q = 0$; ſes racines ſeront $\frac{1}{2a} \times \pm p \pm \sqrt{p^2 \mp 4aq}$: ce qui fait voir que ſi q avoit le ſigne $+$ dans l'équation, les racines ſont impoſſibles

toutes les fois que $4aq > p^2$, ou $\frac{1}{4} p^2 < aq$. On a fait voir, en général, que les racines de l'équation $x^n - A x^{n-1} + B x^{n-2} - C x^{n-3}$, &c. $= 0$, sont les limites des racines de l'équation $n x^{n-1} - \overline{n-1} \times A x^{n-2} + \overline{n-2} \times B x^{n-3}$, &c. $= 0$, ou de toute autre équation qui en seroit déduite, en multipliant ses termes par une progression arithmétique quelconque, $l \mp d$, $l \mp 2d$, $l \pm 3d$, &c. & réciproquement les racines de cette nouvelle équation sont les limites des racines de la proposée.

On a vû aussi que si quelques-unes des racines de l'équation des limites sont impossibles, quelques-unes des racines de l'équation proposée sont impossibles.

Soit l'équation du troisiéme degré $x^3 - A x^2 + B x - C = 0$, & l'équation des limites $3x^2 - 2Ax + B = 0$. Si deux racines de cette derniere équation sont imaginaires, deux de l'équation proposée le sont aussi, par le dernier article : mais, par le précédent, cela doit arriver toutes les fois que $\frac{1}{3} A^2$ est moindre que B; donc, dans ce cas, l'équation donnée a deux racines imaginaires.

Si on multiplie les termes de l'équation par ceux de cette progression $0, -1, -2, -3$, on a une autre équation de limites $A x^2 - 2Bx + 3C = 0$; dont deux racines, & par conséquent deux de la proposée sont imaginaires quand $\frac{1}{3} B^2$ est moindre que $A \times C$.

L'équation du quatriéme degré $x^4 - A x^3 + B x^2 - C x + D = 0$ aura deux racines imaginaires, si deux racines de l'équation $4x^3 - 3Ax^2 + 2Bx - C = 0$, ou deux de l'équation $Ax^3 - 2Bx^2 + 3Cx - 4D = 0$ sont imaginaires. Mais deux racines de l'équation $4x^3 - 3Ax^2 + 2Bx - C = 0$ sont imaginaires, lorsqu'il y en a deux imaginaires dans l'équation $6x^2 - 3Ax + B = 0$, ou dans $3Ax^2 - 4Bx + 3C = 0$, parce que les racines de ces deux dernieres équations sont les limites de celles de l'équation cubique précédente; par la même raison, il y a deux racines imaginaires dans l'équation cubique $Ax^3 - 2Bx^2 + 3Cx - 4D = 0$, lorsqu'il y en a deux dans $3Ax^2 - 4Bx + 3C = 0$, ou dans $Bx^2 - 3Cx + 6D = 0$. Par conséquent il y a deux racines imaginaires dans l'équation du quatriéme degré $x^4 - Ax^3 + Bx^2 - Cx + D = 0$, lorsqu'il y en a deux dans quelqu'une des trois équations

équations suivantes du second degré $6x^2 - 3Ax + B = 0$, $3Ax^2 - 4Bx + 3C = 0$, $Bx^2 - 3Cx + 6D = 0$; c'est-à-dire, lorsque $\frac{3}{8}A^2 < B$, $\frac{4}{9}B^2 < AC$, ou $\frac{3}{8}C^2 < BD$.

En procédant de cette maniere, on pourra déduire d'une équation quelconque $x^n - Ax^{n-1} + Bx^{n-2} - Cx^{n-3}$, &c, $C = 0$, autant déquations du second degré qu'il y a de termes, excepté le premier & le dernier, & les racines des équations déduites seront toutes réelles, si l'équation proposée n'en avoit point d'imaginaires. Les équations du second degré qu'on déduira des trois premiers termes $x^n - Ax^{n-1} + Bx^{n-2}$ auront cette forme, $n \times \overline{n-1} \times \overline{n-2} \times \overline{n-3}$, &c. $\times x^2 - \overline{n-1} \times \overline{n-2} \times \overline{n-3} \times \overline{n-4}$, &c. $\times Ax + \overline{n-2} \times \overline{n-3} \times \overline{n-4} \times \overline{n-5}$, &c. $\times B = 0$, continuant les facteurs dans chaque terme, jusqu'à ce qu'on en ait autant qu'il y a d'unités dans $n-2$. Alors divisant l'équation par tous les facteurs $n-2$, $n-3$, $n-4$, &c. qui se trouvent dans chaque coëfficient, elle deviendra $n \times \overline{n-1} \times x^2 - \overline{n-1} \times 2Ax + 2 \times 1 \times B = 0$, dont les racines sont imaginaires, lorsque $n \times \overline{n-1} \times 2 \times 4B$ surpasse $\overline{n-1}|^2 \times 4A^2$, ou lorsque B surpasse $\frac{n-1}{2n}A^2$: de sorte que l'équation proposée aura des racines imaginaires lorsque B surpasse $\frac{n-1}{n\,2}A^2$. De même, l'équation du second degré, déduite des trois premiers termes de l'équation $Ax^{n-1} - 2Bx^{n-2} + 3Cx^{n-3}$, &c. $= 0$, aura cette forme, $\overline{n-1} \times \overline{n-2} \times \overline{n-3}$, &c. $\times Ax^2 - \overline{n-2} \times \overline{n-3} \times \overline{n-4}$, &c. $\times 2Bx + \overline{n-3} \times \overline{n-4} \times \overline{n-5}$, &c. $\times 3C = 0$; qui, divisée par les facteurs communs à tous les termes, se réduit à $\overline{n-1} \times \overline{n-2} \times Ax^2 - \overline{n-2} \times 4Bx + 6C = 0$, dont les racines sont imaginaires quand $\frac{2}{3} \times \frac{n-2}{n-1} \times B^2$ est moindre que AC; & par conséquent, dans ce cas, l'équation proposée a des racines imaginaires.

En général, soient $Dx^{n-r+1} - Ex^{n-r} + Fx^{n-r-1}$

trois termes consécutifs quelconques de l'équation $x^n - Ax^{n-1} + Bx^{n-2}$, &c. $= 0$; multipliez les termes de cette équation, premierement, par la progression $n, n-1, n-2$, &c. ensuite par la progression $n-1, n-2, n-3$, &c. ensuite par $n-2, n-3, n-4$, &c. & ainsi de suite, par autant progressions qu'il y a d'unités dans $n-r-1$: alors multipliez les termes de l'équation résultante par la progression $0, 1, 2, 3$, & autant de fois qu'il y a d'unités dans $r-1$, vous parviendrez enfin à une équation du second degré qui aura cette forme $\overline{n-r+1} \times \overline{n-r} \times \overline{n-r-1} \times \overline{n-r-2}$, &c. $\times \overline{r-1} \times \overline{r-2} \times \overline{r-3} \times \overline{r-4}$, &c. $\times Dx^2$ $- \overline{n-r} \times \overline{n-r-1} \times \overline{n-r-2} \times \overline{n-r-3}$, &c. $\times r \times \overline{r-1} \times \overline{r-2} \times \overline{r-3}$, &c. $\times Ex$ $+ \overline{n-r-1} \times \overline{n-r-2} \times \overline{n-r-3} \times \overline{n-r-4}$, &c. $\times \overline{r+1} \times r \times \overline{r-1} \times \overline{r-2}$, &c. $\times F = 0$: & divisant par les facteurs $n-r-1, n-r-2$, &c. & $r-1, r-2$, &c. qui se trouvent dans chaque coëfficient, cette équation se réduit à $\overline{n-r+1} \times \overline{n-r} \times 2 \times 1 \times Dx^2 - \overline{n-r} \times 2 \times r \times 2Ex + 2 \times 1 \times \overline{r+1} \times rF = 0$, dont les racines sont imaginaires, lorsque $\frac{n-r}{n-r+1} \times \frac{r}{r+1} \times E^2$ est moindre que DF. D'où il suit évidemment que si on divise chaque terme de cette suite de fractions $\frac{n}{1}, \frac{n-1}{2}, \frac{n-2}{3}, \frac{n-3}{4}$, &c. $\frac{n-r+1}{r}, \frac{n-r}{r+1}$, il est, dis-je, évident que si on divise chaque terme par le précédent, & qu'on place les quotiens au-dessus des termes de l'équation $x^n - Ax^{n-1} + Bx^{n-2} - Cx^{n-3}$, &c. $= 0$, en commençant par le second : alors, si le quarré d'un terme multiplié par la fraction qui est au-dessus se trouve moindre que le produit des deux termes adjacens, il y aura des racines imaginaires dans l'équation.

113. Cependant une équation peut avoir des racines imaginaires, quoiqu'on n'en puisse découvrir aucune par cette Mé-

thode : car, quoique les racines réelles de l'équation proposée en donnent toujours de réelles dans l'équation des limites, il ne s'ensuit pas que les racines réelles de l'équation des limites prouvent la réalité de celles de l'équation proposée. Soit, par exemple, l'équation du troisiéme degré

$$\left.\begin{matrix} x^3 - 2m \\ - q \end{matrix}\right\} \times x^2 \left.\begin{matrix} + m^2 \\ + 2qm \\ + n \end{matrix}\right\} \times x - q \times \overline{m^2 + n} = 0$$

elle a deux racines imaginaires, $m + \sqrt{-n}$, $m - \sqrt{-n}$, la troisiéme $+ q$ est réelle : mais l'équation des limites est $3x^2 - \overline{4m + 2q} \times x^2 + m^2 + 2qm + m = 0$, dont toutes les racines sont réelles si $\overline{m - q}|^2$ surpasse $3n$. Si on cherche une autre équation de limites en multipliant par la progression $0, -1, -2, -3$, qui sera $\overline{2m + q} \times x^2 - 2 \times \overline{m^2 + 2qm + n} \times x + 3q \times \overline{m^2 + n} = 0$; elle aura ses racines réelles toutes les fois que $\overline{m^2 + 2qm + n}|^2$ surpassera $2\,\overline{m + q} \times 3q \times \overline{m^2 + n}$. On peut dire la même chose des équations plus élevés.

114. On peut donner une autre raison pour laquelle cette regle, & vrai-semblement toutes celles qui dépendent de la comparaison du quarré d'un terme & du rectangle des termes adjacens, manque quelquefois de découvrir les racines impossibles ; c'est que le nombre de ces comparaisons étant toujours moindre de l'unité que celui des quantités q, m, n, &c. dans l'équation générale, elles ne peuvent renfermer & fixer les rapports de ces quantités, dont dépend le rapport de plus grande ou de moindre inégalité de ces quarrés & de ces rectangles : de même qu'on ne peut donner une solution déterminée d'un Problême où le nombre des inconnues surpasse celui des équations.

CHAPITRE XIV.

Démonstration générale de la regle de Newton, pour trouver les sommes des puissances des racines d'une équation.

115. SOIT l'équation $\overline{x-a}\times\overline{x-b}\times\overline{x-c}\times\overline{x-d}$, &c. $=0$, ou

$$\left.\begin{array}{l} x^n - Ax^{n-1} + Bx^{n-2} - Cx^{n-3} \\ \quad - Ix^3 + Kx^2 - Lx + M \end{array}\right\} = 0$$

On sçait que $A = a + b + c + d +$ &c. $B = ab + ac + ad + bc + bd + cd$, &c. $C = abc + abd + bcd$; $D = abcd$, &c. les termes des coëfficiens A, B, C, D, &c. ayant 1, 2, 3, 4, &c. dimensions, c'est-à-dire, autant qu'il y a de termes qui les précedent dans l'équation.

PREMIER CAS.

116. Soit r un exposant égal à n, ou plus grand; si on multiplie l'équation par x^{r-n}, & qu'on substitue successivement a, b, c, d, &c. pour x, on aura

$$\left.\begin{array}{l} a^r - Aa^{r-1} + Ba^{r-2} - Ca^{r-3} \ldots\ldots \\ \ldots\ldots - Ha^{r-n+1} + Ma^{r-n} \ldots\ldots\ldots\ldots \end{array}\right\} = 0$$

$$\left.\begin{array}{l} b^r - Ab^{r-1} + Bb^{r-2} - Cb^{r-3} \ldots\ldots \\ \ldots\ldots - Hb^{r-n+1} + Mb^{r-n} \ldots\ldots\ldots\ldots \end{array}\right\} = 0$$

$$\left.\begin{array}{l} c^r - Ac^{r-1} + Bc^{r-2} - Cc^{r-3} \ldots\ldots \\ \ldots\ldots - Lc^{r-n+1} + Mc^{r-n} \ldots\ldots\ldots\ldots \end{array}\right\} = 0$$

&c.

De-là, par transposition & addition, on déduira le Théorême suivant :

La somme des puissances des racines, dont l'exposant est r, est égale à la somme de leurs puissances dont l'exposant est $r - 1$ multipliée par A, moins la somme des puissances dont l'exposant est $r - 2$ multipliée par B, plus celle des puissances qui ont pour exposant $r - 3$ multipliée par C, & ainsi de suite.

Il reste à trouver les sommes des puissances des racines, lorsque les exposans sont moindres que n, exposant de l'équation.

DEUXIÉME CAS.

117. Si H est le coëfficient d'une équation qui ait pour exposant $r < n$; c'est-à-dire, si on prend H de maniere que le nombre des termes qui le précedent dans l'équation soit égal à r, ou que le nombre des facteurs de ces parties $a\,b\,c\,d\,e\,f\,g\,h$, $a\,b\,c\,d\,e\,f\,g\,i$, &c. soit égal à r, alors on pourra exprimer le Théorême de la maniere suivante :

$$a^r + b^r + c^r + d^r, \&c. =$$

$$= \left.\begin{matrix} +a^{r-1} \\ +b^{r-1} \\ +c^{r-1} \\ +d^{r-1} \\ +\&c. \end{matrix}\right\} \times A \left.\begin{matrix} -a^{r-2} \\ -b^{r-2} \\ -c^{r-2} \\ -d^{r-2} \\ -\&c. \end{matrix}\right\} \times B \left.\begin{matrix} +a^{r-3} \\ +b^{r-3} \\ +c^{r-3} \\ +d^{r-3} \\ +\&c. \end{matrix}\right\} \times C \ldots\ldots$$

$$\ldots\ldots\ldots\ldots\ldots\ldots\ldots\ldots - r \times H$$

Il est facile de démontrer le cas où $r = n - 1$; car, divisant l'équation par x, on aura

$$x^{n-1} - A\,x^{n-2} + B\,x^{n-3} \ldots\ldots\ldots - L + \frac{M}{x} = 0$$

donc

$$a^{n-1} - A\,a^{n-2} + B\,a^{n-3} \ldots\ldots\ldots - L + \frac{M}{a} = 0$$

$$b^{n-1} - A\,b^{n-2} + B\,b^{n-3} \ldots\ldots\ldots - L + \frac{M}{b} = 0$$

$$c^{n-1} - A\,c^{n-2} + B\,c^{n-3} \ldots\ldots\ldots - L + \frac{M}{c} = 0$$

&c.

& (parce que $L = \frac{M}{a} + \frac{M}{b} + \frac{M}{c} + \frac{M}{d} + \&c.$) on trouvera

$$a^{n-1} + b^{n-1} + c^{n-1} + \&c. = \left.\begin{array}{l} + a^{n-2} \\ + b^{n-2} \\ + c^{n-2} \\ + \&c. \end{array}\right\} \times A \left.\begin{array}{l} - a^{n-3} \\ - b^{n-3} \\ - c^{n-3} \\ - \&c. \end{array}\right\} \times B \left.\begin{array}{l} + a^{n-4} \\ + b^{n-4} \\ + c^{n-4} \\ + \&c. \end{array}\right\} \times C$$

$$\ldots\ldots\ldots\ldots\ldots\ldots + \overline{n - 1} \times L$$

Lorsque $r = n - 2$, on déduit la démonstration de l'équation $a^2 + b^2 + c^2 + d^2 + \&c. = A^2 - 2B$. Car, transformez l'équation donnée

$$\left.\begin{array}{l} x^n - Ax^{n-1} + Bx^{n-2} - Cx^{n-3} \ldots \\ \ldots - Ix^3 + Kx^2 - Lx + M \end{array}\right\} = 0 \text{ dans l'équation}$$

$$\left.\begin{array}{l} z^n - \frac{L}{M} z^{n-1} + \frac{K}{M} z^{n-2} - \frac{I}{M} z^{n-3} \ldots \\ \ldots - \frac{C}{M} z^3 + \frac{B}{M} z^2 - \frac{A}{M} z + \frac{1}{M} \end{array}\right\} = 0$$

Les racines s, t, v, &c. de cette nouvelle équation, seront respectivement égales à $\frac{1}{a}$, $\frac{1}{b}$, $\frac{1}{c}$, $\frac{1}{d}$, &c. qui sont des quantités réciproques des racines de l'équation proposée.

Divisez ensuite l'équation proposée par x^2, & dans le quotient substituez pour x les racines a, b, c, d, &c. successivement, & vous aurez

$$\left.\begin{array}{l} a^{n-2} - Aa^{n-3} + Ba^{n-4} - Ca^{n-5} \ldots\ldots \\ \ldots\ldots - Ia + K - \frac{L}{a} + \frac{M}{a^2} \end{array}\right\} = 0$$

$$\left.\begin{array}{l} b^{n-2} - Ab^{n-3} + Bb^{n-4} - Cb^{n-5} \ldots\ldots \\ \ldots\ldots - Ib + K - \frac{L}{c} + \frac{M}{b^2} \end{array}\right\} = 0$$

$$\left.\begin{array}{l} c^{n-2} - A c^{n-3} + B c^{n-4} - C c^{n-5} \ldots\ldots \\ \ldots\ldots - I c + K - \frac{L}{c} + \frac{M}{c^2} \end{array}\right\} = 0$$

&c.

Ajoûtez ensemble toutes ces équations, & pour $n - 2$ substituez sa valeur r, & vous trouverez

$$\left.\begin{array}{l} a^r - a^{r-1} \\ + b^r - b^{r-1} \\ + c^r - c^{r-1} \\ + \&c. - \&c. \end{array}\right\} \times A \left.\begin{array}{l} + a^{r-2} \\ + b^{r-2} \\ + c^{r-2} \\ + \&c. \end{array}\right\} \times B \ldots\ldots$$

$$\ldots \left\{\begin{array}{l} -a \\ -b \\ -c \\ -\&c. \end{array}\right\} \times I + nK - \frac{L}{M} \times L + M \times \left\{\begin{array}{l} + s^2 \\ + t^2 \\ + v^2 \\ + \&c. \end{array}\right\} = 0.$$

Mais $s^2 + t^2 + v^2$, &c. $= \frac{L^2}{M^2} - \frac{2K}{M}$: donc (en multipliant & en transposant)

$$2K - \frac{L}{M} \times L + M \times \left\{\begin{array}{l} + s^2 \\ + t^2 \\ + v^2 \\ + \&c. \end{array}\right\} = 0$$

laquelle équation étant soustraite de la précédente, on aura pour reste

$$\left.\begin{matrix} a^r - a^{r-1} \\ + b^r - b^{r-1} \\ + c^r - c^{r-1} \\ + \&c. - \&c. \end{matrix}\right\} \times A \left.\begin{matrix} + a^{r-2} \\ + b^{r-2} \\ + c^{r-2} \\ + \&c. \end{matrix}\right\} \times B \ldots\ldots$$

$$\left.\begin{matrix} - a \\ - b \\ - c \\ - \&c. \end{matrix}\right\} \times I + r \times K = 0.$$ *Ce qu'il falloit démontrer.*

Mais pour en donner une démonſtration générale, je ferai uſage du Lemme ſuivant.

118. Si A eſt un coëfficient du premier degré, ou le coëfficient du ſecond terme d'une équation, G un autre coëfficient quelconque, & H le coëfficient ſuivant; de ſorte que la différence des puiſſances de G & A ſoit $r - 2$: & ſi $A' \times G'$ repréſente la ſomme de tous les termes du produit $A \times G$ dans leſquelles ſe trouve le quarré d'une racine, comme a^2, b^2, ou c^2, &c; on aura

$$A' \times G' = AG - rH.$$

Soit le coëfficient d'un terme de l'équation, comme $D = abcd + abce + abcf$, &c. $+ bcde + bcdf$; &c. multipliez le par $A = a + b + c + d$, &c. & dans le produit $A \times D$, mettant à part tous les termes $A' \times D'$ dans leſquels ſe trouve a^2, b^2, c^2, &c. chacun des termes reſtans ſera répété auſſi ſouvent qu'il y a de facteurs dans le coëfficient ſuivant E. Ainſi le terme $abcde$ ſera répété cinq fois : parce qu'il eſt le produit des cinq racines (ou cinq facteurs de A) a, b, c, d, e, multipliés par les quatre facteurs de D : on peut dire la même choſe de tout autre terme, comme $abcdf$, $bcdef$, &c. chacun deſquels ſe trouvera cinq fois dans le produit $A \times D$. Or, la la somme de ces termes $abcde + abcdf$, &c. formant le coëfficient E, il s'ensuit que $A \times D - A' \times D' = 5E$, ou $A' \times D' = AD - 5E$: ce qui a lieu dans deux autres coëfficiens quelconques G, H dont l'un a pour exposant r & l'autre $r - 1$.

Pour appliquer ceci à notre sujet, il faut observer que dans chacun des coëfficiens A, B, C, D, &c. excepté le dernier M, qui est le produit de toutes les racines a, b, c, d, &c. on peut distinguer deux parties, dans une desquelles chaque racine particuliere, comme a, se trouve contenue, & qu'elle ne se trouve point dans l'autre partie du même coëfficient. Si donc, pour abréger, on désigne la partie où se trouve cette racine a, en y ajoûtant à la place de l'exposant cette racine avec son signe précédé d'un crochet, cette partie du coëfficient G sera $G^{(+a}$, & par conséquent la partie du même coëfficient où la racine a ne se trouvera point sera $G^{(-a}$. Donc prenant G & H pour deux coëfficiens consécutifs

$$G = G^{(+a} + G^{(-a} \quad \& \quad H^{(+a} = a\,G^{(-a}$$

$$G = G^{(+b} + G^{(-b} \quad \& \quad H^{(+b} = b\,G^{(-b}$$

&c. &c.

Divisez présentement l'équation proposée par x^{n-r}, & vous aurez

$$\left.\begin{array}{l} x^r - A x^{r-1} + B x^{r-2} - C x^{r-3} \ldots\ldots \\ \ldots + G x - H + \frac{I}{x} - \frac{K}{x^2} + \frac{L}{x^3} - \frac{M}{x^{n-r}} \end{array}\right\} = 0$$

Dans laquelle équation substituant successivement a, b, c, &c. pour x, on trouvera

$$\left.\begin{array}{l} a^r - A a^{r-1} + B a^{r-2} - C a^{r-3} \ldots\ldots \\ \ldots + G a - H + \frac{I}{a} - \frac{K}{a^2} + \frac{L}{a^3} - \frac{M}{a^{n-r}} \end{array}\right\} = 0$$

$$\left.\begin{array}{l} b^r - A b^{r-1} + B b^{r-2} - C b^{r-3} \ldots\ldots \\ \ldots + G b - H + \frac{I}{b} - \frac{K}{b^2} + \frac{L}{b^3} - \frac{M}{b^{n-r}} \end{array}\right\} = 0$$

$$\left.\begin{array}{l} c^r - A c^{r-1} + B c^{r-2} - C c^{r-3} \ldots\ldots \\ \ldots + G c - H + \frac{I}{c} - \frac{K}{c^2} + \frac{L}{c^3} - \frac{M}{c^{n-r}} \end{array}\right\} = 0$$

Mais suivant la nouvelle notation

$$\begin{array}{lllll} G a = & a G^{(+a} + a G^{(-a} & & & \\ - H = & & - a G^{(-a} - H^{(-a} & & \\ + \frac{I}{a} = & & & + H^{(-a} + \frac{I^{(-a}}{a} & \\ - \frac{K}{a^2} = - \frac{K^{(-a}}{a^2} & & & & - \frac{I^{(-a}}{a} \\ + \frac{L}{a^3} = + \frac{K^{(-a}}{a^2} + \frac{L^{(-a}}{a^3} & & & & \\ - \frac{M}{a^{n-1}} = & - \frac{L^{(-a}}{a^3} & & & \end{array}$$

c'est pourquoi

$$G a - H + \frac{I}{a} - \frac{K}{a^2} + \frac{L}{a^3} - \frac{M}{a^{n-r}} = a G^{(+a}$$

$$G b - H + \frac{I}{b} - \frac{K}{b^2} + \frac{L}{b^3} - \frac{M}{b^{n-r}} = b G^{(+b}$$

$$G c - H + \frac{I}{c} - \frac{K}{c^2} + \frac{L}{c^3} - \frac{M}{c^{n-r}} = c G^{(+c}$$

&c.

Et la somme de ces quantités est $a G^{(+a} + b G^{(+b} + c G^{(+c}$, &c. $= A' \times G'$ & selon le Lemme

$$A^{r} \times G^{r} = \left.\begin{matrix} +a \\ +b \\ +c \\ +\&c. \end{matrix}\right\} \times G - r\,H$$

Comparez cette derniere conclusion avec celle qu'on a trouvé en divisant l'équation proposée par x^{n-r}, & substituant les racines a, b, c, &c. pour x, vous trouverez

$$\left.\begin{matrix} \left.\begin{matrix} a^{r} - a^{r-1} \\ + b^{r} - b^{r-1} \\ + c^{r} - c^{r-1} \\ + \&c. - \&c. \end{matrix}\right\} \times A \quad \left.\begin{matrix} + a^{r-2} \\ + b^{r-2} \\ + c^{r-2} \\ + \&c. \end{matrix}\right\} \times C \ldots \\ \left.\begin{matrix} +a \\ +b \\ +c \\ +\&c. \end{matrix}\right\} \times G - r\,H \end{matrix}\right\} = 0.$$ *Ce qu'il falloit démontrer.*

La regle de Newton se déduit évidemment de ces deux Théorêmes.

119. Mais pour éclaircir tout ceci par quelque exemple, je suppose $r = 3$; alors il faudra prendre C pour H, parce qu'il n'y a que trois termes qui précédent C dans l'équation $x^{n} - A\,x^{n-1} + B\,x^{n-2} - C\,x^{n-3} + \&c. = 0$, & on prouvera que

$$\left.\begin{array}{l} a^3\\ +b^3\\ +c^3\\ +d^3\\ +\&c.\end{array}\right\} = \left.\begin{array}{l} a^2\\ +b^2\\ +c^2\\ +d^2\\ +\&c.\end{array}\right\}\times A \left.\begin{array}{l} -a\\ -b\\ -c\\ -d\\ -\&c.\end{array}\right\}\times B + 3C$$

Pour en ſentir la vérité, remarquez que $a^3+b^3+c^3+d^3$, &c. $= \overline{a^2+b^2+c^2+d^2, \&c.} \times \overline{a+b+c+d, \&c.} - a^2 \times \overline{b+c+d, \&c.} - b^2\times\overline{a+c+d, \&c.} - c^2\times\overline{a+b+d, \&c.} - d^2\times\overline{a+b+c, \&c.} - \&c.$ (& à cauſe que $A'B' = a\times\overline{ab+ac+ad+, \&c.} + b\times\overline{ab+bc+bd, \&c.} + c\times\overline{ac+bc+dc, \&c.} + d\times\overline{ad+bd+cd+, \&c.} + \&c.$) cette quantité eſt égale à $\overline{a^2+b^2+c^2+d^2+, \&c.}\times A - A'B' = \overline{a^2+b^2+c^2+d^2+\&c.}\times A - AB + 3C$, par le Lemme précédent.

De la même maniere $\overline{a^4+b^4+c^4+d^4+, \&c.} = \overline{a^3+b^3+c^3+d^3+, \&c.}\times\overline{a+b+c+d, \&c.} - \overline{a^2+b^2+c^2+d^2+, \&c.}\times\overline{ab+ac+ad+bc+bd+cd+, \&c.} + a^2\times\overline{bc+bd+cd+, \&c.} + b^2\times\overline{ac+ad+cd+, \&c.} + c^2\times\overline{ab+ad+bd+, \&c.} + d^2\times\overline{ab+ac+bc+, \&c.} + \&c. = \overline{a^3+b^3+c^3+d^3+, \&c.}\times A - \overline{a^2+b^2+c^2+d^2+, \&c.}\times B + \overline{a+b+c+d+, \&c.}\times C - 4D.$

SECTION II.

Application de l'analyse aux courbes Algébriques.

CHAPITRE PREMIER.

Notions préliminaires. Division des courbes Algébriques en différens ordres. Du nombre des termes des équations de chaque ordre, & de la détermination des lignes par le moyen de ces équations.

120. ON appelle quantité variable celle qui, considérée indéfiniment, comprend toutes les quantités déterminées.

Toute expression analytique, composée de quantités constantes & d'une quantité variable, est appellée fonction de cette quantité variable : ainsi $a + 3z$, $az - 4z^2$, $az + b\sqrt{a^2 - z^2}$, c^z, &c. sont des fonctions de z.

121. On appelle fonctions Algébriques celles qui se composent par les opérations ordinaires de l'Algebre, & Transcendantes celles qui proviennent des opérations transcendantes.

122. Si, donnant une valeur déterminée à la quantité variable, sa fonction n'a aussi qu'une seule valeur, on l'appelle uniforme, telles sont toutes les fonctions rationelles; celles qui ont plusieurs valeurs correspondantes à chaque valeur déterminée de la quantité variable, s'appellent fonctions multiformes : telles sont toutes les fonctions irrationelles, parce que les radicaux renferment plusieurs valeurs.

Dans la Géométrie, on représente une quantité variable par une ligne droite indéfinie, & toutes les valeurs déterminées de cette quantité variable, si elles sont réelles, sont désignées par des parties déterminées de cette ligne indéfinie.

123. Les parties que l'on détermine sur cette ligne indéfinie s'appellent les abscisses, ou les coupées, & le point commun d'où on commence à les mesurer, se nomme l'origine des abscisses; les valeurs positives étant prises d'un côté par rapport à l'origine, les valeurs négatives se trouveront de l'autre côté.

124. Ayant désigné une quantité variable x par une ligne droite RS (*Fig.* 39.) & pris le point A pour l'origine des abscisses : si on donne des valeurs déterminées à x, chaque fonction y de x aura aussi des valeurs déterminées correspondantes. Pour les représenter, à l'extrémité de chaque Abscisse, j'éléve parallelement entre-elles les valeurs correspondantes de y; & si je place les valeurs positives au-dessus de la ligne des Abscisses, les négatives seront au-dessous, & les valeurs nulles ne seront qu'un point de la ligne même.

125. Les paralleles élevées sur les extrémités des abscisses s'appellent Ordonnées ou Appliquées.

Par les extrémités de toutes ces ordonnées on pourra faire passer une ligne droite ou courbe, dont, par conséquent, chaque point pourra être déterminé par le moyen d'une ordonnée.

126. La ligne sur laquelle on prend les abscisses s'appelle diametre, ou axe de la courbe.

Les abscisses & les ordonnées considérées ensemble s'appellent co-ordonnées.

On désignera les abscisses par x, & les ordonnées par y, à moins qu'on n'avertisse du contraire.

127. Chaque fonction de x donnant une ligne courbe continue, cette courbe se pourra connoître & décrire, par le moyen de cette fonction. Pour cet effet, on donnera à x toutes les valeurs positives depuis o jusqu'à ∞; & on cherchera les valeurs correspondantes de la fonction y, qu'on représentera par des ordonnées qui donneront une partie de la courbe; prenant ensuite les valeurs négatives de x, & les correspondantes de y, on aura l'autre portion de la même courbe. Réciproquement une courbe étant donnée, on pourra exprimer sa nature par une équation entre ses co-ordonnées.

Pour décrire une courbe de la maniere précédente, on prend ordinairement les abscisses en progression Arithmétique, ce qui fait souvent tomber dans des extractions de racines qu'on ne peut avoir que par approximation; on pourra quelquefois éviter cet inconvénient en se contentant des co-ordonnées rationelles qu'on pourra trouver par les Méthodes de Diophante : par exemple, on supposera la partie radicale successivement égale à 0, 1, 2, 3, &c. & on donnera aux variables les valeurs résultantes de ces suppositions.

128. Lorsque la nature d'une ligne courbe se peut exprimer par une équation Algébrique entre ses co-ordonnées, cette courbe s'appelle Géométrique ou Algébrique : & on appelle lignes transcendantes, celles dont la nature ne peut s'exprimer que par des équations transcendantes, c'est-à-dire, qui contiennent des expressions différentielles.

Plusieurs Analystes regardent les courbes exponentielles, & les interscendantes, comme tenant un milieu entre ces deux genres : on appelle exponentielles celles dont l'équation renferme des termes qui ont des exposans variables : telle est la logarithmique représentée par l'équation $y = b a^x$. M. Leibnitz a appellé interscendantes les courbes dans l'équation desquelles il entre des termes qui ont des exposans irrationels; par exemple $x^{\sqrt{3}} - x = z^2$.

L'examen de l'équation qui exprime la nature d'une courbe nous découvre si ses branches sont finies ou infinies, quel est leur nombre, leur cours & leur position, en un mot, toutes les propriétés & les singularités de cette courbe, comme on le verra dans la suite de cet Ouvrage.

129. Si y est une fonction Biforme de x, c'est-à-dire, si yy est égal à une expression analytique composée de x & de quantités constantes, cette équation aura deux racines toutes deux réelles, ou toutes deux imaginaires; par conséquent chaque abscisse donnera deux ordonnées toutes deux réelles, ou toutes deux imaginaires, c'est-à-dire, que la double ordonnée coupera la courbe en deux points, ou qu'elle ne la rencontrera nulle part; mais si la partie radicale de la valeur de y devient zéro, les deux valeurs n'en font qu'une; donc les deux ordonnées n'en font qu'une, & les deux points d'intersection se réunissent.

On remarquera ici, une fois pour toutes, que quoiqu'une ligne courbe soit composée de plusieurs parties détachées, on la regarde cependant comme continue réguliere, lorsque toutes ses parties naissent de la même fonction.

130. Si y est une fonction triforme elle aura trois valeurs réelles, ou au moins une, les deux autres étant imaginaires; donc les ordonnées couperont la courbe en trois points, ou au moins dans un, excepté les cas où deux, ou trois points d'intersection se réunissent.

131. Si y est une fonction quadriforme, elle a quatre valeurs réelles, ou deux, ou aucune; par conséquent les ordonnées couperont la courbe en quatre points, ou dans deux, ou nulle part, excepté les cas où plusieurs points d'intersection se réunissent.

132. En général, soit y une fonction multiforme quelconque de x, où y puisse être déterminé par une équation d'un degré n, le nombre de ses valeurs réelles sera n, ou $n-2$, ou $n-4$, &c. & chaque ordonnée pourra couper la courbe en autant de points; donc si le nombre d'intersections d'une ordonnée est pair ou impair, le nombre des intersections des autres ordonnées de la même courbe sera également pair, ou impair.

133. Lorsque l'angle des co-ordonnées est droit, la branche courbe comprise entre l'une & l'autre est toujours plus grande que $x^2 + y^2$, puisqu'elle est plus grande que l'hypoténuse de cet angle droit; par conséquent si l'ordonnée, ou l'abscisse, ou toutes les deux peuvent être supposées infinies, la courbe a quelque branche infinie.

134. Pour procéder avec quelque ordre dans la recherche des principales propriétés des lignes Algébriques, on les distingue en différens ordres, suivant le degré de l'équation dégagée de fractions & de radicaux qui en exprime la nature. Pour prouver que ce caractere de distinction est suffisant, nous allons faire voir que l'équation de la même ligne ne change point de degré, quelque changement qu'on fasse à l'axe, à l'origine des abscisses, & à l'angle des co-ordonnées; & par conséquent on sera assuré que la même ligne ne pourra jamais être rapportée à différens ordres.

135. Une courbe étant représentée par par une équation Algébrique, qui exprime le rapport de ses co-ordonnées $x = AP$, & $y = PM$: si on porte l'origine des abscisses sur le point D, ou le point C, on aura $x = z \pm g$; & si on prend un autre axe parallele au précédent, leur distance étant $PG = d$, on aura $y = v \mp d$. Fig. 40.

136. Si le nouvel axe qu'on prend faisoit avec le précédent un angle quelconque, dont le sommet fût au point A origine des abscisses. Du point M je mene sur ce nouvel axe une perpendiculaire $MQ = v$, qui me donne une nouvelle abscisse $AQ = t$, soit m le sinus, & n le cosinus de l'angle formé par les deux axes, prenant l'unité pour sinus total, on aura $mm + nn = 1$. Si du point P on mene des perpendiculaires sur les nouvelles co-ordonnées, on aura $AP = x$, $Pp = mx$, $Ap = nx$; de plus, Fig. 41.

parce

parce que les angles P M Q, P A Q sont égaux, & que P M $= y$, on aura aussi Q $p = my$, M $q = ny$: d'où on tirera A Q $= t =$ A $p -$ Q $p = nx - my$, & Q M $= v =$ M q $+$ P $p = mx + ny$; donc $nt + mv = nnx + mmx$; donc $x = \frac{nt + mv}{mm + n^2} = nt + mv$: de même $nv - mt$ $= nny + mmy$; donc $y = \frac{nv - mt}{m^2 + n^2} = nv - mt$.

137. Qu'on donne enfin au nouvel axe une position quelconque, & qu'on y prenne un point quelconque D pour l'origine des abscisses. Ayant abbaissé sur le nouvel axe la perpendiculaire M Q $= v$, soit l'abscisse D Q $= t$; du point D j'éleve sur l'ancien axe la perpendiculaire D G, je nomme A G (f), D G (g), & par le point D je mene une parallelle à l'ancien axe, qui sera rencontrée à un point O par l'ancienne ordonnée P M : donc M O $= y + g$, D O $=$ G P $= x + f$; soit m le sinus, & n le cosinus de l'angle O D Q, & son sinus total 1. Du point O je mene sur le nouvel axe, & la nouvelle ordonnée, les perpendiculaires O p, O q: parce que O M Q $=$ O D Q, on aura O $p =$ Q $q = nx + mf$, D $p = nx + nf$: de même O $q =$ Q $p = my + mg$, & M $q = ny + ng$; donc D Q $= t = nx + nf - my - mg$, & Q M $= v = mx$ $+ mf + ny + ng$; je multiplie t & sa valeur par n, q & sa valeur par m, & ajoûtant ensemble ces deux équations, je trouve $nt + mv = x + f$, parce que $mm + nn = 1$: ensuite multipliant t & sa valeur par m, & v & sa valeur par n, & soustrayant la premiere équation de la deuxiéme, je trouve $nv - mt$ $= y + g$; donc $x = mv + nt - f$, & $y = nv - mt - g$. Fig. 42.

138. L'équation étant donnée entre les co-ordonnées rectangles A P $= x$, P M $= y$, si on cherche l'équation entre les co-ordonnées obliquangles A Q $= t$, Q M $= v$: soit m le sinus de l'angle M Q A, & n son cosinus : le triangle P M Q donnera $1 : v :: m : y$, ou $y = mv$; il donnera aussi $1 : v :: n : t - x$, ou $x = t - nv$. Fig. 43.

139. Enfin, l'équation entre les co-ordonnées rectangles A P $= x$ & P M $= y$ étant donnée, on pourra, de cette maniere, trouver l'équation la plus générale pour la même courbe : on prendra un nouvel axe quelconque, & un point D pour l'origine des abscisses, les co-ordonnées formeront l'angle D T M, dont le sinus est p, le cosinus q; du point D sur l'ancien axe Fig. 44.

j'éléve la perpendiculaire DG $= g$, je suppose AG $= f$, & ayant mené DO parallele à l'ancien axe, le sinus de l'angle ODT sera m, le cosinus n; ensuite ayant mené du point M sur le nouvel axe la perpendiculaire MQ $= v$, on fera DQ $= t$, DT $= r$, TM $= s$; on aura, par l'article précédent, $t = r - qs$, & $v = ps$; mais on a trouvé (N°. 137.) $x = mv + nt - f$, & $y = nv - mt - g$; donc on aura $x = mps - nqs + nr - f$, & $y = nps + mqs - mr - g$.

Or, dans tous les cas précédens, substituant dans l'équation ces valeurs de x & de y, qui sont du même degré que x & que y, cette substitution ne changera point le degré de l'équation : d'où on peut conclurre que la même courbe ne peut être exprimée par deux équations de différens degrés ; & par conséquent on peut compter les ordres des lignes suivant le degré de l'équation qui les représentent.

Mais quand l'équation peut se décomposer en facteurs rationels, elle représente un systême de lignes de même ordre que ces facteurs.

Outre cette division des lignes en différens ordres, on les divise en-encore quelquefois en familles ; on appelle courbe de même famille celles qui, par le moyen d'exposans indéterminés, peuvent être réduites sous la même équation ; ainsi l'équation $a^{m-1}x = y^m$, dans laquelle m est indéterminé, comprend une famille de courbes : si $m = 2$, elle devient $ax = y^2$ qui représente la parabole quarrée, comme on le verra dans la suite : si $m = 3$, elle devient $a^2 x = y^3$ qui est l'équation de la parabole cubique, &c. par conséquent pendant que l'exposant m demeure indéterminé, l'équation $a^{m-1}x = y^m$ représente les paraboles de tous les degrés, c'est-à-dire la famille des paraboles. De même, l'équation $ay^{m+n} = bx^m \times \overline{a - x}^n$, comprend la famille des ellipses, & $ay^{m+n} = bx^m \times \overline{a + x}^n$ celle des hyperboles.

140. Les co-ordonnées étant représentées par deux variables, il est facile d'appercevoir que toute équation du premier degré peut être réduite à trois termes ; un qui contienne les quantités constantes, & deux qui contiennent les variables avec leurs coëfficiens : elle sera donc $a + bx + cy = 0$.

141. L'équation générale du second degré contiendra les trois termes de celle du premier, & pourra seulement contenir de plus le quarré de la premiere variable, celui de la deuxiéme

& le produit des deux, chaque terme avec son coëfficient, ce qui fait en tout six termes, c'est-à-dire,

$$a + bx + cy + dxx + exy + fyy.$$

142. L'équation générale du troisiéme degré contient les six termes de celle du second, & ne peut avoir de plus que le cube de la premiere variable, le quarré de la premiere multiplié par la seconde, le quarré de la seconde multiplié par la premiere, & le cube de la seconde, ce qui fait dix termes; sçavoir,

$$a + bx + cy + dxx + exy + fyy + gx^3 + hx^2y + ixy^2 + ky^3.$$

143. On feroit voir de même, que l'équation générale du quatriéme degré ne peut avoir que quinze termes; & ainsi des équations supérieures: c'est pourquoi les termes de l'équation générale du premier degré sont au nombre de $\cdots\cdots\cdots\cdots 1 + 2 = 3$

les termes de celle du 2ᵉ au nombre de $\cdots\cdots 1 + 2 + 3 = 6$

ceux de celle du 3ᵉ au nombre de $\cdots\cdots\cdots 1 + 2 + 3 + 4 = 10$

ceux de celle du 4ᵉ au nombre de $\cdots 1 + 2 + 3 + 4 + 5 = 15$,

&c.

144. Mais 3, 6, 10, 15, &c. sont la suite des nombres triangulaires: ce qui fournit un moyen pour connoître le nombre des termes d'une équation générale quelconque; on les connoîtra encore facilement, si on fait attention que ce nombre est égal à la somme d'une suite de nombre naturels, dont le dernier terme est égal à l'exposant de l'équation augmenté de l'unité: ainsi l'exposant d'une équation générale étant n, le nombre de ses termes sera $\frac{\overline{n+2} \times \overline{n+1}}{2}$.

145. Si on donne des valeurs déterminées aux quantités constantes arbitraires que contiennent les équations générales, on aura une ligne entierement déterminée & différente de toutes les autres comprise sous la même équation générale: or, une équation générale contient autant de quantités constantes arbitraires qu'elle a de termes, & par conséquent sembleroit susceptible d'autant de déterminations qu'elle a de termes: mais comme on peut diviser toute l'équation par le coëfficient d'une des variables, il est évident qu'on peut toujours diminuer de l'unité le nombre des quantités constantes; de sorte que l'équation générale du 1ʳ degré

$a + bx + cy = 0$ devient .... $\frac{a}{c} + \frac{b}{c}x + y = 0$:

celle du deuxiéme

$a + bx + cy + dx^2 + exy + fy^2$ devient ....

$$\ldots \frac{a}{f} + \frac{bf}{f} + \frac{cy}{f} + \frac{dx^2}{f} + \frac{exy}{f} + y^2$$

&c.

c'est-à-dire, qu'une ligne dont le rapport des co-ordonnées est exprimé par une équation du premier degré, n'est susceptible que deux déterminations, ce qui veut dire que sa position dépend uniquement de deux points; d'où il suit que cette équation ne contient que la ligne droite : & de ce qu'on peut donner une infinité de valeurs différentes à ces deux constantes, il s'ensuit seulement que la position de cette droite, par rapport à son axe, peut varier d'une infinité de manieres.

Par la même raison, l'équation générale du second degré n'est susceptible que de cinq déterminations, c'est-à-dire, que par cinq points on ne peut faire passer qu'une seule ligne du deuxiéme ordre, au lieu que par un moindre nombre on en peut faire passer une infinité du même ordre, parce que l'équation reste indéterminée. Si trois des cinq points étoient en ligne droite, on n'y pourroit faire passer aucune ligne du second ordre, mais seulement le systême de deux droites qui se trouve compris dans l'équation générale du deuxiéme ordre.

146. En suivant la même voye, on découvra facilement combien il faut de points pour déterminer une ligne d'un ordre quelconque, c'est-à-dire, que pour une ligne de l'ordre n il en faut $\frac{\overline{n+2} \times \overline{n+1}}{2} - 1 = \frac{n \times \overline{n+3}}{2}$.

147. Cette détermination des coëfficiens deviendra plus facile, si on fait passer l'axe par un des points donnés, qu'on prendra en même-temps pour l'origine des abscisses; car alors faisant $x = 0$, on aura $y = 0$, & par conséquent tous les termes qui contiennent des variables s'évanouissant, il restera $a = 0$; ensuite on fera passer l'axe par un autre des points donnés; enfin, on supposera que l'ordonnée qui part de l'origine des abscisses passe par un troisiéme des points donnés; par ce moyen on diminuera, autant qu'il est possible, le nombre des quantités qui décident la position des points donnés.

Si on cherche une ligne du second ordre, qui passe par les cinq points donnés A, B, C, D, E, on fera passer l'axe par les points A & B : on prendra l'origine des abscisses en A : on joindra le point A avec le point C, & on prendra l'angle CAB pour celui des co-ordonnées : ensuite il ne s'agira plus que de mener des parallelles à AC des points D & E. Qu'on fasse $AP = m$: $AC = n$: $Ad = l$: $Dd = p$: $Ae = q$: $Ee = r$; prenant ensuite l'équation générale des lignes du deuxiéme ordre, qui est............ $a + bx + cy + dx^2 + exy + fy^2 = 0$ Fig. 45.

si on fait $x = 0, y = 0$, on aura.................. $a = 0$

si on fait $x = 0, y = n$, on aura.......... $a + cn + fn^2 = 0$

si on fait $x = m, y = 0$, on aura........ $a + bm + dm^2 = 0$

si $x = l, y = p$, on aura $a + bl + cp + dl^2 + elp + fp^2 = 0$

si $x = q, y = r$, on aura $a + bq + cr + dq^2 + erq + fr^2 = 0$

les trois premieres de ces équations donneront $a = 0$: $c = -fn$: $b = -dm$; lesquelles valeurs étant substituées dans les deux dernieres, elles deviendront

$$-dml - fnp + dlq + elp + fp^2 = 0$$

$$-dmq - fnr + dq^2 + eqr + fr^2 = 0$$

Si on multiplie ensuite la premiere par qr, & la seconde par lp, on trouvera, en soustrayant la seconde de la premiere

$$-dmlqr - fpnqr + dl^2qr + fp^2qr + dmlpq + fnlpr - dlpq^2 - flpr^2 = 0,$$

$$\text{ou } \frac{d}{f} = \frac{npqr - nlpr - p^2qr + lpr^2}{mlpq - mlqr - lpq^2 + l^2qr}$$

ce qui donne $d = pr \times \overline{nq - nl - pq + lr}$

&......... $f = lq \times \overline{mp - mr - pq + lr}$

& ainsi tous les coëfficiens se trouvent déterminés, & si l'équation générale admet plus de déterminations qu'il n'y a de points proposés, on prendra les autres points à volonté.

CHAPITRE II.

Des propriétés communes des lignes du second ordre déduites de leur équation générale.

148. LES lignes du second ordre sont les mêmes que celles qu'on appelle vulgairement sections coniques, leur connoissance est nécessaire, tant dans les Mathématiques pures, que dans les Mathématiques mixtes ; c'est pourquoi je m'étendrai sur les propriétés de ces courbes plus que ne semble l'exiger un Traité d'Algebre : si cette étendue paroît déplacée à quelques-uns, j'espere qu'elle sera plaisir à ceux qui n'auront pas vû cette matiere traitée ailleurs, & d'un autre côté, elle sera conforme au dessein que j'ai de remplir en quelque maniere l'intervalle qui se trouve entre les simples Élémens de Géométrie & le calcul différentiel.

Fig. 46. Si on conçoit une ligne indéfinie BAG qui tourne sur un point fixe A, de sorte que dans ce mouvement elle n'abandonne jamais la circonférence BOC, quand elle sera revenue à sa premiere situation, sa partie AB aura décrit la surface d'un cone, & la partie opposée AG aura décrit la surface d'un autre, & le point A sera le sommet commun de ces deux cones opposés.

Si la droite menée du point A au centre du cercle BOC est perpendiculaire au plan ce cercle, le cone est droit, sinon il est scalêne. Dans les définitions suivantes je supposerai le cone droit.

149. Toute section qui coupe les deux côtés opposés AB, AC du cone, prolongé s'il le faut, est une ellipse.

150. Toute section qui, ayant coupé un côté du cone, ne peut plus couper le côté opposé prolongé tant qu'on voudra de part d'autre du sommet, est une parabole.

151. Toute section qui, ayant coupé un côté du cone, va couper le côté opposé par delà le sommet, est une hyperbole.

152. L'équation générale des lignes du second ordre est $a + bx + cy + dxx + cxy + fy^2 = 0$. Si on ordonne cette équation suivant y, & qu'on fasse évanouir le deuxiéme ter-

me, on aura $y^2 = \frac{a + bx + dx^2}{f}$ qui a deux racines égales, l'une positive, & l'autre négative ; donc dans toute ligne du deuxiéme ordre, à chaque abscisse répondent deux ordonnées égales, l'une d'un côté, l'autre de l'autre ; donc le diamétre divise la courbe entiere en deux parties égales.

153. Comme on peut toujours faire évanouir le deuxiéme terme de l'équation, ce qui rend l'ordonnée positive égale à la négative, il s'ensuit qu'un nombre quelconque de paralleles étant terminées de part & d'autre, par une ligne du second ordre, on pourra toujours mener une droite qui les divise toutes en deux également.

154. Toute équation du second degré a deux racines toutes deux réelles, ou toutes deux imaginaires ; par conséquent chaque abscisse a deux ordonnées, on n'en a aucune : excepté le cas ou dans fyy, $f = 0$; car alors chaque abscisse n'a qu'une ordonnée finie, l'autre devient infinie.

155. L'équation générale étant réduite sous cette forme

$$y^2 + \frac{ex + c}{f} \times y + \frac{dx^2 + bx + a}{f} := 0.$$

On sçait que le coëfficient du deuxiéme terme est égal à la somme des racines, si elles sont réelles (ce qui arrive lorsque l'ordonnée rencontre la courbe en deux points) ; donc prenant A E F pour l'axe, A pour l'origine des abscisses, M P N pour l'ordonnée, & l'angle A P N à volonté, on aura Fig. 47.

$$PM + PN = \frac{-ex - c}{f} = \frac{-e \times AP - c}{f};$$

si sous le même angle on mene une autre ordonnée npm, dont une des valeurs est négative, on trouvera $np - pm = \frac{-e \times Ap - c}{f}$; or, si on soustrait cette équation de la précédente, le reste sera

$$PM + PN - pn + pm = \frac{e \times Ap - AP}{f} = \frac{e \times Pp}{f};$$

& si on mene des points m & n des parallelles à l'axe qui rencontrent l'ordonnée aux points h & l, on aura $PM + PN - pn + pm = Mh + Nl = \frac{e \times Pp}{f}$, c'est-àdire, $Mh + Nl : Pp = mh = nl :: e : f$. Donc si des extrémités de la plus grande de deux ordonnées, on mene des paralleles à l'axe jusqu'à la rencontre de l'autre ordonnée prolongée s'il le faut, la somme des parties interceptées entre les paralleles & les branches de la courbe d'où elles partent, sera toujours à la partie de parallelle comprise entre les ordonnées en raison constante.

156. Lorsque les deux points d'intersections se réunissent, la sécante devient tangente, qui étant positive d'un côté, par rapport au point de contigence, est négative de l'autre; on trouvera
Fig. 48. donc par le Théorême précédent $CI - CK : MI :: e : f$, & $Ci - Ck : mi :: e : f$; donc $CI - CK : MI :: Ci - Ck : mi$, ou $MI : mi :: CI - CK : Ci - Ck$.

Si la droite PL, qui passe par le point de contact, coupe en deux également l'ordonnée MN alors faisant MI, NK parallelles à cette droite, on aura $CI = CK$, ou $CI - CK = 0$; donc $Ci - Ck = \frac{mi \times \overline{CI - CK}}{MI} = 0$; donc $ml - nl = 0$; donc en général

Si une droite menée du point de contingence coupe en deux parties égales une parallelle à la tangente, elle coupera en deux parties égales toutes les autres parallelles à la même tangente.

157. Le troisiéme terme de l'équation du deuxiéme degré contient le produit des deux racines; donc $\frac{dx^2 + bx + a}{f}$
Fig. 47. $= PM \times PN$; mais si dans l'équation générale on fait $y = 0$, elle donnera $\frac{dx^2 + bx + a}{f} = 0$, dont les racines seront AE & AF : on aura donc $\frac{dx^2 + bx + a}{f} = \frac{d}{f} \times \overline{x - AE} \times \overline{x - AF} = \frac{d}{f} \times PE \times PF$, (à cause de $x = AP$) c'est-à-dire, $PM \times PN : PE \times PF :: d : f$; & si sous le même angle on mene une autre ordonnée mn, on trouvera pareillement $pm \times pn = \frac{d}{f} \times pE \times pF$; donc prenant d'abord
Fig. 49. PF, & ensuite PN pour axe, on aura $PM \times PN : PE \times PF :: pn \times pm : pE \times pF :: qM \times qN : qe \times qf :: rm \times rn : re \times rf$. Donc en général

Si chacune de deux droites, qui se rencontrent en un point, rencontre une ligne du second ordre en deux points, le rectangle de la partie de l'une comprise entre le point d'intersection & une branche de la courbe, par la partie aboutissante du même

même point à l'autre branche, ſera toujours en raiſon conſtante au rectangle des deux parties de l'autre, priſes de la même maniere.

158. Si les deux points d'interſection M & N ſe réuniſſent, la droite P N deviendra tangente, & on aura P N × P M $= \overline{PM}^2 = \overline{PN}^2$; & par conſéquent $\overline{PC}^2 : PM \times PN :: \overline{pC}^2 : pm \times pn$, c'eſt-à-dire, que Fig. 50.

Le quarré de la tangente eſt au rectangle de la ſécante entiere par ſa partie extérieure, en raiſon conſtante

159. Il s'enſuit que ſi on mene un diamétre qui rencontre la courbe en deux points, & qui coupe ſes ordonnées en deux également, on aura toujours $CL \times LD : LM \times LN :: Cl \times lD : lm \times ln$; c'eſt-à-dire, que Fig. 48.

Le quarré de la demi-ordonnée eſt au rectangle des parties du diametre, en raiſon conſtante.

En faiſant uſage de ces propriétés déduites immédiatement de la nature de l'équation générale du deuxiéme degré, on peut découvrir pluſieurs autres propriétés communes aux lignes du ſecond ordre.

160. Soient dans une ligne quelconque du ſecond ordre, deux ordonnées paralleles A B, C D, ayant achevé le quadrilatere A C D B, ſi par un point M de la courbe on mene une ordonnée M N parallele aux deux côtés A B, C D, & qui coupe les deux autres côtés A C, D B dans les points P & Q, les parties P M & Q N ſeront égales; car la droite qui coupera en deux également les ordonnées paralleles A B & C D, coupera auſſi en deux également leur parallele M N; mais par la Géométrie élémentaire, la droite qui coupera en deux également A B & C D, coupera auſſi en deux également P Q: les droites M N & P Q étant donc diviſées en deux parties égales au même point, nous avons M P = N Q, & M Q = N P. Connoiſſant donc un cinquiéme point M, outre les quatre A, B, C, D, on en pourra trouver un 6ᵉ N, en prenant N Q = M P. Fig. 51.

161. Nous avons vû que M Q × Q N eſt à B Q × D Q en raiſon conſtante : par conſéquent, puiſque Q N = M P, nous avons auſſi M P × M Q eſt à B Q × D Q dans la même raiſon conſtante. Si on prend un autre point c de la courbe, & qu'on mene G c H, parallele à A B & C D, juſqu'à la rencontre des côtés A C, B D, on aura encore c G × c H eſt à B H × D H

dans la même raison constante; & par conséquent $cG \times cH : BH \times DH :: MP \times MQ : BQ \times DQ$. Si par le point M mene une parallelle à BD qui soit terminée par les parallelles AB, CD dans les points R & S, $PM \times QM$ sera à $MR \times MS$ en raison constante, à cause de $BQ = MR$ & $DQ = MS$. Si donc, par un point quelconque M, on mene deux droites, l'une MPQ parallelle aux côtés AB, CD, l'autre RMS, parallelle à la base BD, les intersections P, Q, R, S, donneront toujours $MP \times MQ$ en raison constante à $MR \times MS$.

162. Si, au lieu de l'ordonnée CD parallelle à AB, on mene du point D une autre corde Dc, & qu'on joigne les points A & c de sorte que les droites MQ & RMS coupent les côtés du quadrilatere $ABDc$ dans les points p, Q, R & S, la même propriété aura lieu; car nous avions $MP \times MQ : DQ \times BQ :: cG \times cH : BH \times DH$, ou $MP \times MQ : MR \times MS :: cG \times cH : BH \times DH$, à cause de RS parallelle & égale à BD. Mais les triangles semblables APp, AGc, & DSs, cHD fournissent ces proportions $Pp : AP :: Gc : AG$, ou (parce que $AP : AG :: BQ : BH$) $Pp : BQ :: Gc : BH$: les deux derniers triangles donnent $DS = MQ : Ss :: cH : DH$; donc en multipliant les termes homologues de ces deux proportions $MQ \times Pp : MR \times Ss :: cG \times cH : BH \times DH$, à cause de $BQ = MR$. Cette proportion comparée avec celle qu'on avoit trouvée précédemment, donne $MP \times MQ : MR \times MS :: Pp \times MQ : MR \times Ss$.

Prenant la somme des antécédents & des conséquents des premieres raisons de ces deux proportions, on trouvera

$$Mp \times MQ : MR \times Ms :: MP \times MQ : MR \times MS.$$

Qu'on prenne donc où on voudra sur la courbe les points c & M, le rapport de $Mp \times MQ$ à $MR \times Ms$ subsistera toujours le même, pourvû que les droites MQ & Rs soient menées par M parallelles aux cordes AB & BD. Mais la proportion précédente donne $MP : MS :: Mp : Ms$. Ainsi puisque le changement du point c, ne fait que changer les points p & s, Mp conservera le même rapport avec Ms, de quelque maniere qu'on déplace le point c, pourvû que le point M ne change point.

163. Si quatre points A, B, C, D sont donnés sur une ligne du second ordre, & qu'on les joigne par des droites pour avoir le trapeze inscrit A B D C, on déduira, de ce que nous venons de voir, une propriété très-étendue des sections coniques. Car si, d'un point quelconque M de la courbe, on mene, sous des angles donnés les droites M P, M Q, M R & M S sur chaque côté du trapeze, les rectangles des lignes menées aux côtés opposés, seront entre eux en raison donnée, c'est à-dire, qu'on aura $PM \times MQ$ à $MR \times MS$ dans le même rapport, quelque part qu'on prenne le point M sur la courbe, pourvû que les angles P, Q, R & S demeurent les mêmes. Pour le démontrer, je mene par le point M, M q parallelle à A B, & rs parallele à B D, qui rencontrent les côtés du trapeze dans les points p, q, r, s : on aura donc $Mp \times Mq : Mr \times Ms$ en raison donnée; mais à cause des angles donnés, les rapports $MP : Mp$, $MQ : Mq$, $MR : Mr$, $MS : Ms$ seront aussi donnés; & par conséquent $MP \times MQ$ sera à $MR \times MS$ en raison donnée. Fig. 52.

On a vû ci-devant, que si on prolonge les ordonnées parallelles M N, mn jusqu'à la rencontre d'une tangente C P p, on aura $PM \times PN : \overline{CP}^2 :: pm \times pn : \overline{Cp}^2$. Par conséquent, si on prend les points L & l, de sorte que P L soit moyenne proportionnelle entre P M & P N, & pl entre pm & pn, on aura $\overline{PL}^2 : \overline{CP}^2 :: \overline{pl}^2 : \overline{Cp}^2$; & par conséquent $PL : CP :: pl : Cp$; ce qui fait voir que tous les points L, l sont sur une même ligne droite qui passe par le point de contact C. C'est pourquoi si on coupe une ordonnée P M N en L, de sorte que $\overline{PL}^2 = MP \times PN$, la droite C L D menée par les points C & L coupera les autres ordonnées $p\,m\,n$ en l, de sorte que pl sera moyenne proportionnelle entre pm & pn. Et réciproquement si deux ordonnées P N & pn sont coupées en L & l, de sorte que $\overline{PL}^2 = PM \times PN$, & $\overline{pl}^2 = pm \times pn$, la droite menée par les points L & l passera par le point de contact C, & coupera en même raison toutes les autres ordonnées parallelles à celles-ci. Fig. 50.

165. Je reviens à l'examen de l'équation générale, qui est Fig. 53.

$$yy + \frac{ex + c}{f} \times y + \frac{dxx + bx + a}{f} = 0:$$

l'abſciſſe $AP = x$ a deux ordonnées PM, PN par le moyen deſquelles on peut déterminer la poſition du diametre qui coupe en deux également la corde MN & ſes paralleles ; car, ſoit L le point du milieu de MN, & $PL = z$: on aura

$$z = \tfrac{1}{2}PM + \tfrac{1}{2}PN = \frac{-ex-c}{2f},$$

& par conſéquent $2fz + ex + c = 0$ ſera l'équation pour la poſition du diametre quand l'ordonnée eſt perpendiculaire ſur l'abſciſſe.

166. Si l'ordonné étoit oblique ſur l'abſciſſe, on auroit.... $y = mv$, $x = t + nv$, leſquelles valeurs étant ſubſtituées dans l'équation générale, elle devient

$$v^2 + \frac{\overline{emt + 2dnt + cm + bn} \times v + dt^2 + bt + a}{fm^2 + emn + dn^2}.$$

Si donc on fait $v = \frac{pM + pn}{2}$, on aura

$$v = \frac{emt + 2dnt + cm + bn}{2fm^2 + 2emn + 2dn^2} = pl;$$

enſuite ſoit abbaiſſée du point l ſur l'axe perpendiculaire lq, & ſoit fait $Aq = p$, $ql = q$, on trouvera $m = \frac{q}{v}$, & $n = \frac{pq}{v} = \frac{p-t}{v}$; donc $v = \frac{q}{m}$, & $t = p - nv = p - \frac{nq}{m}$; ſubſtituant enfin ces valeurs dans l'équation précédente, on trouvera

$$\frac{emp - enq + 2dnp - \frac{2dn^2q}{m} + cm + bn}{fm^2 + enm + dn^2}$$

pour coëfficient du ſecond terme, & la moitié de ce coëfficient ſera le valeur de la ligne $pl = \frac{q}{m}$, c'eſt-à-dire, qu'on aura

$$\frac{q}{m} = \frac{-emp + enq - 2dnp + \frac{2dn^2q}{m} - cm - bm}{2fm^2 + 2emn + 2dn^2}:$$

& faiſant évanouir les fractions, & paſſer tous les termes du même côté, on trouvera $\overline{2fm + en} \times q + \overline{em + 2dn} \times p + cm + bn = 0$, qui donne la position du diametre lorsque l'ordonnée est oblique sur l'axe.

167. Pour découvrir le point C où ces deux diametres se coupent, soit supposée la perpendiculaire C D $= h$ menée de ce point sur l'axe, & soit A D $= g$; parce que le point C est sur le diametre I G, on aura $2fh + eg + c = 0$, & parce que le même point appartient au diametre ig, on aura aussi

$$\overline{2fm + en} \times h + \overline{em + 2nd} \times g + cm + bn = 0$$

la premiere équation multipliée par m étant retranchée de celle-ci, on a pour reste $chn + 2dgn + bn = 0$, ou $ch + 2dg + b = 0$: donc $h = \frac{-2dg - b}{e}$; mais, par la premiere équation, $h = \frac{-eg - c}{2f}$; donc $eeg - 4dfg = 2bf - ec$; par conséquent $g = \frac{2bf - ec}{e^2 - 4fd}$, & $h = \frac{2cd - be}{e^2 - 4df}$: & comme dans ces déterminations nous n'avons plus les quantités m & n, dont dépend l'obliquité des ordonnées, il est évident que le point C demeure le même, quelle que soit l'obliquité des ordonnées, donc tous les diametres se coupent en un même point, qu'on appelle centre de la section conique. On trouvera ce point par le moyen de l'équation proposée

$$a + bx + cy + dx^2 + exy + fy^2 = 0$$

Si après avoir pris A D $= \frac{2bf - ec}{e^2 - 4df}$, on prend C D $= \frac{2cd - be}{e^2 - 4df}$: car on tirera de l'équation générale $PM + PN = \frac{-ex - c}{f}$, & $PM \times PN = \frac{dx^2 + bx + a}{f}$: donc $\overline{PM - PN}^2 = \overline{PM + PN}^2 - 4PM \times PN = \frac{\overline{e^2 - 4df} \times x^2 + \overline{2ce - 4bf} \times x + c^2 + 4af}{f^2}$, dont les racines sont A K & A H; donc $AK + AH = \frac{4bf - 2ec}{e^2 - 4df}$; donc $AD = \frac{2bf - ec}{e^2 - 4df} = \frac{AK + AH}{2}$; donc le point D est également éloigné de H & de K; mais les perpendiculaires I K, G H passent par les extrémités du diametre; donc la perpendiculaire élevée du point D passe par le milieu du diametre, donc tous les diametres d'une section conique, non-ſeulement ſe coupent en un point, mais encore en deux parties égales.

168. Lorſque l'une des deux racines égales eſt poſitive, & l'autre négative, leur ſomme s'évanouit & fait diſparoître le ſecond terme $cy + exy$ parce qu'elle en eſt coëfficient; dans ce cas, l'équation devient $y^2 = a + bx + cx^2$, & ſi on ſuppoſe $y = 0$, on aura $x^2 + \frac{b}{c}x + \frac{a}{c} = 0$, & ſi A G & A I (Fig. 54.) en ſont les racines, on aura $AG + AI = \frac{-b}{c}$, & $AG \times AI \frac{a}{c}$; le centre C de la courbe étant donc le milieu du diametre GI: on aura toujours $AC = \frac{AG + AI}{2} = \frac{-b}{c}$.

169. Connoiſſant le centre d'une ſection conique, il ſera à propos de le prendre pour l'origine des abſciſſes : ſoit donc $CP = t$, & par conſéquent $x = AC - CP = \frac{-b}{2c} - t$: ſubſtituant cette valeur dans l'équation entre x & y, on trouvera

$$y^2 = a - \frac{b^2}{2c} + \frac{b^2}{4c} - bt + bt + ct^2 = a - \frac{b^2}{4c} + ct^2$$

remettant donc x en la place de t, & réduiſant les quantités conſtantes en un ſeul terme, on aura pour équation générale des lignes du ſecond ordre, en prenant un diametre pour axe, & le centre pour l'origine des abſciſſes $y^2 = a - bx^2$; faiſant donc $y = 0$, on aura $GC = CI = \sqrt{\frac{a}{b}}$, & par conſéquent le diametre $GI = 2\sqrt{\frac{a}{b}}$; & ſi on fait $x = 0$, on aura l'ordonnée E F qui paſſe le centre, c'eſt-à-dire, $CE = CF = \sqrt{a}$, & $EF = 2\sqrt{a}$.

170. Si chacun des deux diametres coupe en deux également toutes les ordonnées paralleles à l'autre, on les appelle *diametres conjugués*, par conſéquent ſi des extrémités d'un diametre on éléve des lignes paralleles à ſon conjugué, elles ſeront tangentes à la courbe.

171. Pour entendre ce qui ſuit, il faut ſe rappeller les notions ſuivantes qui dépendent de la Trigonométrie.

Je ſuppoſe que le rayon, ou ſinus total, vaut 1, & j'appelle A la demi-circonférence : le ſinus d'un arc nul eſt zéro, & ſon coſinus eſt 1; ſin. $\frac{1}{2}$ A = 1, coſ. $\frac{1}{2}$ A = 0; ſin. A = 0, coſ. A = − 1; ſin. $\frac{3}{2}$ A = − 1, coſ. $\frac{3}{2}$ A = 0; tous les finus & cofinus ont donc pour limites $+ 1$ & $- 1$. Le cofinus d'un arc $z = \text{fin.}\ \overline{\tfrac{1}{2} A - z}$, $\text{fin.}\ z = \text{cof.}\ \overline{\tfrac{1}{2} A - z}$: le quarré du finus, plus le quarré du cofinus, c'eft-à-dire, $\overline{\text{fin.}\ z}^2 + \overline{\text{cof.}\ z}^2 = 1$; de plus, la tangente de l'arc $z = \frac{\text{fin.}\ z}{\text{cof.}\ z}$, & la cotangente de l'arc $z = \frac{\text{cof.}\ z}{\text{fin.}\ z} = \frac{1}{\text{tang.}\ z}$; enfin $\text{fin.}\ \overline{y + z} = \text{fin.}\ y \times \text{cof.}\ z + \text{cof.}\ y \times \text{fin.}\ z$, $\text{cof.}\ \overline{y + z} = \text{cof.}\ y \times \text{cof.}\ z - \text{fin.}\ y \times \text{fin.}\ z$, $\text{fin.}\ \overline{y - z} = \text{fin.}\ y \times \text{cof.}\ z - \text{cof.}\ y \times \text{fin.}\ z$, & $\text{cof.}\ \overline{y - z} = \text{cof.}\ y \times \text{cof.}\ z + \text{fin.}\ y \times \text{fin.}\ z$.

172. Préfentement, au lieu de l'angle des co-ordonnées APM dont le finus eft m, le cofinus n, prenons l'angle AQM dont le finus eft p, le cofinus q, & l'abfciffe $CQ = t$, l'ordonnée $MQ = v$: parce que l'angle $PMQ = APM - AQM$, on trouvera $\text{fin.}\ PMQ = mq - np$, & les trois côtés PM (y), v, PQ feront entre eux comme les finus $p, m, \overline{mq - np}$; donc $y = \frac{pv}{m}$, & $PQ = \frac{\overline{mq - np} \times v}{m}$, donc $AP = x = t - PQ = t - \frac{\overline{mq - np} \times v}{m}$: fi on fubftitue ces valeurs dans l'équation $y^2 = a - bx^2$, ou $y^2 + bx^2 - a = 0$, l'équation réfultante fera

$$\left.\begin{matrix} b \times \overline{mq - np}^2 \times v^2 \\ + p^2 \times v^2 \end{matrix}\right. - 2bmt \times \overline{mq - np} \times v + bm^2t^2 - am^2 = 0.$$

L'ordonnée v a donc deux valeurs QM & $-$ Qn, & leur fomme eft $QM - Qn = \frac{2bmt \times \overline{qm - np}}{b \times \overline{mq - np}^2 + p^2}$. Si on divife l'ordonnée Mn en deux également en p, la moitié Cpg fera un nouveau diametre qui divifera en deux également toutes les ordonnées paralleles à Mn, & parce que Qp eft la moitié de la différence de QM & Qn, on aura $Qp = \frac{bmt \times \overline{mq - np}}{b \times \overline{mq - np}^2 + p^2}$.

173. Ceci nous fuffit pour déterminer la tangente de l'angle GCg : car le rayon étant pris pour l'unité, le finus de cet an-

gle est $\frac{p\times Qp}{1}$, & son cosinus est $CQ - \frac{q\times Qp}{1}$; donc la tangente de l'angle GCg est $\frac{p\times Qp}{CQ+q\times Qp} = \frac{bm\times\overline{mq-np}}{p+nb\times\overline{mq-np}}$;

& la tangente de l'angle Mpg est

$$\frac{p\times CQ}{pQ+q\times CQ} = \frac{p^2+b\times\overline{pn-qm}^2}{pq+b\times\overline{pn-qm}\times\overline{pm+qn}},$$

qui est l'angle sous lequel le diametre gi coupe les nouvelles ordonnées Mn. Mais on aura aussi $\overline{Cp}^2 = \overline{CQ}^2 + \overline{Qp}^2 + 2q\times CQ \times Qp = \frac{p^4+2bp^3n\times\overline{pn-qm}+b^2p^2\times\overline{pn-qm}^2}{\overline{p^2+b\times\overline{pn-qm}^2}^2} \cdot t^2$;

& par conséquent

$$Cp = \frac{pt\sqrt{p^2+2bpn\times\overline{pn-qm}+b^2\times\overline{pn-qm}^2}}{p^2+b\times\overline{pn-qm}^2}$$

qu'on fasse $Cp = r$, $pM = s$, on aura

$$t = \frac{r\times\overline{p^2+b\times\overline{pn-qm}^2}}{p\sqrt{p^2+2bpn\times\overline{pn-qm}+b^2\times\overline{pn-qm}^2}}, \text{ \&}$$

$$v = s + Qp = s + \frac{r\times bm\times\overline{pn-qm}}{p\sqrt{p^2+2bpn\times\overline{pn-qm}+b^2\times\overline{pn-qm}^2}};$$

par la substitution de ces valeurs on trouvera celles de y & de x, & l'équation $y^2+bx^2-a=0$ se changera en celle-ci

$$\frac{\overline{p^2+b\times\overline{pn-qm}^2}\times ss}{mm} + \frac{b\times\overline{p^2+b\times\overline{pn-qm}^2}\times rr}{p^2+2bpn\times\overline{pn-qm}+b^2\times\overline{pn-qm}^2} - a = 0.$$

174. Si présentement on fait le demi-diametre $CG = f$, & le demi-diametre conjugué $CE = CF = g$, on aura.... $S = \sqrt{\frac{a}{b}}$, & $g = \sqrt{a}$, ou $a = g^2$, & $b = \frac{g^2}{f^2}$: ce qui don-

ne

ne $y^2 \mp \frac{g^2 x^2}{f^2} = g^2$; ſuppoſons donc l'angle G C $g = h$, & nous aurons tang. $h = \frac{b m \times \overline{p n - q m}}{p + n b \times \overline{p n - q m}}$. Si on ſuppoſe encore l'angle GCE $= k$, & l'angle E C $g = l$, on aura AQM $= k + l$; & par conſéquent $p = \text{ſin.}\ \overline{k + l}$, & $q = \text{coſ.}\ \overline{k + l}$, $m = \text{ſin.}\ k$, & $n = \text{coſ.}\ k$. Donc tang. $h = \frac{b \times \text{ſin.}\ k \times \text{ſin.}\ l}{\text{ſin.}\ \overline{k + l} + b \times \text{coſ.}\ k \times \text{coſ.}\ l}$

$$= \frac{b \times \text{tang.}\ k \times \text{tang.}\ l}{\text{tang.}\ k + \text{tang.}\ l + b \times \text{tang.}\ l}, \ \&$$

$$\text{ſin.}\ p = \frac{b \times \text{ſin.}\ k \times \text{ſin.}\ l}{\sqrt{p^2 + 2 b p n \times \overline{p n - q m} + b^2 \times \overline{p n - q m}^2}}; \ \&$$

$p^2 + b \times \overline{p n - q m}^2 = \text{ſin.}\ \overline{k + l}^2 + b \times \overline{\text{ſin.}\ l}^2$. Faiſant uſage de ces valeurs, on trouvera l'équation ſuivante entre r & $ſ$,

$$\frac{ſ^2 \times \overline{\text{ſin.}\ \overline{k + l}^2 + b \times \overline{\text{ſin.}\ l}^2}}{\overline{\text{ſin.}\ k}^2} + \frac{\overline{b \times \text{ſin.}\ \overline{k + l}^2 + b \times \overline{\text{ſin.}\ l}^2} \times r^2}{b^2 \times \overline{\text{ſin.}\ k}^2 \times \text{ſin.}\ l^2} \times \text{ſin.}\ p^2 - a = 0,$$

$$\text{Mais } b = \frac{\text{tang.}\ h \times \text{ſin.}\ \overline{k + l}}{\overline{\text{ſin.}\ k - \text{coſ.}\ k \times \text{tang.}\ h} \times \text{ſin.}\ l} = \frac{\text{tang.}\ h \times \overline{\text{tang.}\ k + \text{tang.}\ l}}{\text{tang.}\ l \times \overline{\text{tang.}\ k - \text{tang.}\ h}}$$

$= \frac{g^2}{f^2} = \frac{\text{cot.}\ l \times \text{tang.}\ k + 1}{\text{cot.}\ h \times \text{tang.}\ k - 1}$, ou tang. $k = \frac{f^2 + g^2}{g^2 \times \text{cot.}\ h - f^2 \times \text{cot.}\ l}$; d'où on peut tirer un grand nombre de Corollaires. On aura auſſi

$$\frac{g^2}{f^2} = \frac{\text{ſin.}\ h \times \text{ſin.}\ \overline{k + l}}{\text{ſin.}\ l \times \text{ſin.}\ \overline{k - h}};$$

175. Soit le demi-diametre C$g = a$, ſon demi-diametre conjugué C E $= b$, on trouvera par ce qui précéde

$$a = \frac{\text{ſin.}\ k \times \text{ſin.}\ l \sqrt{a b}}{\text{ſin.}\ h \sqrt{\text{ſin.}\ \overline{k + l}^2 + b \times \overline{\text{ſin.}\ l}^2}} = \frac{g^2 \times \text{ſin.}\ k \times \text{ſin.}\ l}{\text{ſin.}\ h \sqrt{f^2 \times \text{ſin.}\ \overline{k + l}^2 + g^2 \times \overline{\text{ſin.}\ l}^2}};$$

$b = \frac{f g \times \text{ſin.}\ k}{\sqrt{f^2 \times \text{ſin.}\ \overline{k + l}^2 + g^2 \times \overline{\text{ſin.}\ l}^2}}$; & on aura cette proportion $a : b :: g \times \text{sin.}\ l : f \times \text{sin.}\ h$. Mais $\text{sin.}\ \overline{k+l}^2 + \frac{g^2}{f^2} \times \overline{\text{sin.}\ l}^2 = \frac{\text{sin.}\ \overline{k+l}}{\text{sin.}\ \overline{k-h}} \times \text{sin.}\ \overline{k-h} \times \text{sin.}\ \overline{k+l} + \text{sin.}\ h$

$\times\ \text{sin.}\ l = \frac{\text{sin.}\ k \times \text{sin.}\ \overline{k+l} \times \text{sin.}\ \overline{k+l-h}}{\text{sin.}\ \overline{k-h}}$, ce qui donne

$a = \frac{g^2 \times \text{sin.}^2 l}{f \times \text{sin.}\ h} \sqrt{\frac{\text{sin.}\ k \times \text{sin.}\ \overline{k-h}}{\text{sin.}\ \overline{k+l} \times \text{sin.}\ \overline{k+l-h}}}$; & parce que

$\frac{g^2}{f^2} = \frac{\text{sin.}\ k \times \text{sin.}\ \overline{k+l}}{\text{sin.}\ l \times \text{sin.}\ \overline{k-h}}$, on aura

$a = f \sqrt{\frac{\text{sin.}\ k \times \text{sin.}\ \overline{k+l}}{\text{sin.}\ \overline{k-h} \times \text{sin.}\ \overline{k+l-h}}}$, & $b = g \sqrt{\frac{\text{sin.}\ k \times \text{sin.}\ \overline{k-h}}{\text{sin.}\ \overline{k+l} \times \text{sin.}\ \overline{k+l-h}}}$,

on aura donc $a : b :: f \times \text{sin.}\ \overline{k+l} : g \times \text{sin.}\ \overline{k-h}$, &

$ab = \frac{fg \times \text{sin.}\ k}{\text{sin.}\ \overline{k+l-h}}$.

176. Si donc dans une section conique on a les diametres conjugués GI, EF, & gi, ef, on aura

$Cg : Ce :: CG \times \text{sin.}\ ECe : CG \times \text{sin.}\ GCg$.

Donc sin. GCg : sin. ECe :: $CE \times Ce : CG \times Cg$, & si on tire les cordes Ee, Gg, on aura le triangle $CGg = CEe$. Ensuite on aura $Cg : Ce :: CG \times \text{sin.}\ CGe : Ce \times \text{sin.}\ CEg$, ou $Ce \times CG \times \text{sin.}\ GCe = Ce \times Cg \times \text{sin.}\ CEg$: donc en menant les cordes Ge, & Eg, on aura le triangle $GCe = CEg$, & $ICf = CFi$. Enfin la derniere équation $ab \times \text{sin.}\ \overline{k+l-h} = fg \times \text{sin.}\ k$ donnera $Cg \times Ce \times \text{sin.}\ Cge = CG \times CE \times \text{sin.}\ GCE$: par conséquent si on mene les cordes EG, eg, ou FI, fi, on aura encore les triangles égaux ICF, iCf : d'où il est facile de conclure que tous les parallellogrammes qu'on peut former sur deux diametres conjugués, sont égaux entre eux.

177. On a donc trois paires de triangles égaux :

1°. Le triangle FCf égal au triangle ICi.

2°. Le triangle fCI égal au triangle FCi.

3°. Le triangle FCI égal au triangle fCi.

D'où il suit que les trapezes $FfIC$, & $iICf$ sont égaux ; & si on en retranche le triangle fCI, on aura le triangle $FIf = Ifi$: qui étant sur la même base fI, il faut que la corde Fi soit parallele à la corde fI. On aura donc encore le triangle $FIi = ifF$; & leur ajoûtant les triangles égaux FCI & fCi, on aura aussi les trapezes égaux $FCIi$, $iCfF$.

178. De-là on tire une Méthode pour mener une tangente à un point quelconque d'une ligne du second ordre. Car prenant le diametre GI pour un axe dont EC soit le demi-diametre conjugué, & menant, du point M sur l'axe, MP parallele à CE, elle sera demi-ordonnée, & $PM = PN$. Ayant donc mené CM qui sera un demi-diametre, on cherchera son demi-diametre conjugué CK, auquel menant du point M la parallele MT, elle sera la tangente demandée. Fig. 55.

Soit l'angle $GCE = k$, $GCM = h$, & $ECK = l$; on aura, comme on a vû ci-devant,

$$\frac{\overline{EC}^2}{\overline{GC}^2} = \frac{\text{sin. } h \times \text{sin. } \overline{k + l}}{\text{sin. } l \times \text{sin. } \overline{k - h}}, \text{ \&}$$

$$MC = CG \sqrt{\frac{\text{sin. } k \times \text{sin. } \overline{k + l}}{\text{sin. } \overline{k - h} \times \text{sin. } \overline{k + l - h}}}.$$

Mais le triangle CMP donne $\overline{MC}^2 = \overline{CP}^2 + \overline{MP}^2 + 2MP \times CP \times \text{cos}. k$: & $MP : MC :: \text{sin. } h : \text{sin. } k$; & $MP : CP : \text{sin. } h : \text{sin. } \overline{k - h}$. Ensuite, à cause des angles donnés du triangle CMT, on aura CM, CT, MT dans le même rapport que $\text{sin. } \overline{k + l}$, $\text{sin. } \overline{k + l - h}$, $\text{sin. } h$. Faisant disparoître les angles, on trouvera $MC = CG \sqrt{\frac{MC \times CM}{CP \times CT}}$, ou $\overline{CG}^2 = CP \times CT$. Donc $CP : CG :: CG : CT$, ce qui donne la position de la tangente. De cette proportion on tireroit aussi en divisant $CP : PG :: CG : TG$; & parce que $CG = CI$, on auroit en composant $CP : IP :: CG : TI$.

179. Puisque $\frac{\overline{CE}^2}{\overline{CG}^2} = \frac{\sin. h \times \sin. \overline{k+l}}{\sin. l \times \sin. \overline{k-h}}$, & $\frac{\overline{CK}^2}{\overline{CM}^2} = \frac{\sin. h \times \sin. \overline{k-h}}{\sin. l \times \sin. \overline{k+l}}$, & $\frac{\overline{CM}^2}{\overline{CG}^2} = \frac{\sin. k \times \sin. \overline{k+l}}{\sin. \overline{k-h} \times \sin. \overline{k+l-h}}$, & $\frac{\overline{CK}^2}{\overline{CE}^2} = \frac{\sin. k \times \sin. \overline{k-h}}{\sin. \overline{k+l} \times \sin. \overline{k+l-h}}$, on trouvera $\frac{\overline{CE}^2 + \overline{CG}^2}{\overline{CG}^2} = \frac{\sin. h \times \sin. \overline{k+l} + \sin. l \times \sin. \overline{k-h}}{\sin. l \times \sin. \overline{k-h}}$, & $\frac{\overline{CK}^2 + \overline{CM}^2}{\overline{CM}^2} = \frac{\sin. h \times \sin. \overline{k-h} + \sin. l \times \sin. \overline{k+l}}{\sin. l \times \sin. \overline{k+l}}$. Mais $\sin. h \times \sin. \overline{k+l} + \sin. l \times \sin. \overline{k-h} = \frac{1}{2} \cos. \overline{k+l-h} - \frac{1}{2} \cos. \overline{k+l+h} + \frac{1}{2} \cos. \overline{k-l-h} - \frac{1}{2} \cos. \overline{k+l-h} = \frac{1}{2} \cos. \overline{k-l-h} - \frac{1}{2} \cos. \overline{k+l+h} = \sin. k \times \overline{h+l}$. De même, $\sin. h \times \sin. \overline{k-h} + \sin. l \times \sin. \overline{k+l} = \frac{1}{2} \cos. \overline{k-2h} - \frac{1}{2} \cos. k + \frac{1}{2} \cos. k - \frac{1}{2} \cos. \overline{k+2l} = \frac{1}{2} \cos. \overline{k-2h} - \frac{1}{2} \cos. \overline{k+2l} = \sin. \overline{k+l-h} \times \sin. \overline{h+l}$. On aura donc enfin

$$\frac{\overline{CE}^2 + \overline{CG}^2}{\overline{CG}^2} = \frac{\sin. k \times \sin. \overline{k+l}}{\sin. l \times \sin. \overline{k-h}};$$

$$\frac{\overline{CK}^2 + \overline{CM}^2}{\overline{CM}^2} = \frac{\sin. \overline{k+l-h} \times \sin. \overline{k+l}}{\sin. l \times \sin. \overline{k+l}};$$

par conséquent $\frac{\overline{CE}^2 + \overline{CG}^2}{\overline{CK}^2 + \overline{CM}^2} = \frac{\overline{CG}^2}{\overline{CM}^2} \times \frac{\sin. k \times \sin. \overline{k+l}}{\sin. \overline{k-h} \times \sin. \overline{k+l-h}}$

$= \frac{\overline{CG}^2 \times \overline{CM}^2}{\overline{CM}^2 \times \overline{CG}^2} = 1$; donc $\overline{CE}^2 + \overline{CG}^2 = \overline{CK}^2 + \overline{CM}^2$; & par conséquent, dans une ligne du second ordre la somme des quarrés de deux diametres conjugués est toujours la même.

180. C'est pourquoi deux demi-diametres conjugués C G & C E étant donnés, on trouvera le demi-diametre conjugué d'un autre demi-diametre quelconque C M, en prenant C K $= \sqrt{\overline{CE}^2 + \overline{CG}^2 - \overline{CM}^2}$. Les propriétés des sections coniques que nous avons trouvées ci-devant, donnent $TG \times TI : \overline{TM}^2 :: CG \times CI : \overline{CK}^2 :: \overline{CG}^2 : \overline{CK}^2 :: \overline{CG}^2 : \overline{CE}^2 + \overline{CG}^2 - \overline{CM}^2$; & par conséquent $TM = \sqrt{\frac{\overline{CE}^2 + \overline{CG}^2 - \overline{CM}^2 \times TG \times TI}{CG}}$. De la même maniere, si, après avoir prolongé l'ordonnée M N, on mene la tangente M T, les deux tangentes M T & N T rencontreront l'axe T I au même point T; car on aura pour l'un & l'autre C P : C G :: C G : T C. Mais ayant mené la droite C N, on aura $TN = \sqrt{\frac{\overline{CE}^2 + \overline{CG}^2 - \overline{CN}^2 \times TG \times TI}{CG}}$; & par conséquent $\overline{TM}^2 : \overline{TN}^2 :: \overline{CE}^2 + \overline{CG}^2 - \overline{CM}^2 : \overline{CE}^2 + \overline{CG}^2 - \overline{CN}^2$: & parce que M N est coupée en deux parties égales en P, sin. C T M : sin. C T N :: T N : T M :: .... $\sqrt{\overline{CE}^2 + \overline{CG}^2 - \overline{CN}^2} : \sqrt{\overline{CE}^2 + \overline{CG}^2 - \overline{CM}^2}$.

181. Qu'on mene aux extrémités du diametre A B les tangentes A K, B L, & que par un point M de la courbe on mene une autre tangente T M L qui rencontre les deux premieres aux points K, & L, & soit le diametre conjugué E C F parallele à l'ordonnée M P, & aux tangentes A K, B L. Par la propriété de la tangente C P : C A :: C A : C T; & parce que C B = C A, C P : A P :: C A : A T, & C P : B P :: C A : B T; donc C P : C A :: C A : C T :: A P : A T :: B P : B T; & par conséquent A T : B T :: A P : P B; mais A T : B T :: A K : B L; donc A K : B L :: A P : B P. Fig. 56.

De plus, $AT = \frac{CA \times AP}{CP}$; $BT = \frac{CA \times BP}{CP}$; & $PT = \frac{CA \times AP}{CP} + AP = \frac{AP \times BP}{CP}$; donc $AT : PT :: CA : PB :: AK : MP$; de même, $BT : PT : CA : AP :: BL : PM$; donc $AK = \frac{CA \times PM}{PB}$, $BL = \frac{CA \times PM}{AP}$, & $AK \times BL = \frac{\overline{CA}^2 \times \overline{PM}^2}{AP \times BP}$; mais $AP \times BP : \overline{PM}^2 :: \overline{AC}^2 : \overline{CE}^2$, d'où on tire cette belle propriété des sections coniques $AK \times BL = \overline{CE}^2$; par conséquent $\overline{BL}^2 : \overline{CE}^2 :: BL : AK :: PB : AP$, & $BL = AK \times \frac{PB}{AP}$: donc $AK \times BL = AK^2 \times \frac{PB}{AP} = \overline{CE}^2$; donc $AK^2 = \overline{CE}^2 \times \frac{AP}{PB}$, d'où il suit que $AK = CE \sqrt{\frac{AP}{BP}}$, $BL = CE \sqrt{\frac{BP}{AP}}$, & $AP : BP :: \overline{AK}^2 : \overline{CE}^2 :: \overline{CE}^2 : \overline{BL}^2 :: KM : ML$, & enfin $AK : BL :: KM : LM$.

182. Ainsi par quelque point M de la courbe qu'on mene une tangente qui rencontre les tangentes paralleles AK, BL, le demi-diametre CE, parallele aux tangentes AK, BL, sera toujours moyenne proportionnelle entre AK & BL; c'est-à-dire, qu'on aura toujours $\overline{CE}^2 = AK \times BL$. Si donc, par un autre point m on mene une autre tangente kml, on aura aussi $\overline{CE}^2 = Ak \times Bl$, & par conséquent $AK : Ak :: Bl : BL$; donc $AK : Kk :: Bl : Ll$. Si les deux tangentes se coupent en un point o, on aura encore $AK : Bl :: Ak : BL :: Kk : Ll :: ko : lo :: Ko : Lo$. Voilà les principales propriétés des sections coniques, dont le célebre Newton a fait un si bel usage dans ses Principes de Physique.

183. Puisque $AK : Bl :: Ko : Lo$, si on prolonge la tangente LB jusqu'en I, de sorte que $BI = AK$, le point I sera celui où une tangente parallele à KL, menée de l'autre côté de la courbe couperoit la tangente LB, comme K est le point de la tangente LK où elle est coupée par la tangente AK, parallele à BL : la droite IK passera donc par le centre C, & y sera coupée en deux parties égales. Si donc on prolonge, comme on a dit, les tangentes BL, ML jusqu'aux points I & K, & qu'on les fasse couper par une troisiéme tangente lmo aux points l & o, on aura. $BI : Bl ::$

$K\bar{o} : L o$; & en composant $IB : Il :: Ko : KL$; ainsi, par quelque point qu'on mene la troisiéme tangente lmo, on aura toujours $IB \times KL = Il \times Ko$. Ayant donc mené une quatriéme tangente à volonté pqr, qui coupe les deux premieres IL & KL en p & r, on aura pareillement $IB \times KL = Ip \times Kr$, & par conséquent $Il \times K\bar{o} = Ip \times Kr$, ou $Il : Ip :: Kr : Ko$. Ayant donc mené les droites lr & po, elles seront coupées en même raison que la droite IK sera coupée par celle qui passe par les points des sections. C'est pourquoi si les droites lr & po se coupent en deux également, la droite, qui passe par les points de sections, coupera aussi en deux également la droite IK, & par conséquent passera par le centre C de la section conique.

184. On démontrera ainsi géométriquement que la droite nmh, qui coupe les droites lr, po en raison donnée, coupera en même raison la droite IK, si $Il : Ip :: Kr : Ko$, ou si $Ip : pL :: Ko : or$. Je suppose que la droite mn coupe lr & po dans la raison de $m : n$, ou soit $pm : mo :: ln : nr :: m : n$, & que cette droite prolongée coupe les tangentes IL, KL en Q & R; on aura sin. Q : sin R :: $\frac{ln}{Ql} : \frac{nr}{Rr} :: \frac{pm}{Qp} : \frac{mo}{Ro} :: \frac{m}{Ql} : \frac{n}{Rr}$; donc $Ql : Rr :: Qp : Ro$, & en divisant $lp : or :: Qp : Ro :: Ql : Rr$. Mais puisque $lp : or :: Ip : Ko$, on aura aussi $QI : RK :: lp : or$, & sin. Q : sin. R :: $\frac{m}{lp} : \frac{n}{or}$. Mais on a aussi sin. Q : sin. R :: $\frac{HI}{QI} : \frac{HK}{KR} :: \frac{HI}{lp} : \frac{HK}{or}$; donc $HI : HK : m : n :: pm : mo :: ln : nr$.

185. Étant donnés deux demi-diametres conjugués CG, CE, qui forment l'angle oblique $GCE = k$, on pourra toujours trouver deux autres demi-diametres conjugués CM & CK, qui forment l'angle droit MCK. Soit l'angle $GCM = h$, $ECK = l$, on aura $k + l - h = 90^{d.}$, & par conséquent sin. l = cos. $\overline{k - h}$, & sin. $\overline{k + l}$ = cos. b; donc Fig. 55.

$$\frac{\overline{CE}^2}{\overline{CG}^2} = \frac{\text{sin. } h \times \text{cos. } h}{\text{sin. } \overline{k - h} \times \text{cos. } \overline{k - h}} = \frac{\text{sin. } 2h}{\text{sin. } 2 \times \overline{k - h}}$$

$= \frac{\text{fin. } 2h}{\text{fin. } 2k \times \text{cof. } 2h - \text{cof. } 2k \times \text{fin. } 2h}$; donc $\frac{\overline{CG}^2}{\overline{CE}^2} = \text{fin. } 2k \times \text{cot. } 2h - \text{cof. } 2k$; donc $\text{cot. } 2\,GCM = \text{cot. } 2k + \frac{\overline{CG}^2}{\overline{CE}^2 \times \text{fin. } 2k}$; laquelle équation donne toujours la solution possible. Mais $\frac{\overline{CM}^2}{\overline{CG}^2} = \frac{\text{fin. } k \times \text{cof. } h}{\text{fin. } \overline{k - h}}$, & $\frac{\overline{CG}^2}{\overline{CM}^2} = 1 - \frac{\text{tang. } h}{\text{tang. } k}$; donc $\text{tang. } h = \text{tang. } k - \text{tang. } k \times \frac{\overline{CG}^2}{\overline{CM}^2}$. Et puisque $\overline{CM}^2 + \overline{CK}^2 = \overline{CG}^2 + \overline{CE}^2$, & $CK \times CM = CG \times CE \times \text{fin. } k$; on aura $CM + CK = \sqrt{\overline{CG}^2 + 2\,CG \times CE \times \text{fin. } k + \overline{CE}^2}$, & $CM - CK = \sqrt{CG^2 - 2\,CG \times CE \times \text{fin. } k + \overline{CE}^2}$, ce qui donne les diametres conjugués qui font l'angle droit.

Fig. 57. 186. Soient donc C A & C E deux demi-diametres conjugués qui se coupent à angles droits au centre C de la section conique, & qu'on appelle *diametres principaux*, ou *axes*. Faisant l'abscisse $CP = x$, l'ordonnée $PM = y$, on aura, comme on a vû ci-devant, $y^2 = a - bx^2$; soient aussi les diametres principaux $AC = c$, $CE = d$; par conséquent $a = c^2$, & $b = \frac{d^2}{c^2}$; donc $y^2 = d^2 - \frac{d^2 x^2}{c^2}$. Puisque cette équation ne change point, soit qu'on prenne x & y positivement ou négativement, il est clair que la courbe aura quatre parties semblables & égales, situées dans les quatre angles que forment les diametres AC & EF.

187. Si du centre C, que nous avons pris pour l'origine des abscisses, on mene la droite C M, elle sera $= \sqrt{x^2 + y^2} = \sqrt{d^2 - \frac{d^2 x^2}{c^2} + x^2}$; par conséquent, si $d = c$ ou $CE = CA$, on aura $CM = \sqrt{d^2} = d = c$. Et par conséquent toutes les droites menées du centre à la courbe sont égales entre elles; propriété qui caractérise le cercle; c'est pourquoi

quoi faisant le rayon $CA = a$, $CP = x$, $PM = y$: l'équation entre les co-ordonnées rectangles du cercle sera $y^2 = a^2 - x^2$.

Si les diametres principaux n'étoient point égaux entre eux, la droite CM ne pourroit être exprimée par une fonction rationelle de x, en prenant l'origine des abscisses au centre. Mais il y aura un autre point D sur l'axe, d'où toutes les droites, telles que DM, menées à la courbe, pourront avoir une expression rationelle; pour trouver ce point, soit $CD = f$, & par conséquent $DP = f - x$; donc $\overline{DM}^2 = f^2 - 2fx + x^2 + d^2 - \frac{d^2 x^2}{c^2} = d^2 + f^2 - 2fx + \frac{\overline{c^2 - d^2} \times x^2}{c^2}$.

Cette expression sera un quarré si $f^2 = \frac{\overline{c^2 - d^2} \times \overline{d^2 + f^2}}{c^2}$, ou si $c^2 - d^2 - f^2 = 0$. Donc, en ce cas, $f = \pm \sqrt{c^2 - d^2}$. Il y aura donc sur l'axe AC deux points tels que celui que nous demandions, & ils seront situés, de part & d'autre du centre, à la distance $CD = \sqrt{c^2 - d^2}$. On aura alors $\overline{DM}^2 = c^2 - 2x\sqrt{c^2 - d^2} + \frac{\overline{c^2 - d^2} \times x^2}{c^2}$, & par conséquent $DM = c - \frac{x\sqrt{c^2 - d^2}}{c} = AC - \frac{CD \times CP}{AC}$. Faisant $CP = 0$, on aura $DM = DE = c = AC$: prenant l'abscisse $CP = CD$, ou $x = \sqrt{c^2 - d^2}$, la droite DM deviendra DG, on aura donc $DG = \frac{d^2}{c} = \frac{\overline{CE}^2}{AC}$, c'est-à-dire, que DG deviendra troisiéme proportionnelle à AC & CE.

188. Ces points D, qui ont la propriété que nous venons de trouver, s'appellent *foyers* de la section conique; & le grand diamétre, sur lequel se trouvent ces points, s'appelle communément grand axe, ou premier axe, & son conjugé, petit axe, ou second axe. L'ordonnée DG, menée du foyer perpendiculairement sur le grand axe, s'appelle *demi-parimetre*, & par conséquent la double ordonnée, qui passe par le même point, est le parametre entier. Le demi-axe conjugué CE, est donc moyen proportionel entre le demi-parametre DG & le demi-grand axe AC. Les extrémités du grand axe sont les sommets

de la courbe, & ont cette propriété que la tangente menée paï ce point à la courbe, est perpendiculaire sur le grand axe.

189. Soit le demi-parametre D G $= g$, & la distance A D du foyer au sommet $= e$: on aura C D $= c - e = \sqrt{c^2 - d^2}$, & D G $= \frac{d^2}{c} = g$, donc $d^2 = cg$, & $c - e = \sqrt{c^2 - cg}$: donc $cg = 2ce - e^2$, & $c = \frac{e^2}{2e - g}$, & $d = e\sqrt{\frac{g}{2e - g}}$. Ainsi la distance A D $= e$ du foyer au sommet, & le demi parametre D G $= g$ étant donnés, on peut déterminer une section conique. Faisant présentement C P $= x$, on aura

$$\text{DM} = c - \frac{\overline{c - e} \times x}{c} = \frac{e^2}{2e - g} - \frac{\overline{g - e} \times x}{e}.$$

Soit D P $= t$, on aura $x = \text{CD} - t = \frac{\overline{g - e} \times e}{2e - g} - t$;

donc $\text{DM} = g + \frac{\overline{g - e} \times t}{e}$. Faisant l'angle A D M $= v$;

on aura $\frac{t}{\text{DM}} = -$ cos. v, par conséquent $\text{DM} \times e = ge + \overline{e - g} \times \text{DM} \times \text{cos. } v$, & $\text{DM} = \frac{ge}{\overline{-e - g} \times \text{cos. } v}$;

& $\text{cos. } v = \frac{e \times \overline{\text{DM} - \text{DG}}}{\overline{e - g} \times \text{DM}}$.

CHAPITRE III.

De la division des lignes du second ordre, & de leurs propriétés particulieres.

190. L'ÉQUATION générale $yy = a + bx + cx^2$ comprend toutes les lignes du second ordre, lorsque les co-ordonnées sont l'angle droit : l'on voit que dans cette équation il y a trois quantités constantes; cependant on ne trouvera pas autant de lignes différentes du second ordre, qu'on donnera de valeurs différentes à ces quantités; car il y en aura qui n'indiqueront que le changement de l'origine des abscisses, ou la même courbe plus ou moins grande.

191. La différence essentielle des lignes du second ordre, se tire de la nature du coëfficient c : car si ce coëfficient est positif, faisant l'abscisse $\mp x$ infinie, cxx devient infiniment plus grand que $a + bx$, & l'expression $a + bx + cxx$ acquiert une valeur positive; par conséquent l'ordonnée y a pareillement deux valeurs infiniment grandes, l'une positive, & l'autre négative; donc lorsque c est positif, la courbe a quatre branches infinies (N°. 133.), deux qui répondent à $x = + \infty$, & deux autres à $x = - \infty$. Les lignes du second ordre, qui ont quatre branches infinies, s'appellent hyperboles.

192. Mais si le coëfficient c est négatif, alors soit qu'on fasse $x = + \infty$, ou $x = - \infty$, l'expression $a + bx + cxx$ sera toujours négative, par conséquent l'ordonnée y sera imaginaire; par conséquent, dans cette courbe, ni l'abscisse, ni l'ordonnée ne sçauroit être infinie; donc cette courbe n'a aucune branche infinie; donc elle est renfermée toute entiere dans un espace fini & déterminé : cette espece de ligne s'appelle ellipse, & sa nature s'exprime par l'équation $yy = a + bx - cxx$.

193. Si on fait $c = 0$, qui est un milieu entre la valeur affirmative & la négative, on aura $yy = a + bx$, qui exprime la nature de la parabole, qui tient un milieu en l'hyperbole & l'ellipse. Il est ici fort indifférent de prendre b positif ou négatif,

parce que la courbe demeure toujours la même, soit que l'abscisse x soit positive, soit qu'elle soit négative. Supposant donc b positif, il est évident que l'ordonnée y, tant positive que négative, deviendra infinie lorsque $x = + \infty$; par conséquent la parabole aura deux branches infinies : mais elle n'en peut avoir davantage, parce que si $x = - \infty$, la valeur de l'ordonnée y devient imaginaire. Nous avons donc trois lignes du second ordre, qu'il n'est pas permis de confondre : l'ellipse qui n'a aucune portion infinie, la parabole qui a deux branches infinies, & l'hyperbole qui en a quatre : examinons quelles sont les principales propriétés qui conviennent à chacune de ces courbes en particulier.

194. L'équation générale de l'ellipse est $yy = a + bx - cxx$, lorsque les ordonnées font l'angle droit : & puisqu'on place l'origine des abscisses où l'on juge à propos, si on l'éloigne de l'intervalle $\frac{b}{2c}$, l'équation pourra être réduite à cette forme... $y^2 = a - cx^2$ qui donne l'origine des abscisses au centre.

Fig. 58. Soit donc C le centre, & A B l'axe, l'abscisse C P $= x$; & l'ordonnée P M $= y$. Si $x = \pm \sqrt{\frac{a}{c}}$, on aura $y = 0$: mais si x passe les limites $+\sqrt{\frac{a}{c}}$, $-\sqrt{\frac{a}{c}}$ l'ordonnée y devient imaginaire, ce qui prouve que toute la courbe est renfermée dans ces limites. On aura donc $CA = BC = \sqrt{\frac{a}{c}}$: ensuite si on fait $x = 0$, on aura $CD = CE = \sqrt{a}$. qu'on suppose donc le demi-axe $CA = CB = a$, & le demi-axe conjugué $CD = CE = b$, on aura $a = bb$, & $c = \frac{bb}{aa}$, ce qui donne pour l'ellipse l'équation $yy = bb - \frac{bbxx}{aa} = \frac{bb}{aa} \times \overline{aa - xx}$: donc $y^2 : a^2 - x^2 :: b^2 : a^2$: donc dans l'ellipse le quarré d'une ordonnée est au rectangle de parties de l'axe qu'elle coupe, comme le quarré du demi petit axe est à celui du demi grand axe, c'est-à-dire, que les quarrés des ordonnées sont entre eux, comme les rectangles des parties de l'axe qu'elles coupent.

195. Lorsque les demi-axes conjugués a & b sont égaux, l'équation devient $y^2 = a^2 - x^2$, ou $y^2 + x^2 = a^2$, qui est

l'équation au cercle; car alors $CM = \sqrt{a^2 + y^2} = a$, & par conséquent tous les points M de la courbe sont également éloignés du centre C. Mais si les demi-axes a & b sont inégaux, je suppose $AB = a > DE = b$; on trouvera les foyers F & G sur ce grand axe en prenant $CF = CG = \sqrt{a^2 - b^2}$, & le demi-parametre, ou l'ordonnée élevée de l'un des foyers, sera $\frac{bb}{a}$.

196. Si de l'un & l'autre foyer on mene, à un point M de la courbe, les droites FM & MG, on aura, comme on a vû ci-devant, $FM = AC - \frac{CF \times CP}{CA} = a - \frac{x\sqrt{a^2 - b^2}}{a}$, & $GM = a + \frac{x\sqrt{a^2 - bb}}{a}$: donc $FM + GM = 2a$: c'est-à-dire, que si des deux foyers on mene des droites à un point commun de la courbe, leur somme est égale au grand axe : propriété remarquable des foyers de l'ellipse, qui fournit un moyen facile de décrire cette courbe méchaniquement.

197. Si, par ce point M, on mene une tangente à l'ellipse, qui rencontre les axes dans les points E & e, on aura, comme on l'a démontré ci-dessus; $CP : CA :: CA : CT$; donc $CT = \frac{a^2}{x}$: & en changeant les co-ordonnées, $Ct = \frac{bb}{y}$; donc $TP = \frac{aa}{x} - x$, $TF = \frac{a^2}{x} - \sqrt{a^2 - b^2}$, & $TA = \frac{aa}{x} - a$. On aura donc $TP = \frac{a^2 - x^2}{x} = \frac{a^2 y^2}{b^2 x}$, & $TM = \frac{y\sqrt{b^4 x^2 + a^4 y^2}}{b^2 x}$; donc tang. $CTM = \frac{bbx}{aay}$, sin. $CTM = \frac{bbx}{\sqrt{b^4 x^2 + a^4 y^2}}$, & cos. $CTM = \frac{aay}{\sqrt{b^4 x^2 + a^4 y^2}}$; donc si du point A on éléve sur l'axe la perpendiculaire AV, qui sera tangente à la courbe, on aura

$$AV = \frac{a \times \overline{a - x}}{x} \times \frac{bbx}{aay} = \frac{bb \times \overline{a - x}}{aay} = b\sqrt{\frac{a - x}{a + x}},$$

parce que $ay = b\sqrt{a^2 - x^2}$.

198. Nous avons trouvé $FT = \frac{aa - x\sqrt{a^2 - b^2}}{x}$, &

$FM = \frac{a^2 - x\sqrt{a^2 - b^2}}{a}$; donc $FT : FM :: a : x$;

De même, parce que $GT = \frac{aa + x\sqrt{aa - bb}}{x}$, &

$GM = \frac{aa + x\sqrt{aa - bb}}{a}$, on a aussi $GT : GM :: a : x$; donc $FT : FM :: GT : GM$. Mais $FT : FM ::$ sin. FMT : sin. CTM, & $GT : GM ::$ sin. GMt : sin. CTM; donc l'angle $FMT = GMt$. Donc des droites menées des deux foyers à un même point de la courbe, sont également inclinées sur la tangente en ce point.

199. Puisque $GT : GM :: a : x$, & $CT = \frac{aa}{x}$, il s'ensuit que $CT : CA :: a : x$; donc $GT : GM :: CT : CA$; donc si du centre C on mene CS, parallele à GM, & qui rencontre la tangente en S, on aura $CS = CA = a$: & si, du même centre, on mene une parallele à FM jusqu'à la tangente, elle sera aussi égale à $CA = a$. Mais parce que $TM = \frac{y}{b^2 x}\sqrt{b^4 x^2 + a^4 y^2}$, & $a^2 y^2 = a^2 b^2 - b^2 x^2$;

on aura $TM = \frac{y}{bx}\sqrt{\overline{a^4 - x^2} \times \overline{a^2 - b^2}}$: d'ailleurs

$FT \times GT = \frac{a^4 - x^2 \times \overline{a^2 - b^2}}{x^2}$; donc $TM = \frac{y}{b}$

$\sqrt{FT \times GT}$. C'est pourquoi, puisque $TG : TC :: TM : TS$, on aura $TS = \frac{TM \times TC}{TG}$, & par conséquent

$TS = \frac{y \times TC}{b}\sqrt{\frac{FT}{GT}} = \frac{y \times CT \times FT}{b\sqrt{FT \times GT}} = \frac{y^2 \times CT \times FT}{b^2 \times TM}$.

De plus, $PT = \frac{a^2 y^2}{b^2 x} = \frac{y^2 \times CT}{b^2}$; donc $TS = \frac{PT \times FT}{TM}$;

& par conséquent $TM : PT :: FT : TS$; donc les triangles TMP, TFS sont semblables, & la droite FS, menée du foyer, est perpendiculaire sur la tangente. On trouvera encore, par cette voye, $SV = \frac{AF \times MV}{GM}$.

200. Si donc, de l'un ou l'autre foyer, on mene sur la tangente la perpendiculaire FS, & que du centre C on mene la droite CS, on aura toujours CS égale au grand demi-axe

AC $= a$. Et parce que TM : y :: TF : FS, on aura $FS = \frac{y \times TF}{TM} = \frac{b \times TF}{\sqrt{FT \times GT}} = b\sqrt{\frac{FT}{GT}}$; donc GT : TF :: GM : FM :: $\overline{CD}^2 : \overline{FS}^2$; & la perpendiculaire menée de l'autre foyer sur la tangente sera $b\sqrt{\frac{GT}{FT}}$, donc le demi petit axe est moyenne proportionnelle en ces deux perpendiculaires. Présentement, si du centre C on mene une troisiéme perpendiculaire CQ sur la tangente, on aura TF : FS :: CT : CQ; donc $CQ = \frac{b \times CT}{\sqrt{FT \times GT}} = \frac{b\, x \times CT}{a\sqrt{FM \times GM}} = \frac{ab}{\sqrt{FM \times GM}}$; donc $CQ - FS = \frac{b \times CF}{\sqrt{FT \times GT}} = CX$, ayant mené FX parallele à la tangente; on trouvera donc $CQ - CX = \frac{b \times TF}{\sqrt{FT \times GT}}$, & $CQ + CX = \frac{b \times TG}{\sqrt{FT \times TG}}$, donc $\overline{CQ}^2 - \overline{CX}^2 = b^2$, & $CX = \sqrt{\overline{CQ}^2 - b^2}$: le petit axe étant donné, on trouvera donc sur la perpendiculaire CQ le point X d'où menant une perpendiculaire, elle passera par le foyer F.

201. Un demi-diametre CM, & sa tangente TM étant donnés, on trouvera son diametre conjugué, si, par le centre, on mene CK parallele à cette tangente. Soient CM $= p$, CK $= q$, & l'angle MCK $=$ CMT $= s$, on aura d'abord $p^2 + q^2 = a^2 + b^2$; 2°. $pq \times$ sin. $s = ab$, comme on a vû ci-devant. Mais $p^2 = x^2 + y^2 = b^2 + \frac{\overline{a^2 - b^2} \times x^2}{a^2}$, & $q^2 = a^2 + b^2 - p^2 = a^2 - \frac{\overline{a^2 - b^2} \times x^2}{a^2} = FM \times GM$: & pareillement $p^2 = FK \times GK$. Et parce que CQ $= \frac{ab}{\sqrt{FM \times GM}}$, on aura sin. CQM $=$ sin. $s = \frac{ab}{p\sqrt{FM \times GM}}$. Enfin on aura TM : TP :: $\frac{y}{b}\sqrt{FT \times GT}$:

$\frac{a^2 y^2}{b^2 x}$, $\sqrt{FM \times GM}$: $\frac{ay}{b} = \sqrt{a^2 - x^2}$ :: CK $= q$: CR, donc CR $= \frac{ay}{b}$, KR $= \frac{bx}{a}$, & par conséquent CR $\times$ KR $= xy =$ CP $\times$ PM. Et sin. FMS $= \frac{b}{\sqrt{GM \times FM}} = \frac{b}{q}$: & parce que $x =$ CP $\frac{a\sqrt{p^2 - b^2}}{\sqrt{a^2 - b^2}}$; & $y = \frac{b\sqrt{a^2 - p^2}}{\sqrt{a^2 - b^2}} =$ PM, & CR $= \frac{a\sqrt{a^2 - p^2}}{\sqrt{a^2 - b^2}}$, & KR $= \frac{b\sqrt{p^2 - b^2}}{\sqrt{a^2 - b^2}}$, on aura tang. ACM $= \frac{y}{x}$, & tang. 2ACM $= \frac{2yx}{x^2 - y^2} = \frac{2ab\sqrt{\overline{a^2 - p^2} \times \overline{p^2 - b^2}}}{\overline{a^2 + b^2} \times p^2 - 2a^2 b^2}$. Mais $ab = pq \times$ sin. s, $a^2 + b^2 = p^2 + q^2$, & $\sqrt{\overline{a^2 - p^2} \times \overline{p^2 - b^2}} = -pq \times$ cos. s, donc tang. 2ACM $= \frac{-2q^2 \times \text{cos. } s}{p^2 + q^2 \times \text{cos. } 2s}$; parce que le cosinus de s, est négatif. Et comme $\overline{CK}^2 =$ MT $\times$ Mt, on tirera, de ce qui précede, MV $= q\sqrt{\frac{AB}{BP}}$, & AV $= b\sqrt{\frac{AP}{BP}}$; donc AV : MV :: b : q : CE : CK. Donc si on mene les droites AM & EK, elles seront paralleles entre elles.

202. Parce que $pq \times$ sin. $s = ab$, on aura $pq > ab$; & puisque $p^2 + q^2 = a^2 + b^2$, les quantités p & q approchent plus de l'égalité que a & b, donc entre tous les diametres conjugués, ceux qui font l'angle droit sont ceux qui different le plus. Il y aura donc deux diametres conjugués égaux; pour les trouver, soit $q = p$, ce qui donne $2p^2 = a^2 + b^2$, & $p = q = \sqrt{\frac{a^2 + b^2}{2}}$; sin. $s = \frac{2ab}{a^2 + b^2}$, & cos. $s = \frac{-a^2 + b^2}{a^2 - b^2}$; donc sin. $\frac{1}{2}s = \sqrt{\frac{a^2}{a^2 - b^2}}$, cos. $\frac{1}{2}s =$

$\frac{1}{2} s = \sqrt{\frac{b^2}{a^2 - b^2}}$; donc tang. $\frac{1}{2} s = \frac{a}{b}$ = tang. C E B, & M C K = 2 C E B = A E B. Or, C P = $\frac{a}{\sqrt{2}}$, & C M = $\frac{b}{\sqrt{2}}$, donc les demi-diametres conjugués C M, C K égaux entre eux, seront paralleles aux cordes A E & B E.

203. Si on prend l'origine des abſciſſes au ſommet A, & qu'on faſſe A P = x, P M = y, puiſque x devient préſentement $a - x$, on aura cette équation

$$y^2 = \frac{b^2}{a^2} \times \overline{2ax - x^2} = \frac{2b^2}{a} \times x - \frac{b^2}{a^2} \times x^2,$$

par laquelle on voit que $\frac{2b^2}{a}$ eſt le parametre de l'ellipſe. Soit le demi parametre, ou, ce qui eſt la même choſe, l'ordonnée au foyer = c, & la diſtance A F du foyer au ſommet = d, on aura $\frac{b^2}{a} = c$, & $a - \sqrt{a^2 - b^2} = d = a - \sqrt{a^2 - ac}$; donc $2ad - d^2 = ac$, & $a = \frac{d^2}{2d - c}$; donc $y^2 = 2cx - \frac{cx^2 \times \overline{2d - c}}{d^2}$, qui eſt l'équation à l'ellipſe lorſque les co-ordonnées y, x forment l'angle droit, & qu'on place l'origine des abſciſſes au ſommet A; où il faut toujours remarquer que $2d$ ſurpaſſe c, parce que A C = $a = \frac{d^2}{2d - c}$, & C D = $b = d\sqrt{\frac{c}{2d - c}}$.

204. Si donc $2d = c$, on aura $y^2 = 2cx$, qui eſt l'équation à la parabole : puiſqu'on peut réduire, ſous cette forme, l'équation $y^2 = a + bx$, que nous avons trouvée pour cette courbe, en changeant l'origine des abſciſſes de l'intervalle $\frac{a}{b}$. Soit donc la parabole M A N, dont la nature ſoit exprimée par l'équation $y^2 = 2cx$. Donc la diſtance du foyer au ſommet A F = $d = \frac{1}{2} c$, & le demi-parametre F H = c, & on aura partout $\overline{PM}^2 = 2 FH \times AP$: d'où il ſuit que l'ordonnée eſt moyenne proportionelle entre l'abſciſſe & le parametre : & puiſque le parametre 2 F H eſt une quantité conſtante, on con- Fig. 59.

cluera, de plus, que les quarrés des ordonnées sont entre eux comme les abscisses ; par conséquent si on suppose l'abscisse A P infinie, les ordonnées P M & P N le deviendront aussi ; & par conséquent la courbe s'étendra à l'infini, de part & d'autre de l'axe A P : mais si on prend l'abscisse x négativement, l'ordonnée deviendra imaginaire, & par conséquent il n'y a aucune portion de la courbe qui réponde à l'axe prolongé au-delà du sommet A.

205. Puisque l'équation à l'ellipse se change en celle de la parabole, en faisant $2d = c$, il est évident que la parabole n'est autre chose qu'une ellipse dont le demi-axe $\frac{d^2}{2d - c} = \frac{d^2}{0}$ est infini ; c'est pourquoi toutes les propriétés que nous avons trouvées pour l'ellipse, se peuvent appliquer à la parabole, en supposant l'axe infini. Premierement, puisque $AF = \frac{1}{2}c$, on aura $FP = x - \frac{1}{2}c$, & par conséquent du foyer F à un point M de la courbe, ayant mené une droite F M, on aura $\overline{FM}^2 = x^2 - cx + \frac{1}{4}c^2 + y^2 = x^2 + cx + \frac{1}{4}c^2$; donc $FM = x + \frac{1}{2}c = AP + AF$, qui est la principale propriété du foyer de la parabole.

206. Soit le demi-axe $AC = a = \infty$, de sorte que le centre C soit infiniment éloigné du sommet A. Au point M soit menée la tangente M T qui rencontre l'axe en T ; on avoit pour l'ellipse $CP : CA :: CA : CT$, $CT = \frac{a^2}{a - x}$ à cause de $CP = a - x$; & par conséquent $AT = \frac{ax}{a - x}$. Mais puisque dans la parabole la quantité a est infinie, l'abscisse x, comparée avec elle, s'évanouira, & on aura $a - x = a$; & par conséquent $AT = x = AP$: ce qu'on pourroit encore faire voir de cette autre maniere, puisque $AT = \frac{ax}{a - x} = x + \frac{x^2}{a - x}$, le dénominateur de la fraction $\frac{x^2}{a - x}$ étant infini, & son numérateur fini, la valeur de cette fraction s'évanouit, & par conséquent $AT = AP = x$.

207. Si d'un point M on mene au centre C, qui est infiniment éloigné, une droite M C, elle sera parallele à l'axe A C, & sera un diametre de la courbe qui coupera en deux également toutes les cordes paralleles à la tangente M T : c'est-à-dire, que si on mene une corde mn, parallele à la tangente

MT, elle sera coupée en deux parties égales au point p par le diametre Mp. Ainsi toute droite, parallele à l'axe AP menée dans la parabole, sera un diametre obliqu'angle. Pour trouver la nature de ces diametres, soit $Mp = t$, $pm = v$, du point m soit menée msr perpendiculaire sur l'axe; à cause de $PT = 2x$, & $MT = \sqrt{4x^2 + 2cx}$, on aura les trois quantités $\sqrt{4x^2 + 2cx}$, $2x$, $\sqrt{2cx}$, qui seront entre elles respectivement, comme pm, ps, ms : ce qui donne

$$ps = \frac{2xv}{\sqrt{4x^2 + 2cx}} = v\sqrt{\frac{2x}{2x+c}}, \; \& \; ms = v\sqrt{\frac{c}{2x+c}};$$

donc $Ar = x + t + v\sqrt{\frac{2x}{2x+c}}$, & $mr = \sqrt{2cx} + v\sqrt{\frac{c}{2x+c}}$. Mais parce que $\overline{mr}^2 = 2c \times Ar$, on aura

$$2cx + 2cv\sqrt{\frac{2x}{2x+c}} + \frac{cv^2}{2x+c} = 2cx + 2ct + 2cv\sqrt{\frac{2x}{2x+c}};$$

donc $v^2 = 2t \times \overline{2x+c} = 4FM \times t$, ou $\overline{pm}^2 = 4FM \times Mp$.

Mais sin. $mps = \sqrt{\frac{c}{2x+c}} = \sqrt{\frac{AF}{FM}}$, son cosinus $= \sqrt{\frac{2x}{2x+c}} = \sqrt{\frac{AP}{FM}}$; par conséquent sin. $2mps = \frac{2\sqrt{2cx}}{2x+c} = \frac{y}{FM} =$ sin. MFp; donc l'angle $mps = MTP = \frac{1}{2} MFr$.

208. Puisque $MF = AP + AF$, & $AP = AT$, on aura $FM = FT$; par conséquent le triangle MFT est isocele, & l'angle $MFr = 2MTA$, comme nous l'avons déja trouvé. D'ailleurs, puisque $MT = 2\sqrt{x^2 + \frac{1}{2}cx}$, on aura $MT = 2\sqrt{AP \times FM}$; ainsi ayant mené du foyer F une perpendiculaire sur la tangente, on aura $MS = TS = \sqrt{AP \times FM} = \sqrt{AT \times TF}$; donc AT : TS : TS : TF; donc le point S sera sur une droite AS perpendi-

culaire sur l'axe au sommet A, & on aura $AS = \frac{1}{2} PM$, & $AS : TS :: AF : FS$; donc $FS = \sqrt{AF \times FM}$, & FS sera moyenne proportionnelle entre AF & FM, de plus, $AS : MS :: AS : TS :: FS : FM :: \sqrt{AF} : \sqrt{FM}$. Si au point M on mene à la tangente la perpendiculaire MW, qui coupe l'axe en W, on aura $PT : PM :: PM : PW$, ou $2x : \sqrt{2cx} :: \sqrt{2cx} : PW$; donc $PW = c$; par conséquent l'intervalle PW, qui se trouve sur l'axe entre l'ordonnée PM & la perpendiculaire MW, a une grandeur constante & est égale au demi-parametre, ou à l'ordonnée FH menée du foyer. Il s'ensuit que $FW = FT = FM$, & $MW = 2\sqrt{AF \times FM}$.

209. L'équation qui exprime la nature de l'hyperbole lorsque l'angle des co-ordonnées est droit à cette forme, $y^2 = g + fx + cxx$. Si on éloigne l'origine des abscisses de l'intervalle $\frac{f}{2c}$, on aura $y^2 = g + cx^2$, où on prend le centre pour l'origine des abscisses. Nous avons déja vû que le coëfficient c doit être positif; pour ce qui est de g, il est indifférent qu'il soit positif ou négatif; car, en changeant les co-ordonnées x & y, s'il étoit positif, il devient négatif, & réciproquement. Je suppose donc que g est une quantité négative, ce qui donne $y^2 = cx^2 - g$, d'où il suit que l'ordonnée y s'évanouit, soit qu'on ait $x = +\sqrt{\frac{g}{c}}$, ou $x = -\sqrt{\frac{g}{c}}$. Le centre étant donc désigné par C, & les points où l'axe rencontre la courbe par A & B, & faisant le demi-axe $CA = CB = a$, on aura $a = \sqrt{\frac{g}{c}}$, & $g = ca^2$, donc $y^2 = cx^2 - ca^2$. Ainsi, pendant que x^2 est moindre que a^2, l'ordonnée est imaginaire, & par conséquent il n'y a aucune portion de la courbe qui réponde à l'axe AB. Mais si $x^2 > a^2$, les ordonnées croissent continuellement, & deviennent enfin infinies : l'hyperbole aura donc quatre branches infinies AI, Ai, BK, Bk, qui seront semblables & égales, qui est la principale propriété des hyperboles.

Fig. 60.

210. Puisque faisant $x = 0$, on a $y^2 = -ca^2$, l'hyperbole n'a point d'axe conjugué, parce que l'ordonnée devient imaginaire au centre C; l'axe conjugué sera donc lui-même imaginaire : je

le suppose $= b\sqrt{-1}$, de sorte que $c a^2 = b^2$, & $c = \frac{b^2}{a^2}$. Faisant l'abscisse CP $= x$ & l'ordonnée PM $= y$, on aura $y^2 = \frac{b^2}{a^2} \times \overline{x^2 - a^2}$: ainsi l'équation que nous avons trouvée pour l'ellipse, se change en celle de l'hyperbole, en mettant $-b^2$ au lieu de b^2. Cette affinité suffit pour appliquer à l'hyperbole les propriétés que nous avons trouvées pour l'ellipse. Premiérement, puisque dans l'ellipse la distance des foyers au centre étoit $\sqrt{a^2 - b^2}$, on aura pour l'hyperbole CF $=$ CG $= \sqrt{a^2 + b^2}$; donc FP $= x - \sqrt{a^2 + b^2}$, & GP $= x + \sqrt{a^2 + b^2}$; & puisque $y^2 = -b^2 + \frac{b^2 x^2}{a^2}$, on aura FM $= \sqrt{a^2 + x^2 + \frac{b^2 x^2}{a^2} - 2x\sqrt{a^2 + b^2}} = \frac{x\sqrt{a^2 + b^2}}{a} - a$, & GM $= \sqrt{a^2 + x^2 + \frac{b^2 x^2}{a^2} + 2x\sqrt{a^2 + b^2}} = \frac{x\sqrt{a^2 + b^2}}{a} + a$. Ayant donc mené de l'un & l'autre foyer, à un point M de la courbe, les droites FM, GM, on aura FM $+$ AC $= \frac{CP \times CF}{CA}$, & GM $-$ AC $= \frac{CP \times CF}{CA}$; donc GM $-$ FM $= 2$ AC. Nous avons vû que dans l'ellipse la somme de ces deux lignes est égale au grand axe AB, on voit ici que dans l'hyperbole leur différence est égale à l'axe principal AB.

211. Par-là on peut aussi trouver la position de la tangente MT ; car toute ligne du second ordre donne cette proportion CP : CA :: CA : CT : donc CT $= \frac{a^2}{x}$, & PT $= \frac{x^2 - a^2}{x} = \frac{a^2 y^2}{b^2 x}$. Donc MT $= \frac{y}{b^2 x}\sqrt{b^4 x^2 + a^4 y^2} = \frac{y}{b x}\sqrt{a^2 x^2 + b^2 x^2 - a^4}$. Mais FM $\times$ GM $= \frac{a^2 x^2 + b^2 x^2 - a^4}{a^2}$; donc MT $= \frac{a y}{b x}\sqrt{FM \times GM}$. De plus, FT $= \sqrt{a^2 + b^2} - \frac{a^2}{x}$, & GT $= \sqrt{a^2 + b^2} + \frac{a^2}{x}$; donc FT : FM :: $a : x$, & GT : GM :: $a : x$; donc FT : GT :: FM : GM, ce qui fait voir que l'angle FMG est partagé en deux également par la tangente

MT, & que FMT = GMT. La droite CM prolongée sera un diametre obliqu'angle qui coupera en deux parties égales toutes les ordonnées paralleles à la tangente MT.

212. Si du centre C on mene une perpendiculaire CQ sur la tangente, les trois lignes TM, PT, PM seront entre elles respectivement, comme les trois lignes CT, TQ, CQ; d'où on tire $TQ = \frac{a^3 y}{b x \sqrt{FM \times GM}}$, & $CQ = \frac{ab}{\sqrt{FM \times GM}}$. De même, si du foyer F, on mene sur la tangente la perpendiculaire FS, les trois lignes TM, PT, PM seront respectivement, comme FT, TS, FS; & par conséquent $TS = \frac{a^2 y FM}{b x \sqrt{FM \times GM}}$, & $FS = \frac{b \times FM}{\sqrt{FM \times GM}}$; & si de l'autre foyer G on mene à la tangente la perpendiculaire Gs, on trouvera $Ts = \frac{a^2 y \times GM}{b x \sqrt{FM \times GM}}$, & $Gs = \frac{b \times GM}{\sqrt{FM \times GM}}$;

donc $TS \times Ts = \frac{a^4 y^2}{b^2 x^2} = \frac{a^2 \times \overline{x^2 - a^2}}{x^2} = CT \times PT$, & $TS : CT :: PT : Ts$, & $FS \times Gs = b^2$. Mais parce $QS = Qs$, on aura

$$QS = \frac{TS \times Ts}{2} = \frac{a^2 y \times \overline{FM + GM}}{2 b x \sqrt{FM \times GM}} = \frac{a y \sqrt{a^2 + b^2}}{b \sqrt{FM \times GM}} = Qs;$$

donc $\overline{CS}^2 = \overline{CQ}^2 + \overline{QS}^2 = \frac{a^2 b^4 + a^4 y^2 + a^2 b^2 y^2}{b^2 \times FM \times GM}$

$$= \frac{a^2 b^4 + \overline{a^2 + b} \times \overline{b^2 x^2 - a^2 b^4}}{b^2 \times FM \times GM} = \frac{\overline{a^2 + b^2} \times \overline{x^2 - a^4}}{FM \times GM} = a^2.$$

On aura donc, comme dans l'ellipse, la droite $CS = a = CA$,

de plus, $CQ + FS = \frac{b x \sqrt{a^2 + b^2}}{a \sqrt{FM \times GM}}$; & par conséquent

$$\overline{CF + FS}^2 - \overline{CQ}^2 = \frac{b^2 x^2 \times \overline{a^2 + b^2} - a^4 b^2}{a^2 \times FM \times GM} = b^2;$$

donc si du foyer F on mene à la tangente la parallele FX,

qui coupe la perpendiculaire C Q prolongée en X, on aura $CX = \sqrt{b^2 + \overline{CQ}^2}$, propriété semblable à celle qu'on a trouvée pour l'ellipse.

213. Si par les sommets A & B on mene sur l'axe des perpendiculaires, qui rencontrent la tangente en V & v, à cause de $AT = \frac{a \times \overline{x - a}}{x}$, & $BT = \frac{a \times \overline{x + a}}{x}$, on aura $PT : PM :: AT : AV :: BT : Bv$, donc......

$AV = \frac{b^2 \times \overline{x - a}}{a y}$, & $Bv = \frac{b^2 \times \overline{x + a}}{a y}$; donc......

$AV \times Bv = \frac{b^4 \times \overline{x^2 - a^2}}{a^2 y^2} = b^2$, ou $AV \times Bv = FS \times Gs$. D'ailleurs, $PT : TM :: AT : TV :: BT : Tv$; donc $TV = \frac{b \times \overline{x - a}}{x y} \times \sqrt{FM \times GM}$, & $Tv = \frac{b \times \overline{x + a}}{x y} \times \sqrt{FM \times GM}$; donc $TV \times Tv = \frac{a^2}{x^2} \times FM \times GM = FT \times GT$. De la même maniere, on pourroit ici déduire plusieurs autres Corollaires.

214. Puisque $CT = \frac{a^2}{x}$, il est clair que plus l'abscisse $CP = x$ sera grande, plus l'intervalle C T sera petit : & par conséquent la tangente à la courbe prolongée à l'infini, passera le centre C, & on aura $CT = 0$. Mais parce que tang. $PTM = \frac{PM}{PT} = \frac{b^2 x}{a^2 y}$, le point d'attouchement M étant infiniment éloigné, ou faisant $x = \infty$, on a $y = \frac{b}{a} \sqrt{x^2 - a^2} = \frac{b x}{a}$. La tangente de la courbe prolongée à l'infini passera donc par le centre C, & fera avec l'axe un angle A C D dont la tangente sera $\frac{b}{a}$. Élevant donc sur l'axe, au sommet A, une perpendiculaire $AD = b$, la droite C D, prolongée de part & d'autre à l'infini, ne rencontrera la courbe nulle part, mais la courbe s'en approchera toujours de plus en plus, de sorte qu'à l'infini elle se confondra entiérement avec elle, de même la partie opposée C k de la même droite se confondra dans l'infini avec la branche B k. Si, de l'autre côté de l'axe, on mene sous le même angle la droite K C i, elle aura les mêmes propriétés par rapport aux bran-

ches B K & B i prolongées à l'infini. Ces lignes droites, dont une courbe s'approche continuellement sans pouvoir les rencontrer qu'à l'infini, s'appellent *asymptotes* rectilignes, les droites I C k, K C i sont donc les asymptotes de l'hyperbole. L'asymptote se peut définir encore plus exactement une ligne, qui étant indéfiniment prolongée, s'approche continuellement d'une portion de courbe aussi prolongée indéfiniment, de maniere que sa distance à cette courbe, ou portion de courbe, ne devient jamais zéro absolu, mais peut toujours être trouvée plus petite qu'aucune grandeur donnée.

215. Les asymptotes se coupent donc mutuellement, & sont inclinées à l'axe sous un angle dont la tangente $= \frac{b}{a}$, & la tangente de l'angle double $= \frac{2ab}{a^2 - b^2}$, ce qui fait voir que l'angle d'intersection des asymptotes est droit lorsque $b = a$; dans ce cas, l'hyperbole s'appelle équilatere. Puisque A C $= a$, A D $= b$, on aura C D $= cd = \sqrt{a^2 + b^2}$; c'est pourquoi si du foyer G on mene sur l'une ou l'autre asymptote la perpendiculaire G H, à cause de C G $= \sqrt{a^2 + b^2} =$ C D, on aura C H $=$ A C $=$ B C $= a$, & G H $= b$.

216. Qu'on prolonge de part & d'autre l'ordonnée M P N $= 2y$ jusqu'à ce qu'elle coupe les asymptotes en m & n; on aura P$m =$ P$n = \frac{bx}{a}$, & C$m =$ C$n = \frac{x\sqrt{a^2 + b^2}}{a}$ $=$ F M $+$ A C $=$ G M $-$ A C. On aura, de plus, M$m =$ N$n = \frac{bx - ay}{a}$, N$m =$ M$n = \frac{bx + ay}{a}$; donc M$m \times$ N$m =$ M$m \times$ M$n = \frac{b^2x^2 - a^2y^2}{a^2} = b^2$, parce que $a^2y^2 = b^2x^2 - a^2b^2$: on aura donc partout M$m \times$ N$m =$ M$m \times$ M$n =$ N$n \times$ N$m =$ N$n \times$ Mn $= b^2 = \overline{\text{AD}}^2$. Qu'on mene du point M la droite Mr parallele à l'asymptote Cd, on aura cette proportion, $mn = \frac{2bx}{a}$: C$n = \frac{x\sqrt{a^2 + b^2}}{a}$ :: M$m = \frac{bx - ay}{a}$: mr; donc $mr =$ M$r = \frac{\overline{bx - ay} \times \sqrt{a^2 + b^2}}{2ab}$, &........ C$m - mr =$ C$r = \frac{\overline{bx + ay} \times \sqrt{a^2 + b^2}}{2ab}$; donc

M$r \times$ Cr

$Mr \times Cr = \frac{\overline{b^2 x^2 - a^2 y^2} \times \overline{a^2 + b^2}}{4 a^2 b^2} = \frac{a^2 + b^2}{4}$: ou ayant mené par A une droite AE, parallele à l'asymptote Cd, on aura AE $=$ CE $= \frac{1}{2} \sqrt{a^2 + b^2}$; & par conséquent $Mr \times Cr =$ AE $\times$ CE ; qui est la principale propriété de l'hyperbole rapportée à ses asymptotes.

217. Si on prend donc sur une des asymptotes les abscisses CP $= x$, dont l'origine soit au centre C, & qu'on fasse les ordonnées PM $= y$, paralleles à l'autre asymptote, on aura $yx = \frac{a^2 - b^2}{x}$, ayant AC $=$ BC $= a$, & AD $=$ A$d = b$; ou, si on fait AE $=$ CE $= h$, on aura $yx = h^2$, & $y = \frac{h^2}{x}$. Faisant donc $x = 0$, on a $y = \infty$, & réciproquement faisant $x = \infty$, on a $y = 0$. Qu'on mene présentement d'un point M, de la courbe, une droite quelconque QMNR, parallele à une droite GH menée à volonté, & qu'on fasse CQ $= t$, QM $= v$; ou aura GH, CH, CG, qui seront entre eux, comme v, PQ, PM ; donc PQ $= \frac{CH}{GH} \times v$; PM $= \frac{CG}{GH} = \times v$, donc $y = \frac{CG}{GH} \times v$, & $x = t - \frac{CH}{GH} \times v$; ces valeurs étant substituées, on aura Fig. 61.

$$\frac{CG}{GH} \times tv - \frac{CH \times CG}{\overline{GH}^2} \times v^2 = h^2, \text{ ou}$$

$$v^2 - \frac{GH}{CH} \times tv + \frac{\overline{GH}^2}{CH \times GC} \times h^2 = 0.$$

L'ordonnée v aura donc deux valeurs ; sçavoir, QM & QN, dont la somme sera $\frac{GH}{CH} \times t =$ QR, & le rectangle....

$$QM \times QN = \frac{\overline{CH}^2}{CH \times CG} \times h^2.$$

218. Puisque QM $+$ QN $=$ QR, il est évident que QM $=$ RN, & QN $=$ RM. C'est pourquoi si les points M & N se réunissent, ce qui rend tangente la droite QR, elle sera coupée en deux également au point de contact, c'est-à-dire, que si une droite XY, terminée par les

deux asymptotes, touche une hyperbole, le point de contact Z se trouve au milieu de cette ligne. Ainsi si du point Z on mene Z V, parallele à l'autre asymptote, on aura $CV = VY$, ce qui donne un moyen très-simple pour mener une tangente à un point quelconque d'une hyperbole dont les asymptotes sont données ; car, après avoir mené la parallele Z V, il suffira de prendre $VY = CV$; & la droite menée par Y & le point Z touchera l'hyperbole en ce dernier point. De ce que $CV \times ZV = h^2 = \frac{a^2 + b^2}{4}$, on concluera que $CX \times CY = a^2 + b^2 = \overline{CD}^2 = CD \times Cd$: c'est pourquoi si on menoit les droites D X & dY, elles seroient paralleles entre elles, ce qui donne une autre maniere facile pour mener des tangentes.

219. Ensuite puisque le rectangle $QM \times QN = \frac{\overline{GH}^2}{CH \times CG} \times h^2$, il est clair que quelque part qu'on mene Q R, parallele à H G, le rectangle $QM \times QN$ sera toujours de même grandeur. On aura donc aussi $QM \times QN = QM \times MR = QN \times NR = \frac{\overline{CH}^2}{CH \times CG} \times h^2$. Si on conçoit donc une tangente parallele à Q R, dont la moitié comprise entre le point de contact & une asymptote soit appellée q, on aura toujours $QM \times QN = QM \times MR = RM \times RN = RN \times NQ = qq$, qui est une propriété remarquable de l'hyperbole entre ses asymptotes.

Ces propriétés ont aussi lieu par rapport aux hyperboles opposées comparées entre elles : car, par le point M d'une hyperbole, soit menée à l'hyperbole opposée la droite $Mqrn$, & sa parallele Gh, & soient $Cq = t$, $Mq = v$; à cause des triangles semblables CGh, PMq, on aura $PM = y = \frac{CG}{GH} \times v$, & $Pq = x - t = \frac{Ch}{Gh} \times v$; ce qui donne $x = t + \frac{Ch}{Gh} \times v$. Mais puisque $xy = h^2$, on aura.....

$$\frac{CG}{Gh} \times tv + \frac{CG \times Ch}{\overline{Gh}^2} \times v^2 = h^2, \text{ ou}$$

$$v^2 + \frac{Gh}{Ch} \times tv - \frac{\overline{Gh}^2}{GC \times Ch} \times h^2 = 0.$$

220. L'ordonnée v aura donc deux valeurs Mq & $-qn$, la valeur qn étant négative, parce qu'elle va de l'autre côté de l'asymptote CP prise pour axe. La somme de ces deux racines $Mq - qn = -\frac{Gh}{Ch} \times t = -qr$, & par conséquent $qn - qM = qr$, ce qui donne $Mq = rn$, & $qn = Mr$. On voit aussi, par l'équation trouvée, que le produit des racines $-qM \times qn = -\frac{\overline{Gh}^2}{CG \times Ch} \times h^2$; ou $qM \times qn = qM \times rM = rn \times qn = rn \times rM = \frac{Gh^2}{CG \times Ch} \times h^2$. Ces rectangles conserveront donc toujours la même grandeur, quelque nombre de paralleles Mn qu'on mene à Gh.

Si on se donne la peine de combiner ces propriétés particulieres des sections coniques avec leurs propriétés communes, on verra que le fond des propriétés de ces courbes est inépuisable.

CHAPITRE IV.

Des branches infinies des courbes & de leurs asymptotes.

221. APRÈS avoir traité assez au long des propriétés des lignes du second ordre, je me contenterai d'ouvrir des voyes générales pour procéder à la recherche de celles des ordres supérieurs.

Je parlerai d'abord des branches infinies & des asymptotes; parce que c'est par le moyen du nombre, de l'espece & de la position de ces branches, que les courbes du même ordre se divisent en genres & en especes.

222. On a vû (N°. 133.) que si l'ordonnée, ou l'abscisse, ou toutes les deux peuvent être supposées infinies, la courbe a quelque branche infinie : or, dans cette supposition, le plus haut membre de l'équation étant infiniment plus grand que les autres, on pourra négliger ceux-ci, & le plus haut membre sera le seul auquel il faudra faire attention. Il sera composé au moins de deux termes; car, s'il n'y en avoit qu'un, les autres dispa-

roiſſant, parce qu'ils ſont infiniment petits en comparaiſon de celui-ci, il arriveroit que le plus grand terme de l'équation ſeroit égal à zéro, ce qui eſt abſurde.

223. On pourra trouver le plus haut membre de l'équation par le moyen du parallelogramme de Newton, comme on l'a enſeigné (*Section précédente*). Ce plus haut membre étant donc égalé à zéro, les racines réelles ou imaginaires, égales ou inégales de cette équation, qu'on trouvera par la Méthode des ſuites ou autrement, ſerviront à découvrir les branches infinies.

224. Je diviſe l'équation en membres P, Q, R, S, &c. de ſorte que le plus haut membre P renferme tous les termes dans leſquels les expoſans des variables x & y, dans le même terme, ſont la même ſomme n: le ſecond membre Q contient les termes où la ſomme des mêmes expoſans eſt $n - 1$: le troiſiéme membre R, ceux ou cette ſomme eſt $n - 2$: le quatriéme S, &c.

225. 1°. Si le plus haut membre de l'équation n'a aucune racine réelle, (ce qui ne peut arriver, à moins que l'expoſant n'en ſoit un nombre impair), je dis que la courbe n'a aucune branche infinie; car, ſi elle en avoit quelqu'une, on pourroit ſuppoſer au moins une des variables infinie; par conſéquent le plus haut membre feroit évanouir tous les autres: mais par la ſuppoſition, ce plus haut membre n'a que des racines imaginaires, donc l'équation n'auroit que des racines imaginaires, donc, &c. ainſi dans l'équation du ſecond ordre $ay^2 + bxy + cx^2 + dy + ex + g = 0$, ſi $b^2 > 4ac$, le plus haut membre $ay^2 + bxy + cx^2$ n'a aucune racine réelle, & par conſéquent la courbe n'a aucune branche infinie, c'eſt-à-dire, qu'elle eſt une ellipſe.

226. 2°. Si le plus haut membre n'a qu'une racine réelle $ay - bx$, c'eſt-à-dire, ſi $P = \overline{ay - bx} \times M$, M étant une fonction du degré $n - 1$ de x & y, qui n'ait pas de facteur ſimple réel. Faiſant x ou y, ou l'un & l'autre infinis, on aura $M = \infty^{n-1}$; Q pourra être un infini du même ordre, mais R, S, &c. ſeront d'ordres inférieurs; par conſéquent l'équation $P + Q + R = 0$ pourra ſubſiſter ſi $ay - bx$ vaut une quantité finie, ou zéro, donc la courbe s'étendra à l'infini. Soit donc $ay - bx = p$, par conſéquent $pM + Q + R + S$, &c. $= 0$, & $p = \frac{-Q - R - S, \&c.}{M}$: & puiſque l'infini M

est d'un ordre supérieur à R & S, on aura $\frac{R + S, \&c.}{M} = o$; donc $p = \frac{-Q}{M}$; mais parce que $ay - bx = p$, on aura $\frac{y}{x} = \frac{b}{a} + \frac{p}{ax} = \frac{b}{a}$, à cause de $x = \infty$; donc $y : x :: b : a$; ainsi on aura la valeur de p, si dans la fraction $\frac{-Q}{M}$ on substitue b pour y, & a pour x. Cette valeur trouvée de p formera une équation avec $ay - bx$, qui sera contenue dans l'équation proposée, si la courbe s'étend à l'infini, & cette même équation exprimera une portion de la courbe infinie, par conséquent, puisque cette équation est à la ligne droite, il s'ensuit que cette courbe se confond dans l'infini avec une ligne droite, qui en est asymptote; donc cette courbe aura deux branches infinies opposées, dont cette droite prolongée, par ses deux extrémités, sera asymptote.

227. 3°. Si le plus haut membre a deux facteurs simples réels : ou ils seront égaux, ou ils seront inégaux.

Si $P = \overline{ay - bx} \times \overline{cy - dx} \times M$, les deux facteurs étant inégaux, l'équation pourra subsister, si l'un ou l'autre facteur vaut une quantité finie, c'est-à-dire, pour les abscisses, ou pour les ordonnées infinies. Soit donc $ay - bx = p$, on aura dans l'infini $\frac{y}{x} = \frac{b}{a}$, & $p = \frac{-Q}{\overline{cy - dx} \times M}$, & à cause des facteurs inégaux, $bc - ad$ ne peut devenir zéro, non plus que M, qui n'a aucun facteur simple réel, ce qui détermine à p une valeur finie, ou zéro, si Q s'évanouit, ou a pour facteur $ay - bx$. C'est pourquoi, à cause de ce premier facteur réel simple, la courbe aura une asymptote, dont la position est indiquée par l'équation $ay - bx = p$.

Par la même raison, à cause de l'autre facteur simple réel, elle aura une autre asymptote, qui sera représentée par l'équation $cy - dx = q$, après qu'on aura toujours substitué d pour y, & c pour x; ainsi la courbe ayant deux asymptotes droites aura nécessairement quatre branches infinies, ce qui a lieu dans l'hyperbole.

228. Si les deux facteurs sont égaux, de sorte que ......
$P = \overline{ay - bx}^2 \times M$, ou $\overline{ay - bx}^2 = \frac{-Q - R - S, \&c.}{M}$;

M a pour dimensions $n-2$; donc puisque les dimensions de S sont $n-3$, on aura dans le cas de l'infini $\frac{S}{M}=0$; & par conséquent $\overline{ay-bx}^2 = \frac{-Q}{M} - \frac{R}{M} = \frac{-Q}{M \times \overline{py+qx}} \times \overline{py+qx} - \frac{R}{M}$: mais $\frac{Q}{M \times \overline{py+qx}}$ & $\frac{R}{M}$ sont des fonctions de nulle dimension de x & y, c'est pourquoi puisque dans l'infini $y : x :: b : a$, substituant la seconde raison pour la premiere, c'est-à-dire, b pour y, & a pour x, ces deux fonctions deviendront des quantités constantes. Soit donc, après cette substitution, $\frac{Q}{M \times \overline{py+qx}} = A$, & $\frac{R}{M} = B$; & on aura $\overline{ay-bx}^2 = -A \times \overline{py+qx} - B$, qui est l'équation pour la courbe avec laquelle celle de l'équation proposée se confondra enfin dans l'infini. Mais, puisque p & q sont des quantités arbitraires, soit $p=b$, $q=a$, & qu'on prenne un nouvel axe qui fasse à l'origine des abscisses un angle dont la tangente soit $\frac{b}{a}$, & par conséquent le sinus $\frac{b}{\sqrt{a^2+b^2}}$, & le cosinus $\frac{a}{\sqrt{a^2+b^2}}$: on aura $ay-bx = v\sqrt{a^2+b^2}$, $by+ax = t\sqrt{a^2+b^2}$, & substituant ces valeurs dans l'équation précédente, elle deviendra $v^2 = \frac{At}{\sqrt{a^2+b^2}} + \frac{B}{a^2+b^2} = 0$, qui est à la parabole. Ainsi, dans l'infini, la courbe proposée se confondra avec la parabole; elle aura donc seulement deux branches infinies dont l'asymptote ne sera pas une droite, mais la parabole exprimée par l'équation précédente.

229. Si $A=0$, ce qui arrive lorsque le second membre Q manque, ou est divisible par $ay-bx$, l'équation n'est plus à la parabole, devenant alors $v^2 + \frac{B}{a^2+b^2} = 0$, dans laquelle il y a trois cas à examiner : le premier, lorsque B est une quantité négative, ce qui réduit l'équation précédente a cette forme $v^2 - f^2 = 0$, qui a deux racines $v-f=0$ & $v+f=0$, qui représentent deux lignes droites paralleles qui seront asymptotes de la courbe qui, par conséquent, aura quatre branches infinies.

230. Le second cas. est lorsque B est une quantité positive : alors l'équation $v^2 + f^2$ est impossible, & par conséquent la courbe n'aura point de branches infinies.

231. Le troisiéme cas, est lorsque B = o, qui nous laisse incertains sur la forme de la courbe, si nous n'avons recours aux termes suivans. Qu'on fasse donc, comme ci-devant, $\frac{y}{x} = \frac{b}{a}$, $\frac{Q}{M} = A \times \overline{by + ax}$, $\frac{R}{M} = B$, & (puisque S, T, V, &c. sont des fonctions des dimensions $n - 2$, $n - 3$, $n - 4$, &c. $n - 1$ représentant les dimensions de M,) soient $\frac{S \times \overline{by + ax}}{M} = C$, $\frac{T \times \overline{by + ax}}{M} = D$, $\frac{V \times \overline{by + ax}}{M} = E$, &c. l'équation $\overline{ay - bx}^2 + A \times \overline{by + ax} + B + \frac{C}{by + ax} + \frac{D}{\overline{by + ax}^2} + \frac{E}{\overline{by + ax}^3} + \&c. = o$ exprimera la nature de la courbe, dont une portion infiniment distante, se confondra avec la courbe proposée : on trouvera cette portion en supposant $by + ax$ infini ; car, quoique dans la courbe infinie $\overline{ay - bx}^2$ ait une valeur finie, ou infinie d'un ordre inférieur à ∞^2, cependant $by + ax$ a toujours une valeur infinie.

Rapportons présentement l'asymptote trouvée a un autre axe ; & prenons l'abscisse $\frac{ax + by}{\sqrt{a^2 + b^2}} = t$, & l'ordonnée $\frac{ay - bx}{\sqrt{a^2 + b^2}} = v$; & pour abréger soit $\sqrt{a^2 + b^2} = g$, on aura l'équation $v^2 + \frac{At}{g} + \frac{B}{g^2} + \frac{C}{g^3 t} + \frac{D}{g^4 t^2} + \frac{E}{g^5 t^3} + \&c. = o$; ainsi, parce que dans le cas en question, A = o, & B = o, l'équation devient $v^2 + \frac{C}{g^3 t} + \frac{D}{g^4 t^2} + \frac{E}{g^5 t^3} + \&c. = o$. Si C est réel, faisant t infini, les termes $\frac{D}{g^4 t^2} + \frac{E}{g^5 t^3} + \&c.$ s'évanouiront vis-à-vis de $\frac{C}{g^3 t}$, & on aura $v^2 + \frac{C}{g^3 t} = o$, équation qui exprime la nature de la courbe avec laquelle la proposée se confond lorsqu'on fait $t = \infty$. Or, cette équation donne....

$v = \mp \sqrt{\frac{-C}{g^3 t}}$; donc la courbe aura deux branches infinies du même côté de l'axe.

232. Mais si C = o, il faut prendre cette équation . . . . . $v^2 + \frac{D}{g^4 t^2} = o$, qui présente encore trois cas : le premier, lorsque D est une quantité positive, dans lequel l'équation étant impossible, la courbe n'a aucune branche infinie; le second, lorsque D est une quantité négative, par exemple, si $\frac{D}{g^4} = -ff$, alors $vv = \frac{ff}{tt}$; ainsi, soit que $t = +\infty$, soit que $t = -\infty$, l'ordonnée v aura deux valeurs évanouissantes, une positive & une négative; donc la courbe aura quatre branches infinies : le troisiéme, lorsque D = o, où il faudra prendre l'équation $v^2 + \frac{E}{g^5 t^3} = o$, qui se trouve dans le même cas que la précédente : ainsi il faudra continuer cet examen, en prenant toujours le terme qui suit immédiatement celui ou ceux qui manquent.

233. 4°. Si le plus haut membre de l'équation à trois facteurs simples réels, il est clair que s'ils sont inégaux, ce que nous avons dit d'un seul facteur, aura lieu pour chacun d'eux; & la courbe aura trois asymptotes droites, & six branches infinies. S'il y a deux facteurs égaux, il faudra s'en tenir, pour ceux-ci, à ce que nous avons déja dit au sujet de deux facteurs égaux, & le troisiéme inégal sera dans le cas d'un seul facteur. Il ne reste donc plus qu'à développer le cas des trois facteurs égaux. Soit donc $P = \overline{ay - bx}^3 \times M$; l'équation P + Q + R + S, &c. = o ne peut subsister dans l'infini, à moins que $\overline{ay - bx}^3$ n'ait une valeur finie, ou infinie d'un ordre au-dessous de ∞^3, afin que la puissance de l'infini, dans laquelle se change le membre P, devienne moindre que ∞^n; ainsi on aura dans l'infini $\frac{y}{x} = \frac{b}{a}$.

234. Il faut examiner si le second membre Q a le même facteur $ay - bx$, ou si ce membre manque, ce qui revient au même, parce que zéro admet un facteur quelconque. Si Q n'est point divisible par $ay - bx$, les dimensions de Q étant $n - 1$, celles de M, $n - 3$, on aura $\frac{Q}{\overline{ax + by}^2 \times M}$ fonction de

de nulle dimension, ainsi supposant $\frac{y}{x} = \frac{b}{a}$, elle deviendra une quantité constante, que j'appelle A, on aura donc $\overline{ay - bx}^3 + A \times \overline{ax + by}^2 = 0$, les autres termes s'évanouissant dans l'infini. La courbe exprimée par cette équation, se confondra dans l'infini avec celle de l'équation proposée. Pour la connoître plus exactement, je la rapporte à un autre axe, dont l'abscisse soit $t = \frac{ax + by}{g}$, & l'ordonnée $v = \frac{ay - bx}{g}$, ce qui donnera $v^3 + \frac{At^2}{g} = 0$, & si on fait $t = \infty$, cette équation donnera une portion infiniment éloignée de la courbe proposée.

235. Si le second membre Q est divisible par $ay - bx$, il faut examiner s'il ne l'est point aussi par $\overline{ay - bx}^2$. Je suppose d'abord qu'il ne le soit point, & je prends la fonction de nulle dimension $\frac{Q}{\overline{ay - bx} \times \overline{ax + by} \times M}$, qui donne la quantité constante A, & on aura $\overline{ay - bx}^3 + A \times \overline{ay - bx} \times \overline{ax + by} + \frac{R}{M} + \frac{S}{M} + \&c. = 0$. Si R est divisible par $ay - bx$, on aura $\frac{R}{M} = B \times \overline{ay - bx}$, sinon $\frac{R}{M} = B \times \overline{ax + by}$: mais $\frac{S}{M}$ sera une quantité constante, que j'appelle C. Ainsi, rapportant cette équation à un autre axe, comme ci-devant, on aura $v^3 + \frac{Atv}{g} + \frac{Bv}{g^2} + \frac{C}{g^3} = 0$, ou $v^3 + \frac{Atv}{g} + \frac{Bt}{g^2} + \frac{C}{g^3} = 0$. Et parce que $t = \infty$, les derniers termes s'évanouissent, & on a, dans le premier cas, $v^3 + \frac{Atu}{g} + \frac{Bv}{g^2} = 0$, qui fournit deux asymptotes $v = 0$, & $v^2 + \frac{At}{g} = 0$, dont la premiere est une droite, la seconde une parabole. Dans le second cas, si v a une valeur finie, l'équation deviendra... $\frac{Atv}{g} + \frac{Bt}{g^2} = 0$; par conséquent $v = \frac{-B}{Ag}$ qui est pour une droite. Mais si v a une valeur infinie, l'équation deviendra $v^2 + \frac{At}{g} = 0$, qui est à la parabole. Ainsi il n'y a aucune différence dans ces deux cas.

236. Si Q est divisible par $\overline{ay - bx}^2$, selon que R sera divisible par $ay - bx$, ou ne le sera pas, on trouvera une des deux équations suivantes

$$v^3 + \frac{Av^2}{g} + \frac{Bv}{g^2} + \frac{C}{g^3} = 0, \text{ ou, } v^3 + \frac{Av^2}{g} + \frac{Bt}{g^2} = 0;$$

la premiere est pour trois droites paralleles, si les trois racines sont réelles, ou pour une seule asymptote rectiligne, s'il y a deux racines imaginaires : il faudra faire attention si ces trois paralleles, ou deux d'entre elles ne se confondent pas. Le second cas, en faisant $t = \infty$, ne peut avoir lieu, à moins que v ne soit infini, par conséquent le second terme s'évanouira vis-à-vis du premier, & on aura $v^3 + \frac{Bt}{g^2} = 0$, qui est une équation pour une asymptote curviligne du troisiéme ordre.

237. Si $A = 0$, $B = 0$, & $C = 0$, il faudra avoir recours aux termes suivans, qui donneront

$$v^3 + \frac{D}{g^4 t} + \frac{E}{g^5 t^2} + \frac{F}{g^6 t^3} + \&c. = 0;$$

& parce que le troisiéme terme & les suivans s'évanouissent, il restera $v^3 + \frac{D}{g^4 t} = 0$; si $D = 0$, on aura $v^3 + \frac{E}{g^5 t^2} = 0$, & ainsi des autres; & ces équations représentent les courbes qui se confondent avec la proposée, lorsqu'on fait $t = \infty$; & parce que v^3 est une puissance impaire, elles ont toujours quelque racine réelle, & par conséquent la courbe a quelques branches infinies. Cependant, dans les mêmes, la droite exprimée par $v = 0$, sera asymptote, parce qu'elle l'est des courbes $v^3 + \frac{D}{g^4 t} = 0$, & $v^3 + \frac{E}{g^5 t^2} = 0$, &c.

238. 5°. Si le plus haut membre de l'équation proposée a quatre facteurs simples réels, il ne reste à examiner que le cas où tous les quatre sont égaux. Soit donc $P = \overline{ay - bx}^4 \times M$, de sorte que M soit du degré $n - 4$; si on prend, comme ci-devant, $\frac{y}{x} = \frac{b}{a}$ pour avoir des quantités constantes,

& qu'on change l'axe pour avoir $t = \frac{ax + by}{g}$, & $v = \frac{ay - bx}{g}$, on aura les équations suivantes, pour expressions des asymptotes.

239. Si le second membre Q n'est point divisible par $ay - bx$, on aura $v^4 + \frac{A t^3}{g} = 0$.

240. Si Q est divisible par $ay - bx$, sans l'être par $\overline{ay - bx}^2$, on aura $v^4 + \frac{A t^2 v}{g} + \frac{B t^2}{g^2} = 0$, dans laquelle faisant $t = \infty$, l'ordonnée v peut être une quantité finie ou infinie, ce qui donne deux asymptotes, la droite $v + \frac{B}{gA} = 0$, & la courbe $v^3 + \frac{A t^2}{g} = 0$.

241. Si Q est divisible par $\overline{ay - bx}^2$, & non par $\overline{ay - bx}^3$, & si en même-temps R est divisible par $ay - bx$, on aura $v^4 + \frac{A t v^2}{g} + \frac{B t v}{g^2} + \frac{C t}{g^3} = 0$. Si v est fini, cette équation multipliée par $\frac{g}{A t}$ devient $v^2 + \frac{B v}{g A} + \frac{C}{g^2 A} = 0$, si v est infini, elle devient $v^2 + \frac{A t}{g} = 0$; si les racines de la premiere sont réelles & inégales, elles fournit deux droites paralleles, si elles sont imaginaires, elles ne donnent aucune branche infinie; la seconde équation donne une asymptote parabolique. Si R n'est point divisible par $ay - bx$, on aura $v^4 + \frac{A t v^2}{g} + \frac{B t^2}{g^2} + \frac{C t}{g^3} = 0$, & parce que le dernier terme s'évanouit lorsqu'on fait $t = \infty$, cette équation en fournira deux de cette forme $v^2 + at = 0$, par conséquent on a deux asymptotes paraboliques si $A^2 > 4B$, qui se réunissent en une, si $A^2 = 4B$, & deviennent imaginaires si $A^2 < 4B$.

242. Si Q est divisible par $\overline{ay - bx}^3$; selon que R & S seront divisibles par $ay - bx$, ou ne le seront pas, on aura les équations suivantes

$$v^4 + \frac{A v^3}{g} + \frac{B v^2}{g^2} + \frac{C v}{g^3} + \frac{D}{g^4} = 0$$

$$v^4 + \frac{A v^3}{g} + \frac{B v^2}{g^2} + \frac{C t}{g^3} = 0$$

$$v^4 + \frac{A v^3}{g} + \frac{B v t}{g^2} + \frac{C t}{g^3} = 0$$

$$v^4 + \frac{A v^3}{g} + \frac{B t^2}{g^2} = 0$$

La premiere équation repréſente quatre droites paralleles, ſi toutes les racines ſont réelles & inégales, mais pluſieurs racines égales n'en repréſenteront qu'une, & les racines imaginaires en feront diſparoître deux, ou toutes les quatre. Dans la ſeconde, à cauſe de $t = \infty$, l'ordonnée v eſt infinie, ce qui donne $v^4 + \frac{C t}{g^3} = 0$, qui eſt une aſymptote du quatriéme ordre. La troiſiéme équation donne $v \frac{C}{g B} = 0$, & de plus, $v^3 + \frac{B t}{g^2} = 0$, qui donne pour aſymptote une ligne du troiſiéme ordre. Dans la quatriéme équation, ſi $t = \infty$, v devient infini, on a donc $v^4 + \frac{B t^2}{g^2} = 0$; ſi B eſt poſitif, cette équation eſt impoſſible, s'il eſt négatif, elle repréſente deux paraboles oppoſées au ſommet, qui ſe confondent dans l'infini avec la courbe propoſée.

243. On a déja vû qu'il y a des courbes qui ont des aſymptotes rectilignes & d'autres qui n'en ont que de curvilignes ; mais toutes les fois qu'une courbe a une aſymptote rectiligne, on peut trouver une autre courbe dont la même ligne droite ſoit aſymptote, & qui ſoit elle-même aſymptote de la courbe propoſée ; & ces aſymptotes curvilignes expriment bien plus exactement la nature de la courbe, car elles font voir le nombre & la direction de ſes branches.

244. Si le plus haut membre de l'équation n'a qu'un facteur ſimple réel, de ſorte que $P = \overline{a y - b x} \times M$. Soit A Z l'axe de la courbe, l'abſciſſe $AP = x$, l'ordonnée $PM = y$. Pour ſimplifier l'expreſſion du facteur $a y - b x$, je prends un autre axe qui fait avec le précédent, à l'origine des abſciſſes A, l'angle X A Z dont la tangente eſt $\frac{b}{a}$, le ſinus $\frac{b}{\sqrt{a^2 + b^2}}$, & le coſinus $\frac{a}{\sqrt{a^2 + b^2}}$; je prends la nouvelle abſciſſe $AQ = t$, & la nouvelle ordonnée $QM = v$; & ayant mené des co-ordonnées Pg, Pf paralleles à celles-

Fig. 62.

ci, j'aurai $Pg = Qf = \frac{bx}{\sqrt{a^2 + b^2}}$, $Ag = \frac{ax}{\sqrt{a^2 + b^2}}$, $Mf = \frac{ay}{\sqrt{a^2 + b^2}}$, $Pf = Qg = \frac{by}{\sqrt{a^2 + b^2}}$, & par conséquent $t = Ag + Qg = \frac{ax + by}{\sqrt{a^2 + b^2}}$, & $v = Mf - Qf = \frac{ay - bx}{\sqrt{a^2 + b^2}}$, & ainsi v devient facteur de P. De-là je tire $y = \frac{ax + bt}{\sqrt{a^2 + b^2}}$, & $x = \frac{at - bv}{\sqrt{a^2 + b^2}}$, lesquelles valeurs étant substituées dans l'équation proposée, on aura l'équation de la même courbe rapportée à l'axe A X. Pour représenter les résultats de ces substitutions plus briévement, je suppose que les lettres, a, b, c, d, &c. tiennent lieu de tous les coëfficiens. J'aurai donc

$$M = at^{n-1} + at^{n-2}v + at^{n-3}v^2 + \&c.$$

$$Q = bt^{n-1} + bt^{n-2}v + bt^{n-3}v^2 + \&c.$$

$$R = ct^{n-2} + ct^{n-3}v + ct^{n-4}v^2 + \&c.$$

$$S = dt^{n-3} + dt^{n-4}v + dt^{n-5}v^2 + \&c.$$

$$T = et^{n-4} + et^{n-5}v + ct^{n-6}v^2 + \&c.$$

&c.

Mais comme dans la recherche des asymptotes, il faut supposer l'abscisse t infinie, le premier terme de chacune de ces suites fera évanouir tous les suivans; ainsi on se contentera d'en prendre le premier, ou a son défaut, le second, au défaut des deux premiers, le troisiéme, & ainsi toujours le premier qui se trouve.

245. Puisque la fonction M n'est point divisible par v, son premier terme ne sçauroit manquer : ainsi $P + Q = M \times v + Q = at^{n-1}v + bt^{n-1} = 0$, ce qui donne pour

v une valeur finie, que j'appelle l: c'est-à-dire, que l'asymptote sera une droite, parallele à l'axe AX, & éloignée de l'intervalle l. Présentement, pour trouver l'asymptote curviligne, qui approche davantage de la courbe proposée, on prendra l'équation $M \times v + Q + R + S + T +$ &c. $= 0$, dont on exprimera chaque membre par le moyen des suites précédentes, mettant partout l au lieu de v, excepté dans le premier terme, ce qui donnera $at^{n-1}v + bt^{n-1} + \overline{al^2 + bl + c} \times t^{n-2} + \overline{al^3 + bl^2 + cl + d} \times t^{n-3} +$ &c. $= 0$; mais l'équation $at^{n-1}v + bt^{n-1} = 0$ donne $av + b = v - l$: ainsi substituant cette valeur, on trouve $\overline{v - l} \times t^{n-1} + \overline{al^2 + bl + c} \times t^{n-2} + \overline{al^3 + bl^2 + cl + d} \times t^{n-3} +$ &c. $= 0$. Si le second terme de cette équation ne manque pas, on peut négliger tous les suivans, ce qui la réduit sous cette forme $\overline{v - l} + \frac{A}{t} = 0$, si le second manque, on prendra le troisiéme, & on aura $\overline{v - l} + \frac{A}{t^2} = 0$; ou, au défaut du second & du troisiéme, $\overline{v - l} + \frac{A}{t^3} = 0$, & ainsi des suivans; s'ils manquent tous, excepté le dernier qui est une quantité constante, l'équation sera $\overline{v - l} + \frac{A}{t^{n-1}} = 0$. S'ils manquoient tous absolument, l'équation se pourroit diviser par $v - l$, & par conséquent la droite, representée par $v - l = 0$ seroit une portion de la courbe.

246. Si on suppose $v - l = z$, c'est-à-dire, si on prend les abscisses sur l'asymptote rectiligne, toutes les asymptotes curvilignes que peut fournir un seul facteur du plus haut membre seront compris sous l'équation générale $z = \frac{C}{t^k}$, k désignant un nombre entier quelconque moindre que l'exposant n.
Fig. 63. Prenons donc pour axe l'asymptote droite XY, A pour l'origine des abscisses, & ayant mené la droite CD, nous aurons quatre angles, que nous désignerons par les lettres P, Q, R, & S. Supposons aussi l'abscisse t infinie, & soit d'abord $z = \frac{C}{t}$: & parce que t etant négatif, z le devient, la courbe aura deux

branches EX & FY dans les angles opposés P & S, qui s'approcheront de la droite XY, ce qui aura lieu toutes les fois que k sera un nombre impair. Mais si K = 2, ou si $z = \frac{C}{t^2}$, alors, soit que t soit positif ou négatif, z demeure positif, & par conséquent la courbe aura deux branches EX & FY dans les angles P & Q, qui s'approcheront de la droite XY; ce qui arrivera lorsque k sera un nombre impair quelconque, on observera seulement que la convergence sera d'autant plus prompte, que l'exposant k sera plus grand.

247. Si le plus haut membre a deux facteurs égaux $ay - bx$; faisant le même transport à un autre axe, on aura

$$P = \ldots\ldots\ldots\ldots\ldots\ldots + at^{n-2}u^2 + at^{n-3}v^3 + \&c.$$

$$Q = bt^{n-1} + bt^{n-2}u + bt^{n-3}u^2 + bt^{n-4}v^3 + \&c.$$

$$R = ct^{n-2} + ct^{n-3}u + ct^{n-4}u^2 + ct^{n-5}u^3 + \&c.$$

$$S = dt^{n-3} + dt^{n-4}u + dt^{n-5}u^2 + dt^{n-6}u^3 + \&c.$$

&c.

De-là, si le premier terme du membre Q ne manque pas, on tirera l'équation suivante

$$at^{n-2}u^2 + bt^{n-1} = 0,$$

$$\text{ou } au^2 + bt = 0.$$

Si ce premier terme manque, on aura celle-ci

$$at^{n-2}u^2 + bt^{n-2}u + ct^{n-2} = 0,$$

$$\text{ou } au^2 + bu + c = 0.$$

Si la premiere $au^2 + bt = 0$, a lieu, l'asymptote devient une parabole, avec les deux branches de laquelle celles de la courbe proposée se confondent dans l'infini. Cette courbe aura donc des branches dans les angles P & R, qui se confondront dans l'infini avec celles de la parabole EAF. Si on trouve Fig. 65.

la seconde équation $au^2 + bu + c = o$, ses racines seront, ou toutes deux réelles, ou toutes deux imaginaires : dans le second cas il n'y a point de branches infinies ; mais si elles sont toutes deux réelles, elles seront égales, ou inégales. Soient d'abord les deux racines réelles inégales $n = l$, $u = i$, la courbe aura deux asymptotes droites paralleles, dont on cherchera la nature, comme ci-devant ; c'est-à-dire, puisque $au^2 + bu + c = \overline{u - l} \times \overline{u - i}$, on mettra partout l pour u, excepté dans le premier facteur $u - l$, ce qui donnera $\overline{c - i} \times t^{n-2} \times \overline{u - l} + \overline{al^3 + bl^2 + cl + d} \times t^{n-3} + \overline{al^4 + bl^3 + cl^2 + dl + e} \times t^{n-4}$ + &c. $= o$. Faisant donc $t = \infty$, si le second terme ne manque pas, tous les suivans s'évanouiront, & on aura pour asymptote $v - l + \frac{A}{t} = o$; & si le second terme manque $u - l + \frac{A}{t^2} = o$, & ainsi de suite. S'ils manquent tous, excepté le dernier terme constant, l'expression de l'asymptote sera $u - l + \frac{A}{t^{n-2}} = o$. Mais si les deux racines de l'équation $au^2 + bu + c = o$ sont égales, c'est-à-dire, si $au^2 + bu + c = \overline{u - l}^2$, si on substitue l pour u dans les autres termes, l'équation sera $\overline{u - l}^2 \times t^{n-2} + \overline{al^3 + bl^2 + cl + d} \times t^{n-3} + \overline{al^4 + bl^3 + cl^2 + dl + e} \times t^{n-4}$ + &c. $= o$: ce qui donnera, si le second terme ne manque pas, l'expression suivante pour l'asymptote

$$\overline{v - l}^2 + \frac{A}{t} = o.$$

Si le second terme manque

$$\overline{v - l}^2 + \frac{A}{t^2} = o.$$

Si le second & le troisiéme manquent

$$\overline{v - l}^2 + \frac{A}{t^3} = o. \text{ \&c.}$$

jusques-à

$$\overline{v - l}^2 + \frac{G}{t^{n-2}} = o.$$

Si

Si tous les termes manquent, excepté le dernier qui est constant. Mais si ce dernier terme s'évanouissoit aussi, on auroit $\overline{v - l}^2 = 0$, & par conséquent une portion de la courbe seroit une ligne droite, c'est-à-dire, qu'elle seroit mixtiligne.

248. Quoiqu'il semble qu'on vienne de dénombrer tous les cas de deux facteurs égaux, cependant la derniere équation peut recevoir d'autres formes, d'où naissent d'autres asymptotes. Cela arrive si on trouve un facteur de t^{n-3} divisible par $u - l$; car alors il faut, comme dans le premier terme, laisser $u - l$, & ajoûter, de plus, le terme qui suit immédiatement, ce qui donnera les équations suivantes,

$$\overline{v - l}^2 + \frac{A \times \overline{v - l}}{t} + \frac{B}{t^2} = 0.$$

$$\overline{v - l}^2 + \frac{A \times \overline{v - l}}{t} \pm \frac{B}{t^3} = 0.$$

jusques-à

$$\overline{v - l}^2 \pm \frac{A \times \overline{u - l}}{t} \pm \frac{B}{t^{n-2}} = 0.$$

Mais si le second terme manque, ou est divisible par $\overline{v - l}^2$, il faut avoir égard au troisiéme terme, & s'il est divisible par $v - l$, il faut y laisser $v - l$, & y joindre le terme suivant, d'où résulteront les équations suivantes

$$\overline{v - l}^2 \pm \frac{A \times \overline{v - l}}{t^2} \pm \frac{B}{t^3} = 0.$$

$$\overline{v - l}^2 \pm \frac{A \times \overline{v - l}}{t^2} \pm \frac{B}{t^4} = 0.$$

jusques-à

$$\overline{v - l}^2 + \frac{A \times \overline{v - l}}{t^2} \pm \frac{B}{t^{n-2}} = 0.$$

Si le troisiéme terme manque aussi, & que le quatriéme se puisse diviser par $v - l$, ou si le quatriéme manquant, le cinquiéme se peut diviser $v - l$, & ainsi de suite, on aura, pour représenter la courbe asymptotique, une équation de cette forme,

$$\overline{v - l}^2 \pm \frac{A \times \overline{v - l}}{t^p} \pm \frac{B}{t^q} = 0.$$

V u

dans laquelle l'exposant p est toujours moindre que q, & q moindre que $n - 1$.

Supposant $v - l = z$, toutes ces équations se trouveront comprises sous cette forme $zz - \frac{Az}{t^p} + \frac{B}{t^q} = 0$, qui fournit trois cas à examiner, selon que $q > 2p$, $q = 2p$, $p < 2p$.

Si $q > 2p$, cette équation en renferme deux, qui sont $z - \frac{A}{t^p} = 0$, & $Az - \frac{B}{t^{q-p}} = 0$: dont l'une & l'autre a lieu, en supposant $t = \infty$; car faisant $z = \frac{A}{t^p}$, la premiere devient $\frac{A^2}{t^{2p}} - \frac{A^2}{t^{2p}} + \frac{B}{t^q}$, ou........ $A^2 - A^2 + \frac{B}{At^{q-2p}} = 0$, qui sera possible, à cause de $q > 2p$, mais p sera moindre que $\frac{n-2}{2}$.

Mais si $z = \frac{B}{At^{q-p}}$, on aura

$$\frac{BB}{A^2 t^{2q-2p}} - \frac{B}{t^q} + \frac{B}{t^q}, \text{ ou}$$

$$\frac{BB}{A^2 t^{q-2p}} - B + B = 0 :$$

ce qui est vrai, parce que le premier terme s'évanouit lorsqu'on fait $t = \infty$. Dans ce cas, sur la même asymptote rectiligne, on en a deux curvilignes, & par conséquent la courbe a quatre branches infinies.

Le cas de $q = 2p$ donne $zz - \frac{Az}{t^p} + \frac{B}{t^{2p}} = 0$, si $A^2 < 4B$, elle est imaginaire & ne donne aucune asymptote : si $A^2 > 4B$, elle donne deux asymptotes de la forme $z = \frac{C}{t^p}$.

Si $q < 2p$, le terme du milieu de l'équation s'évanouit en faisant $t = \infty$; il reste donc $zz + \frac{B}{t^q} = 0$, qui représente une asymptote. Nous avons exposé la forme des asymptotes précédentes, il ne s'agit plus que d'examiner celles qui sont contenues sous l'équation $zz = \frac{C}{t^k}$.

249. Je prends les abſciſſes ſur l'aſymptote droite $v = o$, & je fais l'ordonnée $v - l = z$, ainſi toutes ces aſymptotes curvilignes ſeront compriſes ſous cette équation $zz = \frac{C}{t^k}$; k déſignant un nombre entier moindre que $n - 1$. Quant aux branches infinies de ces courbes, ſi $k = 1$, ou ſi $zz = \frac{C}{t}$, parce que t ne peut être négatif, la courbe aura deux branches infinies EX & FX dans les angles P & R, & la même choſe aura lieu ſi k eſt un nombre impair quelconque. Mais ſi k eſt un nombre pair, par exemple 2, ou ſi $zz = \frac{C}{t^2}$, il faudra voir ſi C eſt une quantité négative ou poſitive; dans le premier cas, elle ne ſçauroit être réelle, & par conſéquent la courbe n'aura par là aucune branche infinie. Dans le ſecond cas, la courbe aura quatre branches infinies qui s'approcheront de l'aſymptote XY dans les quatre angles P, Q, R & S. Fig. 66. Fig. 67.

250. Suppoſons préſentement que le plus haut membre de l'équation ait trois facteurs égaux : l'équation étant rapportée aux co-ordonnées t & v, de ſorte que v ſoit ce facteur triple, on aura

$$P = \ldots\ldots\ldots\ldots\ldots + at^{n-3}v^3 + at^{n-4}v^4 + \&c.$$

$$Q = bt^{n-1} + bt^{n-2}v + bt^{n-3}v^2 + bt^{n-4}v^3 + bt^{n-5}v^4 + \&c.$$

$$R = ct^{n-2} + ct^{n-3}v + ct^{n-4}v^2 + ct^{n-5}v^3 + ct^{n-6}v^4 + \&c.$$

$$S = dt^{n-3} + dt^{n-4}v + dt^{n-5}v^2 + dt^{n-6}v^3 + dt^{n-7}v^4 + \&c.$$

Selon les différens états des membres Q & R, on trouvera les équations ſuivantes

1re $at^{n-3}v^3 + bt^{n-1} = o.$

2e $at^{n-3}v^3 + bt^{n-2}v + ct^{n-2} = o.$

3e $at^{n-3}v^3 + bt^{n-3}v^2 + ct^{n-2} = o.$

4e $at^{n-3}v^3 + bt^{n-3}v^2 + ct^{n-3}v + dt^{n-3} = o.$

La premiere équation devient $a v^3 + b t^2 = 0$, & par conſéquent cette aſymptote eſt une ligne du troiſiéme ordre, qui aura deux branches infinies A E & A F dans les angles P & Q, ſi on prend les abſciſſes t ſur l'axe X Y, & leur origine au point A.

Fig. 68.

La ſeconde équation devient $a v^3 + b t v + c t = 0$; laquelle faiſant t infini, ſi v eſt fini ſe réduit à $b v + c = 0$, & ſi v eſt infini, $a v^2 + b t = 0$, on a déja vû que cette derniere équation eſt pour la parabole, & par conſéquent la courbe aura deux branches infinies qui s'approcheront de la parabole. La premiere donne $v - l = 0$, qui eſt pour une aſymptote droite dont on connoîtra la nature, en mettant partout l pour n, excepté dans $b u + c = v - l$, ce qui donnera $t^{n-2} \times \overline{u - l} + t^{n-3} \times \overline{a l^3 + b l^2 + c l + d} + t^{n-4} \times \overline{a l^4 + b l^3 + c l^2 + d l + e}$, &c. $= 0$; par conſéquent on aura, comme-ci-devant, $u - l + \frac{A}{t}$, ou $v - l + \frac{A}{t^2} = 0$, &c. & la derniere équation qu'on pourra avoir ſera $v - l + \frac{A}{t^{n-2}} = 0$. Ainſi, dans ce cas, la courbe aura double aſymptote, la droite que nous venons de voir, & en même-temps une parabole.

La troiſiéme équation $a u^3 + b u^2 + c t = 0$, ne peut ſubſiſter ſi on fait t infini, à moins que u ne le ſoit auſſi; c'eſt pourquoi le premier terme faiſant évanouir le ſecond, il reſte $a u^3 + c t = 0$, pour repréſenter l'aſymptote, qui a deux branches infinies A E & A F dans les angles oppoſés P & S.

Fig. 69.

La quatriéme équation $a v^3 + b v^2 + c v + d = 0$, repréſente ou une, ou trois aſymptotes droites paralleles, à moins que deux, ou les trois ne ſoient égales; pour en chercher la nature, ſoit d'abord $v = l$ une racine inégale de l'équation, & ſoit $a v^3 + b v^2 + c v + d = \overline{v - l} \times \overline{f v^2 + g v + h}$. Qu'on mette partout $v = l$, excepté dans le facteur $v - l$, on trouvera une équation de cette eſpece

$$t^{n-3} \times \overline{v - l} + A t^{n-4} + B t^{n-5} + C t^{n-6} + \&c. = 0;$$

ce qui donnera une aſymptote de la forme $v - l = \frac{K}{t^k}$, k étant un nombre moindre que $n - 2$.

Si deux racines de l'équation $a v^2 + b v^2 + c v + d = 0$, font égales, de forte qu'on ait $\overline{v - l}^2 \times \overline{fv + g}$ pour l'expref- fion de ces deux racines; alors faifant $v = l$, à moins que le facteur $v - l$ ne fe trouve dans quelque membre, on parviendra à une équation de cette forme

$$\overline{v - l}^2 + \frac{A \times \overline{v - l}}{t^p} + \frac{B}{t^q} = 0,$$

dans laquelle $q < n - 2$, & $p < q$, cas déja examiné : il ne refte donc que celui où l'équation a trois racines réelles, telles que $\overline{v - l}^3$, ce qui donnera une équation de cette forme

$$\overline{v - l}^3 t^{n-3} + Pt^{n-4} + Qt^{n-5} + Rt^{n-6}, \text{\&c.} = 0.$$

Si P n'eft point divifible par $v - l$, on aura, en mettant l pour v, $\overline{v - l}^3 + \frac{A}{t} = 0$, fi P fe peut divifer une fois par $v - l$, on mettra partout l pour v, excepté dans ce facteur, d'où naîtra une équation de cette forme

$$\overline{v - l}^3 + \frac{A \times \overline{v - l}}{t} + \frac{B}{t^q} = 0,$$

q étant moindre que $n - 2$; $\frac{B}{t^q}$ eft le terme qui fuit immédiatement le fecond, qui ne s'eft point évanoui en faifant $v = l$. Si P eft divifible par $\overline{v - l}^2$, & que Q ne le foit pas par $v - l$, on aura

$$\overline{v - l}^3 + \frac{A \times \overline{v - l}^2}{t} + \frac{B}{t^2} = 0;$$

Si le fecond terme fe peut divifer par $\overline{v - l}^3$, il faut aller par ordre jufqu'au terme qui ne fe peut pas divifer par $\overline{v - l}^3$, & fi ce terme eft divifible par $v - l$, il faut paffer outre jufqu'à celui qui ne le foit pas. Mais fi ce terme eft divifible par $\overline{v - l}^2$, il faut aller au-delà jufqu'à un terme qui foit divifible par $v - l$, ou qui ne le foit pas. Dans ce fecond cas on terminera l'équation, dans l'autre on pouſſera plus loin jusqu'à ce qu'on parvienne à un terme qui ne ſoit pas diviſible par $v - l$. De cette maniere, on trouvera toujours une équation qui pourra être contenue ſous cette forme générale

$$\overline{v-l}^{3} + \frac{A \times \overline{v-l}^{2}}{t^{p}} + \frac{B \times \overline{v-l}}{t^{q}} + \frac{C}{t^{r}} = 0;$$

dans laquelle $r < n - 2$, $q < r$, & $p < q$.

Cette équation en contient trois de la forme $v - l = \frac{K}{t^{k}}$; ou une de cette forme, & une autre de la forme $\overline{v-l}^{2} = \frac{K}{t^{k}}$; ou une ſeule de la forme $\overline{v-l}^{3} = \frac{K}{t^{k}}$: cette derniere a lieu ſi $3p > r$, & $3q > 2r$.

Il peut auſſi arriver que deux de ces équations deviennent imaginaires, & n'indiquent aucune aſymptote. Nous avons déja expliqué la nature des aſymptotes repréſentées par ces équations, excepté la derniere $\overline{v-l}^{3} = \frac{K}{t^{k}}$. Si k eſt un nombre impair, elle donne la forme repréſentée dans la figure 63e avec deux branches infinies EX & FY dans les angles oppoſés P & S. Si k eſt un nombre pair, ce ſera la forme de la figure 64e, où il y a deux branches infinies EX & FY de part & d'autre de l'aſymptote droite XY, dans les angles de ſuite P & Q.

Exemple.

251. Soit propoſée la courbe exprimée par l'équation $y^{3} x^{2} \times \overline{y - x} - xy \times \overline{y^{2} + x^{2}} + 1 = 0$, dont le plus haut membre $y^{2} x^{2} \times \overline{y - x}$ a un facteur ſimple $y - x$, deux égaux xx, & de plus trois égaux y^{3}.

Examinons d'abord le facteur ſimple $y - x$; faiſant $y = x$, il viendra $x^{5} y - x^{6} - 2x^{4} + 1 = 0$, c'eſt-à-dire, $y - x - \frac{2}{x} + \frac{1}{x^{5}} = 0$, & parce que x eſt infini, $y - x = 0$, qui eſt une équation pour l'aſymptote rectiligne B A C faisant un angle demi-droit B A Y avec l'axe X Y à l'origine des abscisses. Je transporte l'équation à cette ligne prise pour axe, en faisant $y = \frac{u + t}{\sqrt{2}}$ & $x = \frac{t - u}{\sqrt{2}}$, ce qui me donne l'équation Fig. 70.

$$\frac{\overline{u + t} \times \overline{tt - uu}^2 \times u}{4} + \frac{\overline{t^2 - v^2} \times \overline{t^2 + u^2}}{2} + 1 = 0:$$

& multipliant tout par 4,

$$\begin{array}{llllll} t^5 u & + t^4 u^2 & - 2 t^3 u^3 & - 2 t^2 u^4 & + t u^5 & + u^6 = 0. \\ & - 2 t^4 & & + 2 u^4 & & \\ & + 4 & & & & \end{array}$$

dans cette équation, faisant $t = \infty$, on rend $u = 0$; c'est pourquoi tous les termes s'évanouissent, excepté $t^5 u - 2 t^4$; donc l'expression de l'asymptote curviligne sera $u = \frac{2}{t}$: ainsi, à cause de ce facteur, la courbe aura deux branches infinies bB, & cC.

Les deux facteurs égaux x^2 donnent $x^2 = \frac{xy \times \overline{y^2 + x^2 - 1}}{y^3 \times \overline{y - x}}$: prenant donc pour axe la droite A D, perpendiculaire sur X Y, on aura $y = t$, & $x = u$, d'où résulte l'équation

$$t^4 v^2 - t^3 u^3 - t^3 u - t u^3 + 1 = 0,$$

& faisant t infini, elle devient

$$t^4 v^2 - t^3 u + 1 = 0,$$

d'où naissent les deux équations $u = \frac{1}{t}$, & $u = \frac{1}{t^3}$; par conséquent ce facteur fournit quatre branches infinies : l'équation $u = \frac{1}{t}$ donne les deux dD, eE, & l'équation $u = \frac{1}{t^3}$ les deux autres rD, oE.

Des trois facteurs égaux y^3 étant rapportés à l'axe X Y, on aura $t = x$ & $y = u$, ce qui produira l'équation

$$- t^3 u^3 + t^2 u^4 - t^3 u = t u^3 + 1 \; 0,$$

faisant t infini, elle devient $t^3u^3 + t^3u = 0$, ou $u \times u^2 + 1 = 0$; & parce que l'équation $uu + 1 = 0$ est impossible, il s'ensuit qu'il n'y a ici que l'asymptote rectiligne $u = 0$, qui rencontre l'axe X Y, dont la nature est exprimée par l'équation $t^3u = 1$, ou $u = \frac{1}{t^3}$; & par conséquent ce facteur triple fournit seulement deux branches infinies yY & xX. La courbe proposée a donc en tout huit branches infinies; mais ce n'est pas ici le lieu d'expliquer qu'elle est leur liaison dans un espace fini.

252. On a vû dans ce Chapitre qu'il y a des branches infinies de courbes qui s'approchent continuellement d'une asymptote rectiligne, comme il arrive dans l'hyperbole, d'autres, comme la parabole, n'ont point d'asymptote rectiligne. Dans le premier cas, les branches infinies s'appellent hyperboliques, & dans le second, paraboliques. Il y en a une infinité de l'une & l'autre espece. Les différentes branches hyperboliques sont représentées par les équations suivantes, dans lesquelles on suppose t infini.

$$u = \frac{A}{t};\ u = \frac{A}{t^2};\ u = \frac{A}{t^3};\ u = \frac{A}{t^4}, \text{\&c.}$$

$$u^2 = \frac{A}{t};\ u^2 = \frac{A}{t^2};\ u^2 = \frac{A}{t^3};\ u^2 = \frac{A}{t^4}, \text{\&c.}$$

$$u^3 = \frac{A}{t};\ u^3 = \frac{A}{t^2};\ u^3 = \frac{A}{t^3};\ u^3 = \frac{A}{t^4}, \text{\&c.}$$

Remarquez que $\frac{A}{t} = At^{-1}$, $\frac{A}{t^2} = At^{-2}$, &c. & que cette derniere maniere de représenter ces quantités, est employée par beaucoup de Mathématiciens dans le cas présent.

Les équations suivantes, représentent les différentes branches paraboliques :

$$u^2 = At;\ u^3 = At;\ u^4 = At;\ u^5 = At, \text{\&c.}$$

$$u^3 = At^2;\ u^4 = At^2;\ u^5 = At^2;\ u^6 = At^2, \text{\&c.}$$

$$u^4 = At^3;\ u^5 = At^3;\ u^6 = At^3;\ u^7 = At^3, \text{\&c.}$$

Si les exposans de t & u ne sont point des nombres pairs; chacune de ces équations représente au moins deux branches infinies; si ces deux exposans sont des nombres pairs, il n'y a aucune branche infinie, ou il y en a quatre : il n'y en a aucune si l'équation est impossible, & il y en a quatre, si elle est réelle.

CHAPITRE

CHAPITRE V.

De la figure des lignes courbes dans un espace fini.

ON a vû, dans le Chapitre précédent, la maniere de chercher les branches infinies, & les asymptotes des courbes : nous allons faire voir, dans celui-ci, comment on peut trouver la figure qu'elles ont dans un espace fini. Mais avant d'entrer en matiere, il ne sera pas hors de propos de donner les définitions des points singuliers, pour n'être pas obligé, dans la suite, d'interrompre trop souvent le fil du discours.

253. On appelle points singuliers ceux qui ont quelque chose de remarquable qui les distingue des autres points de la même courbe.

254. Les points multiples sont ceux qui sont communs à plusieurs branches : celui qui est commun à deux branches s'appelle point double, celui qui est commun à trois, point triple, &c. il est donc clair que tout point multiple est un point singulier, mais les points simples ne le sont que lorsqu'ils deviennent points d'inflexion, ou points de serpentement.

255. Le point d'inflexion est celui où la courbe se refléchit, de sorte que les branches séparées par ce point ont leur convexité en sens contraire. On considere dans l'analyse une tangente, comme une sécante qui rencontre la courbe en deux points infiniment proches; suivant cette notion, une tangente, au point d'inflexion, rencontre la courbe en trois points, parce qu'elle ne sçauroit être tangente à une branche sans être sécante de l'autre : or, nous démontrerons, dans la suite, qu'une droite ne peut rencontrer une courbe qu'en autant de points qu'il y a d'unités dans l'exposant de son ordre; par conséquent les lignes du second ordre n'ont aucun point d'inflexion, & une tangente qui passe par un point d'inflexion d'une ligne du troisiéme ordre, ne peut plus rencontrer cette courbe. Mais comme une droite peut rencontrer une ligne du quatriéme ordre en quatre points, il s'ensuit que la tangente, au point d'inflexion, peut encore rencontrer la courbe : or si, dans ce cas,

on suppose infiniment petit l'arc compris entre les trois premiers points & le quatriéme, l'inflexion devient invisible, & la droite rencontre la courbe en quatre points infiniment proches, ce qui vaut deux attouchemens simples; ces points s'appellent points de double inflexion, ou points de serpentement : en général, les points d'inflexion invisible sont des points de serpentement; ainsi les inflexions devenant toujours invisibles en nombre pair, il est clair que les serpentemens peuvent être multiples.

256. Si un ovale, qui appartient à une courbe, s'évanouit, elle se réduit à un point conjugué : ainsi le point conjugué est un point invisible détaché du reste de la courbe à laquelle cependant il appartient, puisque ses co-ordonnées ont entre elles le rapport exprimé par l'équation de la courbe.

257. Le point double est formé par deux branches qui se coupent, & s'appellent nœud, ou par deux branches qui se touchent, & se nomme rebroussement, si les deux branches se terminent à ce point, & osculation, si elles passent au-delà.

258. Pour découvrir la figure des lignes courbes, par le moyen de leurs équations, il est nécessaire de tirer de l'équation les valeurs de l'ordonnée qui répondent à chaque abscisse, & de distinguer les valeurs réelles de celles qui sont imaginaires, ce qui est souvent fort difficile lorsque l'équation est d'un degré élevé. Pour faciliter, autant qu'il est possible, ces opérations, on choisira l'axe le plus avantageux, & l'angle des co-ordonnées le plus convenable, pour réduire l'équation à la forme la plus simple, & enfin on prendra pour ordonnée celle des co-ordonnées qui aura le moins de dimensions dans l'équation.

259. Si on demande la figure de la courbe représentée par l'équation $cy^2 - xy^2 = x^3 + bx^2$, on trouvera $y^2 = \frac{x^3 + bx^2}{c - x}$, & $y = \pm \sqrt{\frac{x^3 + bx^2}{c - x}}$: d'où il suit qu'on doit prendre de

Fig. 71. part & d'autre PM & Pm, chacun égal à $\sqrt{\frac{x^3 + bx^2}{c - x}}$; mais si $x = c$, on aura $y = \pm \sqrt{\frac{x^3 + bx^2}{0}}$, c'est-à-dire, que l'ordonnée y s'étendra à l'infini de part & d'autre; donc, si AB $= c$, BK perpendiculaire sur AB, sera asymptote de la courbe.

Si on suppose x négatif, c'est-à-dire, si on prend P de l'autre côté par rapport à A, on aura $y = \pm \sqrt{\frac{-x^3 + bx^2}{c + x}}$, où les signes de x se trouvent changés pour les dimensions impaires : dans ce cas, pendant que x demeurera moindre que b, les valeurs de y seront réelles & égales; mais si $x = b$, les valeurs de y s'évanouissent, parce qu'alors $y = \sqrt{\frac{-b^3 + {}^3}{c + x}} = 0$; & par conséquent si $AD = b$, la courbe passera par D, puisque l'ordonnée ne peut s'évanouir qu'autant qu'elle périt en naissant, c'est-à-dire, qu'elle rencontre la courbe au point même de l'abscisse où elle naît.

Si $x > b$, l'expression $\pm \sqrt{\frac{-x^3 + bx^2}{c + x}}$ devient imaginaire, ce qui fait voir qu'il n'y a aucune partie de la courbe au-delà de D.

Si on suppose $y = 0$, l'équation résultante de cette supposition, $x^3 + bx^2 = 0$, aura pour racines $-b$, 0, 0, d'où on peut conclure que la courbe passe deux fois par le point A, qui est par conséquent un point double. Cette courbe est une ligne du troisiéme ordre, dont B K est l'asymptote, & qui a une feuille entre A & D.

Si b s'évanouit dans la premiere équation de cette courbe, il restera $cy^2 - xy^2 = x^3$, alors les deux points A & D se réunissent, le nœud s'évanouit, & la courbe a un point de rebroussement en A, les deux arcs A M & A m se touchant dans ce point. Cette courbe est la cissoïde de Dioclès, B K en est asymptote, & A B est le diametre de son cercle générateur. En effet, si $BR = AP$, élevant l'ordonnée R N, & tirant la droite A N, celle ci coupera l'ordonnée P M en M, qui sera un point de la cissoïde, de sorte que si M est un point de la cissoïde, on aura $AP : PM :: AR : RN :: \sqrt{AR} : \sqrt{RB} :: \sqrt{BP} : \sqrt{AP}$, & par conséquent $BP \times \overline{PM}^2 = \overline{AP}^3$, c'est-à-dire, $\overline{c - x} \times y^2 = x^3$. Fig. 72.

Si présentement on suppose b négatif, l'équation devient $cy^2 - xy^2 = x^3 - bx^2$: la courbe passe donc par le point D, comme auparavant, & prenant $AB = c$, B K en est asymptote : elle a un point conjugué en A, parce que, lorsque y s'évanouit, deux valeurs de x s'évanouissent, & la troi- Fig. 73.

siéme devient égale à b ou A D. Toute la courbe, excepté ce point A, se trouve comprise entre D Q & B K.

260. Si on cherche la figure représentée par l'équation.... $\overline{a^2 - x^2} \times \overline{x - b}^2 = x^2 y^2$, on trouvera $y = \pm \sqrt{a^2 - x^2} \times \frac{x - b}{x}$; donc si $x = 0$, y devient infini, &, par conséquent l'ordonnée en A est une asymptote de la courbe. Si
Fig. 74. A B $= b$, & qu'on prenne P entre A & B, les ordonnées P M & P m prises de part & d'autre de l'abscisse A P sont égales entre elles. Si $x = b$, les deux valeurs de y s'évanouissent, parce qu'alors $x - b = 0$, & par conséquent la courbe passe par B qui en est un point double. Si A P > A B, alors y aura deux valeurs au point P, mais la valeur négative & la positive auront changé de côté par rapport à l'abscisse, à cause de l'intersection des branches au point B. Si A D $= a$, le point P se trouve en D; &, dans ce cas, les deux valeurs de y s'évanouissent, parce que $\sqrt{a^2 - x^2} = 0$, & si A P > A D, l'expression $a^2 - x^2$ est négative, & les valeurs de y sont impossibles : & par conséquent la courbe ne passe pas au-delà de D.

Si on suppose x négatif, on trouvera $y = \pm \sqrt{a^2 - x^2} \times \frac{b + x}{x}$. Si x s'évanouit, ces deux valeurs de y deviennent infinies, & ainsi la courbe a deux branches infinies, qui s'étendent vers les deux extrémités de l'asymptote A K. Si x augmente, il est évident que y diminue, & si $x = a$, y s'évanouit, & par conséquent la courbe passe par E, si on prend A E $=$ A D du côté opposé. Si $x > a$, y devient imaginaire, de sorte qu'il n'y a aucune partie de la courbe au-delà de E. Cette courbe est la conchoïde des Anciens, M E m est la conchoïde supérieure, & M B D B m est la conchoïde inférieure.

Si $a = b$, B devient un point de rebroussement, & si $a < b$, B devient un point conjugué.

261. Si on demande la figure des lignes du troisiéme ordre qui sont comprises sous la premiere espece : nous prendrons l'équation la plus simple pour cette espece, & nous regarderons comme ordonnée celle des co-ordonnées qui a le moins de dimensions, ce qui donnera une équation de cette forme

$$y^2 = \frac{2by + ax^2 + cx + d - n^2 x^3}{x};$$

donc $y = \frac{b \pm \sqrt{b^2 + dx + cx^2 + ax^3 - n^2 x^4}}{x}$,

dans laquelle ni b, ni n ne peuvent être zéro.

C'eſt pourquoi lorſque la valeur de x eſt telle qu'elle rend poſitive l'expreſſion $b^2 + dx + cx^2 + ax^3 - n^2 x^4$, il y a deux ordonnées ; mais lorſque cette expreſſion s'évanouit, il n'y a qu'une ſeule ordonnée, ou les deux ordonnées deviennent égales ; enfin, ſi cette expreſſion devient négative, il n'y a aucune ordonnée qui réponde à l'abſciſſe. Mais ſi une fois les valeurs de cette fonction ſont poſitives, elles ne peuvent devenir négatives, ſans paſſer par le cas de nullité, ou d'égalité. Il y a deux cas où la fonction $b^2 + dx + cx^2 + ax^3 - n^2 n^4 = 0$: parce que ſi x paſſe certaine limite poſitivement, ou négativement, la valeur de cette fonction devient toujours négative. C'eſt pourquoi la courbe ſe trouve toute renfermée dans un eſpace qui répond à une partie déterminée de l'abſciſſe, au-delà deſquelles bornes les ordonnées deviennent imaginaires.

Suppoſons que l'expreſſion $b^2 + dx + cx^2 + ax^3 - n^2 x^4$ a ſeulement deux facteurs réels, c'eſt-à-dire, qu'il y a ſeulement deux cas où elle s'évanouit : ce qui arrive, ſi on détermine l'abſciſſe dans les points P & S, où on ne trouve qu'une Fig. 75.
ſeule ordonnée. Ainſi, dans tout l'eſpace P S, il y aura deux ordonnées réelles, & au-delà de cet eſpace, toutes les ordonnées ſeront imaginaires, & par conſéquent toute la courbe ſe trouvera compriſe entre les ordonnées K k & N n. L'ordonnée à l'origine des abſciſſes A ſera aſymptote de la courbe, & par conſéquent la coupera en quelque point ; car ſi on fait $x = 0$, on aura

$$\sqrt{b^2 + dx + cx^2 + ax^3 - n^2 x^4} = b + \frac{dx}{2b};$$

donc $y = \frac{b \pm b + \frac{dx}{2b}}{x}$, c'eſt-à-dire, $y = \infty$, ou $y = \frac{-d}{2b}$. La courbe aura donc la forme repréſentée par la figure 76.

Suppoſons que l'expreſſion $b^2 + dx + cx^2 + ax^3 - n^2 x^4$ ait quatre facteurs ſimples, réels & inégaux, c'eſt-à-dire, qu'il y ait quatre cas où elle s'évanouit. Il y aura donc quatre points

Fig. 77. P, Q, R, S dont les ordonnées, ayant été imaginaires sur la partie XP de l'axe, deviennent réelles sur la partie PQ: ensuite imaginaires sur la partie QR, & réelles sur la partie RS; enfin, au-delà de S, elles sont toutes imaginaires. On voit donc que la courbe est composée de deux parties détachées, dont l'une est comprise entre K*k* & L*l*, l'autre entre les droites M*m*, N*n*. Et puisque les ordonnées sont réelles à l'origine des abscisses A, il faut qu'il soit pris sur une des parties de l'axe PQ ou RS. Cet ovale, détaché du reste de la courbe, s'appelle ovale conjugué. Si deux racines deviennent égales, deux des points P & Q, ou Q & R, ou R & S se réunissent. Si ce sont les deux premiers, puisque A se trouve entre P & Q, l'une & l'autre racine devroit être x, ce qui ne peut être, parce que b ne sçauroit manquer. Si les deux points R & S se réunissent, l'ovale conjugué devient infiniment petit, & ne fait plus qu'un point conjugué. Si les deux points Q & R se réunissent, l'ovale vient se joindre avec le reste de la courbe, & y forme une feuille telle qu'elle est représentée (*Fig.* 78). Si trois racines sont égales, c'est-à-dire, si trois points Q, R, S se réunissent, ils formeront un point de rebroussement (*Fig.* 79.).

262. Lorsque l'une des co-ordonnées n'a qu'une dimension, il est facile de connoître la forme de la courbe; car on a une équation de cette forme $y = P$, P étant une fonction rationelle de l'abscisse; ainsi quelque valeur qu'on donne à x, l'ordonnée en aura toujours une seule correspondante, & par conséquent la courbe accompagnera toujours l'axe par une branche continue de chaque côté. Si la fonction P est une fraction, il peut arriver que l'ordonnée devienne infinie en un ou plusieurs points, & par conséquent qu'elle représente une asymptote de la courbe, ce qui a lieu lorsque le dénominateur de la fonction P s'évanouit.

Soit $y = \frac{P}{Q}$, si on fait $Q = 0$, les racines réelles de l'équation donneront les ordonnées infinies: c'est-à-dire, que si une des racines $x = f$, on peut conclure qu'on rendra l'ordonnée y infinie, en prenant l'abscisse égale à f. Si les ordonnées y étoient positives, pendant que x surpassoit f, elles deviendront négatives, lorsque f surpassera x, & par conséquent l'ordonnée deviendra une asymptote de l'espece

$u = \frac{A}{t}$: ce qui a lieu pour tous les facteurs inégaux. Si le dénominateur Q a deux facteurs égaux, tels que $\overline{x-f}^2$, alors les ordonnées positives dans la supposition de $f > x$, le seront encore dans la supposition contraire, & si on fait $x = f$, l'ordonnée y sera une asymptote de l'espece $u^2 = \frac{A}{t}$. Mais si le dénominateur Q a trois facteurs égaux, par exemple, $\overline{x-f}^3$, alors les ordonnées, de part & d'autre de celle qui devient infinie, auront différens signes, comme dans le premier cas.

263. Soient à présent les équations contenues sous la forme $y^2 = \frac{2Py - R}{Q}$, P, Q & R étant des fonctions entieres de l'abscisse x. Chaque abscisse x aura donc deux ordonnées, ou aucune : elle en aura deux si $P^2 > QR$, & aucune si $P^2 < QR$: ainsi dans la limite qui sépare les ordonnées réelles des imaginaires, on aura $P^2 = QR$; ce qui donne $y = \frac{P}{Q}$, c'est-à-dire, que cette ordonnée touche la courbe en un seul point. C'est pourquoi, pour connoître la forme de la courbe, on fera attention à l'équation $P^2 - QR = 0$, dont les racines réelles donneront les points, où les ordonnées ne touchent la courbe qu'en un seul point. Qu'on remarque ces points sur l'axe, & si toutes les racines sont inégales, les parties de l'axe comprises entre ces points auront alternativement deux ordonnées réelles & deux imaginaires ; & par conséquent la courbe sera composée d'autant de parties détachées qu'il y aura de ces alternatives : de là les ovales conjugués.

Si deux racines de l'équation $P^2 - QR = 0$ deviennent égales, deux de ces points marqués sur l'axe se réunissent, & les ordonnées réelles ou imaginaires qui répondent à cette partie de l'axe s'évanouiront. Dans le premier cas, on aura une courbe avec un nœud, telle qu'elle est représentée (*Fig.* 78.) dans le second, un ovale conjugué se réduit à un point conjugué. Mais si cette équation a trois racines égales, la feuille devient infiniment petite, & se réduit à un point de rebroussement (*Fig.* 79.) ; s'il y a quatre racines, ou deux ovales séparés se réuniront en un point, ou il y aura un nœud au point de rebroussement, ou deux rebroussemens opposés au sommet,

Un plus grand nombre de racines n'apporte presque aucune différence dans la forme de ces courbes.

264. Si l'équation, qui donne la valeur de l'ordonnée y par le moyen de l'abscisse x est du troisiéme degré, ou d'un degré plus élevé, de sorte que y soit égal à une fonction multiforme de x; alors, ou chaque abscisse aura autant d'ordonnées que y a de dimensions dans l'équation, ou le nombre de ces ordonnées sera diminué pairement. Il y a donc toujours deux ordonnées qui commencent en même-temps à devenir imaginaires, & avant que de le devenir elles deviennent égales. Dans ce passage, de l'imaginaire au réel, naissent plusieurs variétés, qui sont les mêmes que celles que nous avons déja expliquées, ou qui en sont composées.

265. Si on prend plusieurs abscisses, tant positives que négatives, alors cherchant toutes les valeurs des ordonnées qui y répondent, on aura autant de points, par le moyen desquels on pourra tracer la courbe, & par conséquent connoître sa figure. Je vais éclaircir ceci par un exemple où les valeurs ne renfermeront que des racines quarrées, quoiqu'elles soient tirées d'une équation élevée. Soit donc

$$2y = \pm\sqrt{6x - x^2} \pm \sqrt{6x + x^2} \pm \sqrt{36 - x^2}$$

selon laquelle équation il y a huit ordonnées qui répondent à chaque abscisse. Mais il est évident que, si on fait l'abscisse x négative, l'ordonnée sera imaginaire; ce qui arrive encore si l'abscisse x surpasse 6 : c'est pourquoi toute la courbe se trouve comprise entre les limites $x = 0$, & $x = 6$. On mettra donc successivement pour x les valeurs, $0, 1, 2, 3, 4, 5, 6$, & on aura

Si	$x = 0$	$x = 1$	$x = 2$	$x = 3$	$x = 4$	$x = 5$	$x = 6$
$\sqrt{6x - x^2}$	0, 000	2, 235	2, 828	3, 000	2, 828	2, 235	0, 000
$\sqrt{6x - x^2}$	0, 000	2, 645	4, 000	5, 196	6, 324	7, 416	8, 484
$\sqrt{36 - x^2}$	6, 000	5, 916	5, 656	5, 196	4, 470	3, 316	0, 000
somme ...	6, 000	10, 796	12, 484	13, 392	13, 622	12, 967	8, 484

Ainsi, selon les signes des deux radicaux, les valeurs de y seront les valeurs correspondantes à ces signes dans la Table suivante :

+ + ±

+ + +	3, 000	5, 398	6, 242	6, 696	6, 811	6, 483	4, 242
— + +	3, 000	3, 163	3, 414	3, 696	3, 983	4, 248	4, 242
+ — +	3, 000	2, 753	2, 242	1, 500	0, 487	0, 933	-4, 242
+ + —	-3, 000	-0, 518	0, 586	1, 500	2, 341	3, 167	4, 242

Les valeurs que donnent les quatre autres changemens de ſignes ne different de celles-ci que par les ſignes; on voit donc qu'il y a huit ordonnées correſpondantes à chaque abſciſſe, par le moyen deſquelles on tracera une courbe repréſentée par la *Fig.* 80, qui aura deux rebrouſſemens; ſçavoir en A & *a*, & quatre points double qui ſe trouveront en D, E, C & *c*.

Le Chapitre ſuivant ſuppléera à ce que celui-ci laiſſe encore à déſirer ſur la figure des courbes dans un eſpace fini. On y traitera particulierement des tangentes & oſculatrices, qui, elles-mêmes, ſont de nouveaux moyens pour connoître la direction & la courbure des lignes Algébriques, & qui fourniſſent des voyes pour trouver les points ſinguliers dans les cas qui n'ont pas été ſuffiſamment examinés dans ce Chapitre.

CHAPITRE VI.

Des tangentes & des oſculatrices des lignes courbes.

266. NOUS avons cherché, dans le quatriéme Chapitre, la ligne droite ou courbe, qui, dans l'infini, ſe confond avec les branches d'une courbe; nous allons donc, dans celui-ci, rechercher la poſition de la droite, la nature & la poſition de la courbe la plus ſimple, qui ſe confondent dans un eſpace fini, au moins avec une portion infiniment petite d'une courbe. Il eſt d'abord clair qu'une tangente a au moins deux points communs avec la courbe qu'elle touche, mais on peut trouver des courbes qui ſuivent bien plus exactement la trace & la direction d'une portion donnée de cette courbe.

267. Soit propoſée l'équation d'une courbe quelconque, qui

Fig. 81. exprime le rapport de ses co-ordonnées x & y; qu'on donne à l'abscisse x une valeur $AP = p$, qu'on cherche les valeurs de l'ordonnée y, correspondantes à cette abscisse, & s'il y en a plusieurs, qu'on en prenne à volonté une telle que $PM = q$, & le point M sera un des points de la courbe.

268. Présentement, pour connoître la nature de la portion de courbe qui passe par le point M, soit mené par le point M le nouvel axe Mq, parallele à AP, soit la nouvelle abscisse $Mq = t$, & l'ordonnée $qm = v$. Puisque le point m est aussi sur la courbe, si on prolonge mq jusqu'au premier axe en p, & qu'on substitue $Ap = p + t$, au lieu de x, & $pm = q + v$, au lieu de y, tous les termes qui ne contiendront ni t ni v se détruiront, & il ne restera que ceux qui renferment ces nouvelles co-ordonnées. On aura donc une équation de cette forme

$$o = At + Bv + Ct^2 + Dtv + Ev^2 + Ft^3 + Gt^2v + Htv^2, \&c.$$

où A, B, C, D, &c. sont des quantités constantes composées de p & q, que nous regardons présentement comme constantes. Cette nouvelle équation exprime donc la nature de la même courbe rapportée à l'axe mq, le point M étant l'origine des abscisses.

269. Premierement, il est clair que si on fait $Mq = t = o$, on aura $qm = v = o$, parce que le point m tombe sur M. Ensuite, puisqu'on cherche la plus petite portion de la courbe, on l'obtiendra, si on donne les plus petites valeurs à t; dans lequel cas la valeur de $qm = v$ deviendra petite à proportion; parce qu'on cherche la nature de l'arc Mm comme évanouissant. Mais si les valeurs de t & v sont comme infiniment petites, l'équation précédente deviendra $o = At + Bv$, les autres termes infiniment moindres, s'évanouissant vis-à-vis de ceux-ci : or, cette équation est à la ligne droite M o, qui passe par le point M, & fait voir que cette droite se confond avec la courbe, si le point m est infiniment proche de M.

Cette droite M o sera donc tangente à la courbe au point M, & on pourra toujours, par ce moyen, mener une tangente à un point quelconque d'une courbe Algébrique. Car l'équation $At + Bv = o$ donne $\frac{v}{t} = \frac{-A}{B} = \frac{qo}{Mq}$, donc $qo : Mq :: MP : PT :: -A : B$. Donc, puisque

PM $= q$, on aura PT $= \frac{-Bq}{A}$: la portion de l'axe PT s'appelle ſous-tangente.

REGLE

Pour trouver la ſous-tangente.

270. Après avoir trouvé l'ordonnée $y = q$ qui ſatisfait à l'abſciſſe $x = p$, on mettra dans l'équation à la courbe $x = p + t$, & $y = q + v$; & des termes qui naîtront par cette ſubſtitution on ne retiendra que ceux où t & v ont une ſeule dimenſion. Ainſi on parviendra à une équation telle que $At + Bv = 0$: donc connoiſſant A & B, on connoîtra la ſous-tangente PT $= \frac{-Bq}{A}$.

EXEMPLE PREMIER.

271. Soit propoſée la parabole $yy = 2ax$, AP étant l'axe principal, & A le ſommet.

Qu'on prenne AP $= p$, & ſoit PM $= q$, on aura $q^2 = 2ap$, ou $q = \sqrt{2ap}$. Soit ſuppoſé $x = p + t$, & $y = q + v$, l'équation deviendra $q^2 + 2qv + v^2 = 2ap + 2at$: ſuivant la regle preſcrite, je retiens ſeulement $2qv = 2at$, qui donne $at - qv = 0$: donc $\frac{v}{t} = \frac{a}{q} = \frac{-A}{B}$; donc la ſous-tangente PT $= \frac{q^2}{a} = 2p$, parce que $q^2 = 2ap$; & par conſéquent la ſous-tangente PT eſt double de l'abſciſſe AP.

EXEMPLE SECOND.

272. Soit propoſée l'ellipſe décrite du centre A, dont l'équation eſt $a^2y^2 + b^2x^2 = a^2b^2$.

Je prends AP $= p$, & PM $= q$, ce qui donne $a^2q^2 + b^2p^2 = a^2b^2$; enſuite je fais $x = p + t$, & $y = q + v$; & dans l'équation réſultante, je n'écris que les termes où t & v n'ont qu'une ſeule dimenſion, ce qui me donne $2a^2qv + 2b^2pt = 0$: donc $\frac{v}{t} = \frac{-b^2p}{a^2q} = \frac{-A}{B}$; par conſéquent la ſous-tangente $PT = \frac{-B}{A} \times q = \frac{-a^2 q^2}{b^2 p} = \frac{-a^2 + p^2}{p}$: laquelle expression étant négative, fait voir que le point T tombe du côté opposé.

EXEMPLE TROISIEME.

273. Soit proposée la ligne du troisiéme ordre, représentée par l'équation $y^2 x = a x^2 + b x + c$.

Ayant pris $AP = p$, & $PM = q$, j'aurai $p q^2 = a p^2 + b p + c$. Et faisant $x = p + t$, & $y = q + v$, & négligeant les termes superflus de l'équation résultante, il me restera $2 p q v + q^2 t = 2 a p t + b t$: donc $\frac{v}{t} = \frac{2 a p + b - q^2}{2 p q} = \frac{-A}{B}$; donc la sous-tangente $PT = \frac{-B}{A} \times q = \frac{2 p q^2}{2 a p + b - q^2} = \frac{2 a p^2 + 2 b p + 2 c}{2 a p + b - q^2} = \frac{2 a p^3 + 2 b p^2 + 2 c p}{a p^2 - c}$, ou $PT = \frac{2 p^2 q^2}{a p^2 - c}$.

274. Connoissant, de cette maniere, la tangente d'une courbe, on connoît en même-temps la direction de cette courbe au point M; car on peut considérer une courbe comme la trace d'un point qui change continuellement de direction. C'est pourquoi le point qui décrit la courbe se meut du point M, suivant la direction de la tangente MR, & s'il conservoit cette direction, il décriroit la tangente Mo : mais il la change à l'instant, parce qu'il décrit une courbe; ainsi, pour connoître la direction d'une courbe, il faut déterminer la position de la tangente à chaque point. Il n'est donc pas difficile de connoître l'inclinaison de la tangente Mo sur l'axe AP, ou sa parallele Mq. Car puisque qo : Mq :: $-$A : B, si l'angle des co-ordonnées Mqo est droit, la tangente de l'angle qMo sera $\frac{-A}{B}$; & si cet angle n'est pas droit, on pourra, par la Trigonométrie, trouver l'angle qMo par le moyen de l'angle donné Mqo, & du rapport des côtés Mq, qo. Mais il est évident que, si A = o dans l'équation $At + Bv = o$, l'angle qMo s'évanouit, & que par conséquent la tangente Mo devient parallele à l'axe AP. Si B = o, la tangente Mo sera parallele aux ordonnées PM.

275. Ayant trouvé la tangente MT, si on lui mene, au

point d'attouchement, la perpendiculaire MN, celle-ci sera en même-temps perpendiculaire sur la courbe, dont, par conséquent, on pourra facilement trouver la position dans chaque cas. Mais on l'exprimera plus commodément, si les co-ordonnées AP, PM font l'angle droit; car alors les triangles Mqo & MPN seront semblables, & par conséquent $Mq : qo ::$ $MP : PN$, ou $-B : A :: q : PN$; donc $PN = \frac{-Aq}{B}$. La portion PN de l'axe, comprise entre l'ordonnée & la perpendiculaire, s'appelle sous-perpendiculaire. C'est pourquoi si les co-ordonnées forment l'angle droit, la sous-tangente PT étant trouvée, on pourra facilement déterminer la sous-perpendiculaire; car on aura $PT : PM :: PM : PN$, ou $PN = \frac{\overline{PM}^2}{PT}$. De plus, si l'angle APM est droit, on aura la tangente $MT = \sqrt{\overline{PT}^2 + \overline{PM}^2}$, & la perpendiculaire MN $= \sqrt{\overline{PM}^2 + \overline{PN}^2}$; ou, puisque $PT : TM :: PM : MN$, $MN = \frac{PM \times TM}{PT} = \frac{PM}{PT} \times \sqrt{\overline{PT}^2 + \overline{PM}^2}$.

276. Si les deux coëfficiens A & B s'évanouissent en même-temps, il faudra prendre les termes où t & v forment deux dimensions, c'est-à-dire, l'équation $Ct^2 + Dtv + Ev^2 = 0$. Et dans cette équation, il est clair que, si $t = 0$, on aura $v = 0$, & par conséquent que le point M est sur la courbe. C'est pourquoi, puisque l'équation $Ct^2 + Dtv + Ev^2 = 0$ fait voir l'état de la courbe auprès du point M, il est évident que si $DD < 4CE$, l'équation sera imaginaire, à moins que $t = 0$ & $v = 0$; ainsi, dans ce cas, le point M appartiendra à la courbe, mais il en sera séparé, c'est-à-dire, qu'il sera nn point conjugué : dans ce cas, la tangente ne sçauroit avoir lieu. On pourra donc, par ce moyen, trouver les points conjugués d'une courbe, si elle en a quelqu'un.

277. Mais si $DD > 4CE$, l'équation $Ct^2 + Dtv + Ev^2 = 0$ pourra se résoudre en deux équations de la forme $at + bv = 0$, dont chacune convient également à la nature de la courbe. Ainsi l'une & l'autre indiquant la position de la tangente, ou la direction de la courbe au point M, il faut qu'il y ait deux branches de la courbe qui se coupent en ce point, & qui y forment un point Fig. 62

double. En effet, si on prend $Mq = t$, soient qm & qn les deux valeurs de v dans cette équation, & les deux droites Mm & Mn seront tangentes de la courbe au point M; ce point est donc l'intersection de deux branches, dont l'une est dirigée selon Mm, & l'autre selon Mn. Par conséquent, puisque le point conjugué est aussi un point double, il faut conclure que l'équation $Ct^2 + Dtv + Ev^2 = 0$ indique toujours un point double, & que l'équation $At + Bv = 0$ n'indique qu'un point simple.

278. Si $DD = 4CE$, les deux tangentes Mm, Mn se réunissent, & l'angle mMn s'évanouit; ce qui fait voir que non-seulement il y a deux branches qui passent par le point M, mais encore qu'elles y ont la même direction, & qu'elles s'y touchent; dans lequel cas le point M est encore double. C'est pourquoi lorsque les deux premiers coëfficiens A & B s'évanouissent, ou pourra conclure, en général, que la courbe a un point double en M.

279. Si les trois coëfficiens C, D & E s'évanouissent aussi-bien que les deux premiers, il faudra prendre les termes suivans, dans lesquels t & v ont trois dimensions, c'est-à-dire, l'équation $Ft^3 + Gt^2v + Htv^2 + Iv^3 = 0$. Si cette équation a un seul facteur simple réel, elle fait voir une branche de courbe qui passe par le point M, & en même-temps sa direction, ou sa tangente; les deux autres facteurs imaginaires font voir un ovale évanouissant au point M. Si les trois racines sont réelles, elles feront voir que trois branches de la courbe se coupent ou se touchent au point M, selon que ces racines seront égales ou inégales. Dans tous ces cas, la courbe aura un point triple en M, & la droite menée par ce point, sera censée la couper en trois points.

280. Si, outre les coëfficiens précédens, les quatre suivans F, G, H & I s'évanouissent encore; alors, pour connoître la nature du point M de la courbe, il faudra examiner les termes suivans de l'équation dans lesquels t & v ont quatre dimensions : & on verra que M sera un point quadruple; car si les quatre racines sont imaginaires, deux ovales conjugués se réuniront en ce point; s'il y a deux racines réelles & deux imaginaires, le point M comprendra l'intersection ou le contact de deux branches avec un point conjugué; enfin, si les quatre racines sont réelles, quatre branches de la courbe se couperont

au point M : mais l'intersection de deux, ou plusieurs branches, deviendra osculation, si deux, ou plusieurs racines sont égales.

281. En faisant attention à ce qu'on vient de voir, il sera facile de trouver une équation générale pour toutes les courbes qui, non-seulement, passent par le point M, mais encore y ont un point simple, double, triple, ou enfin de telle multiplicité qu'on voudra. Car, faisant A P $= p$, P M $= q$, & représentant les fonctions quelconques des co-ordonnées x & y par P, Q, R, &c. Il est clair que l'équation $P \times \overline{x - p} + Q \times \overline{y - q} = o$ exprime une courbe qui passe par le point M; faisant $x =$ A P $= p$, on aura $y =$ P M $= q$; pourvû que p ne soit pas divisible par $y - q$, ni Q par $x - p$, & pourvû que $x - p$ & $y - q$, dont dépend le passage de la courbe par le point M, ne disparoissent pas de l'équation par la division. Il n'est pas moins évident que toutes les courbes qui passent par le point M sont comprises sous l'équation précédente; or, M sera un point simple si l'équation ne se réduit pas à quelqu'une des formes que nous avons données pour les points multiples.

282. Si M doit être un point double, l'équation générale pour la courbe sera $P \times \overline{x - p}^2 + Q \times \overline{x - p} \times \overline{y - q} + R \times \overline{y - q}^2 = o$, pourvû que cette forme ne soit point détruite par la division. On voit, par là, que les lignes du second ordre ne peuvent avoir de point double : car, pour que cette équation fût du second degré, il faudroit que P, Q & R fussent des quantités constantes, & alors cette équation ne seroit pas pour une courbe, mais pour deux droites. Si P, Q & R sont des fonctions du premier ordre, l'équation représentera des lignes du troisiéme ordre, qui auront un point double en M. Mais une ligne du troisiéme ordre ne sçauroit avoir plus d'un point double, à moins qu'elle ne soit composée de trois droites. Car, si une ligne du troisiéme ordre avoit deux points doubles, menant une droite par ces deux points, elle couperoit la ligne du troisiéme ordre en quatre points, ce que nous démontrerons impossible. De même, la ligne du quatriéme ordre, ne peut avoir que deux points doubles; celle du cinquiéme, que trois, & ainsi de suite.

283. Si M est un point triple, la nature de la courbe

sera exprimée par l'équation générale $P \times \overline{x-p}^3 + Q \times \overline{x-p}^2 \times \overline{y-q} + R \times \overline{x-p} \times \overline{y-q}^2 + S \times \overline{y-q}^3 = 0$, si cette équation représente une courbe, elle surpassera le troisiéme degré ; c'est pourquoi les courbes au-dessous du quatriéme degré ne peuvent avoir de point triple ; & les lignes du cinquiéme ordre ne peuvent aussi avoir plus d'un point triple, autrement une droite pourroit rencontrer une ligne du cinquiéme ordre en six points. Mais rien n'empêche qu'une ligne du sixiéme ordre n'en puisse avoir deux.

284. Si l'équation est comprise sous la forme générale $P \times \overline{x-p}^4 + Q \times \overline{x-p}^3 \times \overline{y-q} + R \times \overline{x-p}^2 \times \overline{y-q}^2 + S \times \overline{x-p} \times \overline{y-q}^3 + T \times \overline{y-q}^4 = 0$, la courbe aura un point quadruple en M. Ainsi la courbe la plus simple, qui soit capable d'un point quadruple, est du cinquiéme ordre. Mais il n'y a que les lignes du huitiéme, ou au-dessus, qui puisse avoir deux points quadruples. On peut, de la même maniere, trouver des équations générales pour des courbes qui ayent en M un point multiple quelconque.

285. Mais si M est un point double ou triple, ou un point multiple quelconque, il arrivera qu'il y aura autant de branches de la courbe qui se couperont, ou se toucheront en M, ou si le nombre de ces branches est moindre, il y aura un ou plusieurs points conjugués en M : on distinguera ces différens cas, par le moyen de ce qu'on a dit ci-dessus, c'est-à-dire, que dans les fonctions P, Q, R, S, &c. on mettra partout p & q au lieu de x & y, & t & v au lieu des facteurs $x - p$ & $y - q$, ce qui donnera des équations par le moyen desquelles on pourra déterminer l'état de la courbe & les tangentes des branches qui se coupent en M.

Fig. 81. 286. On a vû que si les coëfficiens A & B ne s'évanouissent pas, l'équation $At + Bv = 0$ donne la droite M o, qui touche la courbe au point M & qui marque, en cet endroit, la direction de la courbe. Si l'on veut sçavoir combien la courbe M m s'écarte de la tangente M o dans le moindre petit espace, on prendra pour axe la perpendiculaire MN sur laquelle du point m on menera la perpendiculaire mr, & faisant M $r = r$, $mr = s$, on aura $t = \frac{-Ar + Bs}{\sqrt{A^2 + B^2}}$,

& $v = \frac{-As - Br}{\sqrt{A^2 + B^2}}$, & $r = \frac{-At - Bv}{\sqrt{A^2 + B^2}}$, & $s = \frac{Bt - Av}{\sqrt{A^2 + B^2}}$. C'eſt pourquoi, puiſque $-At - Bv = Ct^2 + Dtv + Ev^2 + Ft^3 + Gt^2v +$ &c. la quantité r ſera infiniment moindre que t & v, & par conſéquent infiniment moindre que s; car s ſe détermine par t & v, & r par les quarrés ou les puiſſances ſupérieures de t & v.

287. On connoîtra donc bien plus exactement la nature de la courbe Mm, ſi on fait entrer dans le calcul les termes $Ct^2 + Dtv + Ev^2$; ce qui donnera l'équation $-At - Bv = Ct^2 + Dtv + Ev^2$, dans laquelle ſi, au lieu de t & v, on ſubſtitue leur valeur, on trouvera

$$r\sqrt{A^2 + B^2} = \frac{\overline{A^2C + ABD + B^2E} \times r^2}{A^2 + B^2}$$

$$+ \frac{\overline{A^2D - B^2D - 2ABC + 2ABE} \times rs + \overline{A^2E - ABD + B^2C} \times s^2}{A^2 + B^2}.$$

Mais, puiſque r eſt infiniment moindre que s, les termes r^2 & rs s'évanouiſſent vis-à-vis de s^2, ce qui donne

$$s^2 = \frac{\overline{A^2 + B^2} \times r\sqrt{A^2 + B^2}}{A^2E - ABD + B^2C},$$

laquelle équation exprime la nature de la courbe qui embraſſe la courbe propoſée au point M.

288. Il s'enſuit que le petit axe Mm ſe confond avec le ſommet d'une parabole, qui a pour axe MN, & pour parametre $\frac{\overline{A^2 + B^2} \times \sqrt{A^2 + B^2}}{A^2E - ABD + B^2C}$: par conſéquent la courbure de la courbe propoſée, au point M, ſera la même que celle de cette parabole. Mais comme il n'y a aucune courbe dont on connoiſſe plus diſtinctement la courbure que celle du cercle, parce qu'elle eſt partout uniforme, & toujours d'autant plus grande que le rayon eſt moindre; il ſera plus commode de déterminer la courbure des courbes, par le moyen du cercle de même courbure, qu'on a coutume d'appeller cercle oſculateur. Pour cet effet, il faudra déterminer le cercle dont la courbure eſt la même que celle d'une parabole propoſée à ſon ſom-

met; afin qu'on puiſſe ſubſtituer ce cercle à la parabole oſculatrice.

289. Pour y parvenir, examinons la courbure du cercle, comme ſi elle étoit inconnue, & exprimons-la par la courbure de la parabole de la maniere qu'on l'a expliqué; car alors on pourra réciproquement ſubſtituer le cercle oſculateur au lieu de la parabole oſculatrice. Soit donc M*m* un cercle décrit avec le rayon a, dont la nature ſera exprimée par l'équation $y^2 = 2ax - x^2$; prenant $AP = p$ & $PM = q$, on aura $q^2 = 2ap - p^2$: faiſant enſuite $x = p + t$, & $y = q + v$, il en réſultera l'équation $q^2 + 2qv + v^2 = 2ap + 2at - p^2 - 2pt - t^2$, & parce que $q^2 = 2ap - p^2$, elle ſe réduit à cette forme $2at - 2pt - 2qv - t^2 - v^2 = 0$, qui étant comparée avec la précédente, donne $A = 2a - 2p$, $B = -2q$, $C = -1$, $D = 0$, $E = -1$; donc $A^2 + B^2 = 4 \times \overline{a^2 - 2ap + p^2 + q^2} = 4a^2$, & $\overline{A^2 + B^2} \times \sqrt{A^2 + B^2} = 8a^3$, & $A^2E - ABD + BBC = -A^2 - B^2 = -4a^2$. par conſéquent une parabole repréſentée par l'équation $s^2 = 2ar$ embraſſe à chaque point, par ſon ſommet, le cercle décrit avec le rayon a; par conſéquent toute courbe qui aura pour oſculatrice la parabole $s^2 = br$, aura pour oſculateur le cercle décrit avec le rayon $\frac{1}{2}b$.

290. Puiſque nous avons donc trouvé que la courbe M*m* a pour oſculatrice la parabole repréſentée par l'équation....
$$ss = \frac{\overline{A^2 + B^2} \times \sqrt{A^2 + B^2}}{A^2E - ABD + B^2C} \times r,$$
il eſt clair que la courbure de la même courbe au point M, convient avec celle du cercle qui a pour rayon $\frac{\overline{A^2 + B^2} \times \sqrt{A^2 + B^2}}{2A^2E - 2ABD + 2B^2C}$. Cette expreſſion donne donc le rayon qu'on appelle rayon d'oſculation, ou de courbure. Mais à cauſe de l'ambiguité du ſigne radical $\sqrt{A^2 + B^2}$, il eſt incertain ſi cette expreſſion eſt poſitive ou négative, c'eſt-à-dire, ſi c'eſt la convexité, ou la concavité de la courbe qui regarde le point N. Pour diſſiper ce doute, il faut chercher ſi le point m, de la courbe, ſe trouve en-deçà de la tangente vers l'axe AN, ou au-delà de la tangente. Dans le premier cas, la courbe ſera concave vers N, & le centre du cercle oſculateur ſera ſur la droite MN, pro-

longée du côté de l'axe; dans le second cas, il sera, sur le prolongement de la même droite, au-delà du point M. Il suffira donc d'examiner si qm est moindre, ou plus grande que qo; dans le premier cas, la courbe sera concave vers N, & dans le second, elle sera convexe. Or, $qo = \frac{-At}{B}$, & $qm = u$, il s'agit donc de voir si $\frac{-At}{B}$ est plus grand ou moindre que u; c'est pourquoi, puisque mo est une ligne infiniment petite, je fais $mo = w$, ce qui me donne $u = \frac{-At}{B} - w$; ainsi, faisant la substitution, on trouve $-Bw + Ct^2 - \frac{ADt^2}{B} - Dtw + \frac{A^2Et^2}{B^2} + \frac{2AEtw}{B} + Ew^2 = 0$; & parce que w est infiniment petit en comparaison de t, les termes tw & w^2 s'évanouissent; donc $w = \frac{\overline{B^2C - ABD + A^2E} \times tt}{B^3}$. Si cette valeur de w est positive, la courbe est concave vers N: si elle est négative, la courbe est convexe vers le même point.

291. Pour entrer dans le détail des différens cas qui peuvent se rencontrer : soit d'abord $B = 0$, dans lequel cas l'ordonnée PM sera elle-même tangente de la courbe Mm, & le rayon d'osculation sera $\frac{A}{2E}$. L'équation $At + Ct^2 + Dtu + Eu^2 = 0$ fera voir si la courbe tourne sa concavité, ou sa convexité, vers R; car ici $Mq = t$, $qm = u$, & parce que t est infiniment moindre que u, l'équation devient $At + Eu^2 = 0$, qui fait voir que si les coëfficiens A & E ont des signes contraires, c'est-à-dire, si $\frac{E}{A}$ est une quantité négative, la courbe sera concave vers R; mais si le contraire arrive, la courbe sera située de l'autre côté de la tangente; car alors, pour que l'ordonnée qm soit réelle, il faut que l'abscisse Mq soit négative. Fig. 83.

292. Soit présentement Mo inclinée sur l'axe AP, ou sur sa parallele, de sorte que l'angle RMo soit aigu, & que la perpendiculaire MN coupe l'axe en N au-delà de P : dans ce cas, les abscisses t auront leurs ordonnées u positives : c'est pourquoi les coëfficiens A & B auront des signes différens, & la fraction $\frac{A}{B}$ sera négative. On a déja vû que dans ce cas la cour- Fig. 81.

be eſt concave vers N, ſi $\frac{A^2 E - ABD + B^2 C}{B}$ eſt une quantité poſitive; ou ſi $\frac{B}{A}$ auſſi-bien que $\frac{A^2 E - ABD + B^2 C}{A}$ ſont des quantités négatives. Mais ſi $\frac{A^2 E - ABD + B^2 C}{B}$ eſt une quantité négative, ou $\frac{A^2 E - ABD + B^2 C}{A}$ une quantité poſitive, la courbe tournera ſa convexité vers N : & dans l'un & dans l'un l'autre cas, le rayon d'oſculation ſera $\frac{\overline{A^2 + B^2} \times \sqrt{A^2 - B^2}}{2 A^2 E - 2 ABD + 3 B^2 C}$.

Fig. 84. 293. Si A = o, la droite MR, parallele à l'axe, ſera tangente de la courbe, & u infiniment moindre que t; par conſéquent $Bu + Ct^2 = o$; donc ſi B & C ont le même ſigne, c'eſt-à-dire, ſi BC eſt une quantité poſitive, u aura une valeur négative; c'eſt pourquoi la courbe ſera concave vers P, & le rayon du cercle oſculateur ſera $\frac{B}{2C}$. Mais ſi la tangente Fig. 85. MT rencontre l'axe au-delà de P, la courbe ſera concave, ou convexe vers N, ſelon que l'expreſſion $\frac{A^2 E - ABD + B^2 C}{B}$ ſera poſitive ou négative, & le rayon d'oſculation ſera encore $\frac{\overline{A^2 + B^2} \times \sqrt{A^2 + B^2}}{2 A^2 E - 2 ABD + 2 B^2 C}$.

Fig. 86. 294. Soit l'ellipſe DMC, dont le centre eſt A, le grand demi-axe AD = a, le petit demi-axe AC = b. Prenant les abſciſſes x ſur AD, & leur origine en A, on aura pour l'ellipſe l'équation $a^2 y^2 + b^2 x^2 = a^2 b^2$. Prenant enſuite une abſciſſe AP = p, & ſon ordonnée PM = q, cette équation deviendra $a^2 q^2 + b^2 p^2 = a^2 b^2$. C'eſt pourquoi ſi on ſuppoſe $x = p + t$, & $y = q + v$, on aura $a^2 q^2 + 2 a^2 qv + a^2 v^2 + b^2 p^2 + 2 b^2 pt + b^2 t^2 = a^2 b^2$, ou $2 b^2 pt + 2 a^2 qv + b^2 t^2 + a^2 v^2 = o$. Premierement, donc, à cauſe des coëfficiens de t & v, la perpendiculaire MN rencontre l'axe en-deçà de P : & on a PM : PN :: B : A :: $a^2 q : b^2 p$, & PN = $\frac{b^2 p}{a^2}$, (à cauſe de A = $2 b^2 p$, & B = $2 a^2 q$). De plus, parce que C = b^2, D = o, & E = a^2, on aura $\frac{A^2 E - ABD + B^2 C}{B} = \frac{4a^2 b^2 \times \overline{a^2 q^2 + b^2 p^2}}{2 a^2 q}$ $= \frac{4 a^4 b^4}{2 a^2 q}$; par conséquent cette expression est une quantité positive, qui fait voir que la courbe est concave vers N.

Puisque $A^2 + B^2 = 4 a^4 q^2 + 4 b^4 p^2$, & $A^2 E - ABD + B^2 C = 4 a^4 b^4$, le rayon d'osculation sera $\frac{\overline{a^4 q^2 + b^4 p^2}|^{\frac{3}{2}}}{a^4 b^4}$; mais $MN = \sqrt{q^2 + \frac{b^4 p^2}{a^2}}$; donc $\sqrt{a^4 q^2 + b^4 p^2} = aa \times MN$; par conséquent le rayon d'osculation devient $\frac{a^2 \times MN^3}{b^4}$. Si du centre A, on mene la perpendiculaire AO sur le prolongement de MN, (à cause de $AN = p - \frac{b^2 p}{a^2}$ & des triangles semblables MNP & ANO,) on trouvera $NO = \frac{a^2 b^2 p^2 - b^4 p^2}{a^4 \times MN}$, & $MO = NO + MN = \frac{a^2 q^2 + b^2 p^2}{a^2 \times MN} = \frac{b^2}{MN}$; donc $MN = \frac{b^2}{MO}$; donc le rayon d'osculation est $\frac{a^2 b^2}{MO^3}$, expression qui convient également pour l'un & l'autre axe AD & AC.

295. Une portion infiniment petite de la courbe sera donc représentée par l'équation au cercle, dans laquelle chaque abscisse a deux ordonnées, l'une positive, & l'autre négative, c'est pourquoi l'arc infiniment petit Mm, & l'arc infiniment petit Mn, auront la même courbure; ainsi, toutes les fois que le rayon d'osculation aura une grandeur finie, la courbure sera uniforme, de part & d'autre, au moins dans un espace infiniment petit; & par conséquent il ne pourra y avoir ni point d'inflexion, ni point de rebroussement. Fig. 81.

296. Si, dans l'expression du rayon d'osculation, $A^2 E - ABD + B^2 C = 0$, le rayon d'osculation devient infini, & le cercle osculateur, une ligne droite. Lorsque cela arrive, la ligne proposée n'a point de courbure en cet endroit. Pour connoître la nature de la courbe, dans ce cas, il faudra substituer les valeurs $t = \frac{-Ar + Bs}{\sqrt{A^2 + B^2}}$ & $u = \frac{-As - Br}{\sqrt{A^2 + B^2}}$ dans l'équation générale jusqu'au terme Iu^3 inclusivement.

Mais comme tous les termes qui contiennent r s'évanouissent vis-à-vis de $r\sqrt{A^2 + B^2}$, la substitution étant faite, & ces termes négligés, on a une équation de cette forme

$$r\sqrt{A^2 + B^2} = as^2 + bs^3 + cs^4 + ds^5 +, \text{\&c.}$$

qui donne pour rayon d'osculation $\frac{\sqrt{A^2 + B^2}}{2a}$; si $a = 0$, ce qui rend ce rayon infini, pour approfondir la nature de la courbe, il faut prendre le terme suivant bs^3. Dans ce cas, la courbe proposée aura pour osculatrice, au point M, la courbe exprimée par l'équation $r\sqrt{A^2 + B^2} = bs^3$, qui fera connoître la figure de la courbe proposée autour du point M. Ainsi,
Fig. 87. puisque l'abscisse r, prise négativement, a une ordonnée s négative, la courbe aura autour du point M la figure mM o, c'est-à-dire, que M sera un point d'inflexion.

297. Si, de plus, $b = 0$, la nature de la courbe, autour du point M, est exprimée par l'équation $r\sqrt{A^2 + B^2} = cs^4$:
Fig. 88. l'abscisse r ne peut donc être négativement, & chaque abscisse a deux ordonnées, l'une positive, & l'autre négative; par conséquent les arcs infiniment petits Mm & Mo seront du même côté, par rapport à la tangente.

Si les trois premiers coëfficiens a, b, c s'évanouissent, la courbe aura encore un point d'inflexion. En général, si l'exposant de s est un nombre impair, la courbe souffrira une inflexion au point M, & si cet exposant est pair, il n'y aura point d'inflexion. Voilà donc les phénomenes des courbes lorsque M est un point simple, c'est-à-dire, lorsque les deux coëfficiens A & B de l'équation générale ne s'évanouissent pas en même-temps.

Fig. 82. 298. Mais si A = o, & B = o, & que la courbe ait deux ou plusieurs branches qui se coupent au point M, on cherchera, comme ci-devant, la courbure de chaque branche séparément au point M. Soit $mt + nu = 0$, l'équation pour la tangente d'une branche quelconque, & qu'on cherche, pour cette branche, l'équation entre les co-ordonnées r & s, qu'on prenne
Fig. 81. r sur MN, de sorte que r soit infiniment moindre que s. Il faudra donc faire $t = \frac{-mr + ns}{\sqrt{m^2 + n^2}}$, & $u = \frac{-ms - nr}{\sqrt{m^2 + n^2}}$, ayant substitué ces valeurs & négligé les termes qui s'évanouis-

ſent, ſi M eſt un point double, on aura une équation de cette eſpece $rs = as^3 + bs^4 + cs^5 + ds^6 +$, &c. & ſi M eſt un point triple $rs^2 = as^4 + bs^5 + cs^6 +$, &c. & ainſi de ſuite : leſquelles équations ſe réduiſent toutes ſous cette forme $r = as^2 + bs^3 + cs^4 + ds^5 +$, &c. cette équation donne pour rayon d'oſculation de la branche que nous conſidérons $\frac{1}{2a}$, qui eſt infini ſi $a = 0$. Ainſi, dans ce cas, la nature de la courbe ſera exprimée par l'équation $r = bs^3$, ou $r = cs^4$, ou $r = ds^5$, ou, &c : & on conclura, comme ci-devant, que M eſt un point d'inflexion, ſi l'expoſant de s eſt un nombre impair, & qu'il ne l'eſt point ſi cet expoſant eſt pair. Il faudra juger, de la même maniere, de chaque branche qui paſſe par le point M, après avoir trouvé ſa tangente différente de celle des autres branches qui paſſent par le même point.

299. Il faudra juger différemment, ſi les tangentes au point M, de deux ou pluſieurs branches, ſe confondent ; car, ſi deux branches, qui ſe coupent au point M, ont une tangente commune, on aura $Ct^2 + Dtu + Eu^2 = \overline{mt + nu}^2$, & tranſportant l'équation aux co-ordonnées $Mr = r$, & $rm = s$, Fig. 81. en faiſant $t = \frac{-mr + ns}{\sqrt{m^2 + n^2}}$, & $u = \frac{-ms - nr}{\sqrt{m^2 + n^2}}$; on parviendra à une équation de la forme $r^2 = ars^2 + bs^3 + crs^3 + ds^4 + ers^4 +$, &c : car les termes, où r a deux ou pluſieurs dimenſions, s'évanouiſſent vis-à-vis du premier rr.

Si le terme bs^3 ne manque pas, tous les autres s'évanouiſſent, parce que r eſt infiniment moindre que s ; on aura donc $r = s\sqrt{bs} = s^2\sqrt{\frac{b}{s}}$, & par conſéquent le rayon d'oſculation en M eſt $\frac{1}{2}\sqrt{\frac{s}{b}}$, ou zéro, parce que s s'évanouit en M. La courbure en M ſera donc infiniment grande, ou l'élément de la courbe propoſée en M ſera une portion de cercle infiniment petite. Et puiſque l'ordonnée s a la même valeur, pour l'abſciſſe poſitive ou négative, il eſt clair que la courbe a un rebrouſſement en M, & s'y partage en deux Fig. 89. branches Mm, Mo, qui ſe touchent en M, & qui tournent leur convexité vers leur tangente commune Mt.

Si $b = 0$, le terme ds^4 faiſant évanouir crs^3, la nature de la courbe, autour du point M, ſera exprimée par l'équation

$r^2 = ars^2 + ds^4$. Si $a^2 < -4d$, les facteurs imaginaires feront voir qu'il y a un point conjugué en M; mais ſi $a^2 > -4d$, elle ſe reſoud en deux autres équations, telles que $r = fs^2$, & $r = gs^2$: c'eſt pourquoi il y aura deux branches de la courbe qui ſe toucheront en M, & le rayon d'oſculation de l'une en M ſera $\frac{1}{2f}$, celui de l'autre $\frac{1}{2g}$.
Si donc ces deux branches tournent leurs concavités du même
Fig. 90. côté, on aura la figure de deux arcs circulaires qui ſe touchent intérieurement : ſi elles les tournent en ſens contraires,
Fig. 91. on aura celle de deux arcs circulaires qui ſe touchent extérieurement.

Si d s'évanouit auſſi, ou l'équation reſtante peut ſe réſoudre en deux autres, ou elle ne le peut pas : dans le premier cas, il y a deux branches qui ſe touchent au point M, & la nature de chacune ſera exprimée par l'équation $r = as^m$; ce qui donnera autant de figures différentes qu'il y a de combinaiſons de deux branches, dont chacune a un point ſimple en M, nous les appellerons branches du premier ordre, & elles ſont toutes repréſentées par l'équation $r = as^m$. Si l'équation reſtante ne peut pas ſe réſoudre en deux autres, la nature de la courbe ſera exprimée par une des équations $rr = as^5$, $r^2 = as^7$, $r^2 = as^9$, &c. & les branches qu'elles repréſentent avec celle qu'a donnée l'équation $r^2 = bs^3$, ſeront appellées branches du ſecond ordre, parce que chacune tient lieu de deux branches du premier ordre qui ſe toucheroient en M. Toutes ces branches, du ſecond ordre, auront un point de re-
Fig. 89. brouſſement en M, comme nous l'avons trouvé pour l'équation $r^2 = bs^3$, avec cette différence que le rayon d'oſculation, qui étoit infiniment petit pour celle-ci, ſera infiniment grand pour les autres ; car l'équation $r^2 = as^5$ donne $r = s^2 \sqrt{as}$, par conſéquent le rayon d'oſculation en M eſt $\frac{1}{2\sqrt{a\,3}}$, c'eſt-à-dire, infini, parce que $s = 0$.

Si trois tangentes des branches, qui ſe coupent en M, ſe réuniſſent en une ſeule ; alors ou il y aura trois branches du premier ordre qui ſe toucheront au même point M, ou une branche du ſecond ordre y touchera une du premier, ou il y aura une ſeule branche du troiſiéme ordre qui paſſera par le point M. La nature des branches du troiſiéme ordre ſera exprimée par

par les équations $r^3 = a s^4$, $r^3 = a s^5$, $r^3 = a s^7$, $r^3 = a s^8$, &c. ou, en général, $r^3 = a s^n$, n étant un nombre entier quelconque plus grand que 3, & non divisible par 3. Si l'exposant n est un nombre impair, ces branches auront en M un point d'inflexion, & elles n'en auront point, si c'est un nombre pair. De plus, le rayon d'osculation en M sera infiniment petit, si n est moindre que 6, & infiniment grand, si n surpasse 6.

Si les tangentes de quatre branches, qui se coupent en M, se réunissent en une seule, alors il y a, ou quatre branches du premier ordre, ou deux du premier & une du second, ou deux du second, ou une du premier & une du troisiéme, qui se touchent au point M, ou une seule branche du quatriéme ordre passe par ce point. La nature des branches du quatriéme ordre est représentée par l'équation générale $r^4 = a s^n$; n étant un nombre entier impair plus grand que 4. Toutes ces équations donnent un point de rebroussement, comme les branches du second ordre; & le rayon d'osculation en M est infiniment petit, si $n < 8$, infiniment grand, si $n > 8$.

On trouvera, de même, la nature des branches des ordres supérieurs. Quant à la figure, les branches d'un ordre impair quelconque ressembleront à celles du premier ordre, dont les unes ont un point d'inflexion, les autres n'en ont point. Toutes celles d'un ordre pair ressembleront à celles du second, c'est-à-dire, qu'elles auront toutes un point de rebroussement en M. D'ailleurs, puisque la nature de toutes ces branches est exprimée par l'équation générale $r^m = a s^n$, ou $n > m$: il est clair que, si $n < 2m$, le rayon d'osculation sera infiniment petit; &, au contraire, infiniment grand, si $n > 2m$.

300. Ainsi, les phénomenes que présente une courbe quelconque dans un espace fini, se peuvent réduire à trois : 1°. Sa courbure peut être continue sans point d'inflexion, ni de rebroussement; ce qui arrive toutes les fois que le rayon d'osculation est fini, ou lorsque ce rayon étant infiniment petit, ou infiniment grand, la nature de la courbe, autour du point M, se trouve exprimée par l'équation $a r^m = s^n$, m étant un nombre impair, & n un nombre pair plus grand que m. 2°. Elle peut avoir un point d'inflexion, dans lequel cas, son arc autour de ce point, est représenté par l'équation $a r^m = s^n$, l'un & l'autre exposant étant impair, $n > m$; & si n est plus grand que $2m$, le rayon d'osculation sera infiniment grand, &, si

$n < 2m$, il sera infiniment petit. 3°. Elle peut avoir un point de rebroussement qui sera indiqué par l'équation $ar^m = s^n$, m étant pair, & n impair. Ainsi le rayon d'osculation pour le point de rebroussement, est aussi ou infiniment grand, ou infiniment petit.

CHAPITRE VII.

Des lieux Géométriques & de leur construction.

301. SI on vouloit présentement procéder à la recherche analytique des propriétés des lignes des ordres supérieurs, comme nous l'avons fait à l'égard de celles du second ordre, on en découvriroit d'abord les propriétés communes, par le moyen de l'équation générale ; on en formeroit la division la plus générale par le moyen des branches infinies & des asymptotes. Par exemple, puisque le plus haut membre de l'équation générale des lignes du troisiéme ordre est d'un degré impair, il a un seul facteur simple réel, ou trois facteurs réels inégaux, ou deux facteurs égaux & un inégal ; ou trois facteurs égaux : ce qui fait quatre cas à examiner, dont chacun donneroit plusieurs especes de lignes du troisiéme ordre, qu'on pourroit examiner chacune en particulier. Pour descendre ensuite dans un plus grand détail, on formeroit des sou-divisions de chacune de ces especes, en considérant les variétés les plus remarquables qui s'y rencontrent dans un espace limité, c'est-à-dire, leurs points singuliers : & les lignes qui naîtroient de ces sou-divisions, fourniroient matiere à de nouvelles recherches. Mais il faudroit faire attention que lorsqu'une équation d'un degré quelconque peut se décomposer en deux ou plusieurs autres, sans affecter d'aucun signe radical les variables x ou y, alors elle ne représente plus aucune ligne de l'ordre dont elle emprunte le degré, mais un systême de lignes représentées par les facteurs rationels. Ainsi les lignes des ordres supérieurs renferment celles des ordres inférieurs, & tout ce qui se démontre généralement des lignes d'un ordre quelconque, convient à tout systême de lignes, dont le produit

des équations sera du même degré que l'équation de cet ordre. Par exemple, les propriétés générales des lignes du troisiéme ordre, sont vrayes pour un systême de trois lignes droites, ou d'une droite & d'une section conique; & réciproquement les lignes d'un ordre inférieur n'ont aucune propriété générale, sans qu'il y ait quelque propriété analogue qui y réponde dans les lignes de chaque ordre supérieur. Ceux qui seront curieux de s'instruire plus à fond sur cette matiere pourront consulter l'excellent Ouvrage de M. Cramer, intitulé : *Introduction à l'analyse des lignes courbes Algébriques*. Quant à moi, pour suivre le plan de cet Ouvrage; je vais, dans ce Chapitre, entrer dans quelque détail sur les lieux géométriques & sur leur construction; je ne l'étendrai point au-delà des sections coniques, parce que ce sont les lieux les plus usités, & que d'ailleurs, ce que je dirai au sujet de ces courbes, joint à ce que j'ai déja dit sur les courbes en général, suffira pour faire comprendre comment on peut traiter les courbes supérieures.

302. On appelle lieu géométrique, une ligne par le moyen de laquelle on construit un Problême indéterminé : c'est-à-dire, que si on représente le rapport des variables d'une équation, par des abscisses & des ordonnées correspondantes, la ligne droite, ou courbe, qui passe par les extrémités de toutes ces ordonnées, est le lieu de cette équation.

Les Anciens ont appellé lieux plans, ceux qui sont à la ligne droite, ou au cercle, & lieux solides, ceux qui sont à la parabole, à l'ellipse, ou à l'hyperbole. Les Modernes divisent les lieux géométriques en différens ordres, suivant la plus haute puissance des variables dans l'équation : de sorte que le lieu d'une équation du premier degré est la seule ligne droite; les lignes du second ordre sont les lieux des équations du second degré : & ainsi de suite, les équations d'un degré quelconque ont pour lieux géométriques les lignes du même ordre.

303. Les lieux du premier degré se peuvent réduire à quelqu'une de ces formules

$$y = \frac{ax}{b};\ y = \frac{ax}{b} + c;\ y = \frac{ax}{b} - c;\ y = c - \frac{ax}{b}.$$

Pour les construire, soit, 1°. l'angle donné CAB dans lequel soit $AI = b$, $IE = a$: ayant mené à la ligne IE les pa- Fig. 93.

ralleles quelconques PM, pm, &c. & nommant $AP = x$; $PM = y$, on aura $b : a :: x : y$; donc $y = \frac{ax}{b}$.

2°. Si on prolonge EI jusques en G, faisant $IG = c$, & qu'on fasse passer par G, DF parallele à AB, & par A, AD parallele à EI, faisant $AP = DQ = x$, & $QM = y$, on aura $PM = \frac{ax}{b}$, & $PQ = c$; donc $QM = \frac{ax}{b} + c = y$.

3°. Si $LG = b$, $GE = a$, & LQ, ou $Lq = x$: on aura QM, ou $qm = \frac{ax}{b}$. Qu'on fasse donc $IG = c$, & que par le point I on mene AB parallele à DF, on aura PQ ou $pq = c$, & par conséquent PM, ou $pm = \frac{ax}{b} - c$.

Fig. 94. 4°. Soit $AC = c$, $AD = b$; qu'on mene par le point D la ligne EF, parallele à la droite AC, & qu'on fasse $DE = a$. Qu'on mene la droite AL, & que par le point C on lui mene la parallele CB. Après avoir mené une autre parallele MN à la droite EF, on aura $AP = x$, $PM = y$; donc $b : a :: x : \frac{ax}{b}$; mais $MN = AC = c$: donc $PM = c - \frac{ax}{b}$.

Pour construire les lieux géométriques curvilignes, je prendrai d'abord l'équation la plus générale de la courbe, & la construction de cette équation servira de formule pour tous les lieux à la même courbe.

Fig. 95. 304. Pour trouver l'équation la plus générale de la parabole, l'ordonnée étant rapportée à sa concavité, soient KP & DL paralleles entre elles, aussi-bien que KD & QM, & soit l'angle quelconque LDH. Faisant $DH = q$, $LH = r$, $DL = s$, $DK = PN = n$, $KA = p$, qu'on décrive avec le parametre t la parabole AM, dont l'axe ou le diametre soit AP. Soit enfin, $DQ = x$, $QM = y$: on aura

$$DH : DL :: DQ : DN = KP$$

$$q : s :: x : \frac{sx}{q}$$

$$DH : HL :: DQ : QN$$

$$q : r :: x : \frac{rx}{q}$$

Donc $AP = PK - KA = \frac{sx}{q} - p$, & $PM = QM$

$-$ KD $-$ QN $= y - \frac{rx}{q} - n$; ainsi, puisque $\overline{PM}^2 = t \times AP$, on aura

$$y^2 - \frac{2rxy}{q} + \frac{r^2x^2}{q^2} - 2ny + \frac{2rnx}{q} + n^2 = \frac{tsx}{q} - tp;$$

c'est-à-dire,

$$y^2 - \frac{2rxy}{q} + \frac{r^2x^2}{q^2} - 2ny + \frac{2nrx}{q} + n^2 = 0$$
$$- \frac{tsx}{q} + tp$$

305. Pour le cas où l'ordonnée est rapportée à la convexité, soit IM, parallele à DQ, & DI, parallele à QM, DH $= q$, LH $= r$, DL $= s$, KA $= p$, DK $=$ PN $= n$, IM $=$ DQ $= y$, QM $= x$. Ayant donc encore décrit la parabole AM avec le parametre t, on aura Fig. 96.

$$DH : DL :: DQ : DN$$
$$q : s :: y : \frac{sy}{q}$$
$$DH : HL :: DQ : QN$$
$$q : r :: y : \frac{ry}{q}.$$

Donc AP $=$ DN $-$ AK $= \frac{sy}{q} - p$, & PM $=$ QM $-$ QN $-$ PN $= x - \frac{ry}{q} - n$. Ainsi, puisque $\overline{PM}^2 = t \times AP$, on aura

$$x^2 - \frac{2rxy}{q} + \frac{r^2y^2}{q^2} - 2nx + \frac{2nry}{q} + n^2 = \frac{tsy}{q} - tp;$$

c'est-à-dire,

$$x^2 - \frac{2rxy}{q} + \frac{r^2y^2}{q^2} - 2nx + \frac{2nry}{q} + n^2 = 0$$
$$- \frac{tsy}{q} + tp.$$

Fig. 95. 306. Soit, par exemple, (N°. 304.) $y^2 - ax = 0$, on aura $-\frac{2r}{q} = 0$, par conséquent $\frac{r^2}{q^2} = 0$, & $s = q$, $n = 0$, & $\frac{ts}{q} = a$, c'est-à-dire, $a = t$. Le point D tombe donc sur le point A, & le point Q sur le point P, il suffira donc de décrire la parabole AM avec le parametre a, & on aura $AP = x$, $PM = y$.

307. Soit $y^2 + ay - bx + \frac{1}{4}a^2 = 0$, on trouvera $\frac{2r}{q} = 0$, par conséquent le point H tombe sur le point L, & $s = q$. Mais $a = -2n$: donc $-\frac{1}{2}a = n$. De même, $-t = -b$, & par conséquent $t = b$. Enfin, $n^2 + tp = \frac{1}{4}a^2$, c'est-à-dire, $\frac{1}{4}a^2 + bp = \frac{1}{4}a^2$, par conséquent $p = 0$. Le point K tombe
Fig. 97. donc sur le point A. C'est pourquoi on décrira la parabole AM avec le parametre b, & sur le point A on élévera la perpendiculaire $AB = \frac{1}{2}a$. Car, parce que $n = -\frac{1}{2}a$, ayant mené BS, parallele à l'axe AP, on aura $MS = y$, & $BS = x$.

308. Soit $y^2 - ay - bx - c^2 = 0$, on trouvera $\frac{2r}{q} = 0$, par conséquent $q = s$. $-2n = -a$, $n = \frac{1}{2}a$. $-t = -b$, $t = b$. $n^2 + tp = -c^2$, $tp = -c^2 - \frac{1}{4}a^2$, $p = \frac{-c^2 - \frac{1}{4}a^2}{b}$.

Fig. 97. C'est pourquoi on décrira la parabole AHM avec le parametre b, & parce que KA ou p est une quantité négative, il faut la retrancher de AP, de sorte que l'origine de l'indéterminée x soit en R ou N. Enfin, parce que $n = \frac{1}{2}a$, qu'on fasse $AD = \frac{1}{2}a$, & qu'on mene DQ, parallele à l'axe AP, on aura $NQ = RP = x$, & $QM = y$.

Soit $x^2 - ay + b^2 = 0$: on aura, par la seconde formule, $\frac{r}{q} = 0$, par conséquent $q = s$. De plus, $n = 0$, & $-t = -a$, $t = a$. $tp = b^2$, $ap = b^2$, $p = \frac{b^2}{a}$. On construira donc la parabole AHM avec le parametre a, & faisant $AK = \frac{b^2}{a}$, on aura $KP = x$, $PM = y$.

309. Soit $y^2 - \frac{axy}{b} + \frac{a^2x^2}{4b^2} - cx = 0$, on trouvera $-\frac{2r}{q} = -\frac{a}{b}$, $\frac{r}{q} = \frac{a}{2b}$. $2n = 0$. $-\frac{ts}{q} = -c$, $t = \frac{qc}{s} = \frac{2bc}{s}$. $n^2 + tp = 0$.

$p = 0$. On construira donc la parabole A H M avec le parametre $\frac{2bc}{s}$, & ayant fait A O $= 2b$ & $a =$ R O, perpendiculaire sur A P, on menera la droite A T par le point O, & on aura $y =$ T M, parallele à O R, & A T $= x$. Fig. 97.

310. Présentement, pour trouver l'équation la plus générale à l'ellipse, soit l'ellipse A M B décrite sur le diametre A B, & soient K D, L H, paralleles à la demi-ordonnée P M, & D L, parallele au diametre A B. Faisant K D $=$ P N $= n$, K C $= p$, D H $= q$, L H $= r$, D L $= s$, le demi-diametre A C, ou C B $= m$, le parametre $= t$, D Q $= x$, Q M $= y$: on aura K P $=$ D N, &

$$DH : HL :: DQ : QN$$

$$q : r :: x : \frac{rx}{q}$$

$$DH : DL :: DQ : DN$$

$$q : s :: x : \frac{sx}{q}$$

C'est pourquoi $CP = DN - KC = \frac{sx}{q} - p$, & $PM = QM - QN - PN = y - \frac{rx}{q} - n$; mais par la nature de l'ellipse, $t : 2m :: \overline{PM}^2 : AP \times PB$; or, $\overline{PM}^2 = y^2 - \frac{2rxy}{q} + \frac{r^2x^2}{q^2} - 2ny + \frac{2nrx}{q} + n^2$, $AP = m + \frac{sx}{q} - p$, & $PB = m - \frac{sx}{q} + p$; par conséquent $AP \times PB = m^2 - p^2 + \frac{2psx}{q} - \frac{s^2x^2}{q^2}$: donc $y^2 - \frac{2rxy}{q} + \frac{r^2x^2}{q^2} - 2ny + \frac{2rnx}{q} + n^2 = \frac{tm^2 - tp^2}{2m} + \frac{2tpsx}{2mq} - \frac{ts^2x^2}{2mq^2}$; donc enfin

$$y^2 - \frac{2rxy}{q} + \frac{r^2x^2}{q^2} - 2ny + \frac{2nrx}{q} + n^2 = 0.$$
$$+ \frac{ts^2x^2}{2mq^2} - \frac{2tpsx}{2mq} - \frac{tm^2}{2m}$$
$$+ \frac{tp^2}{2m}.$$

311. Soit $y^2 + \frac{cx^2}{b} - \frac{a^2c}{b} = 0$. Parce que dans cette équation nous n'avons pas le rectangle xy, ni les premieres puissances de y & x, on aura $\frac{r}{q} = 0$, $q = s$, $n = 0$, $p = 0$; donc $\frac{t}{2m} = \frac{c}{b}$, c'est-à-dire, que $c : b$ comme le parametre est au diametre. De plus, $-\frac{tm^2}{2m} = -\frac{a^2c}{b}$, & substituant sa valeur au premier terme de cette équation, $\frac{m^2c}{b} = \frac{a^2c}{b}$; donc $m^2 = a^2$, & le demi-diametre $m = a$. Ainsi, puisque $\frac{t}{2m} = \frac{c}{b}$, on aura $t = \frac{2ac}{b}$. C'est pourquoi construisant l'ellipse AMB avec le parametre $\frac{2ac}{b}$ & l'axe $2a$, on trouvera $CP = x$, & $PM = y$.

312. Soit $y^2 + \frac{cx^2}{b} - \frac{cdx}{b} - \frac{a^2c}{b} = 0$. Puisque dans cette équation nous n'avons ni xy, ni y au premier degré, nous trouverons $\frac{r}{q} = 0$, $n = 0$, & $s = q$; donc $\frac{t}{2m} = \frac{c}{b}$, ainsi le parametre est au diametre AB, comme $b : c$. Mais $\frac{2pt}{2m} = \frac{cd}{b}$, c'est-à-dire, $2p = d$, ou $p = \frac{1}{2}d$, parce que $\frac{t}{2m} = \frac{c}{b}$. Enfin $-\frac{tm^2}{2m} + \frac{tp^2}{2m} = -\frac{a^2c}{b}$; c'est-à-dire, $m^2 - p^2 = a^2$, ou $m^2 = a^2 + \frac{1}{4}d^2$. C'est pourquoi le demi-diametre est $\sqrt{a^2 + \frac{1}{4}d^2}$. On décrira donc l'ellipse avec ce demi-diametre & le parametre $\frac{2c\sqrt{a^2 + \frac{1}{4}d^2}}{b}$, & on fera KC $= \frac{1}{4}d$, ce qui donnera KP $= x$, & PM $= y$.

313. Soit $y^2 - \frac{dxy}{f} + \frac{bx^2}{c} - a^2 = 0$; on trouvera $\frac{2r}{q} = \frac{d}{f}$; par conséquent $\frac{r}{q} = \frac{d}{2f}$; or, $\frac{r^2}{q^2} + \frac{ts^2}{2mq^2} = \frac{b}{c}$, par conséquent $\frac{t}{2m} = \frac{4bf^2 - cd^2}{cs^2}$. Enfin, $n = 0$, $p = 0$, & $-\frac{tm^2}{2m} = -a^2$; par

par conséquent $m^2 = \frac{a^2 c s^2}{4bf^2 - cd^2}$, donc $m = \frac{\sqrt{a^2 c s^2}}{\sqrt{4bf^2 - cd^2}}$. Par là on trouvera le parametre t, c'est pourquoi si, avec ce parametre & le diametre $2m$, on décrit l'ellipse, & qu'on fasse $CF = 2f$, & $DF = d$, du point C, ayant mené CQ par F jusqu'à la rencontre de la demi-ordonnée PM prolongée, on aura $QM = y$, & $CQ = x$. Fig. 99.

314. Dans l'ellipse on a la proportion $b : a :: y^2 : ax - x^2$; c'est pourquoi si $b = a$, c'est-à-dire, si le parametre est égal au diametre, on aura $y^2 = ax - x^2$, ou $y^2 - ax + x^2 = 0$, qui est l'équation au cercle. Ainsi l'équation à l'ellipse devient au cercle, en faisant $t = 2m$, & l'angle en P droit : dans lequel cas on a

$$y^2 - 2rxy + \frac{r^2x^2}{q^2} - 2ny + \frac{2nrx}{q} + n^2 = 0$$
$$+ \frac{s^2x^2}{q^2} \qquad - \frac{2psx}{q} - \frac{m^2}{p^2}.$$

D'ailleurs, comme on peut voir, en comparant l'équation proposée avec la formule générale, si $t = 2m$; la même formule peut suffire pour construire les lieux à l'ellipse & ceux au cercle.

315. Supposons, par exemple, l'équation $y^2 + x^2 - by - cx = 0$. Puisque xy manque, on aura $\frac{r}{q} = 0$, $s = q$. C'est pourquoi $\frac{t}{2m} = 1$, c'est-à-dire, $t = 2m$. Par conséquent le lieu est au cercle. Or, en comparant les termes homologues, on trouve $-2n = -b$, $n = \frac{1}{2}b$; $-\frac{2tp}{2m} = -c$, & parce que $t = 2m$, $2p = c$, $p = \frac{1}{2}c$. Enfin $n^2 - m^2 + p^2 = 0$, $n^2 + p^2 = m^2$, c'est-à-dire, $\frac{1}{4}b^2 + \frac{1}{4}c^2 = m^2$; donc $m = \sqrt{\frac{1}{4}b^2 + \frac{1}{4}c^2}$.

C'est pourquoi ayant mené la ligne AB, & ayant pris sur cette ligne $CN = GD = \frac{1}{2}b$, si on fait $GN = CD = \frac{1}{2}c$, & que du centre C avec le rayon CG on décrive un cercle, on aura $GR = NP = x$, & $RM = y$. Car, puisque $\overline{CG}^2 = \overline{CD}^2 + \overline{GD}^2$, on aura $\overline{CG}^2 = \sqrt{\frac{1}{4}b^2 + \frac{1}{4}c^2}$; & parce que $PR = GN = \frac{1}{2}c$, on aura aussi $PM = y - \frac{1}{2}c$, par conséquent $\overline{PM}^2 = y^2 - cy + \frac{1}{4}c^2$. De plus, CP Fig. 100.

$= PN - NC = x - \frac{1}{2}b$, donc $\overline{CP}^2 = x^2 - bx + \frac{1}{4}b^2$; c'est pourquoi, puisque $\overline{CP}^2 + \overline{PM}^2 = \overline{CM}^2$, on aura enfin $y^2 - cy + \frac{1}{4}c^2 + x^2 - bx + \frac{1}{4}b^2 = \frac{1}{4}b^2 + \frac{1}{4}c^2$, & par conséquent $y^2 + x^2 - cy - bx = 0$, qui est l'équation proposée.

316. Pour chercher une formule générale pour la construction des lieux à l'hyperbole par rapport à ses diametres, soit
Fig. 101. l'hyperbole AM, dont le centre est C, décrite sur l'axe $AB = 2m$, ayant mené KD, & LH, paralleles à QM, DL parallele à BP, qu'on fasse $KD = PN = n$, $KC = p$, $DH = q$, $LH = r$, $DL = s$, $DQ = x$, $QM = y$, ce qui donnera $KP = DN$, &

$$DH : HL :: DQ : QN$$

$$q : r :: x : \frac{rx}{q}$$

$$DH : DL :: DQ : DN$$

$$q : s :: x : \frac{sx}{q}$$

C'est pourquoi $CP = DN - KC = \frac{sx}{q} - p$, & $PM = QM - QN - PN = y - \frac{rx}{q} - n$.

Mais $t : 2m :: \overline{PM}^2 : AP \times PB$; & $\overline{PM}^2 = y^2 - \frac{2rxy}{q} + \frac{r^2x^2}{q^2} - 2ny + \frac{2nrx}{q} + n^2$, & $AP \times PB = \overline{CP - CA} \times \overline{CP + CA} = \overline{CP}^2 - \overline{CA}^2 = \frac{s^2x^2}{q^2} - \frac{2psx}{q} + p^2 - m^2$; donc $\frac{ts^2x^2}{2mq^2} - \frac{2tpsx}{2mq} + \frac{tp^2}{2m} - \frac{tm^2}{2m} = y^2 - \frac{2rxy}{q} + \frac{r^2x^2}{q^2} - 2ny + \frac{2nrx}{q} + n^2$.

Ce qui donne pour équation générale

$$y^2 - \frac{2rxy}{q} + \frac{r^2x^2}{q^2} - 2ny + \frac{2nrx}{q} + n^2 = 0,$$
$$\qquad\qquad - \frac{ts^2x^2}{2mq^2} \qquad\qquad + \frac{2tps}{2mq} + \frac{tm^2}{2m}$$
$$\qquad\qquad\qquad\qquad\qquad\qquad - \frac{tp^2}{2m}.$$

Lorsque $t = 2m$ l'hyperbole est équilatere.

On trouveroit la même formule pour l'hyperbole rapportée à ses diametres conjugués, excepté qu'alors le terme $\frac{tm^2}{2m}$ auroit le signe moins.

317. Soit $y^2 - \frac{cx^2}{b} + \frac{a^2c}{b} = 0$. On trouvera $\frac{r}{q} = 0$, $n = 0$, $p = 0$, $s = q$; par conséquent $-\frac{t}{2m} = -\frac{c}{b}$; donc le parametre est au diametre, comme $c : b$: or, $\frac{tm^2}{2m} = \frac{a^2c}{b}$, donc $m^2 = a^2$, parce que $t : 2m :: c : b$. Ainsi le diametre de l'hyperbole est $2a$: on pourra donc trouver ce diametre par le rapport donné du diametre au parametre, moyennant quoi on pourra construire l'hyperbole AML, qui donnera $CP = x$, $PM = y$; Fig. 102. car $AC = CB = a$, par conséquent $BP = a + x$, & $AP = x - a$, donc $AP \times PB = x^2 - a^2$; donc c : $b :: y^2 : x^2 - a^2$, donc enfin $y^2 - \frac{cx^2}{b} + \frac{a^2c}{b} = 0$.

318. Soit $y^2 - \frac{cx^2}{b} + \frac{acx}{b} = 0$, cette équation donne $\frac{r}{q} = 0$, $n = 0$, & parce que $r = 0$, DH tombe Fig. 101. sur DL, & $s = q$. C'est pourquoi $-t : 2m :: -c : b$, ce qui donne le même rapport du diametre au parametre, que dans le cas précédent. Mais $2tp : 2m :: ac : b$; donc $2p = a$, ou $p = \frac{1}{2}a$: enfin $n^2 + \frac{tm^2}{2m} - \frac{tp^2}{2m} = 0$, ou $m^2 = p^2 = \frac{1}{4}a^2$, par conséquent $m = \frac{1}{2}a$; c'est pourquoi le rapport du diametre au parametre faisant connoître le parametre, qui est $\frac{ac}{b}$, on construira l'hyperbole AML, & Fig. 102. on aura $BP = x$, $PM = y$.

319. Soit $y^2 - x^2 + by - ax = 0$. On trouvera $\frac{r}{q} = 0$, $s = q$, donc $-\frac{t}{2m} = 1$, c'est-à-dire, $t = 2m$, & l'hyperbole est équilatere. De plus, $-2n = b$; $n = \frac{1}{2}b$; $\frac{2tp}{2m} = -a$, & parce que $t = 2m$, $2p = -a$; $p = -\frac{1}{2}a$; $n^2 + \frac{tm^2}{2m} = \frac{tp^2}{2m}$, $n^2 + m^2 = p^2$; $m^2 = p^2 - n^2$, c'est-à-dire, $m^2 = \frac{1}{4}a^2 - \frac{1}{4}b^2$.

Fig. 101. On construira donc l'hyperbole équilatere AML avec le diametre $2\sqrt{\frac{1}{4}a^2 - \frac{1}{4}b^2}$, faisant $CR = \frac{1}{2}a$, $KR = GP = \frac{1}{2}b$; & on aura $KG = RP = x$, $GM = y$; car $PB = CB + CR + RP = \sqrt{\frac{1}{4}a^2 - \frac{1}{4}b^2} + \frac{1}{2}a + x$; & $AP = AR + RP = CR - CA + RP = \frac{1}{2}a - \sqrt{\frac{1}{4}a^2 - \frac{1}{4}b^2} + x$, & par conséquent $AP \times BP = ax + x^2 + \frac{1}{4}b^2$; mais $PM = GM + GP = y + \frac{1}{2}b$: donc $\overline{PM}^2 = y^2 + by + \frac{1}{4}b^2$, & puisque $\overline{PM}^2 = AP \times PB$, on aura $y^2 + by + \frac{1}{4}b^2 = ax + x^2 + \frac{1}{4}b^2$, donc $y^2 - x^2 + by - ax = 0$.

320. Soit $y^2 - x^2 - by + ax = 0$. On trouvera $\frac{r}{q} = 0$, $r = 0$, $q = s$, $t = 2m$; de plus, $-2n = -b$, $n = \frac{1}{2}b$; $2p = a$, $p = \frac{1}{2}a$; $n^2 + m^2 - p^2 = 0$, $m^2 = p^2 - n^2 = \frac{1}{4}a^2 - \frac{1}{4}b^2$: donc $m = \sqrt{\frac{1}{4}a^2 - \frac{1}{4}b^2}$.

Fig. 102. On construira donc l'hyperbole équilatere AML sur le diametre $2\sqrt{\frac{1}{4}a^2 - \frac{1}{4}b^2}$, & du centre C prenant $CF = \frac{1}{2}a$, $FH = \frac{1}{2}b$ perpendiculaire sur FP, & ayant mené HN, parallele à FP & NM parallele à FH, on aura $HN = x$, $NM = y$; car $BP = FP - BF = x - \frac{1}{2}a + \sqrt{\frac{1}{4}a^2 - \frac{1}{4}b^2}$, $AP = FP - FA = x - \frac{1}{2}a - \sqrt{\frac{1}{4}a^2 - \frac{1}{4}b^2}$, par conséquent $AP \times PB = x^2 - ax + \frac{1}{4}b^2$; or, $PM = MN - PN = y - \frac{1}{2}b$, par conséquent $\overline{PM}^2 = y^2 - by + \frac{1}{4}b^2$; ainsi puisque $\overline{PM}^2 = AP \times PB$, on aura $y^2 - by + \frac{1}{4}b^2 = x^2 - ax + \frac{1}{4}b^2$, donc $y^2 - x^2 - by + ax = 0$.

Fig. 103. 321. Soient enfin SA, AR, les asymptotes de l'hyperbole MI: qu'on mene DL parallele à l'une des deux, & DH qui fasse, avec DL, un angle quelconque, & soient KD, QM, IR, LH paralleles à l'autre asymptote; qu'on fasse enfin $KD = PN = n$, $KA = p$, $DH = q$, $LH = r$, $DL = s$, $DQ = x$, $QM = y$, $RI = m$, $AR = DL = s$: on aura

$$DH : HL :: DQ : QN$$

$$q : r :: x : \frac{rx}{q}$$

$$DH : DL :: DQ : DN$$

$$q : s :: x : \frac{sx}{q}$$

Donc $AP = DN - AK = \frac{sx}{q} - p$, & $PM = QM - PN - NQ = y - n - \frac{rx}{q}$. Ainsi, puisque $AR \times RI = AP \times PM$, on aura

$$ms = \frac{syx}{q} - \frac{srx^2}{q^2} - py - \frac{snx}{q} - \frac{prx}{q} + pn;$$

$$msq = syx - \frac{srx^2}{q} - pqy - snx + prx + pnq:$$

$$mq = xy - \frac{rx^2}{q} - \frac{pqy}{s} - nx + \frac{prx}{s} + \frac{pnq}{s};$$

donc enfin

$$xy - \frac{rx^2}{q} - \frac{pqy}{s} + \frac{prx}{s} + \frac{pnq}{s} = 0$$
$$- nx - mq.$$

322. Soit $xy + \frac{fdy}{c} - \frac{abd}{c} = 0$: on aura Fig. 103.
$\frac{r}{q} = 0$, $r = 0$, & $q = s$, & parce que le point L tombe sur le point H, $-\frac{pq}{s} = \frac{fd}{c}$, c'est-à-dire, $p = -\frac{fd}{c}$. Mais $\frac{pr}{s} - n = 0$, parce que x manque dans cette équation. Enfin $\frac{pnq}{s} - mq = -\frac{abd}{c}$: mais $\frac{pnq}{s} = 0$, donc $mq = ms = \frac{abd}{c}$; donc si $s = \frac{ab}{c}$, on aura $m = d$. Qu'on fasse donc $AR = \frac{ab}{c}$, & $IR = d$, & ayant construit l'hyperbole entre ses asymptotes, qu'on fasse encore $OA = \frac{fd}{c}$, on aura $OP = x$; $PM = y$; car $AP = x + \frac{fd}{c}$; par conséquent $AP \times PM = xy + \frac{fdy}{c}$; donc puisque $AR \times RI = \frac{abd}{c}$, on trouvera enfin $xy + \frac{fdy}{c} = \frac{abd}{c}$; & par conséquent $xy + \frac{fdy}{c} - \frac{abd}{c} = 0$.

323. Soit $xy - \frac{bx^2}{a} - cy = 0$, on trouvera

$-\frac{r}{q} = -\frac{b}{a}$, c'eſt-à-dire, $r = b$, $q = a$; or, $-\frac{pq}{s} = -c$: donc $p = \frac{cs}{a}$; de plus, $\frac{pr}{s} - n = 0$, ou $\frac{pr}{s} = n$, c'eſt-à-dire, $\frac{bc}{a} = n$; enfin $\frac{pnq}{s} - mq = 0$, ou $\frac{pnq}{s} = mq$, ou $\frac{pn}{s} = m$, c'eſt-à-dire, $\frac{bc^2}{a^2} = m$. Connoiſſant les valeurs des droites AK, KD, DH, HL, AR, RI, la conſtruction du lieu eſt facile : car AK $= \frac{cs}{a}$, KD $= \frac{bc}{a}$, DH $= a$, HL $= b$, DL $=$ AR $= s$; RI $= \frac{bc^2}{a^2}$, DQ $= x$, QM $= y$: c'eſt pourquoi AR $\times$ RI $= \frac{bc^2s}{a^2}$: mais

$$DH : DL :: DQ : DN$$
$$a : s :: x : \frac{sx}{a};$$

& puiſque KA $= \frac{cs}{a}$, on aura AP $= \frac{sx - cs}{a}$; mais on a encore

$$DH : LH :: DQ : QN$$
$$a : b :: x : \frac{bx}{a}.$$

C'eſt pourquoi, puiſque KD $=$ PN $= \frac{bc}{a}$; & QM $= y$, on aura PM $= y - \frac{bx}{a} - \frac{bc}{a}$: de plus, AP $\times$ PM $= \frac{sxy}{a} - \frac{scy}{a} - \frac{bsx^2}{a^2} + \frac{bsc^2}{a^2}$. Ainſi, puiſque AR $\times$ RI $=$ AP $\times$ PM, on aura

$$\frac{sxy}{a} - \frac{scy}{a} - \frac{bsx^2}{a^2} + \frac{bsc^2}{a^2} = \frac{bsc^2}{a^2};$$

donc $xy - cy - \frac{bx^2}{a} = 0$.

324. Afin qu'on puiſſe juger plus facilement avec laquelle des formules précédentes on doit comparer l'équation à conſ-

ftruire : voici les marques qui pourront le faire connoître. Je diftingue deux cas, 1°. celui où le rectangle xy fe trouve dans l'équation propofée : 2°. celui où il y manque.

1°. Si le rectangle xy fe trouve dans l'équation, & qu'il ne s'y trouve aucun des quarrés indéterminés, ou du moins qu'il ne s'en trouve qu'un, le lieu eft l'hyperbole entre fes afymptotes; fi les quarrés indéterminés ont différens fignes, c'eft l'hyperbole rapportée à un diametre; fi ces quarrés ont le même figne, & que la moitié du coëfficient de xy foit égale à la racine du coëfficient de x^2, le lieu eft une parabole; s'il eft moindre, c'eft une hyperbole; s'il eft plus grand, c'eft une ellipfe.

325. Si le rectangle xy manque, & qu'il n'y ait qu'un des quarrés indéterminés, le lieu eft une parabole; fi les deux quarrés ont le même figne, c'eft une ellipfe ou un cercle; s'ils en ont de différens, c'eft une hyperbole : &, dans ces derniers cas, l'hyperbole devient équilatere, & l'ellipfe devient cercle, fi le terme x^2 eft dégagé de fractions. On peut fe convaincre de la vérité de tout ceci, par l'examen des formules précédentes, ou des propriétés particulieres des fections coniques.

PROBLEME PREMIER.

326. Conftruire un rhomboïde, tel que le rectangle de fes deux côtés foit égal à un quarré donné.

Soit le quarré donné a^2, & les côtés du rhombe x & y : on aura, par la condition du Problême, $xy = a^2$. C'eft pourquoi, entre les afymptotes C G & C R, on conftruira une hyperbole dont la puiffance fera A I $= a$: elle donnera C Q pour un côté du rhombe, & Q M pour l'autre.

PROBLEME II.

327. Conftruire un quarré qui foit égal à un rectangle dont les côtés différent d'une ligne donnée.

Soit la ligne donnée b, un des côtés du rectangle x, l'autre fera $b + x$; donc, par la condition du Problême, $y^2 = bx + x^2$, qui eft un lieu à l'hyperbole équilatere, dont le parametre eft b.

Si on compare l'équation $y^2 - x^2 - bx = 0$ avec la for-

mule générale, on trouvera $\frac{2r}{q} = 0$, $r = 0$; $q = s$; $\frac{r^2}{q^2} = 0$, $2n = 0$, $\frac{2nr}{q} = 0$, $n^2 = 0$; mais $-\frac{ts^2}{2mq^2} = -1$, c'est-à-dire, parce que $q^2 = s^2$, $\frac{t}{2m} = 1$, ou $t = 2m$; ce qui fait voir que le lieu est à l'hyperbole équilatere. De plus, $\frac{2tps}{2mq} = -b$: donc $2p = -b$, & $p = -\frac{1}{2}b$, parce que $t = 2m$, & $s = q$. Enfin, $\frac{tm^2}{2m} - \frac{tp^2}{2m} = 0$, parce que le terme, entierement connu, ne se trouve pas dans l'équation donnée; donc $m^2 - p^2 = 0$, ou $m^2 = p^2 = \frac{1}{4}b^2$: donc $m = \frac{1}{2}b$. La construction se déduira facilement de la cons-
Fig. 101. truction générale. On fera le premier axe $AB = b$. Parce que $KC = -\frac{1}{2}b$, le point K se trouvera du côté opposé, & même sur le point A, parce que KC est égal au demi-axe. Ainsi l'origine de l'indéterminée x sera en A: car, à cause de $DK = PN = 0$, le point D se trouve en K, & par conséquent, dans le cas présent, en A. Pareillement, à cause de $HL = 0$, les points H & L se réunissent aussi-bien que les points Q & N, & parce que $PN = 0$, les points N & P, & par conséquent Q & P se réunissent aussi; c'est pourquoi l'origine de l'autre indéterminée y est en P. Car $BP = b + x$, donc $AP \times PB = bx + x^2$, ainsi puisque $\overline{PM}^2 = y^2$, on aura $y^2 = bx + x^2$.

PROBLEME III.

Fig. 104. 328. Sur une droite donnée A B construire un triangle, de sorte que les quarrés des côtés AC & CB soient en raison donnée.

Soit la raison donnée $b : c$, $AB = a$, $DB = x$, $DC = y$; & par conséquent $AD = a - x$. $\overline{AC}^2 = y^2 + a^2 - 2ax + x^2$, & $\overline{CB}^2 = x^2 + y^2$; ainsi, par la condition du Problême, $b : c :: y^2 + a^2 - 2ax + x^2 : x^2 + y^2$; $bx^2 + by^2 = cy^2 + a^2c - 2acx + cx^2$: donc $y^2 + x^2 + \frac{2acx}{b-c} - \frac{a^2c}{b-c} = 0$.

Le

Le rectangle xy manque dans cette équation, & les quarrés y^2 & x^2 ont le même signe, c'est pourquoi il faut la comparer avec l'équation générale des lieux à l'ellipse. On trouvera $\frac{2r}{q} = 0$, $r = 0$, $q = s$, $-2n = 0$, $\frac{2nr}{q} = 0$, $\frac{r^2}{q^2} + \frac{ts^2}{2mq^2} = 1$, $\frac{t}{2m} = 1$, c'est-à-dire, $t = 2m$; le diametre $2m$ étant égal au parametre, le lieu à construire est un cercle.

$$\frac{2nr}{q} - \frac{2tps}{2mq} = \frac{2ac}{b-c};$$ c'est-à-dire,

$$2p = -\frac{2ac}{b-c}, \text{ \& } p = -\frac{ac}{b-c}.$$ De plus,

$$n^2 - \frac{tm^2}{2m} + \frac{tp^2}{2m} = -\frac{a^2c}{b-c},\ p^2 - m^2 = -\frac{a^2c}{b-c},$$

$$p^2 + \frac{a^2c}{b-c} = m^2,\ \frac{a^2c^2}{\overline{b-c}^2} + \frac{a^2c}{b-c} = m^2,$$

c'est-à-dire, $$\frac{a^2c^2 + a^2bc - a^2c^2}{\overline{b-c}^2} = m^2,\ \frac{a^2bc}{\overline{b-c}^2} = m^2,$$

$$m = \frac{a\sqrt{bc}}{b-c}.$$

Si on fait donc $AL = \frac{ac}{b-c}$, & qu'avec le rayon $CL = \frac{a\sqrt{bc}}{b-c}$ on décrive le cercle ECF, on aura $AD = x$, $DC = y$.

PROBLEME IV.

329. Ayant décrit le demi-cercle HGI, sur le prolongement de son diametre HI soit prise une partie à volonté AB, qu'on divisera en deux également en C, duquel point on élévera la perpendiculaire CD égale au rayon GF. Ayant mené dans le cercle une ordonnée quelconque LN, qu'on fasse DC : AC :: HL : AP, & qu'on éléve en P la perpendiculaire PM = LN : il s'agit de déterminer le lieu de tous les points M trouvés de la même maniere. Fig. 105

Soit HF = GF = DC = d, AC = a, AP = x, PM = y : on aura, par la ſuppoſition,

$$AC : DC :: AP : HL$$

$$a : d :: x : \frac{dx}{a}$$

C'eſt pourquoi $LI = 2d - \frac{dx}{a} = \frac{2ad - dx}{a}$; donc $\overline{LN}^2 = \frac{2addx - d^2x^2}{a^2} = y^2$; par conſéquent $a^2 : 2ax - xx :: d^2 : y^2$. Le lieu cherché eſt donc une ellipſe dont les demi-axes conjugués ſont AC & CD.

PROBLEME V.

330. Diviſer une droite donnée DB de ſorte que le rectangle de ſes parties ſoit égal au rectangle d'une donnée CA par une indéterminée y.

Soit DB = a, AC = b, DP = x, donc PB = $a - x$; & par la condition du Problême, $ax - x^2 = by$, ou $x^2 - ax + by = 0$.

On voit que le lieu eſt à la parabole : ainſi, comparant cette équation avec la formule générale trouvée pour la parabole, on aura $-\frac{2r}{q} = 0$, $q = s$, $-2n = -a$, $n = \frac{1}{2}a$, $-\frac{ts}{q} = b$, $t = -b$, $n^2 - tp = 0$, $\frac{1}{4}a^2 - bp = 0$, $\frac{1}{4}a^2 = bp$, $\frac{1}{4}\frac{a^2}{b} = p$.

Le parametre eſt donc $-b$. Avec ce parametre on décrira la parabole AMB, on fera l'axe $AK = \frac{\frac{1}{4}a^2}{b}$, on aura $KB = \frac{1}{2}a = \frac{1}{2}DB$, & cette ligne DB eſt celle qu'il s'agit de couper. Ayant donc mené PM parallele AK, on aura PB = x, PM = y ; car $KP = RM = \frac{1}{2}a - x$, & $AR = \frac{\frac{1}{4}a^2}{b} - y$: donc $\frac{1}{4}a^2 - ax + x^2 = \frac{1}{4}a^2 - by$, & $x^2 - ax + by = 0$.

CHAPITRE VIII.

De l'interſection des lignes Algébriques, & de la conſtruction des équations de tous les degrés.

331. TOUTES les conſtructions d'équations dépendent de certaines interſections de lignes droites ou courbes ; c'eſt pourquoi je traiterai d'abord des interſections des lignes Algébriques, après quoi je pourrai développer d'une maniere plus générale & plus ſcientifique, les vrais fondemens des conſtructions des équations Algébriques de tous les degrés. Je pourrois me diſpenſer de parler ici de la conſtruction des équations du premier & du ſecond degré, dont j'ai traité dans la premiere Partie de cet Ouvrage, mais je ne crois pas qu'on ſoit fâché de les voir reparoître préſentées d'une autre maniere, d'autant plus que, par ce moyen on réunira ſous un même point de vûe tout ce qui regarde cette matiere.

332. Au point où l'axe rencontre la courbe, l'ordonnée s'évanouit, c'eſt-à-dire, $y = o$; ainſi l'équation qui réſulte de cette ſuppoſition ne contient plus d'autre variable que x, dont elle donne les valeurs, & par conſéquent les points de l'axe où il eſt rencontré par la courbe; mais toute ligne droite peut être regardée comme axe d'une courbe, & par conſéquent on pourra, par ce moyen, trouver le nombre d'interſections d'une droite avec une courbe quelconque. Le nombre des interſections ſera donc exprimé par l'expoſant de la plus haute puiſſance de x, ſi toutes ſes valeurs ſont réelles; & ſi x a des valeurs imaginaires, il y aura autant d'interſections de moins.

333. Si, dans l'équation générale du premier degré, on fait $y = o$, on aura $a + bx = o$, qui ne peut avoir qu'une racine, c'eſt-à-dire, qu'une droite ne peut être coupée par une autre en plus d'un point ; ſi, de plus, on fait $b = o$, l'équation impoſſible $a = o$, fait voir que, dans ce cas, elles ne ſe coupent nulle part, c'eſt-à-dire, qu'elles ſont paralleles : en

effet, dans ce cas, on a $x = \frac{-a}{b} = \frac{-a}{0}$, c'est-à-dire, que x est infini; parce qu'une fraction, dont le dénominateur est infiniment petit, devient infiniment grande, de sorte que la ligne représentée par x ne rencontre qu'à l'infini la droite à laquelle on la rapporte, & par conséquent peut être regardée comme parallele.

334. Supposant $y = 0$, dans l'équation générale du second degré, on aura $a + bx + dx^2 = 0$ qui a deux racines réelles, ou aucune, ou une seule, si $d = 0$; ainsi une ligne du second ordre peut être coupée par une droite en deux points, ou en un, ou nulle part.

335. Dans la même supposition, de $y = 0$, l'équation générale, pour les lignes du troisiéme ordre, devient..... $a + bx + dx^2 + gx^3$; or, cette équation ne peut avoir plus de trois racines, & par conséquent une ligne du troisiéme ordre ne peut être coupée par une droite en plus de trois points; mais il se peut qu'elle ait moins d'intersections: par exemple deux, si $g = 0$, & si, en même-temps les deux racines de l'équation restante sont réelles, ou une seule, si l'équation a deux racines imaginaires, ou si $g = 0$ & $d = 0$; ou aucune, si $g = 0$, & que les deux racines restantes soient imaginaires, ou si b, d, & g s'évanouissent a demeurant réel.

336. On voit donc, en général, que le nombre d'intersections d'une droite avec une ligne d'un ordre quelconque, ne peut surpasser l'exposant de cet ordre, mais il peut être moindre. Surquoi on peut remarquer en particulier, qu'une courbe ne peut jamais être coupée par chacune de ses ordonnées, ou par les paralleles de cette co-ordonnée, qu'en autant de points que l'expression de cette co-ordonnée a de dimensions dans l'équation : ainsi, dans l'équation à la parabole $y^2 = ax$, on voit que cette courbe ne peut être coupée qu'en un point par son axe, ou ses paralleles : quoiqu'elle puisse l'être en deux par son ordonnée y, ou ses paralleles.

337. Présentement, pour découvrir jusques où peut monter le nombre des intersections de deux courbes, il faut les rapporter à un même axe, qui donne une ordonnée & une abscisse particuliere pour chaque point d'intersection, alors ces courbes étant représentées par des équations qui expriment le rapport de leurs co-ordonnées x & y, si on prend la valeur d'une des

variables y dans l'une des équations, & qu'on la substitue dans l'autre, l'équation résultante donnera au moins autant de valeurs de x qu'il y a d'ordonnées qui donnent des intersections; puisque chaque point d'intersection a son ordonnée & son abscisse particuliere. Or le plus haut exposant de l'équation résultante ne peut surpasser le produit des exposans des ordres de ces lignes; car, soit une ligne de l'ordre m & l'autre de l'ordre n : si on prend la valeur de y dans l'équation de la premiere, elle sera exprimée par un radical dont l'exposant sera m : substituant donc cette valeur dans la seconde équation où la plus haute puissance de y est y^n, & faisant disparoître les radicaux, le terme du plus haut exposant sera nécessairement x^{mn}, puisque, dans ce cas, m & n ne peuvent être que des nombres entiers : donc le nombre des valeurs de x ne pourra surpasser mn; c'est-à-dire, le produit des exposans des ordres de ces lignes; donc le nombre d'intersections de deux lignes d'un ordre quelconque ne peut surpasser le produit des exposans des ordres de ces lignes.

338. Après avoir fait voir en combien de points une ligne d'un ordre quelconque en peut rencontrer une autre, il nous reste à donner la maniere de trouver ces points. C'est un détail où il est à propos d'entrer, parce qu'il est intéressant pour la construction des équations.

Pour trouver les intersections d'une droite avec une courbe quelconque, dont la nature soit exprimée par une équation entre ses co-ordonnées AP $= x$, & PM $= y$, on prendra l'équation à la ligne droite entre les mêmes co-ordonnées x & y, qui est $bx + cy = a$; faisant $x = 0$, elle donnera $y = AD = \frac{a}{c}$; & faisant $y = 0$, elle donnera $x = -AB = \frac{a}{b}$; par où on pourra connoître le point B où cette droite rencontre l'axe, & en même-temps l'angle B, dont la tangente est $\frac{AD}{AB} = \frac{-b}{a}$. Ainsi on pourra représenter la droite & la courbe par des équations entre des co-ordonnées communes : ensuite faisant dans l'une & l'autre équation les co-ordonnées égales, la résolution de ces équations donnera les abscisses auxquelles répondent les intersections, ou les ordonnées; c'est-à-dire, que si on fait disparoître y, l'équation résultante donnera les valeurs de x, AP & Ap, qui sont des abscisses, dont les ordonnées PM & Pm passent par les Fig. 107.

points d'interſections. L'équation à la ligne droite donnera $y = \frac{a - bx}{c}$, laquelle valeur étant ſubſtituée dans l'équation de la courbe, les racines réelles donneront les abſciſſes auxquelles répondent les interſections. Mais, puiſque dans la valeur $y = \frac{a - bx}{c}$ l'inconnue x n'a qu'une dimenſion, l'équation qui naîtra de la ſubſtitution n'aura pas plus de dimenſions que la premiere équation de la courbe : & même, elle en aura moins, ſi les plus hautes puiſſances de x ſe détruiſent par la ſubſtitution. Ayant ainſi trouvé les abſciſſes qui répondent aux interſections, on jugera du nombre des interſections par les points où les ordonnées de ces abſciſſes rencontrent la droite B M m, parce que chaque ordonnée ne peut rencontrer cette droite qu'en un point, au lieu qu'elle peut rencontrer la courbe en pluſieurs. Si deux valeurs de x ſont égales, deux points d'interſection ſe réuniſſent, par conſéquent la droite B M devient tangente, ou coupe la courbe en un point double.

339. Si, après avoir chaſſé y, l'équation réſultante ne donne aucune valeur réelle de x, ce ſera une preuve que la droite B M m, ne coupe, ni ne touche la courbe nulle part; mais les racines réelles donneront autant d'interſections; parce que chaque abſciſſe réelle fournit une ordonnée réelle à la droite qui étant la même que l'ordonnée de la courbe, il faut néceſſairement qu'il y ait une interſection.

340. Préſentement, pour déterminer les interſections de deux courbes, ſoient deux courbes quelconques M E m, M F m, dont la nature ſoit exprimée par des équations entre les co-ordonnées rectangles x & y rapportées au même axe A B & à la même origine d'abſciſſes A; prenant donc des abſciſſes égales, on aura des ordonnées égales, ou plutôt les mêmes ordonnées pour les deux courbes partout où il y aura interſection; c'eſt pourquoi, ſi, prenant la valeur de y, on forme une nouvelle équation qui ne contienne plus que x, cette équation donnera les valeurs de x, c'eſt-à-dire, les abſciſſes A P, A p, &c. qui répondent aux interſections. Enſuite, ſubſtituant ces différentes valeurs de x dans la valeur de y trouvée précédemment, on aura les valeurs des différentes ordonnées qui aboutiſſent aux interſections.

Fig. 108.

EXEMPLE.

341. Pour trouver les interſections d'une parabole repréſentée par l'équation $y^2 - 2xy + x^2 - 2ax = 0$, & d'un cercle repréſenté par l'équation $y^2 + x^2 - c^2 = 0$: je ſouſtrais la premiere équation de la ſeconde, & j'ai.... $2xy + 2ax - c^2 = 0$, qui me donne $y = \frac{c^2 - 2ax}{2x}$, qui fait voir qu'on trouvera toujours des valeurs réelles de y qui répondront à chaque valeur de x. Qu'on ſubſtitue donc cette valeur de y dans une des deux premieres équations, on trouvera

$$c^4 - 4ac^2x + \overline{4a^2 - 4c^2} \times x^2 + 4x^4 = 0$$

dont toutes les racines réelles donneront de véritables interſections. Suppoſons $c = 2a$, la derniere équation deviendra

$$4a^4 - 4a^3x - 3a^2x^2 + x^4 = 0$$

dont une des racines eſt $x = 2a$; & diviſant l'équation par cette racine $x - 2a$, on aura

$$x^3 + 2ax^2 + a^2x - 2a^3 = 0$$

qui donne encore une racine réelle : or, on trouvera une ordonnée pour chacune de ces racines, moyennant l'équation $y = \frac{2a^2 - ax}{x}$; car ſi on ſubſtitue à x ſa valeur $2a$, on aura $y = 0$, ce qui fait voir que l'interſection ſe fait ſur l'axe même.

342. De-là, on peut conclure que lorſqu'on peut trouver une fonction rationelle de x pour valeur de y, chaque valeur réelle de x dans la derniere équation donne une interſection vraie. Mais, ſi la valeur de y n'eſt point exprimée par une fonction rationelle de x, il peut arriver que chaque racine réelle de x ne donne point une interſection, parce qu'il n'y aura point d'ordonnée réelle qui réponde à l'abſciſſe repréſentée par cette racine : mais ſeulement les ordonnées imaginaires ſeront égales, & donneront une interſection imaginaire.

343. Il peut arriver que la derniere équation ait plus de ra-

cines réelles qu'il n'y a d'interſections ; & même qu'il n'y ait aucune interſection, quoique x ait pluſieurs racines réelles. Mais il y aura toujours au moins autant de racines réelles que d'interſections. On connoîtra s'il y a des interſections réelles, qui répondent aux racines réelles, en ſubſtituant chacune de ces racines dans la valeur de y; car ſi cette valeur eſt réelle après la ſubſtitution, l'interſection eſt réelle, & ſi cette valeur eſt imaginaire, l'interſection n'eſt qu'imaginaire.

344. Cette différence entre le nombre des racines réelles de x & celui des interſections a ſeulement lieu lorſque dans l'une & l'autre équation, l'ordonnée y a des dimenſions paires, l'axe principal étant diametre de l'une & l'autre courbe; ou lorſque les équations ſont telles qu'on ne peut faire diſparoître y^2 ſans que y diſparoiſſe en même temps; & par conſéquent y ne peut être exprimé par une fonction rationelle de x. Si, par exemple, l'une des équations eſt $y^2 - xy = a^2$, & l'autre $y^4 - 2xy^3 + x^3 y = b^2 x^2$; la premiere donne $y^4 - 2xy^3 = a^4 - x^2 y^2$, qu'on ſubſtitue cette valeur dans la ſeconde, on aura $a^4 - x^2 y^2 + x^3 y = b^2 x^2$, ou $y^2 - xy = \frac{a^4 - b^2 x^2}{x^2} = a^2$: ce qui donne $x^2 = \frac{a^4}{a^2 + b^2}$, & par conſéquent $x = \frac{\pm a^2}{\sqrt{a^2 + b^2}}$. Il ſemble donc qu'il y ait deux interſections, mais c'eſt la valeur de y qui doit décider ſi l'une & l'autre eſt réelle; on la tirera de cette équation $y^2 - xy = a^2$: & on aura $y^2 = \frac{\pm a^2 y}{\sqrt{a^2 + b^2}} + a^2$, dont toutes les racines étant réelles; il eſt clair qu'il y a quatre interſections, de ſorte qu'à chaque abſciſſe $x = \frac{\pm a^2}{\sqrt{a^2 + b^2}}$ répondent deux interſections réelles.

345. Mais ce n'eſt pas ſeulement lorſqu'aucune des deux courbes n'a aucune ordonnée réelle qui réponde à l'abſciſſe trouvée qu'il y a des interſections imaginaires. Il y a des cas où une courbe fournit des ordonnées réelles pour toutes les abſciſſes, quoiqu'il n'y ait pas d'interſections qui répondent à toutes les racines réelles de x. On en trouve un exemple dans la ligne du troiſiéme ordre repréſentée par cette équation

$$y^3 - 3ay^2 + 2a^2 y - bax^2 = 0,$$

qui

qui donne des ordonnées réelles pour toutes les abſciſſes, & même trois pour chacune ſi x eſt moindre que $\frac{a}{3}\sqrt[4]{\frac{1}{3}}$. Qu'on combine avec cette courbe la parabole exprimée par cette équation $y^2 - 2ax = 0$, qui n'a aucune ordonnée réelle, ſi x eſt négatif, & qui, par conſéquent, dans ce cas, n'admet aucune interſection. On ſubſtituera dans la premiere équation la valeur de y^2 priſe dans la ſeconde, & on aura

$$2axy - 6a^2x + 2a^2y - 6axx = 0,$$

donc, $y = \frac{6a^2x + 6ax^2}{2a^2 + 2ax} = 3x$. Mais l'équation d'où on a tiré cette valeur eſt diviſible par $y - 3x$, & ſi on fait cette diviſion, on aura l'équation ſans y, $2a^2 + 2ax = 0$, qui donne $x = -a$, qui, dans la parabole, n'a aucune ordonnée réelle : ſubſtituant cette valeur de x dans l'équation de la ligne du troiſiéme ordre, elle devient

$$y^3 - 3ayy + 2aay - 6a^3 = 0,$$

qui donne une ordonnée réelle $y = 3a$, les deux autres valeurs de y contenues dans l'équation $y^2 + 2a^2 = 0$ ſont imaginaires; &, dans cette occaſion, ces ordonnées imaginaires ſont égales aux ordonnées imaginaires trouvées pour la parabole, & de là naiſſent deux interſections imaginaires. On trouvera auſſi deux interſections réelles, par le moyen du diviſeur $y - 3x = 0$; car, ſubſtituant cette valeur de y dans l'équation à la parabole, on a $9x^2 - 2ax = 0$; & par conſéquent on a une interſection à l'origine des abſciſſes, ou $x = 0$, & $y = 0$: & une autre qui répond à l'abſciſſe $x = \frac{2a}{9}$, qui donne $y = 3x = \frac{2a}{3}$.

346. Cet exemple ſemble contredire le principe que nous avons donné ci-devant, pour diſcerner les cas où il n'y a pas d'interſections imaginaires ; nous avancions qu'il n'y en avoit point toutes les fois que la valeur de y pouvoit être exprimée par une fonction rationelle de x. L'exemple précédent ne ſe trouve en oppoſition avec notre principe que parce que l'équation dont on a tiré la valeur de y, pouvoit ſe diviſer par une quantité qui la mettoit hors d'état de donner la valeur

de y, &, dans ce cas, c'eſt comme ſi elle ne la donnoit pas. Toutes les fois donc qu'une équation ſe peut ainſi décompoſer, il faudra juger de chaque facteur en particulier; car quoique l'un n'admette pas d'interſections imaginaires, l'autre en pourra admettre.

347. Nous venons de voir comment, deux courbes étant propoſées, on peut trouver une équation, dont les racines marquent leurs points d'interſection; il nous reſte à faire voir comment les interſections de deux courbes peuvent ſervir pour repréſenter par des lignes les racines des équations.

Une équation Algébrique qui renferme la ſeule inconnue x étant propoſée pour en aſſigner les racines; il faut chercher deux équations entre les variables x & y, qui ſoient telles qu'en faiſant diſparoître y, il en réſulte l'équation propoſée. Alors, ſur le même axe & avec la même origine d'abſciſſes, on décrira les deux courbes repréſentées par les deux équations : des points d'interſection de ces deux courbes on menera des ordonnées perpendiculaires ſur l'axe, qui donneront les abſciſſes qui répondent aux racines de l'équation propoſée. De cette maniere, on repréſentera les vrayes valeurs des racines cherchées, à moins qu'il n'arrive que l'équation ait plus de racines qu'il n'y a d'interſections.

348. Avant que de donner la maniere de trouver les deux lignes qui ſervent à la conſtruction d'une équation donnée, je commencerai par chercher les équations dont la réſolution dépend de deux lignes données. Soient, 1°. E M, F M deux lignes
Fig. 109. données qui ſe coupent au point M. Qu'on prenne E F pour axe, & le point A pour l'origine des abſciſſes, & que la perpendiculaire A B C coupe la premiere droite en B, & la ſeconde en C. Soit $AE = a$, $AF = b$, $AB = c$, $AC = d$, l'abſciſſe $AP = x$, l'ordonnée $PM = y$, on aura pour la droite EM, $a : c :: a + x : y$, ou $ay = c \times \overline{a + x}$; & pour la droite FM, $b : d :: b - x : y$, ou $by = D \times \overline{b - x}$. Si on fait diſparoître y de ces équations, on trouvera $bc \times \overline{a + x} = ad \times \overline{b - x}$, ou $x = \frac{abd - abc}{bc + ad} = \frac{ab \times \overline{d - c}}{bc + ad}$.
Ainſi, par l'interſection de deux droites on pourra conſtruire

toute équation ſimple telle que $x = \frac{ab \times \overline{d-c}}{bc + ad}$; & toute équation ſimple peut être réduite à cette forme.

349. Examinons préſentement quelles ſont les équations qui Fig. 11.
ſe peuvent conſtruire par l'interſection de la ligne droite & du cercle, qui eſt la courbe la plus facile à décrire. Soit donc EP l'axe, A l'origine des abſciſſes, ayant décrit la droite EM, & fait $AE = a$, $AB = b$, & les co-ordonnées $AP = x$, $PM = y$; on aura $a : b :: a + x : y$, ou $ay = b \times \overline{a+x}$, qui eſt l'équation à la ligne droite. Enſuite, ſoit décrit un cercle avec le rayon $CM = c$, ayant mené du centre ſur l'axe la perpendiculaire CD, ſoit $AD = f$, $CD = g$; par conſéquent $DP = x - f$, & $PM - CD = y - g$. Or, par la nature du cercle $\overline{CM}^2 = \overline{DP}^2 + \overline{PM - CD}^2$, c'eſt-à-dire, $c^2 = x^2 - 2fx + f^2 + y^2 - 2gy + g^2 = \overline{x-f}^2 + \overline{y-g}^2$: mais l'équation pour la droite donne $y = \frac{ab + bx}{a}$, donc

$$y - g = \frac{a \times \overline{b-g} + bx}{a} = b - g + \frac{bx}{a},$$

ſubſtituant cette valeur de y dans l'équation au cercle, elle deviendra

$$c^2 = x^2 - 2fx + f^2 + \overline{b-g}^2 + \frac{2b \times \overline{b-g} \times x}{a} + \frac{b^2x^2}{a^2}, \text{ ou}$$

$$\begin{array}{llll} a^2x^2 & + 2ab \times \overline{b-g} \times x & + a^2 \times \overline{b-g}^2 & = 0 \\ b^2x^2 & - 2a^2fx & + a^2f^2 & \\ & & - a^2c^2. & \end{array}$$

On trouvera donc les racines de cette équation, par le moyen des interſections de la droite & du cercle, de ſorte que des points d'interſection M & m menant ſur l'axe les perpendiculaires MP, mp, les valeurs de x ſeront AP & Ap.

Puiſque toutes les équations du ſecond degré ſont contenues dans celle-ci, elle pourra ſervir de formule générale pour la conſtruction de ces ſortes d'équations.

350. Soit propoſée l'équation $Ax^2 + Bx + C = 0$; on la multipliera d'abord par $\frac{a^2 + b^2}{A}$, afin que ſon premier

terme soit le même que celui de l'équation générale précédente, & elle deviendra.

$$\overline{a^2 + b^2} \times x^2 + \frac{B \times \overline{a^2 + b^2} \times x}{A} + \frac{C \times \overline{a^2 + b^2}}{A} = 0$$

en égalant les coëfficiens des termes homologues de cette équation & de l'équation générale, on trouvera

$2 A a b \times \overline{b - g} - 2 A a^2 f = B \times \overline{a^2 + b^2}$, par conséquent

$a f = b \times \overline{b - g} - \frac{B \times \overline{a^2 + b^2}}{2 A a}$; donc puisque

$a^2 \times \overline{b - g}^2 + a^2 f^2 - a^2 c^2 = \frac{C \times \overline{a^2 + b^2}}{A}$; on aura

$$\overline{a^2 + b^2} \times \overline{b - g}^2 - \frac{B b \times \overline{b - g} \times \overline{a^2 + b^2}}{A a} + \frac{\overline{B}^2 \times \overline{a^2 + b^2}^2}{4 A^2 a^2}$$

$- a^2 c^2 = \frac{C \times \overline{a^2 + b^2}}{A}$. Par conséquent

$$\overline{b - g}^2 = \frac{B b \times \overline{b - g}}{A a} - \frac{B \times \overline{a^2 + b^2}}{4 A^2 a^2} + \frac{a^2 c^2}{a^2 + b^2} + \frac{C}{A};$$

Donc $b - g = \frac{B b}{2 A a} \pm \sqrt{\frac{a^2 c^2}{a^2 + b^2} + \frac{C}{A} - \frac{B^2}{4 A^2}}$.

Les trois quantités a, b & c demeurent donc encore indéterminées, & il les faudra prendre de maniere que ......
$\frac{a^2 c^2}{a^2 + b^2} + \frac{C}{A} - \frac{B^2}{4 A^2}$ devienne une quantité positive, parce qu'autrement $b - g = AB - CD$, & par conséquent CD seroit une quantité imaginaire. Rien n'empêche qu'on ne suppose $b = 0$, ce qui donnera........
$g = \sqrt{c^2 - \frac{B^2 + 4 A C}{4 A^2}}$, & $f = \frac{-B}{2 A}$. De plus, puisque l'équation proposée n'a aucune racine réelle, à moins que $\overline{B}^2$ ne surpasse $4 A C$, il arrivera que, dans ce cas, $\frac{B^2 - 4 A C}{4 A^2}$ sera une quantité positive, & si on suppose que c^2 lui est égal, de sorte que $c = \frac{\sqrt{B^2 - 4 A C}}{2 A}$, on aura $g = 0$, & a ne se trouvera plus dans le calcul. C'est pourquoi la droite EM tombera sur l'axe AP, & le

centre du cercle sera au point D, parce qu'alors $AD = \frac{-B}{2A}$, si, de ce centre, on décrit un cercle avec le rayon........ $c = \frac{\sqrt{B^2 - 4AC}}{2A}$, ses intersections avec l'axe donneront les racines de l'équation proposée. Pour qu'on n'ait pas besoin de la construction de la formule irrationelle, qu'on fasse $g = c = \frac{k}{2A}$, afin que $c^2 - \frac{2ck}{2A} + \frac{k^2}{4A^2} = c^2 - \frac{B^2 + 4AC}{4A^2}$, on aura $c = \frac{k^2 + B^2 - 4AC}{4kA}$, & $g = \frac{B^2 - 4AC - k^2}{4kA}$. On pourra donc déterminer à volonté la quantité k; & parce que CM tombe sur l'axe même, le cercle se décrira de la maniere suivante. Ayant pris $AD = \frac{-B}{2A}$, qu'on prenne la perpendiculaire $CD = \frac{B^2 - 4AC - k^2}{4kA}$, & qu'on décrive du centre C un cercle dont le rayon soit........ $\frac{B^2 - 4AC + k^2}{4kA}$, ses intersections avec l'axe marqueront les racines de l'équation proposée. Si on fait donc $k = -B$, ayant pris $AD = \frac{-B}{2A}$, qu'on prenne $CD = \frac{C}{B}$, le rayon du cercle qu'il faudra décrire du centre C sera........ $\frac{-B^2 + 2AC}{2AB} = \frac{-B}{2A} + \frac{C}{B}$, d'où il suit que le rayon du cercle sera AD + CD; cette construction paroît très-commode dans la pratique.

351. Nous ne considérerons pas les intersections de deux cercles, parce qu'ils ne peuvent se couper qu'en deux points, & que par conséquent ils ne pourroient servir qu'à la construction des équations du second degré, qui se peuvent toutes construire par le moyen du cercle & de la ligne droite, comme nous venons de le voir. Passons donc à l'intersection du cercle & de la parabole : du centre C ayant mené sur l'axe AP la perpendiculaire CD, soit $AD = a$, $CD = b$, & le rayon $CM = c$, l'équation pour le cercle, entre ses co-ordonnées $AP = x$ & $PM = y$, sera $\overline{x - a}^2 + \overline{y - b}^2 = c^2$. Qu'on fasse l'axe FB de la parabole perpendiculaire sur AP: & soit $AE = f$, $EF = g$, le parametre $2h$; on aura, par la nature de la parabole, $\overline{x - f}^2 = 2h \times \overline{g + y}$, donc Fig. 111.

$y = \frac{\overline{x-f}^2}{2h} - g$, & $y - b = \frac{\overline{x-f}^2}{2h} - b + g$.
Si on subſtitue cette valeur dans l'équation précédente, on fera diſparoître y, & on aura

$$\begin{aligned} x^4 - 4fx^3 &+ 6f^2x^2 - 4f^3x + f^4 = 0 \\ &- 4h \times \overline{b+g} \times x^2 + 4fh \times \overline{b+g} \times x - 4f^2h \times \overline{b+g} \\ &+ 4h^2 \times x^2 - 8ah^2 \times x + 4h^2 \times \overline{b+g}^2 \\ &+ 4a^2h^2 \\ &- 4c^2h^2 \end{aligned}$$

Les racines de cette équation ſeront A P, A p, A p, A p; parce que des extrémités de ces abſciſſes, ayant mené des ordonnées, elles paſſeront par les points d'interſection M, m, m, m.

Dans cette équation, il y a ſix quantités conſtantes a, b, c, f, g & h; mais les deux $b + g$ peuvent être regardées comme une ſeule : je ſuppoſe donc CD + EF $= b + g = k$, & l'équation précédente devient

$$\begin{aligned} x^4 - 4fx^3 &+ 6f^2x^2 - 4f^3x + f^4 = 0 \\ &- 4hkx^2 + 4fhkx - 4f^2hk \\ &+ 4h^2x^2 - 8ah^2x + 4h^2k^2 \\ &+ 4a^2h^2 \\ &- 4c^2h^2 \end{aligned}$$

352. Toute équation du quatriéme degré peut être rappellée à cette forme; car, ſoit propoſée l'équation

$$x^4 - Ax^3 + Bx^2 - Cx + D = 0.$$

On trouvera, en comparant les coëfficiens des termes homologues;

$4f = A$, ou $f = \frac{1}{4}A$

$6f^2 - 4hk + 4h^2 = B$, ou $\frac{3}{8}A^2 - 4hk + 4h^2 = B$;

donc $k = \frac{3A^2}{32h} + h - \frac{B}{4h}$;

$4f^3 - 4fhk + 8ah^2 = C$, ou

$\frac{1}{16}A^3 - \frac{3}{32}A^3 - Ah^2 + \frac{1}{4}AB + 8ah^2 = C$:

donc $a = \frac{A^3}{256h^2} + \frac{A}{8} - \frac{AB}{32h^2} + \frac{C}{8h^2}$.

Enfin, $\overline{f^2 - 2hk}^2 + 4a^2h^2 - 4c^2h^2 = D$;

$$f^2 - 2hk = \frac{B}{2} - 2h^2 - \frac{A^2}{16}, \&c.$$

$$2ah = \frac{A^3}{128h} + \frac{Ah}{4} - \frac{AP}{16h} + \frac{C}{4h}.$$

Ces valeurs étant substituées, il résultera une équation qui contiendra c & h, qu'on déterminera par son moyen, de maniere que l'une & l'autre ait une valeur réelle.

353. Puisque, dans toute équation du quatriéme degré, on peut facilement faire évanouir le second terme; supposons qu'il y manque déja, & que l'équation à construire est...... $x^4 * + Bx^2 - Cx + D = 0$. Donc, 1°. $f = 0$; 2°. $k = h - \frac{B}{4h}$; 3°. $a = \frac{C}{8h^2}$; & (parce que $2hk - f^2 = 2h^2 - \frac{B}{2}$, & $2ah = \frac{C}{4h}$); 4°. $4h^4 - 2Bh^2 + \frac{1}{4}B^2 + \frac{C^2}{16h^2} - 4c^2h^2 = D$; donc $64c^2h^4 = C^2 + 4B^2h^2 - 32Bh^4 + 64h^6 - 16Dh^2$: & par conséquent $8ch^2 = \sqrt{4h^2 \times \overline{B - 4h^2}^2 + C^2 - 16Dh^2}$. Mais puisqu'il faut donner des valeurs réelles à c & h, soit $c = h - \frac{B+q}{4h}$, & on aura $C^2 - 16Dh^2 + 8Bh^2q - 32h^4q - 4h^2q^2 = 0$. Il y a donc deux cas à distinguer, l'un où D est une quantité positive, l'autre où D est une quantité négative.

Soit, 1°. $D = E^2$ quantité positive, de sorte qu'il faille construire l'équation $x^4 * + Bx^2 - Cx + E^2 = 0$. Je suppose $q = 0$, ce qui donne $c = \frac{4h^2 - B}{4h}$, & $h^2 = \frac{C^2}{16E^2}$,

& $h = \frac{C}{4E}$; donc $c = \frac{C^2 - 4BE}{4CE}$, $k = c = \frac{C^2 - 4BE}{4CE}$; $a = \frac{2E^2}{C}$, & $f = 0$.

Soit, 2°. D une quantité négative, par exemple, $D = -E^2$; de sorte que l'équation à construire soit $x^4 * + Bx^2 - Cx - E^2 = 0$, on aura $64c^2h^4 = C^2 + 4h^2 \times \overline{4h^2 - B}^2 + 16E^2h^2$; laquelle équation donne toujours une valeur réelle de c, quelque valeur qu'on donne à h: car on aura

$$c = \frac{\sqrt{C^2 + 4h^2 \times \overline{4h^2 - B}^2 + 16E^2h^2}}{8h^2};$$

& h se peut prendre à volonté; on aura donc soin de le prendre tel qu'il donne une construction facile de c. Après quoi on aura comme ci-devant, $AE = f = 0$: $CD + EF = k = \frac{4h^2 - B}{4h}$, & $AD = a = \frac{C}{8h^2}$. Si on fait $E = 0$, on aura la construction de l'équation cubique $x^3 * + Bx - C = 0$. La regle centrale de Backer est fondée sur cette construction.

354. On a vû ci-devant que deux lignes du second ordre ne se peuvent couper qu'en quatre points : par conséquent, avec deux sections coniques on ne peut pas construire d'équation au-dessus du quatriéme degré; & comme une ligne du second ordre n'en peut rencontrer une du troisiéme qu'en six points, il s'ensuit aussi qu'avec une ligne du second ordre & une du troisiéme, on ne sçauroit construire d'équation qui surpasse le sixiéme degré; en général, avec deux lignes, l'une de l'ordre m, & l'autre de l'ordre n, on ne pourra construire aucune équation au-dessus du degré mn, mais l'on pourra construire les équations de ce degré, & celles des degrés inférieurs. Ainsi, pour construire une équation du 100e degré, il faudra, ou deux lignes du 10e ordre, ou une du cinquiéme & une du 20e, & ainsi de suite, résolvant toujours le nombre 100 en deux facteurs. Mais si la plus haute puissance de l'équation à construire est un nombre premier, ou un autre nombre qui n'admette pas de facteur commode, on substituera en sa place un nombre plus grand qui ait des facteurs propres; car deux courbes, qui peuvent servir à construire une équation d'un

d'un degré plus élevé, peuvent servir à la construction d'une équation d'un degré inférieur quelconque. Ainsi, pour la construction d'une équation du 39e degré on pourra employer deux courbes, l'une du sixiéme, & l'autre du septiéme ordre : parce qu'avec ces deux courbes on peut construire une équation du 42e degré, & cette construction est regardée comme plus simple que si on prenoit une ligne du troisiéme ordre & une du treiziéme.

355. Il est donc clair qu'une équation peut être construite d'une infinité de façons par les intersections de deux courbes, de maniere qu'on représente ses racines réelles. Entre ces manieres possibles on doit choisir celles qui s'exécutent par le moyen des courbes les plus simples & les plus faciles à décrire; mais il faudra surtout avoir attention que les intersections donnent toutes les racines réelles; c'est à quoi on parviendra si on prend des courbes qui n'ayent pas d'intersections imaginaires. Or on a vû ci-dessus que des intersections imaginaires ne peuvent plus avoir lieu si dans l'équation de l'une des courbes l'ordonnée y est une fonction uniforme de x; car cette courbe n'ayant alors aucune ordonnée imaginaire, elle ne peut donner d'intersections imaginaires, quel que soit le nombre des ordonnées imaginaires de l'autre courbe. On prendra donc toujours une courbe dont l'équation soit contenue sous la forme $P + Qy = o$, P & Q représentant des fonctions de x.

356. Une équation quelconque étant donc proposée, on prendra à volonté une autre équation, pouvû qu'elle soit telle que la variable qui doit s'évanouir n'ait qu'une dimension : on substituera ensuite cette valeur dans un ou plusieurs termes de l'équation proposée, ce qui la changera toujours en une équation indéterminée, qui, avec celle qu'on a prise à volonté, redonnera l'équation en question, après qu'on aura fait évanouir la nouvelle variable. Soit, par exemple, l'équation proposée $x^4 + Ax^3 + Bx^2 + Cx + D = o$: & soit prise pour premiere équation indéterminée l'équation à la parabole $x^2 = ay - bx$, & qu'on substitue autant de fois qu'on voudra cette valeur dans l'équation donnée, on aura

$$x^4 = a^2y^2 - 2abxy + b^2x^2$$

$$Ax^3 = \qquad + Aaxy - Abx^2$$

de forte que la seconde équation indéterminée sera

$$a^2 y^2 + a \times \overline{A - 2b} \times xy + \overline{B - Ab + b^2} \times x^2 + Cx + D = 0,$$

dans laquelle si on substituoit la valeur de y prise dans l'équation $ay = x^2 + bx$, on verroit reparoître l'équation proposée; c'est pourquoi les intersections des deux courbes représentées par ces deux équations indéterminées donneront les racines de l'équation proposée.

357. La détermination arbitraire des constantes a & b peut faire varier les deux courbes d'une infinité de façons: mais on va voir qu'elles sont encore susceptibles d'une bien plus grande variété; car puisque $x^2 - ay + bx = 0$; on aura aussi $acx^2 - a^2cy + abcx = 0$, & si on ajoûte celle-ci à la précédente, il en naîtra une équation bien plus étendue pour les lignes du second ordre, dont les intersections avec la premiere marqueront également les racines de l'équation: car ces deux équations seront

$$ay = x^2 + bx, \text{ \&}$$

$$a^2 y^2 + a \times \overline{A - 2b} \times xy + \overline{B - Ab + b^2 + ac} \times x^2 - a^2 cy + \overline{C + abc} \times x + D = 0.$$

358. Cette derniere équation peut représenter une section conique quelconque. Si la quantité $A^2 - 4B - 4ac$ est positive, la courbe est une hyperbole; si cette quantité $= 0$, c'est une parabole; si elle est négative, c'est une ellipse: mais elle sera un cercle, si $b = \frac{1}{2}A$, & $a^2 + B - \frac{1}{4}A^2 + ac$, ou $c = a + \frac{A^2}{4a} - \frac{B}{a}$: car alors l'équation sera

$$\overline{y - \frac{a}{2} - \frac{A^2}{8a} + \frac{B}{2a}}^2 + \overline{x + \frac{C}{a^2} + \frac{A}{4} + \frac{A^3}{16a^2} - \frac{AB}{4a^2}}^2$$
$$= \overline{\frac{a}{2} + \frac{A^2}{8a} + \frac{B}{2a}}^2 + \overline{\frac{C}{2a^2} + \frac{A}{4} + \frac{A^3}{16a^2} - \frac{AB}{4a^2}}^2 - \frac{D}{a^2};$$

& ce dernier membre est le quarré du rayon du cercle.

Ainsi les seules sections coniques fournissent une infinité de courbes qui, étant décrites avec la parabole $ay = xx + bx$, marqueront par leurs intersections les racines de l'équation proposée; car quelque section conique qu'on combine avec la parabole, celle-ci sera toujours coupée dans les mêmes points : & il en seroit de même de deux sections coniques quelconques ; c'est pourquoi l'équation se pourra construire, ou par le cercle & la parabole, ou par deux paraboles, ou par la parabole & l'ellipse ou l'hyperbole, ou par deux ellipses, ou par deux hyperboles, ou par l'ellipse & l'hyperbole. Mais si on admet, pour cette construction, des courbes plus élevées, le nombre des constructions augmentera bien davantage.

359. On s'y prendra de la même maniere pour construire des équations plus élevées, c'est-à-dire, qu'on prendra pour une des deux courbes une courbe parabolique comprise dans l'équation $y = P$. Soit, par exemple, à construire l'équation

$$x^{12} - f^{10}x^2 + f^9 g x - g^{12} = 0.$$

Qu'on prenne l'équation parabolique du quatriéme degré $x^4 = a^3 y$, qui donne $x^{12} = a^9 y^3$: substituant cette valeur de x^{12}, on aura une équation pour une ligne du troisiéme ordre

$$a^9 y^3 - f^{10} x^2 + f^9 g x - g^{12} = 0.$$

Si on lui ajoûte un multiple quelconque de l'équation $x^4 - a^3 y = 0$, on aura des équations pour une infinité de lignes du quatriéme ordre, dont deux quelconques construiront l'équation proposée.

360. Si la méthode précédente ne donne pas une construction assez belle, on multipliera l'équation proposée par x ou quelqu'une de ses puissances, de sorte qu'aux racines de l'équation on en ajoûtera d'autres évanouissantes, qui seront représentées par des intersections faites à l'origine des abscisses, & qui, par conséquent, seront facilement distinguées des autres racines de l'équation. Quoique de cette maniere on rende l'équation proposée plus élevée qu'elle n'étoit, cependant la construction en devient souvent plus facile. Soit, par exemple, l'équation cubique $x^3 + Ax^2 + Bx + C = 0$. Faisant $xx = ay$, de sorte que l'une des courbes de construction soit la parabole, l'autre sera toujours l'hyperbole ; car l'équation proposée deviendra $axy + Aay + Bx + C = 0$; si on lui ajoûte $cx^2 - acy = 0$, on aura cette équation plus étendue

$$axy + cx^2 + a \times \overline{A - c} \times y + Bx + C = 0$$

qui est toujours aussi à l'hyperbole. Si on trouve donc plus commode d'employer le cercle, ou l'ellipse, ou la parabole, on multipliera l'équation proposée par x, & elle deviendra

$$x^4 + A x^3 + B x^2 + C x = 0.$$

qui étant comparée avec l'équation du quatriéme dégré, construite ci-devant, on trouvera $D = 0$, & par conséquent elle se pourra toujours construire par le moyen du cercle & de la parabole.

CHAPITRE IX.

Problêmes.

PROBLEME PREMIER.

361. *Entre deux lignes données trouver deux moyennes proportionnelles.*

SOLUTION.

SOIENT les deux lignes données a & b, la premiere moyenne proportionnelle y. On aura la proportion $\div a : y : \frac{y^2}{a} : b$; donc $y^3 = a^2 b$, équation que la Géométrie élémentaire ne peut résoudre généralement, & que l'Algébre ne résout que par approximation. Mais si on veut prendre une équation indéterminée, telle que $ax = y^2$, substituant cette valeur de y^2 dans l'équation donnée, on aura la seconde équation indéterminée $axy = a^2 b$, ou $xy = ab$; & par le moyen de ces deux équations indéterminées, dont la premiere est à la parabole, la seconde à l'hyperbole entre ses asymptotes, on pourra construire le Problême. Si on multiplie ces deux équations indéterminées l'une par l'autre, on aura $ax^2 y = aby^2$, ou $x^2 = by$, autre équation à la parabole, qui, avec une des deux précédentes, construira aussi le Problême. Enfin, si on ajoûte la premiere à la troisiéme, on trouvera $ax + x^2 = y^2 + by$, qui est à l'hyperbole rapportée à ses diametres, & si on retranche la troisiéme de la premiere, il en résultera l'équation au cercle $ax - x^2 = y^2 - by$. On peut encore multiplier une de ces équations par une quantité quelconque : par exemple, la premiere par c, ce qui donne $acx = cy^2$, autre équation à la parabole, qui, étant ajoûtée à la troisiéme, donne $cy^2 + x^2 = acx + by$, ou $y^2 + \frac{x^2}{c} = ax + \frac{by}{c}$, équation à l'ellipse. Je n'entre pas dans le détail des autres équations qu'on pourroit trouver suivant les principes donnés pour la construction des Problêmes, je passe à la construction même du Problême, que je ferai par le cercle & la parabole. En comparant l'équation trouvée pour le cercle, qui est $y^2 + x^2 - by - ax = 0$, avec la formule générale pour les lieux au cercle, on trouve $\frac{r}{q} = 0$, $\frac{s^2}{q^2} = 1$, $s = q : 2n = b$, $n = \frac{1}{2}b :$ $2p = a$, $p = \frac{1}{2}a : n^2 + p^2 = m^2 :$ donc $\sqrt{\frac{1}{4}b^2 + \frac{1}{4}a^2} = m$.

Puisque dans la parabole décrite avec le parametre a, l'origine des abscisses est au sommet A, on fera passer par ce sommet un cercle dont le rayon sera $\sqrt{\frac{1}{4}b^2 + \frac{1}{4}a^2}$. On fera donc AD $= \frac{1}{2}a$, DH $= \frac{1}{2}b$, & le centre du cercle sera en H, & on aura PM $= y$, PA $= x$; c'est pourquoi PM sera la premiere moyenne proportionelle cherchée, & PA la seconde. Fig. 112.

REMARQUE.

Ce Problême est le même que celui de la duplication du cube : car soit le côté du cube donné a, celui du cube double y ; on aura $2a^3 = y^3$, ou faisant $2a = b$, $y^3 = a^2 b$.

PROBLEME II.

362. *Construire un cube égal à un parallelipipede donné.*

SOLUTION.

Soient les côtés du parallelipipede a, b & c ; le côté du cube y : on aura $y^3 = abc$.

Prenant d'abord une équation à la parabole, & procédant suivant les principes que nous avons donnés, on trouvera les équations suivantes.

$y^2 - ax = 0$, à la parabole.

$xy - bc = 0$, à l'hyperbole entre ses asymptotes.

$x^2 - \frac{bcy}{a} = 0$, à la parabole.

$y^2 + x^2 - \frac{bcy}{a} - ax = 0$, au cercle.

$y^2 - x^2 + \frac{bcy}{a} - ax = 0$, à l'hyperbole équilatere.

$y^2 + \frac{1}{2}x^2 - \frac{bcy}{2a} - ax = 0$, à l'ellipse.

$y^2 - \frac{1}{2}x^2 + \frac{bcy}{2a} - ax = 0$, à l'hyperbole scalene.

Pour construire cette équation, par le moyen du cercle & de l'ellipse, on comparera, 1°. l'équation au cercle avec la formule générale, & on trouvera $2n = \frac{bc}{a}$, $n = \frac{bc}{2a}$: $2p = a$: $p = \frac{1}{2}a$: $n^2 + p^2 = m^2$: donc $m = \sqrt{\frac{b^2c^2}{4a^2} + \frac{1}{4}a^2}$.

2°. Comparant l'équation à l'ellipse avec la formule générale pour cette courbe, on trouvera aussi $\frac{r}{q} = 0$, $q = s$: $\frac{t}{2m} = \frac{1}{2}$, $2n = \frac{bc}{2a}$, $n = \frac{bc}{4a}$: $\frac{2tp}{2m} = a$, $p = a$: $n^2 + \frac{tp^2}{2m} = \frac{tm^2}{2m}$, $n^2 + \frac{1}{2}p^2 = \frac{1}{2}m^2$, $2m^2 + p^2 = m^2$; donc $m = \sqrt{\frac{b^2c^2}{8a^2} + a^2}$.

Fig. 113. On décrira une ellipse dont l'axe sera $AB = 2\sqrt{a^2 + \frac{b^2c^2}{8a^2}}$, & le parametre $\sqrt{a^2 + \frac{b^2c^2}{8a^2}}$. Du centre C on élévera la perpendiculaire $CH = \frac{bc}{4a}$, & par le point H on menera DE, parallele à AD. On fera $DH = a$, & le point D sera l'origine de l'indéterminée x. Pour combiner ce cercle avec cette ellipse, on fera $DI = \frac{bc}{2a}$, & $IL = \frac{1}{2}a$, après quoi, du centre L avec le rayon LD, on décrira un cercle qui coupera l'ellipse en M : & je dis que $QM = y$, & $DQ = x$.

Car $CP = HQ = DQ - DH$, & $PM = QM - PQ = QM - DK = y - \frac{bc}{4a}$; or par la nature de l'ellipse $2 : 1 :: \overline{AC}^2 - \overline{CP}^2 : \overline{PM}^2$, c'est-à-dire, $2 : 1 :: \frac{b^2c^2}{8a^2} - x^2 + 2ax : y^2 - \frac{bcy}{2a} + \frac{b^2c^2}{16a^2}$; donc $\frac{b^2c^2}{8a^2} - x^2 + 2ax = 2y^2 - \frac{bcy}{a} + \frac{b^2c^2}{8a^2}$, ou $2ax - x^2 = 2y^2 - \frac{bcy}{a}$. Or $MR = QM - RQ = QM - DI = y - \frac{bc}{2a}$, $LR = DQ - IL = x - \frac{1}{2}a$; donc $\overline{DL}^2 = \overline{LM}^2 = \overline{LR}^2 + \overline{RM}^2$, c'est-à-dire, $\frac{1}{4}a^2 + \frac{b^2c^2}{4a^2} = x^2 - ax + \frac{1}{4}a^2 + y^2 - \frac{bcy}{a} + \frac{b^2c^2}{4a^2}$, ou $x^2 - ax + y^2 - \frac{bcy}{a} = 0$, ou $ax - x^2 = y^2 - \frac{bcy}{a}$. Substituant cette valeur de $ax - x^2$ dans l'équation précédente, elle deviendra $ax = y^2$, $x = \frac{y^2}{a}$, $x^2 = \frac{y^4}{a^2}$. Substituant encore ces valeurs de x & x^2 dans l'équation précédente, on aura $\frac{y^4}{a^2} = \frac{bcy}{a}$; d'où l'on tire l'équation du Problême $y^3 = abc$.

PROBLEME III.

363. *Diviser un angle en trois parties égales.*

SOLUTION.

Soit l'angle ACB divisé en trois parties égales, & soient AE, ED, DB les cordes des arcs égaux : je fais $AC = b$, $AB = a$, $AE = y$, $EG = x$. Les triangles semblables EAG, EAC donnent $b : y :: y : x$, ou $y^2 = bx$, qui est une équation à la parabole. Fig. 114.

Ensuite menant EF parallele à DC, on aura encore les triangles semblables EFG, ECD, qui donneront $b : y :: x : \frac{xy}{b}$; donc $GF = \frac{xy}{b}$. De plus, $AE + ED + DB = AG + PH + GH + FG$, c'est-à-dire, $3AE = AB + FG$, ou $3y = a + \frac{xy}{b}$, ou $3by - xy = ab$, équation à l'hyperbole entres ses asymptotes qui fournit la proportion $b : y :: 3b - x : a$; donc, à cause de la premiere proportion, nous aurons aussi $y : x :: 3b - x : a$; donc $ay = 3bx - x^2$, équation à la parabole, qui, ajoûtée à la premiere, donnera $y^2 + x^2 + ay - 4bx = 0$, qui est une équation au cercle.

Je me dispenserai de chercher un plus grand nombre d'équations indéterminées, persuadé que j'en ai assez dit pour mettre le Lecteur en état d'en trouver, par lui-même, autant qu'il jugera à propos. Je passe donc à la construction de ce Problême, par le moyen du cercle & de l'hyperbole rapportée à ses asymptotes.

On trouvera encore pour le cercle $m = \sqrt{\frac{1}{4}a^2 + 4b^2}$: Fig. 115. on fera un angle droit avec $KL = 2b$ & $CL = \frac{1}{2}a$; & $CK = \sqrt{\frac{1}{4}a^2 + 4b^2}$ sera le rayon du cercle qu'il faudra décrire du centre C. On prolongera CL en I jusqu'à ce que $LI = a$, & KL en T, jusqu'à ce que $LT = b$, ou $KT = 3b$. Entre les asymptotes KT, TS on décrira par le point I une hyperbole; & je dis que QM est la vraye racine, ou la corde du tiers de l'arc qui mesure l'angle proposé pour être divisé : c'est-à-dire, $QM = y$, & $KQ = x$. Car $QT = KT - KQ = 3b - x$, & $IL : LT :: QT : QM$; donc $3by - xy = ab$. De plus, $PC = QL = KL - KQ = 2b - x$, & $PM = y + \frac{1}{2}a$, & $\overline{KC}^2 = \overline{MC}^2 = \overline{PM}^2 + \overline{PC}^2$: par conséquent $y^2 + ay = 4bx - x^2$.

On vient de voir que pour résoudre un Problême il n'est pas nécessaire de le réduire à une seule équation qui ne contienne qu'une inconnue; quand on a trouvé deux équations indéterminées propres pour la construction, on le construit immédiatement, comme je viens de le faire dans ce Problême.

Dans les constructions précédentes j'ai crû faire plaisir au Lecteur en employant successivement les différentes sections coniques : mais mon dessein n'a point été de donner aucune préférence aux constructions dont je me suis servi dans chaque cas.

PROBLEME

PROBLEME IV.

364. *Exprimer en lignes un nombre irrationel donné.*

SOLUTION.

Soit une puissance imparfaite quelconque x, & sa racine irrationelle $x^{\frac{1}{m}}$. Qu'on fasse $x^{\frac{1}{m}} = y$, on aura $x = y^m$, ou prenant a pour l'unité $a^{m-1} x = y^m$, qui est l'équation générale de la famille des paraboles. C'est pourquoi si avec le parametre a on décrit une parabole du premier genre, & que le parametre soit à l'abscisse comme le dénominateur de la quantité qui est sous le signe, est à son numérateur : par exemple, comme $1 : 3$, si on cherche $\sqrt{3}$, ou comme $3 : 2$, si on cherche $\sqrt{\frac{2}{3}}$; la demi-ordonnée de cette parabole exprimera le nombre cherché. Car si $a = 1$, & $x = 3$, on aura $y^2 = 3$, & par conséquent $y = \sqrt{3}$. Mais si on a $a = 1$, & $a : x :: 3 : 2$, on aura $3x = 2a = 2$, donc $x = y^2 = \frac{2}{3}$; donc $y = \sqrt{\frac{2}{3}}$.

On pourra, de la même maniere, trouver les racines cubiques par le moyen de la parabole du second genre, & les racines quatriémes par la parabole du quatriéme genre. Cependant les paraboles inférieures pourront suffire pour les racines supérieures. Si on cherche, par exemple, une ligne y qui soit à une ligne donnée $a :: \sqrt[3]{5} : 1$. On aura, par la condition du Problême $a : y :: 1 : \sqrt[3]{5}$, donc $y = a\sqrt[3]{5}$: donc $y^3 = 5a^3$. On pourra donc construire ce Problême avec une parabole du premier genre & un cercle, en cherchant deux moyennes proportionelles entre a & $5a$, comme on a vû dans le premier de ces Problêmes.

PROBLEME V.

365. *Entre deux lignes données trouver quatre moyennes proportionelles.*

SOLUTION.

Soient les lignes données a & b, la premiere moyenne proportionelle x : la progression Géométrique sera $\div a : x : \frac{x^2}{a} : \frac{x^3}{a^2} : \frac{x^4}{a^3} : \frac{x^5}{a^4} = b$; par conséquent $x^5 = a^4 b$: je multiplie cette équation par x, afin de pouvoir le regarder comme le produit d'une équation du troisiéme degré par une du second, ce qui me donne $x^6 - a^4 b x = 0$. Je prends ensuite l'équation à la parabole $x^2 = ay$, & cette valeur de x^2 substituée dans l'équation précédente donne $a^3 y^3 = a^4 b x$, ou $y^3 = a b x$, qui est l'équation de la premiere parabole cubique.

Fig. 116. C'est pourquoi sur l'axe commun AD décrivez la parabole cubique AEC avec le parametre $\sqrt{ab}$, & la parabole quarrée AFC avec le parametre a. L'ordonnée CD menée du point d'intersection de ces deux paraboles sur l'axe AD sera la premiere moyenne proportionnelle, & on aura $AD = CB = y$, & $CD = ab = x$. Car, par la nature de la parabole cubique, le cube de l'ordonnée BC est égal au solide du quarré du parametre par l'abscisse AB, c'est-à-dire, $y^3 = a b x$: par la nature de la parabole ordinaire le quarré de l'ordonnée CD est égal au rectangle de l'abscisse AD par le parametre, c'est-à-dire, $ay = x^2$, ou $y = \frac{x^2}{a}$; substituant cette valeur de y dans $y^3 = a b x$, on trouvera $\frac{x^6}{a^3} = a b x$, ou $x^6 = a^4 b x$, ou $x^5 = a^4 b$, qui étoit l'équation à construire.

PROBLEME VI.

366. *Diviser un angle donné en cinq parties égales.*

SOLUTION.

Fig. 117. Je suppose l'arc de l'angle donné NOX divisé en cinq parties égales aux points Q, T, P, M, & je tire les cordes des arcs égaux ; ensuite je mene la corde NT qui soutient deux arcs égaux, NP qui en soutient 3, &c. Enfin du point T sur le prolongement de NP je mene $TY = TN$, du point P sur NM prolongé je mene $PZ = PN$, & du point M sur NX prolongé $ML = MN$.

Il suit de cette construction, 1°. que les quatre triangles NQT, NTY, NPZ, NML sont isosceles & équiangles.

2°. Que les triangles XML, NMP sont semblables & égaux, & $NP = XL$; que les triangles NTP, MPZ, sont semblables & égaux, & $MZ = TN$; & que NQT & TPY sont semblables & égaux, & $PY = QN$.

Soient le rayon $NO = 1$, $NQ = QT =$ &c. $= y$, $NT = MZ = x$, $NP = XL = u$. Dans le Problême pour diviser l'angle en trois parties égales nous avons trouvé $3by - xy = ab$; or comparant les dénominations de ce Problême, nous aurons $b = 1$, $y^2 = bx = x$, $a = u$: donc $u = 3y - y^3$, parce que u est la corde de l'axe divisé en trois parties égales, & y est la corde d'une des parties; de plus $NY = LP + PY = u + y$; $NM = s$; $NZ = NM + MZ = s + x$; $NX = b$; car elle est donnée, puisqu'elle est la corde de l'arc donné; enfin $NL = NX + XL = b + u$.

1°. Les triangles semblables NQT, NTY donnent cette proportion $y : x :: x : u + y$: donc $xx = uy + yy$.

2°. Les triangles NTY, NPZ donnent $x : u + y :: u : s + x$: donc $sx + xx = uu + uy$, ou $s = \frac{uu + uy - xx}{x}$.

3°. NQT, NML donnent $y : x :: s : b + u$: donc $s = \frac{by + uy}{x} = \frac{uu + uy - xx}{x}$, c'est-à-dire $by = uu - xx$, ou mettant pour xx sa valeur, $by = uu - uy - yy$, & substituant la valeur de $uu = 3y - y^3$, $by = 5y^2 - 5y^4 - y^6$, ou $y^5 - 5y^3 - 5y - b = 0$.

Pour construire cette équation, je prends l'indéterminée $yy = az$, & je substitue la valeur de yy, d'où il résulte $a^2z^2y - 5azy + 5y - b = 0$, & $z = \frac{b}{a^2z^2 - 5az + 5}$. Je décris donc la courbe indiquée ACD dont l'axe est BF. Ensuite, sur le même axe, je décris la parabole ordinaire BCD qui coupe la premiere courbe aux points C & D. Et je dis que la droite CE divise l'arc donné en cinq parties égales, & la droite FD divise le reste du cercle en cinq parties égales. Pour le démontrer, je nomme y les ordonnées CE, DF : & z les abscisses BE, BF. Par la nature de la courbe ACD, on a au point C, $y = \frac{b}{a^2z^2 - 5az + 5}$, ou $a^2z^2y - 5azy + 5y - b = 0$. Par la nature de la parabole BCD, l'on a, au même point C, le parametre $a \times BE = \overline{EC}^2$, c'est-à-dire, $az = yy$; pour az substituez yy dans l'équation précédente, & vous retrouverez $y^5 - 5y^3 + 5y - b = 0$. Fig. 118.

367. La construction Géométrique des équations n'est bonne

que pour la ſpéculation, quand les lignes qu'on y employe ſont trop difficiles à décrire, dans ce cas, il vaut mieux chercher les équations par approximation, parce que de cette maniere on rend l'erreur auſſi petite qu'on juge à propos, au lieu que les erreurs inévitables dans les deſcriptions des courbes ſont inconnues, & ſouvent plus grandes qu'on ne voudroit.

J'ajoûte ici le Problême ſuivant, que le grand Bérnoulli a réſolu par l'analyſe ordinaire, afin de donner au Lecteur une nouvelle preuve de ce dont cette analyſe eſt capable quand elle eſt maniée par d'habiles mains.

PROBLEME VII.

368. *Trouver la nature de la courbe cauſtique que forment les points de concurrence des rayons reflèchis par le cercle.*

GÉNÉRATION DE LA COURBE.

Fig. 119. On remarquera, 1°. que le rayon CB refléchi de DC eſt égal à la partie AB du diametre parallele intercepté entre le centre A & le point d'interſection B. Car, à cauſe de l'angle ACF = ACE, & de l'angle d'incidence DCF = BCE, angle de reflexion, on aura ACB = ACD = CAB; donc BC = AB. Soient donc les trois rayons AF, BE, CD, refléchis de cette maniere, & qui ſe coupent aux points G, H, I : chacun d'eux, par l'hypotèſe, ſera tangente à la courbe cherchée; par conſéquent le point de contact de BE ne pourra être dans la partie HB, autrement AF ſeroit ſécante ; il ne pourra être non plus dans GE ; car alors DC ſeroit ſécante : & l'un & l'autre eſt contre l'hypotèſe : il ſera donc dans la partie GH. Qu'on conçoive préſentement que les points A & C s'approchent davantage de B, les points H & G ſe rapprocheront auſſi, ce qui reſſerrera les limites du point de contact; ſi donc A & C ſe réuniſſent en B, G & H ſe réuniront auſſi, de ſorte que le point de contact ſe trouvera déterminé dans le point de réunion de G & H. C'eſt ce point que j'appelle point de concurrence, & il eſt tel qu'on n'y peut faire paſſer qu'une ſeule ligne EB qui ſoit égale à la partie KB du diametre, au lieu que par tout autre point G ou H on en peut toujours faire paſſer deux, de ſorte que, par exemple, KC = CD & KB = BE, ou

KA = AF & KB = BE. Il faut entendre la même chose au sujet des autres points de concurrence.

SOLUTION.

Soient $AB = x$, la perpendiculaire $BC = y$, $AK = a$: il faut trouver CD qui, prolongée en E, donne $DE = AE$; l'équation résultante aura deux racines égales, parce qu'on suppose que C est le point de concurrence par lequel on ne peut faire passer qu'une seule ligne $DE = AE$: qu'on fasse donc $CD = z$, & $AE = ED = m$, on aura $CE = m - z$, $BE = \sqrt{m^2 - 2mz + z^2 - y^2}$, & $AE = AB - BE = x - \sqrt{m^2 - 2mz + z^2 - y^2} = m$: l'équation réduite donne $m = \frac{x^2 - z^2 + y^2}{2x - 2z}$; & parce que $\sqrt{a^2 - x^2} = GB$, on aura $GC \times GH = DC \times CF = a^2 - x^2 - y^2$, par conséquent $CF = \frac{a^2 - y^2 - x^2}{z}$, & $DF = \frac{a^2 - x^2 - y^2 + z^2}{z}$, & $EF = \frac{a^2 - x^2 - y^2 + z^2}{z - m}$; donc $DE \times EF = KE \times EI = a^2 - m^2 = \frac{\overline{a^2 - x^2 - y^2 + z^2} \times m}{z - m^2}$; donc .... $m = \frac{a^2 z}{a^2 - x^2 - y^2 + z^2} = \frac{x^2 - z^2 + y^2}{2x - 2z}$; donc $z^4 - 2x^2z^2 - 2y^2z^2 - a^2z^2 + 2a^2xz + x^4 + 2x^2y^2 + y^4 - a^2x^2 - a^2y^2 = 0$. Fig. 121.

Cette équation a deux racines égales, & si on la multiplie par deux progressions arithmétiques

$$
\begin{array}{lllll}
-0, & -1, & -2, & -3, & -4 \\
z^4 & * & -2x^2z^2 & +2a^2xz & +x^4 = 0 \\
 & & -2y^2z^2 & & +2x^2y^2 \\
 & & -a^2z^2 & & +y^4 \\
 & & & & -a^2x^2 \\
 & & & & -a^2y^2
\end{array}
$$

$$\begin{array}{lllll} +4, & +3, & +2, & +1, & +0 \\ z^4 & * & -2x^2z^2 & +2a^2xz & +x^4 \\ & & -2y^2z^2 & & +2x^2y^2 \\ & & -a^2z^2 & & +y^4 \\ & & & & -a^2x^2 \\ & & & & -a^2y^2 \end{array}$$

on aura les deux équations A & B.

$$\text{A.}\quad \begin{array}{lll} 4x^2z^2 & -6a^2xz & -4x^4 = 0 \\ +4y^2z^2 & & -8x^2y^2 \\ +2a^2z^2 & & -4y^4 \\ & & +4a^2x^2 \\ & & +4a^2y^2 \end{array}$$

$$\text{B.}\quad \begin{array}{llll} 4z^4 & * & -4x^2z^2 & +2a^2xz = 0 \\ & & -4y^2z^2 & \\ & & -2a^2z^2 & \end{array}$$

qu'on multiplie l'équation A par z, & l'équation B par $\frac{x^2 + y^2 + \frac{1}{2}a^2}{z}$, & on trouvera

$$\begin{array}{lll} 4x^2z^3 & -6a^2xz^2 & -4x^4z = 0 \\ +4y^2z^3 & & -8x^2y^2z \\ +2a^2z^3 & & -4y^4z \\ & & +4a^2x^2z \\ & & +4a^2y^2z \end{array} \quad \& \quad \begin{array}{lll} 4x^2z^3 & * & -4x^4z + 2a^2x^3 = 0 \\ +4y^2z^3 & & -8x^2y^2z + 2a^2xy^2 \\ & & -4a^2x^2z + a^4x \\ & & -4y^4z \\ & & -4a^2y^2z \\ & & -a^4z \end{array}$$

Si l'on soustrait la derniere de la précédente, le reste divisé par a^2 donnera l'équation C

$$\text{C.}\quad \begin{array}{l} 6xz^2 - 8x^2z + 2x^3 = 0 \\ \qquad\quad - 8y^2z + 2xy^2 \\ \qquad\quad - a^2z + a^2x \end{array}$$

multipliant A par $3x$, & C par $2x^2 + 2y^2 + a^2$, on aura

$$\begin{array}{llll} 12x^3z^2 - 18a^2x^2z - 12x^5 = 0 & \& & 12x^3z^2 - 16x^4z + 4x^5 = 0 \\ + 12xy^2z^2 \qquad\quad - 24x^3y^2 & & + 12xy^2z^2 - 32x^2y^2z + 8x^3y^2 \\ + 6a^2xz^2 \qquad\quad - 12xy^4 & & + 6a^2xz^2 - 16y^4z + 4a^2x^3 \\ \qquad\qquad\qquad + 12a^2x^3 & & \qquad\qquad - 10a^2x^2z + 4xy^4 \\ \qquad\qquad\qquad + 12a^2xy^2 & & \qquad\qquad - 10a^2y^2z + 4a^2xy^2 \\ & & \qquad\qquad - a^4z + a^4x \end{array}$$

Cette derniere ſouſtraite de la précédente, donne pour reſte l'équation D.

$$\text{D.}\quad \begin{array}{l} 16x^4z - 16x^5 = 0 \\ + 32x^2y^2z - 32x^3y^2 \\ + 16y^4z - 16xy^4 \\ - 8a^2x^2z + 8a^2x^3 \\ + 10a^2y^2z + 8a^2xy^2 \\ + a^4z - a^4x \end{array}$$

qu'on multiplie C par z, & B par $\frac{3}{2}x$, & on aura

$$\begin{array}{lll} 6xz^3 - 8x^2z^2 + 2x^3z = 0 & \& & 6x^3 * - 6x^3z + 3a^2x^2 = 0 \\ - 8y^2z^2 + 2xy^2z & & \qquad\quad - 6xy^2z \\ - a^2z^2 + a^2xz & & \qquad\quad - 3a^2xz \end{array}$$

le reſte de la ſouſtraction ſera

$$\begin{array}{l} 8x^2z^2 - 8x^3z + 3a^2x^2 = 0 \\ + 8y^2z^2 - 8xy^2z \\ + a^2z^2 - 4a^2xz \end{array}$$

Si on ſouſtrait cette équation du double de l'équation A, le reſte ſera

$$\begin{array}{llll} 3a^2z^2 & -8a^2xz & -8x^4 & =0 \\ & +8x^3z & -16x^2y^2 & \\ & +8xy^2z & -8y^4 & \\ & & +5a^2x^2 & \\ & & +8a^2y^2 & \end{array}$$

Qu'on multiplie celle-ci par $2x$, & C par a^2, & ſouſtrayant C, ainſi multiplié, de l'autre, on aura pour reſte l'équation E.

$$\begin{array}{lll} \text{E.} \quad 8a^2x^2z & +16x^5 & =0 \\ -16x^4z & +32x^3y^2 & \\ -16x^2y^2z & +16xy^4 & \\ -8a^2y^2z & -8a^2x^3 & \\ -a^4z & -14a^2xy^2 & \\ & +a^4x & \end{array}$$

Enſuite on ajoûtera enſemble les équations D & E, on diviſera la ſomme par $2y^2$, & le quotient ſera $8x^2z+8y^2z+a^2z-3a^2x=0$; donc $z=\frac{3a^2x}{8x^2+8y^2+a^2}$: mais par l'équation E,

$$z=\frac{16x^5+32x^3y^2+16xy^4-8a^2x^3-14a^2xy^2+a^4x}{8a^2x^2-16x^4-16x^2y^2-8a^2y^2-a^4},$$

comparant ces deux valeurs, faiſant évanouir les fractions, & réduiſant l'équation à zéro, on aura enfin

$$\begin{array}{lllll} 64x^6 & -48a^2x^4 & +12a^4x^2 & -a^6 & =0 \\ & +192x^4y^2 & -96a^2y^2x^2 & -15a^4y^2 & \\ & & +192y^4x^2 & -48a^2y^4 & \\ & & & +64y^6 & \end{array}$$

c'eſt

c'eſt la véritable équation qui détermine la nature de la courbe, & qui ne peut être réduite à de moindres dimenſions puiſque la poſition $y = \frac{1}{2}a$ donne l'équation $256\,x^6 - 27\,a^6 = 0$, qui eſt irréductible.

369. Le frere du célébre Mathématicien dont nous avons emprunté le Problême précédent, obſerva qu'on pouvoit rendre cette méthode générale pour déterminer la nature de toutes les développées & de toutes les cauſtiques, c'eſt-à-dire, de toutes les courbes formées par les interſections de perpendiculaires ou de rayons réfléchis. Pour avoir une idée de la développée, concevez une courbe enveloppée d'un fil, que vous développerez, en le tenant par une extrémité toujours tendu, cette extrémité décrira une courbe qu'on appelle développée. Soient donc les deux droites B D, C D perpendiculaires ſur la courbe A C B, Fig. 121. ou réfléchies par les rayons incidens L B, L C, & qui ſe coupent au point D; il s'enſuit que réciproquement du point donné D on peut mener deux lignes qui ſoient ou perpendiculaires à la courbe A B, ou les réfléchies des rayons qui partent du point L. C'eſt pourquoi ſi on conſidere comme déterminées les indéterminées A E, E D, c'eſt-à-dire, ſi on prend le point D comme donné, & qu'enſuite on cherche la longueur de z, par exemple, de D B, ou B L, ou B G, ou A G, l'équation qui exprimera la longueur de z aura deux racines égales, ſi les points B & C ſe réuniſſent, c'eſt-à-dire, ſi le point D ſe trouve ſur la courbe cherchée. C'eſt pourquoi ſi on traite cette équation ſuivant la méthode du Problême précédent, & qu'on en faſſe ſortir z, il en réſultera une autre qui repréſentera le rapport des indéterminées x & y, ou des droites A E, E D, & par conſéquent la nature de la courbe cherchée. Ainſi ſi on vouloit chercher par cette méthode la développée de la parabole dont le parametre eſt a, on feroit $AI = \frac{1}{2}a$, $IE = x$, $ED = y$, $BG = z$; donc $AG = \frac{z^2}{a}$, $GF = \frac{1}{2}a$, $EF = \frac{ay}{2z}$; donc $AI + IE = \frac{1}{2}a + x = AG + GF + FE = \frac{z^2}{a} + \frac{1}{2}a + \frac{ay}{2z}$, ou $x = \frac{z^2}{a} + \frac{ay}{2z}$; enſuite on feroit évanouir les fractions, & on multiplieroit l'équation par deux progreſſions arithméthiques, comme il ſuit.

$$\begin{array}{llll}
0 \quad 1 \qquad 2 \qquad\quad 3 & & 3 \quad 2 \qquad\quad 1 \qquad\qquad 0 & \\
2z^3 * - 2axz + a^2y = 0. & & 2z^3 * - 2axz + a^2y = 0 & \\
\quad - 4axz + 3a^2y = 0. & & 6z^3 \quad - 2axz \quad = 0 & \\
\qquad z = \frac{3ay}{4x} & & 3z^2 \quad - ax \quad = 0 & \\
\qquad z^2 = \frac{9a^2y^2}{16x^2} & & z^2 = \frac{ax}{3} &
\end{array}$$

donc $\frac{9a^2y^2}{16x^2} = \frac{ax}{3}$, & $27ay^2 = 16x^3$, qui eſt l'équation qui exprime la nature de la développée de la parabole.

J'avois d'abord deſſein de placer à la ſuite de ce Chapitre une méthode qui s'employe avantageuſement pour réſoudre un grand nombre de Problêmes curieux & utiles, ſoit dans les Mathématiques pures, ſoit dans les Mathématiques mixtes. On l'appelle la Méthode *de maximis & minimis*, c'eſt-à-dire, celle de trouver les plus grandes & les moindres quantités. Tous les Problêmes de cette eſpece peuvent ſe réduire à trouver les plus grandes & les moindres ordonnées, ou les plus grandes & les moindres abſciſſes: or on a les plus grandes & les moindres ordonnées, quand la tangente eſt parallele aux abſciſſes, & les plus grandes & les moindres abſciſſes, quand la tangente eſt parallele aux ordonnées; c'eſt pourquoi je reſolvois les queſtions *de maximis & minimis*, par la Méthode donnée pour les tangentes (Chap. VI.). Mais ayant fait attention que cette maniere de réſoudre ces Problêmes ne différoit au fond de celle que donne le calcul différentiel, que parce que cette derniere eſt plus générale, j'ai ſupprimé ce que j'avois préparé là-deſſus.

F I N.

ERRATA.

Pag.	*lig.*	*fautes.*	*corrections.*
22	8	$bdfs + tbhml$.	$bdfst + bhml$
ibid.	18	afr	a^2fr
25	6	$\frac{a}{4}$	$\frac{a^2}{4}$
35	21	c^4	c^3.
67	11	nombres	membres.
99	7	$24x^2 6$	$24x^2y^6$.
ibid.	19	$a + x$	$\overline{a + 4x}$
100	19	$\overline{a \times x} - 1$	$a \times x^7 - 1$
ibid.	21	$1 - x$	$1 + x$.
102	6	3 ou n	7 ou 11.
104	12	$\frac{dg - a - c}{a}$	$\frac{dg - a - c}{b}$
ibid.	15	40	400.
105	20	$\frac{1}{16}$	$\frac{1}{61}$.
110	12	*a*	à.
ibid.	14	Coroll. 3.	Cor. 4.
111	16	2e Cor.	3e Cor.
ibid.	18	Cor. 5^e^	Cor. 4^e^
ibid.	22	3e & 4e Cor.	5e & 6e Cor.
ibid.	28	17	7.
119	15	curieuse	curieux.
121	5	$+ bm^2$	$- bm^2$.
134	derniere	DB	CD.
137	5	AN, AQ	AM, AR
139	27	$+ b$	$+ b^2$.
140	35	qu'au	qu'au contraire.
ibid.	36	$- b$	$- bc$.
145	3	ADF	ABF.
ibid.	28	De, Bk	Bo, Df.
147	16, 17, 18	N	V.
148	2	$- g$	$- \frac{g}{f}$.
154	2	$= bc$	$= bd$.
156	2	IE	IL.
ibid.	*av. dern.*	$a\sqrt{}$	$a\sqrt[4]{}$.
157	5	$a\sqrt[4]{2\sqrt{5-2}}$	$a\sqrt[4]{2\sqrt{5}-2}$
159	9	*ajoûtez à la marge*	Fig. 30.
ibid.	19	*item.*	Fig. 31.
165	5	AH	KH.
168	derniere	$\sqrt{\frac{2d}{3a}}$	$\sqrt{\frac{2d^3}{3a}}$,
172	5	$- a^2$	$+ a^2$.
174	*dern.*	$2a^2$	$2ac$.
175	11	$= - p$	$= - Bp$.
179	27	$- pe^2$	$+ pe^2$.
183	32	$\frac{py^2}{f^3}$	$\frac{py^2}{f^2}$.
184	25	$3 \times 14x$	$3 \times 14y$.
ibid.	*ibid.*	$42x$	$42y$.
187	19	$- s$	$+ s$.
210	28	pxx^3	px^3.
ibid.	33	nlx	nkx.
214	1	$3\sqrt{2 - \frac{1}{2}}$	$3\sqrt{2} - \frac{1}{2}$.
ibid.	2	*idem.*	*idem.*
ibid.	*ibid.*	$\sqrt{2 + \&c.}$	$\sqrt{2} + \&c.$
ibid.	*ibid.*	$3\sqrt{2 - \frac{1}{2}}$	$3\sqrt{2} - \frac{1}{2}$.
ibid.	3	*idem.*	*idem.*
215	32	$= nk^2x$	nk^2x^2.
216	14	$\frac{1}{4}pb$	$\frac{1}{2}pk$.
219	24	$- \overline{x^2 + y^2}$	$x^2 + y^2$.
220	21	$\sqrt{n\sqrt{zt}}$	$\sqrt{n\sqrt{t}}$.
223	18	$x^c - y$	$x^c - 3$.
225	20 & 22	$a^m b^p df$	$a^m b^p d f$.
228	22	$= \frac{q}{3 \times \sqrt{\frac{1}{2}r^2 \&c.}}$	$- \frac{q}{3 \times \sqrt{-\frac{1}{2}r^2}}$.
232	4	$+ q$	$+ g$.
239	2	$\frac{s^2}{r^3}$	$\frac{s^3}{r^3}$.
250	24	$n > \frac{l - e}{k}$	$n < \frac{l - e}{k}$.
253	10	$= a^2 + A$	$= a^2 A$.
254	27	bAy^2	bA^2y^2.
256	5	$fA^k y^{e + nk}$	$FA^{k} y^{e + nk}$.
265	22	$\frac{n - 1}{n2}$	$\frac{n - 1}{2n}$.
267	11	$\times x^2$	$\times x$.
ibid.	*ibid.*	$+ m$	$+ n$.
270	*dern.*	$\frac{L}{c}$	$\frac{L}{b}$.
281	18	$nx + mf$	$mx + mf$.
ibid.	21	q	v.
284	23	découvra	découvrira.
285	6	AP	AB.
ibid.	18	dlq	dl^2.
286	*av. dern.*	cxy	exy.
288	26	$:d$	$::d$.
290	14	S	s.
292	15	perpendiculaire	la perpendiculaire.
293	10	chn	ehn.
ibid.	11	ch	eh.
ibid.	24	$+ 4af$	$- 4af$.
294	8	$\frac{a}{c}$	$= \frac{a}{c}$.

Pag.	lig.	fautes.	corrections.
294	10	$\frac{-b}{c}$	$\frac{-b}{2c}$.
295	22	moitié	droite.
296	dern.	S	f.
316	25	$-a$	$=a$.
318	19	$+b$	$+b^2$.
320	av. dern.	$\sqrt{a}$	$\sqrt{a^2}$.
321	9	$\frac{a^2-b^2}{x}$	$\frac{a^2+b^2}{4}$.
ibid.	17	$=\times v$	$\times v$.
335	vers le haut de la marge ajoûtez		Fig. 64.
336	5	$n=l$	$v=l$.
340	13	pour n	pour v.
ibid.	dern.	av^2	av^3.
343	dern.	$+10$	$+1=0$.
347	5	$+3$	$+b^3$.
352	30	$-x^2$	$+x^2$.
356	19	MR	MO.
357	27	nn	un.
359	12	p	P.
361	19	axe	arc.
364	7	$-B^2$	$+B^2$.
365	6	$\frac{b^4p^2}{a^2}$	$\frac{b^4p^2}{a^4}$.
366	5	$\sqrt{A}$	$\sqrt{A^2}$.
367	30	petite	petits.
368	32	$\sqrt{a^3}$	$\sqrt{a^5}$.
375	art. 310. à la marge ajoûtez		Fig. 98.
378	26	$2tps$	$2tpsx$.
381	2	n	$n-$
ibid.	4	$-\frac{prx}{q}$	$+\frac{prx}{q}$.
386	art. 330. à la marge ajoûtez		Fig. 106.
392	derniere	$-bax$	$-6ax^2$.
394	33	D$\times$	d$\times$.
399	7	$\frac{AP}{16h}$	$\frac{AB}{16h}$.
402	23	a^2+	$a^2=$.
ibid.	18	ao	ac.
ibid.	26	$\frac{C}{a^2}$	$\frac{C}{2a^2}$.
407	dern.	PH	BH.
408	21	IL:LT:QT:QM	LT:QT:QM:LI.
411	10	LP	NP.
ibid.	20	vv	v.
ibid.	ibid.	$-y^6$	$+y^6$.
ibid.	21	$-5y$	$+5y$.
ibid.	24	$z=$	$y=$.
413	13	GH	CH.
414	21	avant $-4a^2x^2z$ ajoûtez	$+2a^2z^3$.
415	19	$6x^3$	$6xz^3$.

Approbation du Censeur Royal.

J'Ai lû par ordre de Monseigneur le Chancelier un Manuscrit intitulé : *Traité d'Algébre*, traduit de l'Anglois de M. Maclaurin, & j'ai crû que cet Ouvrage seroit fort utile au Public. A Paris ce 28 Juillet 1752.

MONTCARVILLE.

PRIVILEGE DU ROI.

LOUIS, par la grace de Dieu, Roi de France & de Navarre : A nos Amés & Féaux Conseillers, les Gens tenans nos Cours de Parlement, Maîtres des Requêtes ordinaires de notre Hôtel ; Grand Conseil, Prevôt de Paris, Baillif, Sénéchaux, leurs Lieutenans Civils, & autres nos Justiciers qu'il appartiendra ; SALUT. Notre bien amé CHARLES-ANTOINE JOMBERT, Libraire à Paris, Nous a fait exposer qu'il désireroit faire imprimer & donner au Public des Ouvrages qui ont pour titre : *Le Guide des Jeunes Mathématiciens, traduit de l'Anglois, par le R. P. Pezenas, Jésuite. Nouveau Traité du Microscope, mis à la portée de tout le monde, traduit de l'Anglois. Traité des Fluxions & TRAITÉ D'ALGEBRE, PAR COLIN MACLAURIN. Nouveau Tarif de la Menuiserie, avec les détails & les prix de tous les ouvrages de Menuiserie. Le Mécanique du Feu, ou Traité de la nouvelle Construction de nouvelles Cheminées, par M. Gauger. Principes de Physique rapportés à la Médecine, & Traité des Métaux & des Minéraux, par M. Chambon, Médecin du Roi. Nouvelle explication du Flux & Reflux de la Mer, suivant un nouveau systême de Cosmographie & de Physique générale. Traité de Perspective à l'usage des Artistes, démontré géométriquement, par M. Jeaurat. Traité Analytique des Sections coniques, Fluxions & Fluentes, par M. Muller. L'Ingénieur de Campagne, ou Traité de la Fortification, par M. le Chevalier de Clairac. Petit Dictionnaire Universel, abrégé & mis à la portée des personnes qui n'ont point fait d'étude, par Thomas Dyche, traduit de l'Anglois, par le R. P. Pezenas. L'Historien Chronologique, ou l'Histoire d'Angleterre, depuis son origine jusqu'à présent, traduit de l'Anglois de M. Salmon* ; s'il nous plaisoit lui accorder nos Lettres de Privileges pour ce nécessaires. A CES CAUSES, voulant favorablement traiter l'Exposant, Nous lui avons permis & permettons, par ces Présentes, de faire imprimer lesdits Ouvrages en un ou plusieurs volumes, & autant de fois que bon lui semblera, & de les vendre, faire vendre & débiter par tout notre Royaume, pendant le tems de *douze* années consécutives, à compter du jour de la date desdites Présentes. Faisons défenses à tous Libraires, Imprimeurs, & autres personnes, de quelque qualité & condition qu'elles soient, d'en introduire d'impression étrangere dans aucun lieu de notre obéissance ; comme aussi d'imprimer, ou faire imprimer, vendre, faire vendre, ni contrefaire lesdits Ouvrages, ni d'en faire aucuns Extraits, sous quelque prétexte que ce soit, d'augmentation, correction, changement ou autres, sans la permission expresse & par écrit dudit Exposant, ou de ceux qui auront droit de lui, à peine de confiscation des Exemplaires contrefaits, & de trois mille livres d'amende, contre chacun des contrevenans, dont un tiers à Nous, un tiers à l'Hôtel-Dieu de Paris, l'autre tiers audit Exposant, ou à celui qui aura droit de lui, & de tous dépens, dommages & intérêts : à la charge que ces Présentes seront enregistrées tout au long sur le Registre de la Communauté des Libraires & Imprimeurs de Paris, dans trois mois de la date d'icelles ; que l'impression desdits Ouvrages sera faite dans notre Royaume & non ailleurs, en bon papier & beaux caracteres, conformément à la feuille imprimée & attachée pour modele, sous le contre-scel desdites Présentes ; que l'Impétrant se conformera en tout aux Réglemens de la Librairie, & notamment à celui du 10 Avril 1725, qu'avant que de les exposer en vente, les Manuscrits qui auront servi de copie à l'impression desdits Ouvrages, seront remis dans le même état où l'Approbation y aura été donnée, ès mains de notre très-cher & Féal Chevalier le Sieur Daguesseau, Chancelier de France, Commandeur de nos Ordres; & qu'il en sera ensuite remis deux Exemplaires dans notre Bibliotheque publique, un dans celle de notre Château du Louvre, & un dans celle de notredit très-cher & Féal Chevalier le Sieur Daguesseau, Chancelier de France; le tout à peine de nullité des Présentes: du contenu desquelles vous mandons & enjoignons de faire jouir l'Exposant, ou ses ayans cause, pleinement & paisiblement, sans souffrir qu'il leur soit fait aucun trouble ou empêchement: Voulons que la copie desdites Présentes, qui sera imprimée tout au long au commencement ou à la fin desdits Ouvrages, soit tenue pour dûement signifiée, & qu'aux copies collationnées par l'un de nos Amés & Féaux Conseillers & Secretaires, foi soit ajoûtée comme à l'original: Commandons au premier notre Huissier ou Sergent sur ce requis, de faire pour l'exécution d'icelles tous Actes requis & necessaires sans demander autre permission, nonobstant clameur de Haro, Charte Normande & Lettres à ce contraires: Car tel est notre plaisir. Donné à Paris le 14 jour du mois d'Avril, l'an de Grace mil sept cens quarante-neuf, & de notre Regne le trente-quatriéme. Par le Roy en son Conseil.

SAINSON.

Registré sur le Registre XII. de la Chambre Royale des Libraires & Imprimeurs de Paris, N°. 161. fol. 153. conformément aux anciens Réglemens, confirmés par celui du 28 Février 1723. A Paris le 16 Mai 1742.

Signé, CAVELIER, Syndic.

De l'Imprimerie de J. CHARDON.

LIVRES DE MATHÉMATIQUE

Qui se trouvent chez le même Libraire.

Ouvrages de M. BELIDOR, *Colonel d'Infanterie, Ancien Professeur Royal de Mathématiques, &c. &c.*

NOUVEAU Cours de Mathématique à l'usage de l'Artillerie & du Génie, où l'on applique les parties les plus utiles de cette Science à la théorie & à la pratique des différens sujets qui peuvent avoir rapport à la guerre. *In-quarto* avec 34 planches. 15 liv.

Le Bombardier François, ou nouvelle Méthode pour jetter les Bombes avec précision. Avec un Traité des Feux d'Artifice. *In-quarto.*

La Science des Ingénieurs dans la conduite des travaux de Fortification & d'Architecture civile. *In*-4°. gr. papier. 24 l.

L'Architecture Hydraulique. *Premiere Partie.* Qui contient l'Art de conduire, d'élever & de ménager les eaux pour les différens besoins de la vie. En deux volunes *In-quarto*, grand papier, avec 100 planches. 40 liv.

L'Architecture Hydraulique. *Seconde Partie.* Qui comprend l'Art de diriger les eaux de la Mer & des Rivieres à l'avantage de la défense des Places, du Commerce & de l'Agriculture. En deux volumes *in-quarto*, grand papier, enrichis de cent vingt planches. 50 liv.

Ouvrages de M. l'Abbé DEIDIER, *Professeur de Mathématiques aux Ecoles d'Attillerie de la Fere.*

Arithmétique des Géometres, ou Nouveaux Elémens des Mathématiques; contenant l'Arithmétique, l'Algebre, l'Analyse, les Equations du second & du troisiéme degré, &c. *In-quarto.* 15 liv.

La Science du Géometre, contenant les Elémens d'Euclide, la Trigonométrie, la Géométrie pratique, le Nivellement, l'Arpentage, les Sections coniques, &c. Et ce qui concerne la mesure des Corps & de leurs surfaces. *In-quarto*, avec près de 50 planches. 15 liv.

La Mesure des Surfaces & des Solides par la connoissance des centres de gravité, & par l'Arithmétique des Infinis. *In-quarto*, avec Figures. 12 liv.

Le Calcul différentiel & le Calcul intégral expliqués & appliqués à la Géométrie. *In-quarto*, avec Figures. 15 liv.

La Mécanique générale, pour servir d'introduction aux Sciences Physico-Mathématiques: pui renferme la Statique, le jet des Bombes, l'Hydro-Statique, l'Airométrie, & l'Hydraulique. *In-quarto*, avec Figures. 15 liv.

Le Parfait Ingénieur François, ou la Fortification suivant les Systêmes de M. de Vauban & des autres Auteurs qui ont écrit sur cette Science. Avec l'Attaque & la défense des Places. Nouvelle Edition, augmentée. *In-quarto*, enrichi de 50 planches. 15 liv.

Elémens généraux des parties des Mathématiques nécessaires à l'Artillerie & au Génie. Contenant l'Arithmétique, l'Algébre, l'Analyse, la Géométrie, la Trigonométrie, le Nivellement, l'Arpentage, les Sections coniques, le Toisé, l'Arithmétique des Infinis, la Mécanique, la Statique, l'Airométrie, l'Hydraulique & la Perspective. En deux vol. *in-quarto*, avec 62 planch. 1745. 24 liv.

Lettres d'un Mathématicien à un Abbé, où l'on prouve que la matiere n'est pas divisible à l'Infini. *In-douze.* 2 liv.

Lettre de M. de Mairan à Madame la Marq. du Châtelet, avec sa Dissertation sur les forces motrices des Corps, & la nouvelle réfutation des forces vives. Par M. l'Abbé Déidier. *In-douze.* 3 liv.

Ouvrages de M. OZANAM, *de l'Académie des Sciences.*

Cours de Mathématique qui comprend les parties de cette science les plus utiles à un homme de guerre. En cinq volumes *in*-8°, avec plus de 200 planches. 40 liv.

Les Récréations Mathématiques & Physiques, contenant plusieurs Problêmes curieux d'Arithmétique, de Géométrie, de Mécanique, d'Optique, de Gnomonique & de Physique. En quatre volumes *in-octavo*, avec quantité de Figures. Nouvelle Edition. 20 liv.

Traités séparés du Cours de Mathématique d'Ozanam.

L'Arithmétique, où toutes les parties de cette Science sont démontrées d'une maniere courte & facile. *In-8°*. 2 l. 10 s.

La Trigonométrie rectiligne & sphérique, avec les Tables des Sinus, tangentes & sécantes, & des Logarithmes. Par Adrien Wlacq. *In-octavo*. 4 liv. 10 s.

La Mécanique, où il est traité des Machines simples & composées, &c. *In-8°*. 6 l.

La Perspective théorique & pratique, où l'on enseigne la méthode de mettre toutes sortes d'objets en perspective, &c. *In-octavo*, avec Figures. 6 liv.

La Gnomonique, où l'on donne la maniere de faire des Cadrans solaires sur toutes sortes de surfaces, &c. *In-octavo*, avec 30 planches. 6 liv.

Les Elémens d'Euclide du P. Deschalles, avec l'usage de chaque proposition pour toutes les parties des Mathématiques. Par M. Audierne. *In douze*, avec 20 planches. Nouvelle Edition. 1753. 3 liv.

Traité de l'Arpentage & du Toisé, avec un nouveau Tarif pour les bois de Charpente. *In-12*. nouv. Ed. augm. 1747. 3 liv.

La Géométrie pratique, contenant la Trigonométrie, la Longimétrie, la Planimétrie & la Stéréométrie. Avec un Traité de l'Arithmétique par Géométrie. *In-12*, avec Figures. 2 liv. 10 s.

Usage du Compas de proportion & de l'Instrument universel. Avec un Traité de la division des Champs. *In-douze*, avec Fig. Nouv. Ed. 1748. 2 liv. 10 s.

Méthode de lever les Plans & les Cartes de Terre & de Mer, avec toutes sortes d'Instrumens, & sans Instrumens. *In-douze*, avec Figures. Nouvelle Edition, augmentée. 1750. 2 liv. 10 s.

Ouvrages de M. LE BLOND, *Maître de Mathématique des Enfans de France, & Professeur de Mathématique des Pages du Roi.*

Abrégé d'Arithmétique & de Géométrie à l'usage des jeunes Militaires. *In-douze*, avec 19 planches. 3 liv.

Nouveaux Elémens de Fortification, contenant ce qu'il y a de plus essentiel à observer dans une Place forte, pour initier en peu de temps les jeunes Militaires dans la connoissance de cette Science. *In-12*, avec 19 planches. Nouvelle Edition, augmentée. 1752. 3 liv. 10 s.

L'Arithmétique & la Géométrie de l'Officier, contenant la théorie & la pratique de ces deux Sciences appliquées aux emplois de l'homme de guerre. En deux volumes. *In-octavo*, enrichis de 45 planches. 1748. 12 liv.

Suite du même Ouvrage. Essai sur la Castramétation, ou sur la maniere de former, de tracer & de mesurer un Camp. *In-8°*, avec Figures. 1748. 6 liv.

Elémens de la Guerre des Siéges, où il est traité de l'Artillerie, de l'Attaque & de la Défense des Places. Avec un Dictionnaire des termes les plus usités dans la Guerre des Siéges. En trois volumes *in-octavo*, avec 32 planches. 15 liv.

Ouvrages de M. MAC-LAURIN, *Professeur de Mathématiques dans l'Université d'Edimbourg.*

Elémens de la Méthode des Fluxions. Traduit de l'Anglois, par le R. P. Pezenas, Jésuite. En deux volumes *in-quarto*, avec Figures. 1747. 20 liv.

Traité d'Algèbre, traduit de l'Anglois, par M. le Cozic, *in-quarto*. 12 liv.

Ouvrages de M. BOUGUER. *de l'Académie Royale des Sciences.*

La Figure de la Terre, déterminée par les Observations de M M. Bouguer & de la Condamine, envoyés par ordre du Roi sous l'Equateur. Avec une Relation du Voyage fait au Pérou, & la Description de ces Pays. Ouvrage pour servir de suite aux Mémoires de l'Académie, année 1745. *In-quarto*, avec Figures. 13 l. 10 s.

Traité du Navire, de sa Construction & de ses mouvemens. *In-quarto*, avec Figures. 1746. 15 liv.

Dictionnaire Universel de Mathématique & de Physique, tiré principalement des Dictionnaires d'Ozanam, de Wolf & de Stone, en 2 Vol. *in-quarto*, grand papier, avec 101 planches. 1753. 33 liv.

Elementa Matheseos universæ, &c. Par M. Chrétien Wolf, *in-4°*. 5 Vol. 60 liv.

Abrégé du Cours de Mathématique de M. Wolf, en François, 3 Vol. *in-octavo*, enrichi de 69 planches. 1747. 15 liv.

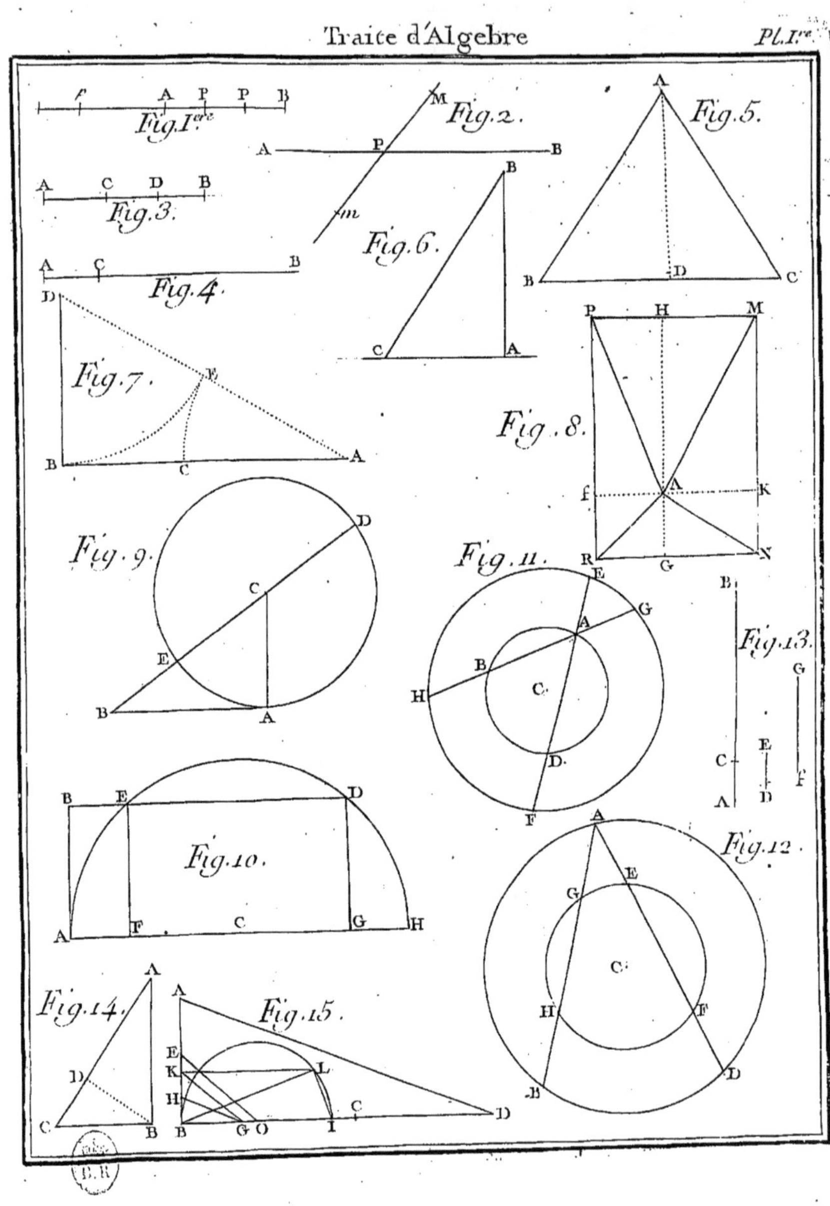
Fig. 1re
Fig. 2.
Fig. 3.
Fig. 4.
Fig. 5.
Fig. 6.
Fig. 7.
Fig. 8.
Fig. 9.
Fig. 10.
Fig. 11.
Fig. 12.
Fig. 13.
Fig. 14.
Fig. 15.

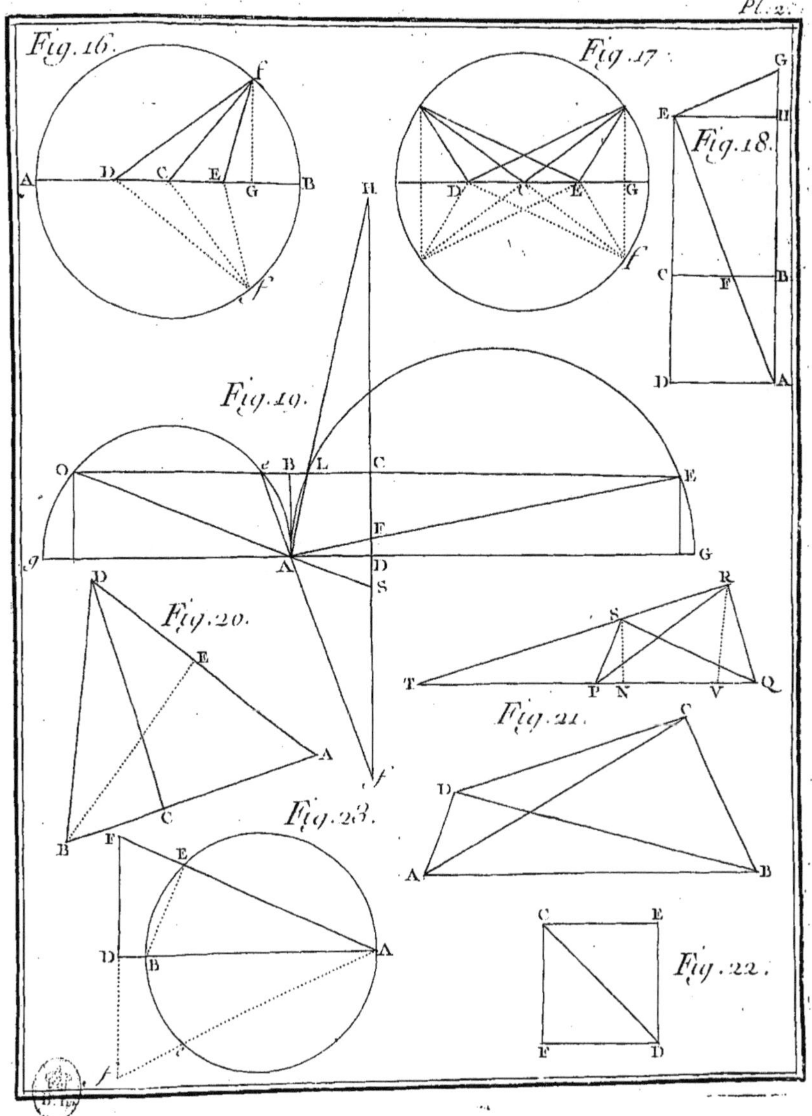
Fig. 16.
f
A
D
C
E
G
B
f
Fig. 17.
D
C
E
G
f
Fig. 18.
G
E
H
C
F
B
D
A
H
Fig. 19.
O
e
B
L
C
E
F
g
A
D
G
S
f
D
Fig. 20.
E
A
C
B
R
S
T
P
N
V
Q
Fig. 21.
C
D
A
B
Fig. 23.
F
E
D
B
A
f
C
E
Fig. 22.
F
D

Fig. 24.

Fig. 25.

Fig. 26.

Fig. 27.

Fig. 28.

Fig. 29.

Fig. 30.

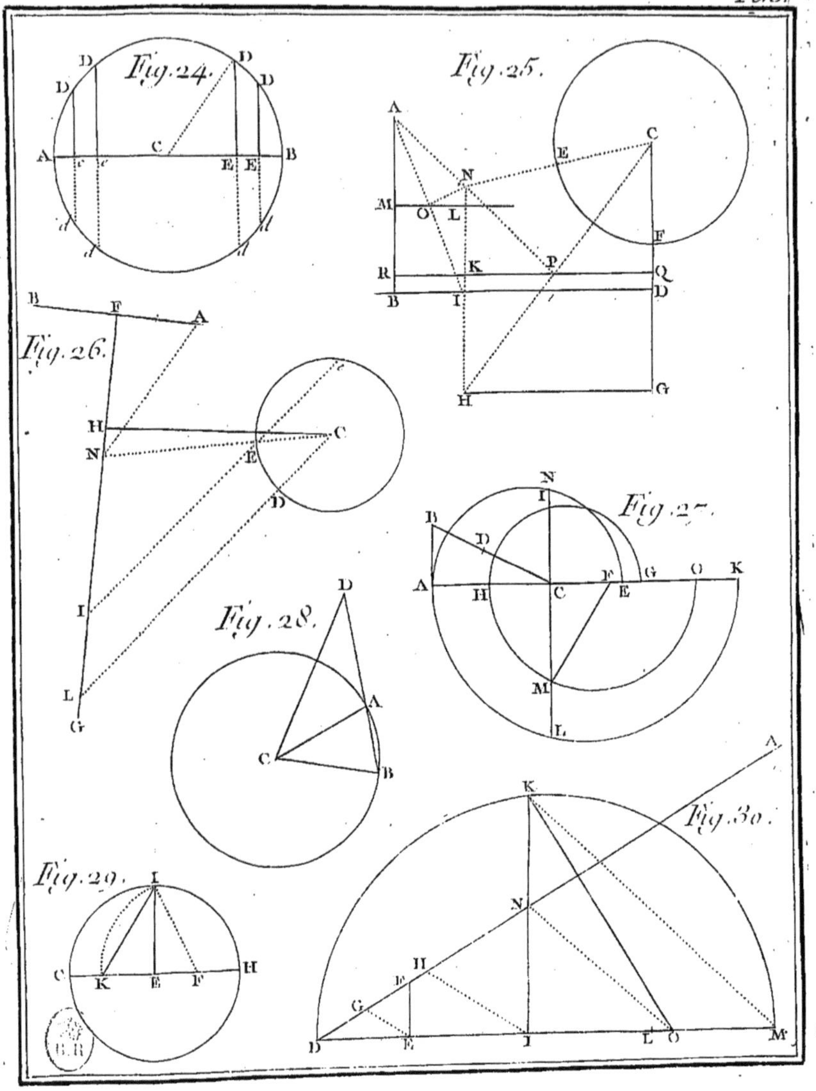

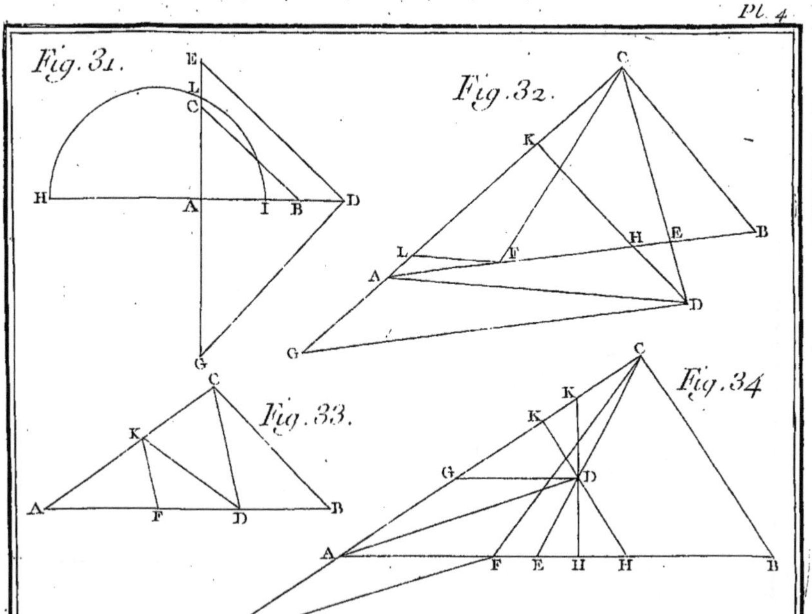

Fig. 31.

Fig. 32.

Fig. 33.

Fig. 34

Fig. 35.

Fig. 36.

Fig. 37.

Fig. 38.

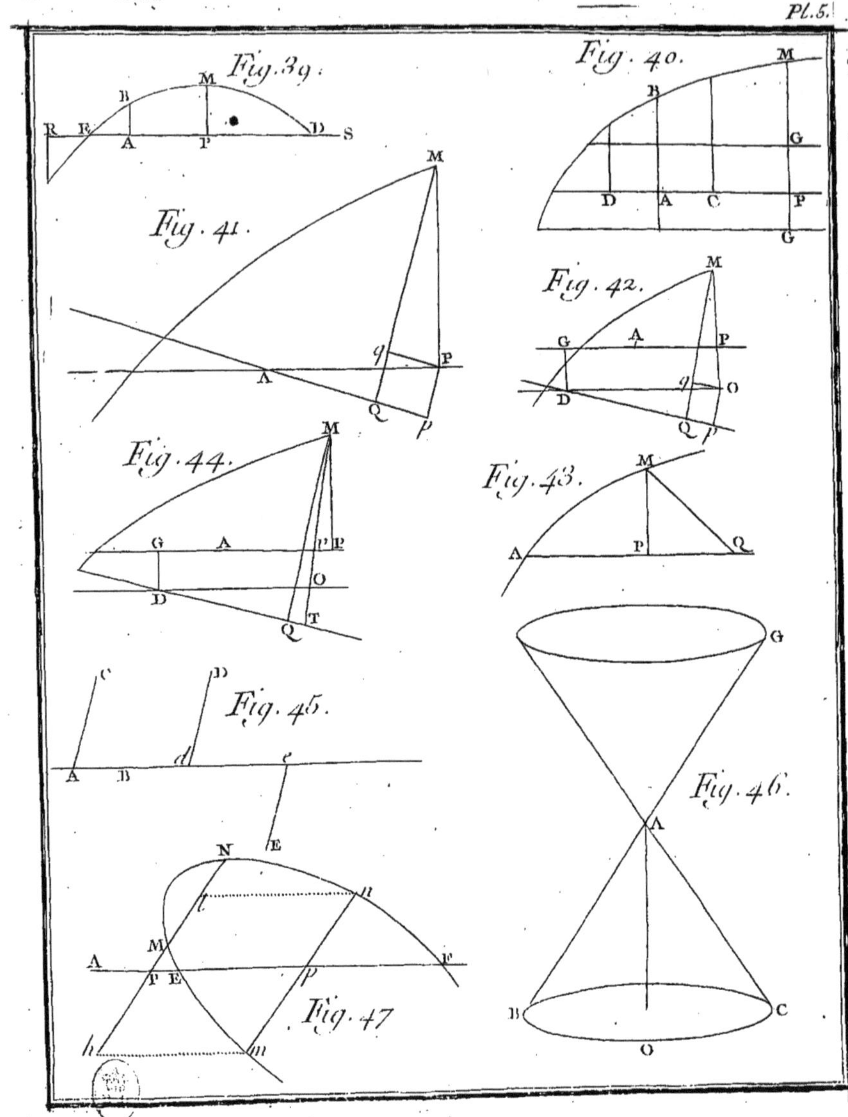
Fig. 39.
R
E
B
A
M
P
D
S
Fig. 40.
M
B
G
D
A
C
P
G
Fig. 41.
M
q
P
A
Q
p
Fig. 42.
M
G
A
P
q
O
D
Q
p
Fig. 44.
M
G
A
P
O
D
Q
T
Fig. 43.
M
A
P
Q
Fig. 45.
C
D
A
B
d
e
E
Fig. 46.
G
A
B
C
O
Fig. 47
N
E
n
M
A
F
P
E
p
h
m

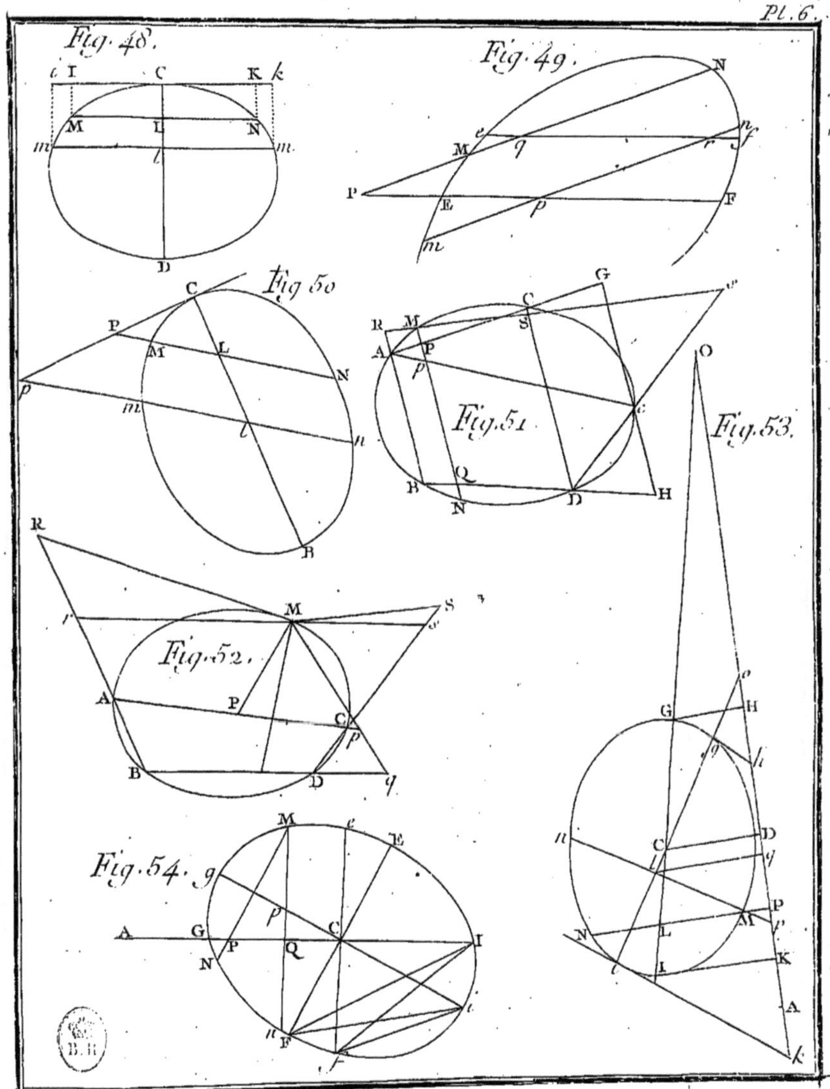
Pl. 6.
Fig. 48.
Fig. 49.
Fig. 50
Fig. 51
Fig. 52.
Fig. 53.
Fig. 54.

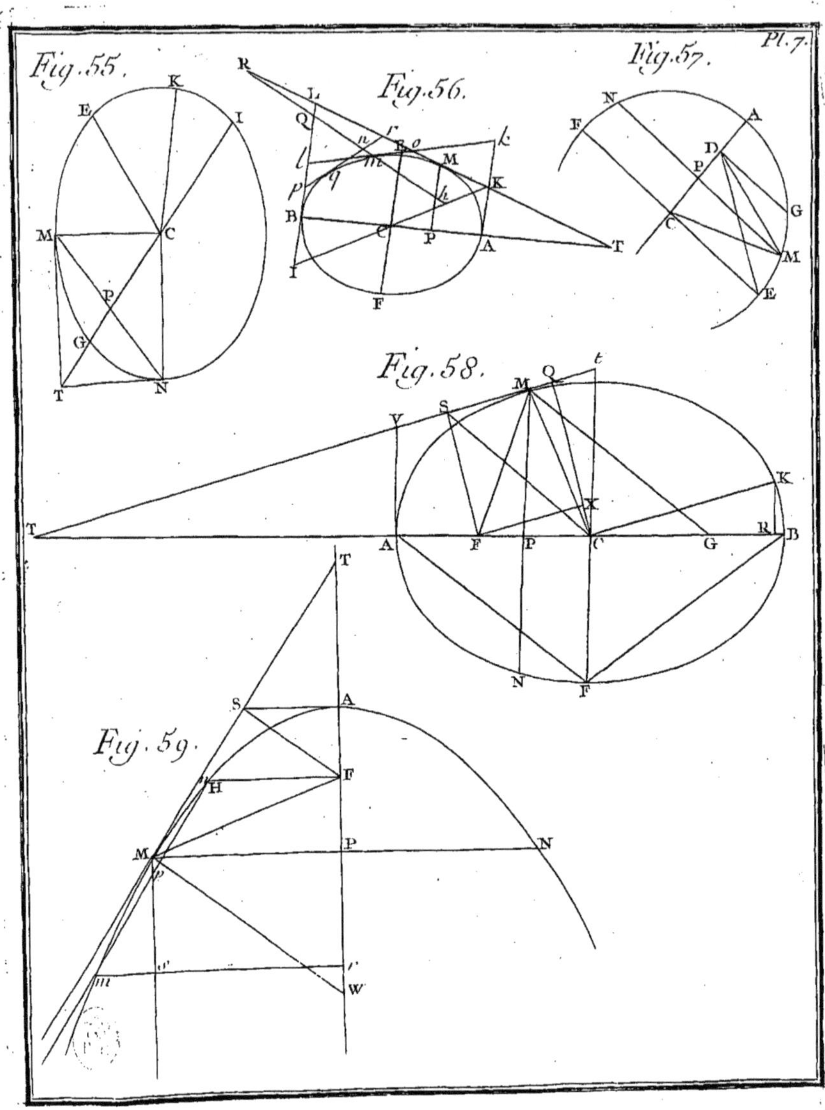
Pl. 7.
Fig. 55.
Fig. 56.
Fig. 57.
Fig. 58.
Fig. 59.

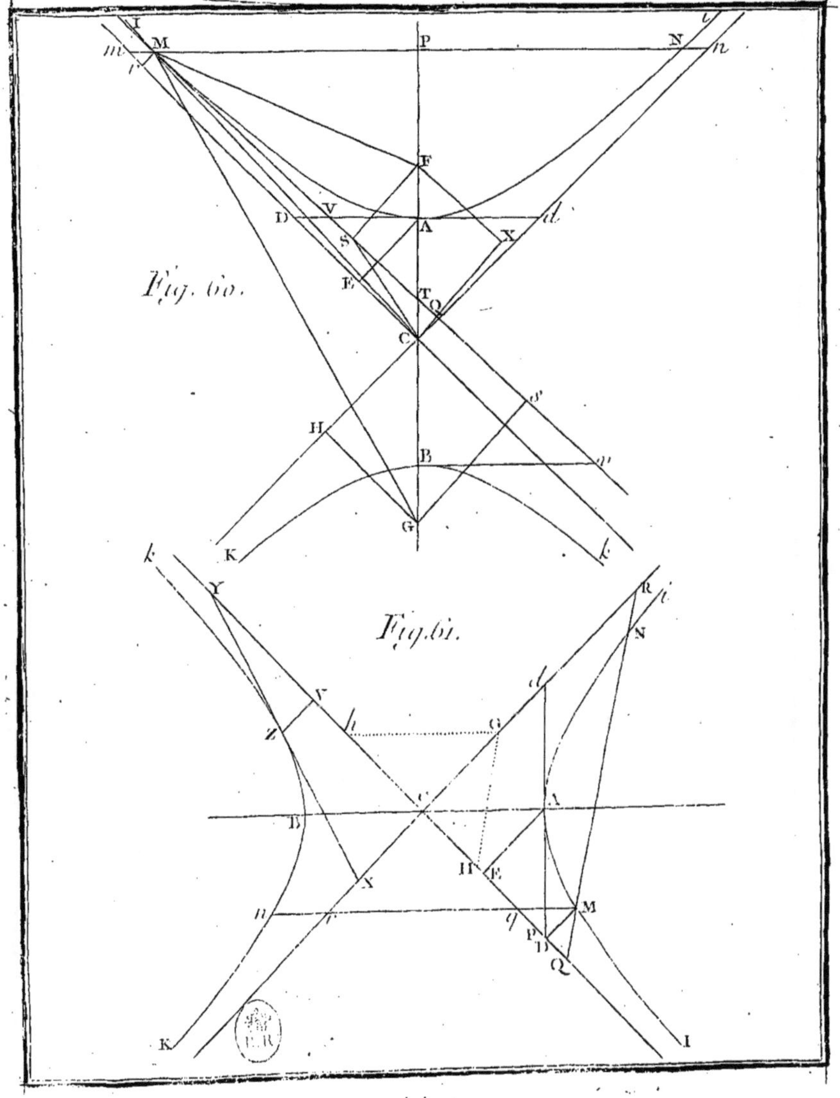

Fig. 60.

Fig. 61.

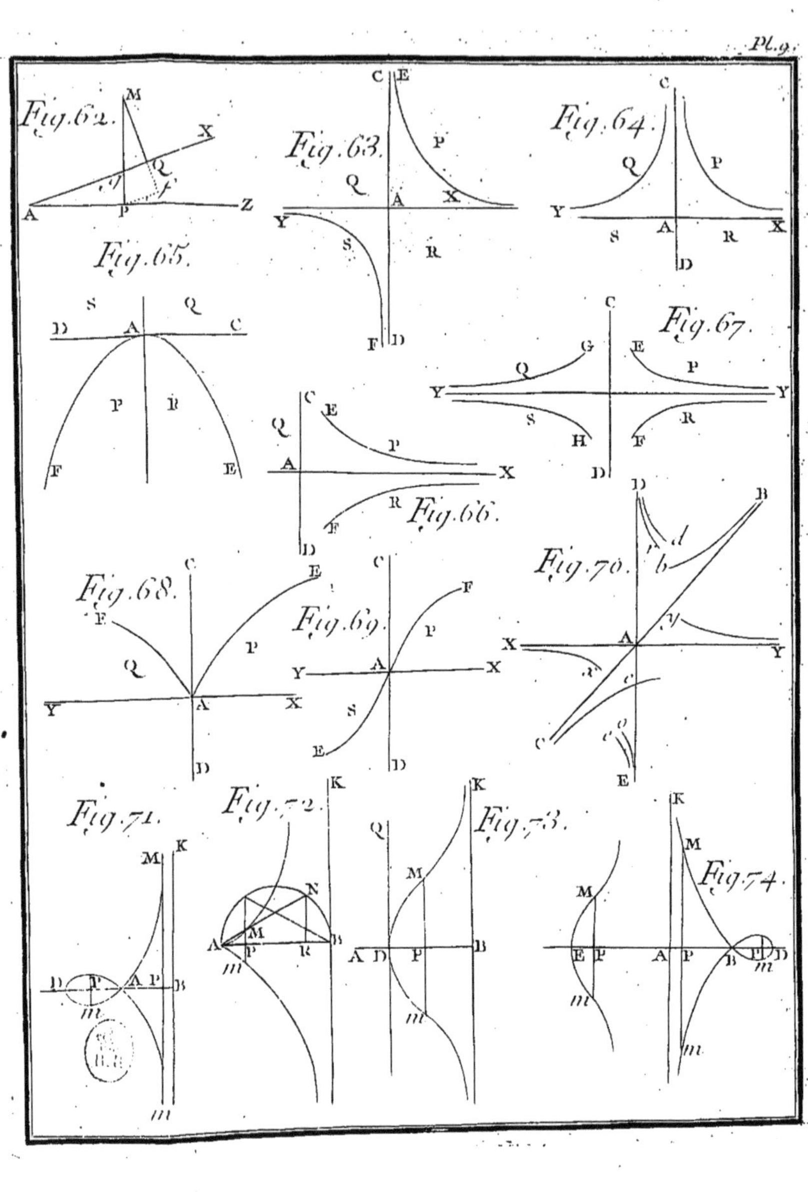
Fig. 62.
Fig. 63.
Fig. 64.
Fig. 65.
Fig. 66.
Fig. 67.
Fig. 68.
Fig. 69.
Fig. 70.
Fig. 71.
Fig. 72.
Fig. 73.
Fig. 74.

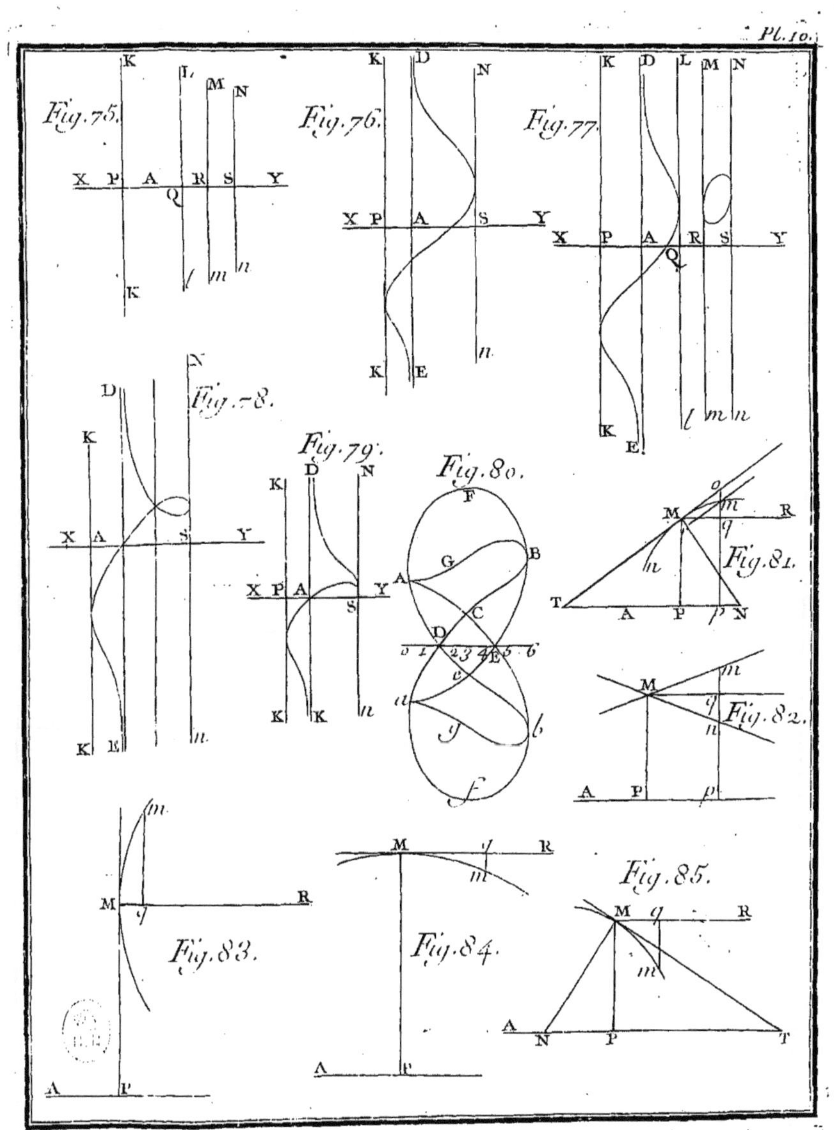
Fig. 75.
Fig. 76.
Fig. 77.
Fig. 78.
Fig. 79.
Fig. 80.
Fig. 81.
Fig. 82.
Fig. 83.
Fig. 84.
Fig. 85.

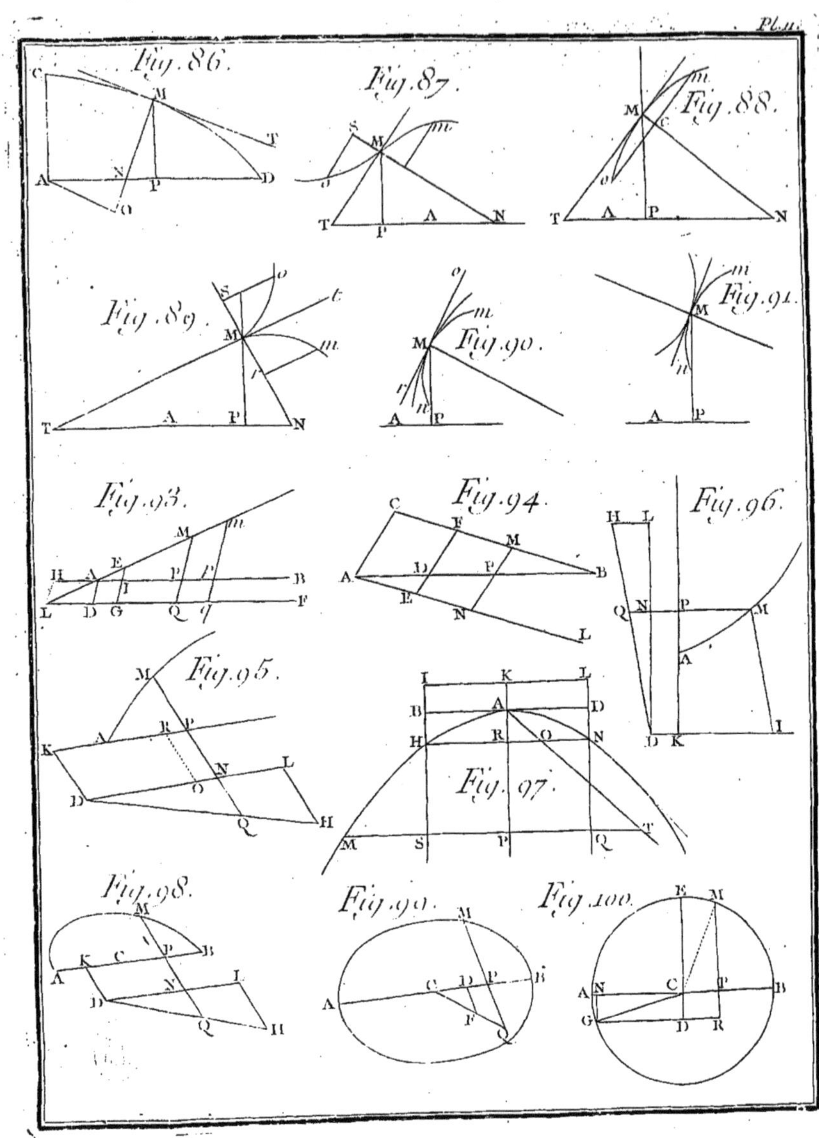
Pl. II.
Fig. 86.
Fig. 87.
Fig. 88.
Fig. 89.
Fig. 90.
Fig. 91.
Fig. 93.
Fig. 94.
Fig. 96.
Fig. 95.
Fig. 97.
Fig. 98.
Fig. 99.
Fig. 100.

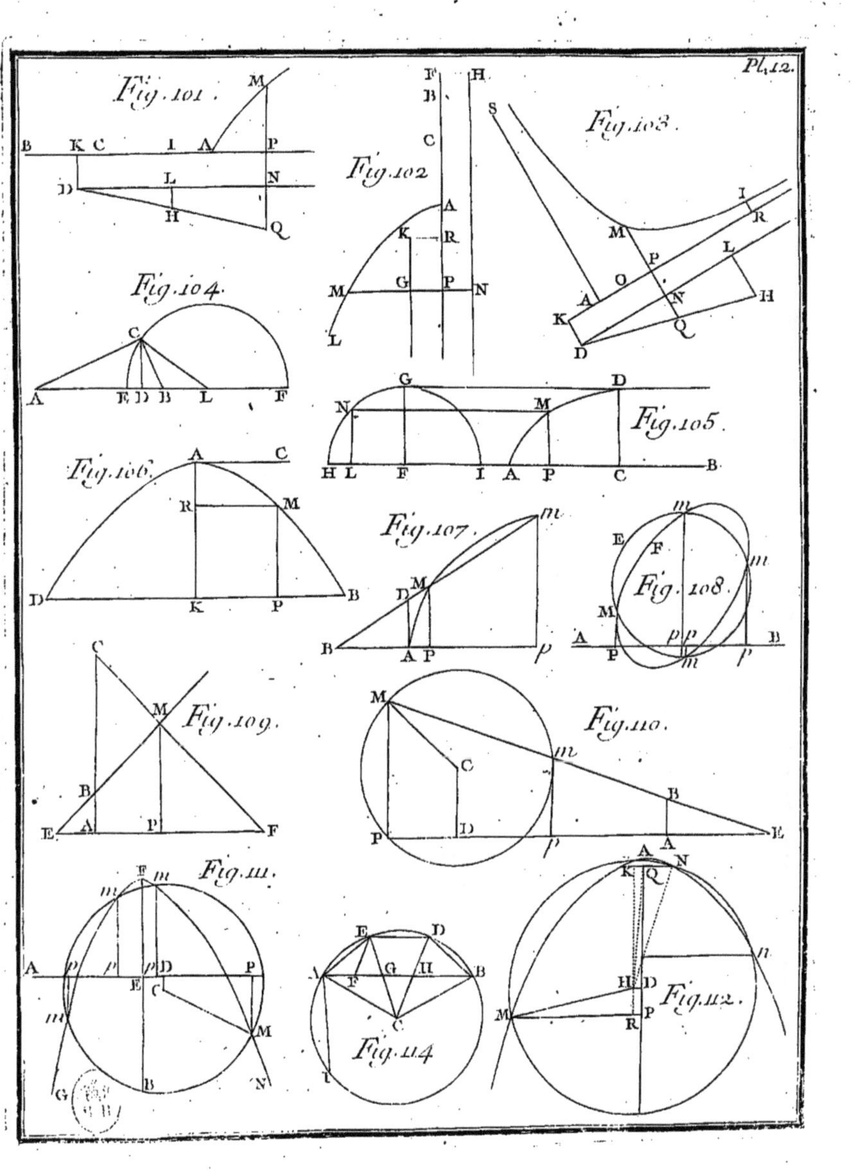
Pl. 12.
Fig. 101.
Fig. 102.
Fig. 103.
Fig. 104.
Fig. 105.
Fig. 106.
Fig. 107.
Fig. 108.
Fig. 109.
Fig. 110.
Fig. 111.
Fig. 112.
Fig. 114.

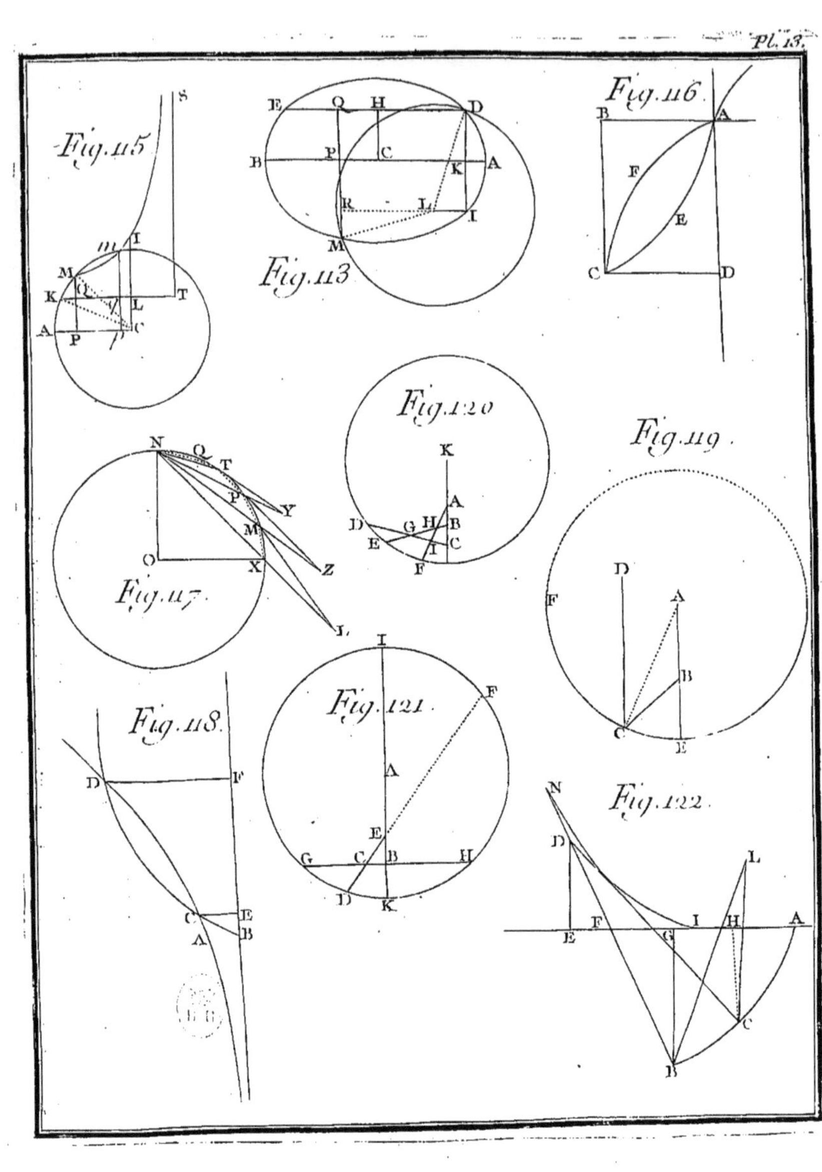
Pl. 13.
Fig. 115.
Fig. 113.
Fig. 116.
Fig. 120.
Fig. 119.
Fig. 117.
Fig. 118.
Fig. 121.
Fig. 122.

Le rectangle xy manque dans cette équation, & les quarrés y^2 & x^2 ont le même signe, c'est pourquoi il faut la comparer avec l'équation générale des lieux à l'ellipse. On trouvera $\frac{2r}{q} = 0$, $r = 0$, $q = s$, $-2n = 0$, $\frac{2nr}{q} = 0$, $\frac{r^2}{q^2} + \frac{ts^2}{2mq^2} = 1$, $\frac{t}{2m} = 1$, c'est-à-dire, $t = 2m$; le diametre $2m$ étant égal au parametre, le lieu à construire est un cercle.

$\frac{2nr}{q} - \frac{2tps}{2mq} = \frac{2ac}{b-c}$; c'est-à-dire, $2p = -\frac{2ac}{b-c}$, & $p = -\frac{ac}{b-c}$. De plus, $n^2 - \frac{tm^2}{2m} + \frac{tp^2}{2m} = -\frac{a^2c}{b-c}$, $p^2 - m^2 = -\frac{a^2c}{b-c}$, $p^2 + \frac{a^2c}{b-c} = m^2$, $\frac{a^2c^2}{\overline{b-c}^2} + \frac{a^2c}{b-c} = m^2$, c'est-à-dire, $\frac{a^2c^2 + a^2bc - a^2c^2}{\overline{b-c}^2} = m^2$, $\frac{a^2bc}{\overline{b-c}^2} = m^2$, $m = \frac{a\sqrt{bc}}{b-c}$.

Si on fait donc $AL = \frac{ac}{b-c}$, & qu'avec le rayon $CL = \frac{a\sqrt{bc}}{b-c}$ on décrive le cercle ECF, on aura $AD = x$, $DC = y$.

PROBLEME IV.

329. Ayant décrit le demi-cercle HGI, sur le prolongement de son diametre HI soit prise une partie à volonté AB, qu'on divisera en deux également en C, duquel point on élévera la perpendiculaire CD égale au rayon GF. Ayant mené dans le cercle une ordonnée quelconque LN, qu'on fasse DC : AC :: HL : AP, & qu'on éléve en P la perpendiculaire PM = LN : il s'agit de déterminer le lieu de tous les points M trouvés de la même maniere. Fig. 105

www.ingramcontent.com/pod-product-compliance
Ingram Content Group UK Ltd.
Pitfield, Milton Keynes, MK11 3LW, UK
UKHW022323190726
13856UKWH00001B/180